Hochschullehrbuch für Elektroenergetiker

Theoretische Grundlagen der

Elektroprozesstechnik Teil 2

Dietmar Schulze Ulrich Lüdtke

Vulkan Verlag GmbH

Bibliografische Informationen der Deutschen Nationalbibliothek

Die Deutsche Nationalbibliothek verzeichnet diese Publikation in der Deutschen Nationalbibliografie; detaillierte bibliografische Daten sind im Internet über www.dnb.de abrufbar.

Theoretische Grundlagen der Elektroprozesstechnik Teil 2
Dietmar Schulze, Ulrich Lüdtke
1. Auflage 2025

ISBN: 978-3-8027-3194-5 (Print)
ISBN: 978-3-8027-3195-2 (eBook)

Friedrich-Ebert-Straße 55, 45127 Essen, Deutschland
E-Mail: bestellung@vulkan-verlag.de
Telefon: +49 201 820 02-0
Internet: www.vulkan-verlag.de

Projektmanagement: Marie-Therese Hanschmann, Vulkan-Verlag GmbH, Essen
Herstellung: Melanie Zöller, Vulkan-Verlag GmbH, Essen
Umschlaggestaltung: Melanie Zöller, Vulkan-Verlag GmbH, Essen
Titelbild: ©mbongo, Adobe-Stock
Satz: Brigitte Schmidt, Schmidt Media Design, München
Druckerei: ScandinavianBook,Teil der Scandinavian Print Group DE GmbH,
91413 Neustadt a. d. Aisch

Inhaltsverzeichnis

LEADING PARTNER IN
THE WORLD OF INDUCTION

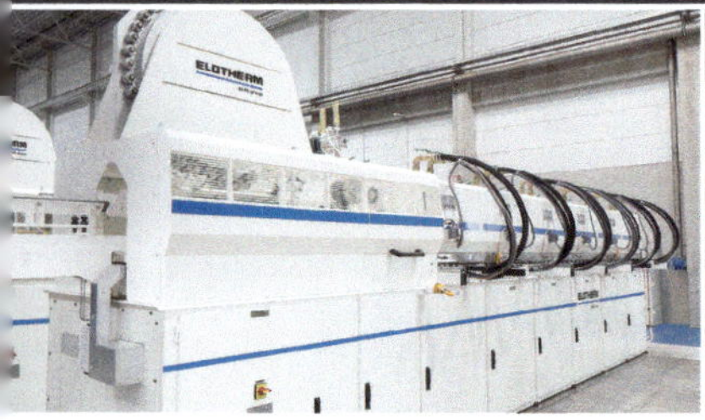
ELOTHERM

1 Einleitung zum Teil 2

Dieses Werk, bestehend aus Band 1 und dem hier vorliegenden Band 2, entstand aus den Vorlesungen für Studenten des Studienganges Elektrotechnik an der Technischen Universität Ilmenau. Sein Hauptanliegen ist es, die theoretischen Grundlagen der Elektroprozesstechnik zu vermitteln, die ein Elektroingenieur beherrschen sollte, wenn er sich mit der Elektroprozesstechnik befasst. Neben den Studierenden der Elektrotechnik wendet sich das Buch an Studierende technisch orientierter Studiengänge wie Maschinenbau, Fertigungstechnik und Verfahrenstechnik, aber auch an erfahrene Ingenieure, die sich in Teilgebiete der Elektroprozesstechnik neu einarbeiten müssen.

Im ersten Teil des Buches wurden vor allem die klassischen Bereiche der Elektroprozesstechnik behandelt:

- **Induktionserwärmung:** Analytische und numerische Berechnung von Einsatz-Induktor-Anordnungen, spezielle Stromversorgungen und Anwendungen zum Erwärmen und Schmelzen
- **Kondensatorfelderwärmung:** Arbeitskondensatoren und Stromquellen, Berechnung, Anpassung, Wellenbildung, Anwendungen
- **Mikrowellenerwärmung:** Wellenleiter, Komponenten, Applikatoren, Dielektrischer Halbraum, Anpassung, Anwendungen
- **Direkte Widerstandserwärmung:** Stromeintrag über Kontakte, Stromeintrag über Elektroden, Reduktionsöfen, Glasschmelze
- **Lichtbogenschmelzen:** Physikalische Grundlagen, Gleichstrombogen, Wechselstrombogen, Drehstrom-Lichtbogenofen, Berechnung, Anwendungen.

Der zweite Teil des Buches behandelt Lehrinhalte, für die sich spezielle Fachgebiete, wie beispielsweise der Elektrochemie und Galvanotechnik, der Lasertechnik oder der Plasmatechnik, etabliert haben. Daher wird hier nur auf das Verständnis der physikalischen Grundlagen und die Vielfalt der Anwendungen eingegangen:

Zu der Thematik **Erwärmung und Stofftransport durch ionische Stromleitung** gehört eine Technologie, bei der neben Erwärmung auch ein Stofftransport stattfindet. Je nachdem, ob Erwärmung oder Stofftransport erwünscht und ausgeprägt sind, erfolgt die Zuordnung zum Fachgebiet Elektrowärme oder eher zu den Fachgebieten Elektrochemie oder Galvanotechnik. Hier werden einführend die physikalisch-chemischen Grundlagen zur Stoffgewinnung, Bearbeitung und Beschichtung behandelt.

Im Kapitel **Plasmatechnik** werden ausgewählte physikalische Grundlagen der Niederdruckplasmen behandelt und die elektrotechnologisch bedeutsamen Anwendungen aufgezeigt.

Das Kapitel **Technologische Teilchenstrahlung** ist nach der Art der geladenen Teilchen in Elektronen- und Ionenstrahlung unterteilt. Strahlerzeugung, Fokussierung und Strahlablenkung werden erläutert, Berechnungen vorgestellt und aktuelle Anwendungen genannt.

Im Kapitel **Elektromagnetische Strahlung** werden die Temperatur-, Linien- und Laserstrahlung behandelt. Während die Temperaturstrahlung eine originäre Disziplin der Elektroprozesstechnik ist, hat sich für die Laserstrahlung ein eigenständiges Fachgebiet entwickelt, weshalb hier nur Grundlagenwissen und einige Anwendungen behandelt werden. Dagegen wird bei der Temperaturstrahlung die Berechnung des Strahlungsaustausches zwischen Festkörpern ausführlich behandelt.

Im Kapitel **Kraftwirkungen** wird zwischen den elektrischen und magnetischen Kraftwirkungen auf Festkörper und den elektromagnetischen Kräften in elektrisch leitenden Flüssigkeiten unterschieden. Zu diesem Thema werden die theoretischen Grundlagen und Berechnungen ausführlich dargestellt. Spezielle Anwendungen, wie die Sortierung von klein geschredderten Verbundstoffen und die Beeinflussung von Schmelzen, werden aufgezeigt.

Im Kapitel **Indirekte Techniken** werden die Technologien vorgestellt, bei denen die elektrische Energie in gewandelter Form als Wärme- und Kraftwirkungen auf das zu behandelnde Material übertragen wird. Dazu gehören beispielsweise die indirekte Widerstandserwärmung und die Impulsbearbeitung sowie die indirekte Erwärmung durch magnetische Umpolarisation. Besondere Aufmerksamkeit wird der Berechnung von Heizleitern gewidmet.

Das abschließende Kapitel **Rationeller Energieeinsatz** hat durch die derzeit stattfindende Umstellung der energieintensiven Industrie von Kohle und Erdgas als Heiz- und Reduktionsmittel auf regenerative Energien mit Wasserstoff als

Reduktionsmittel an Bedeutung gewonnen. Daher werden neben der Erzielung eines hohen Wirkungsgrades und eines minimalen spezifischen Energieeinsatzes auch die effiziente Abwärmenutzung und die Flexibilität der Anlagen im Hinblick auf die schwankende Verfügbarkeit elektrischer Energie behandelt.

In den Büchern [5], [6], [13], [16, Kap.3], [19], [21] und [24] ist der hier dargestellte Stoff detaillierter und umfassender dargestellt. Auf diese Grundlagenliteratur wird hier vielfach Bezug genommen, ohne sie wiederholt zu zitieren.

Die Autoren danken den Kollegen Dr.-Ing. P. Kutzschbach, Dr.-Ing. H. G. Martin und Dipl.-Ing. R. Rahn für die sorgfältige Durchsicht und die wertvollen Hinweise zu den einzelnen Kapiteln des vorliegenden Teils 2.

2 Erwärmung und Stofftransport durch ionische Stromleitung

Die theoretischen Grundlagen zum Stofftransport durch ionische Stromleitung sind im Wissenschaftsgebiet Elektrochemie angesiedelt. Die technologischen Anwendungen sind jedoch mit der elektrischen Energietechnik durch teilweise sehr leistungsstarke Anlagen verbunden. Mit diesem Kapitel soll der Zugang des Elektrotechnikers zu diesem Fachgebiet erleichtert werden. Die theoretischen Grundlagen und verfahrenstechnischen Anwendungen zur Elektrochemie sind ausführlich beispielsweise in [6] dargestellt.

2.1 Grundlagen

Ein minimales Grundwissen ist erforderlich, um ein Verständnis zu den Anforderungen an die elektrotechnischen Geräte und Anlagen der Elektrochemie und Galvanotechnik zu erlangen.

2.1.1 Ionenleitung

Elektrolyte

Elektrolyte können durch Auflösung von kristallinen Stoffen mit Wasser gebildet werden. Hier kommen insbesondere Verbindungen infrage, deren Atome große Unterschiede ($> 1{,}7$) im Elektronegativwert ξ besitzen. Ein bekanntes Beispiel ist Kochsalz $NaCl$, bei dem das Natrium mit $\xi = 1{,}1$ elektropositiv und das Chlor mit $\xi = 2{,}8$ elektronegativ ist. Im Kristallgitter des Salzes sind die Gitterplätze mit geladenen Teilchen Na^+ und Cl^- besetzt. Diese Struktur wird durch die Coulomb'schen Kräfte zusammengehalten, die mit der Annahme von Punktladungen Q im Abstand r näherungsweise berechnet werden können.

$$F_c = \frac{1}{4\pi\varepsilon_0\varepsilon_r}\frac{Q_1Q_2}{r^2} \tag{2.1}$$

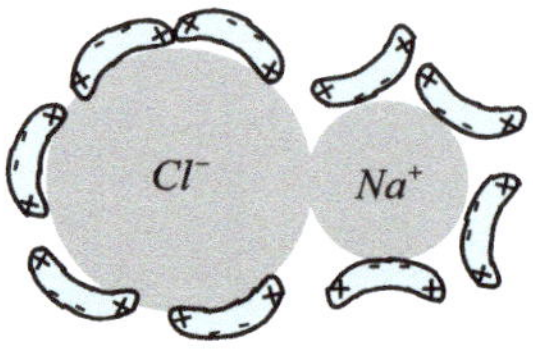

Bild 2.1: Anlagerung von Wassermolekülen an die Ionen von Kochsalz in einer wässrigen Lösung

Im Falle von ungelöstem $NaCl$ sind hohe Temperaturen von ca. 800 °C erforderlich, um diese Coulomb'schen Bindungskräfte durch Brown'sche Bewegung zu überwinden. Die Verhältnisse ändern sich, wenn ein Lösungsmittel, wie z. B. Wasser, einwirken kann. Die relativ kleinen Wassermoleküle dringen in die Zwischenräume des Kristallgitters ein und erhöhen die Permittivität von $\varepsilon_r = 1$ auf $\varepsilon_r = 78$. Die Coulomb'schen Bindungskräfte werden dadurch geschwächt. Hinzu kommt, dass die Wassermoleküle keine konzentrische Ladungsverteilung haben, sondern wie ein elektrischer Dipol wirken. Mit dem positiven Pol lagern sie sich an das negativ geladene Chlor Cl^- und mit dem negativen Pol an das positiv geladene Na^+ an (s. **Bild 2.1**). Die Coulomb'schen Bindungskräfte werden durch die Wassermoleküle schließlich aufgehoben. Dieser Vorgang wird allgemein Solvatisierung oder, speziell bei Wasser als Lösungsmittel, Hydratisierung genannt. Durch die genannten Effekte dissoziiert das Salz zu Ionen. Falls die frei werdende Solvationsenergie (Ladungen unterschiedliche Vorzeichens gehen zusammen) größer als die notwendige Dissoziationsenergie (Ladungstrennung) ist, erwärmt sich die Lösung. Gute Lösungsmittel sind solche, deren Moleküle relativ klein sind, weshalb sie leichter in Gitterräume eines Kristalls eindringen können. Neben Wasser sind dies beispielsweise Zyanwasserstoff und Formamid. Die Elektrolyte werden mit den Wertigkeiten, den stöchiometrischen Faktoren ν_+ und ν_- sowie den mit Vorzeichen behafteten Ladungszahlen der Kationen z_+ und Anionen z_- charakterisiert (s. **Tabelle 2.1**).

Transport

Elektrolyte sind ionische Stromleiter, die sich bei der Stromleitung chemisch verändern, weil mit den Ionen Substanzen transportiert werden. Dagegen verändert sich ein Elektronenleiter, abgesehen von einer möglichen Erwärmung, bei Stromleitung nicht. Wenn im Elektrolyten ein elektrisches Feld existiert, so wirkt auf ein einzelnes Ion eine Kraft

$$\vec{F} = ze_0\vec{E}, \tag{2.2}$$

deren Richtungssinn von den Ladungszahlen $z = z_+$ bzw. $z = z_-$ abhängt. Ein positiv geladenes Ion wandert in Richtung Kathode und wird Kation genannt. Ein negativ geladenes Ion ist ein Anion und wandert zur Anode. Die mittlere Geschwindigkeit des Ions stellt sich aufgrund von Behinderungen durch andere Teilchen (Stokes'sche Reibung) als eine stationäre Geschwindigkeit ein. Durch die Solvatisierung der Ionen wird ihr Volumen vergrößert, wodurch die oben erwähnte Behinderung verstärkt wird. Neben den Coulomb'schen Antriebskräften (anziehend oder abstoßend) werden die Ionen durch Diffusion (Ausgleich von Konzentrationsunterschieden) und natürliche Konvektion aufgrund von Temperaturunterschieden und Blasenströmung sowie durch erzwungene Konvektion, beispielsweise durch Rühren, bewegt. Bei der mathematischen Beschreibung spielen folglich das Druckgefälle ($-\operatorname{grad} p$), das Diffusionsgefälle ($-\operatorname{grad} c$) und die elektrischen Kräfte nach (2.2) eine entscheidende Rolle. Die Bewegung der Ionen durch die elektrischen Kräfte kommt wegen der Dominanz der beiden anderen Antriebsarten erst in unmittelbarer Nähe der Elektrodenoberfläche (Phasengrenze) in der sogenannten laminaren Grenzschicht (wenige mm) zur Geltung. Dieser Transportmechanismus wird Migration genannt.

Tabelle 2.1: Beispiele von Wertigkeiten einfacher Elektrolyte nach [16, S. 733]

Formel	Wertigkeit	ν_+	ν_-	z_+	z_-
$NaCl$	1-1-wertig	1	1	1	−1
$BaCl_2$	2-1-wertig	1	2	2	−1
$AlCl_3$	3-1 wertig	1	3	3	−1
$CuSO_4$	2-2-wertig	1	1	2	−2
K_2SO_4	1-2-wertig	2	1	1	−2
Na_3PO_4	1-3-wertig	3	1	1	−3

Leitfähigkeit

Bei den energieintensiven Prozessen ist es wichtig, dass der innere ohmsche Widerstand R_Ω einer Zelle möglichst gering ist. Hier sind die elektrische Leitfähigkeit, die wirksamen Elektrodenoberflächen (weiterhin als Phasengrenze

bezeichnet) sowie der von den Ionen zurückzulegende Weg bedeutsam. Deshalb wird dort, wo es möglich ist, die Diffusion durch Konvektion unterstützt. Durch Rühren bzw. Durchströmung der Zelle wird der Elektrodenabstand effektiv auf den Wirkungsbereich der Migration vermindert. Folglich ist die elektrische Leitfähigkeit nur im Bereich der laminaren Grenzschicht von Bedeutung. Weiterhin werden große wirksame Phasengrenzen angestrebt. Deshalb wird bei Elektroden, die nicht zersetzt oder beschichtet werden, die Phasengrenze in molekularen Dimensionen aufgeraut und so ein Vielfaches der makroskopisch sichtbaren Oberfläche erreicht.
Die stationäre Geschwindigkeit der Ionen stellt sich im Gleichgewicht von elektrischen Kräften und Zähigkeitskräften des Elektrolyts ein. Wie bereits erwähnt, ist durch die Solvatisierung die Oberfläche der Ionen wesentlich vergrößert (s. Bild 2.1). Bei wässrigen Elektrolyten sind nahezu alle Ionen mit einer Hydrathülle versehen. Die Stärke der Hydrathülle hängt von der Ionensorte ab. Beispielsweise ist ein Lithium-Ion stark hydratisiert und muss wegen der dadurch bedingten Vergrößerung einen hohen Widerstand bei Bewegung überwinden. Das Zäsium-Ion besitzt dagegen eine kleine Hydrathülle und kann sich deshalb schnell bewegen, weshalb seine Ionenäquivalent-Leitfähigkeit größer ist.
Die elektrische Leitfähigkeit wässriger Salzlösungen hängt wesentlich von der Konzentration c und der Temperatur ab. Sie beträgt ca. 0,1 S/cm bei einer Konzentration von $c = 1\,\mathrm{mol/L}$ und für $c \to 0$ gilt $\kappa \to 0$. Wenn von einem Elektrolyten mithilfe von zwei identischen Elektroden die UI-Kennlinie mit einer Gleichspannung aufgenommen werden soll, so zeigt sich, dass erst nach dem Überschreiten einer bestimmten Spannung ΔU (Größenordnung 1 V) der Strom deutlich und zunächst nahezu linear ansteigt (s. **Bild 2.2**). Bei einer Wechselspannung steigt der Strom dagegen sofort nahezu linear an. Die Ursache für den verzögerten Anstieg sind die sogenannten Doppelschichtkapazitäten, die sich an den vom Elektrolyt benetzten Oberflächen der Elektroden ausbilden. Sie wirken wie aufgeladene Kondensatoren. Die Ersatzschaltung in Bild 2.2 verdeutlicht den Mechanismus. Bereits bei einer Wechselspannung mit $f < 50\,\mathrm{Hz}$ werden die komplexen Doppelschicht-Widerstände klein gegenüber dem Widerstand des Elektrolyten R_{ely}. Bei bekannter Geometrie kann aus R_{ely} die elektrische Leitfähigkeit des Elektrolyten bestimmt werden. Im Vergleich zu Metallen haben Elektrolyte eine um ca. drei Zehnerpotenzen geringere elektrische Leitfähigkeit. Sie hängt von der Ionensorte mit den Ladungszahlen z_+ oder z_-, der Konzentration des Elektrolyten und der Zähigkeit des Fluids ab.

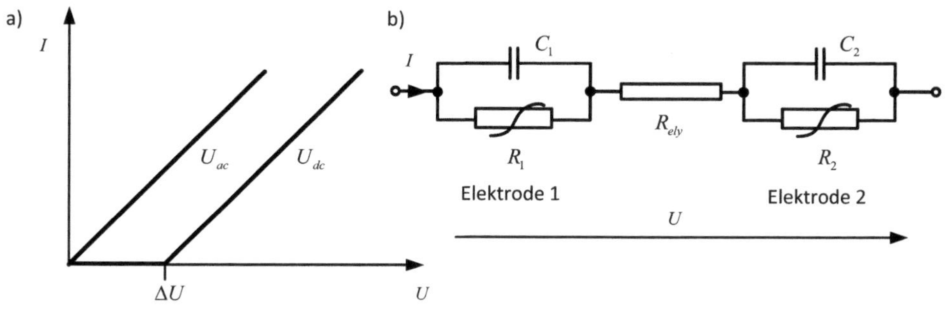

Bild 2.2: UI-Kennlinie bei identischen Elektroden mit Gleich- und mit Wechsel- Spannung aufgenommen: a) Kennlinien, b) Ersatzschaltung

In **Tabelle 2.2** sind einige Zahlenwerte zur elektrolytischen Leitfähigkeit aufgeführt. Wie bereits angedeutet, spielt die Stokes'sche Reibung eine wesentliche Rolle, weshalb die von der Temperatur abhängige Zähigkeit des Elektrolyten die Leitfähigkeit beeinflusst.

Tabelle 2.2: Elektrische Leitfähigkeit einiger Elektrolyte in Abhängigkeit von der Konzentration nach [6, S. 18]

Elektrolyt	c mol/L	ϑ °C	κ 1/Ωcm	Leitfähigkeit durch
reines Wasser		25	10^{-8}	H_3O^+, OH^-
wässrige $NaCl$-Lösung	1	18	0,0744	Na^+, Cl^-
wässrige $NaCl$-Lösung	5	18	0,214	Na^+, Cl^-
wässrige Kalilauge	1	18	0,184	K^+, OH^-
wässrige Schwefelsäure	1	18	0,366	H_3O^+, SO_4^{2-}
wässrige Schwefelsäure	3,5	18	0,739	H_3O^+, SO_4^{2-}
$NaCl$- Schmelze		1000	4,17	Na^+, Cl^-

2.1.2 Elektroden

In der Elektrochemie werden Elektroden stets als ein System, bestehend aus Elektronenleiter und dem benetzenden Elektrolyten, aufgefasst. Eine Elektrode besteht somit aus zwei Phasen: Das sind die meist feste Phase des Elektronenleiters (Metall, Grafit usw.) und die flüssige Phase des Ionenleiters (Elektrolyt).

Elektroden erster Art bestehen aus Metallen, die in eine Lösung ihrer Salze eintauchen. Hier ist das Metall gleichzeitig Elektronenleiter und Ionenaustauscher. Ein typisches Beispiel ist Kupfer, das in eine Kupfersulfat-Lösung eintaucht. An der Phasengrenze stellt sich ein Gleichgewicht zwischen dem Lösungsdruck des Metalls und dem osmotischen Druck der Elektrolytlösung ein. Jedes Metall versucht, aus seinem Gitter Kationen, z. B. Cu^+, zu lösen. Dadurch entsteht ein Elektronenüberschuss im Metall, weshalb sich dieses negativ auflädt. Die unterschiedliche Eigenschaft der Metalle, Kationen freizusetzen, ist in der elektrochemischen Spannungsreihe aufgelistet. Unedlere Metalle setzen mehr Kationen frei und sind deshalb in der Spannungsreihe weiter unten angeordnet.
Der Gegenspieler zum Lösungsdruck ist der osmotische Druck der Elektrolytlösung. Die Elektrolytlösung hat das Bestreben, sich zu verdünnen. Sie schickt dazu Kationen ins Metall, um diese in das Metallgitter einzubauen. Mit zunehmender Konzentration von gelösten Metallionen im Elektrolyten steigt der osmotische Druck.
Daneben wirken noch die Coulomb'schen Kräfte, weshalb sich ein Gleichgewicht einstellt, bei dem sich der Lösungsdruck, der osmotische Druck und die Coulomb'schen Kräfte die Waage halten. Die Lage des Gleichgewichts (Potenzialdifferenz zwischen Elektronenleiter und Elektrolyt) hängt einerseits von der Stellung des Metalls in der elektrochemischen Spannungsreihe und andererseits von der Konzentration der Elektrolytlösung ab. Die sich einstellende Doppelschicht an der Phasengrenze nach **Bild 2.3** entspricht einer Potenzialdifferenz, die je nach Metall und Elektrolytlösung unterschiedlich ausgeprägt ist.

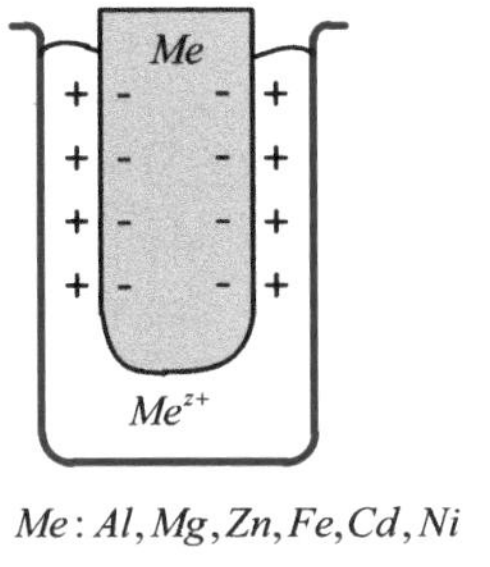

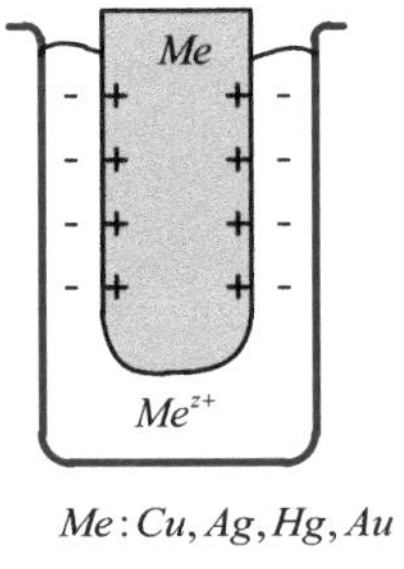

Bild 2.3: Metalle reagieren mit der wässrigen Lösung ihrer Salze unterschiedlich stark und mit Vorzeichenwechsel.

Durch ein äußeres elektrisches Feld oder bei Stromfluss (elektrischer Rückschluss über eine Gegenelektrode) wird dieses Gleichgewicht permanent gestört und es findet ein andauernder chemischer Prozess statt. Dieser Prozess wird in der Elektrochemie mittels Phasenschemata und Gleichgewichtsreaktionen beschrieben. Beispielsweise gehört zu einer Kupferelektrode, die in einem Elektrolyt aus in Wasser gelöstem Kupfersulfat $CuSO_4$ steckt, das Phasenschemata der Elektrode Cu/Cu^{2+} mit der Gleichgewichtsreaktion an der Elektrode in der Form

$$Cu \rightleftharpoons Cu^{2+} + 2e^-. \tag{2.3}$$

In dem Phasenschemata wird die Phasengrenze durch einen Schrägstrich gekennzeichnet. Die freien Elektronen befinden sich in der festen Phase (hier Cu). Die Anionen SO_4^{2-} sind nur indirekt an der Elektrodenreaktion beteiligt. Weil jedoch der Elektrolyt insgesamt neutral bleibt, müssen bei einer nach rechts laufenden Reaktion mit Bildung der Kationen Cu^{2+} folglich an der dazugehörigen Kathode die entsprechenden Anionen mit gleicher Ladungsmenge entgegengesetzten Vorzeichens gebildet werden.
Eine Elektrode wird als Anode bezeichnet, wenn an ihr positiv geladene Ionen in Lösung gehen. Die Elektrode ist eine Kathode, wenn von ihr negativ geladene Ionen in Lösung gehen oder wie bei der in (2.3) nach links laufenden Reaktion Elektronen von außen zugeführt werden.

Eine zweite wichtige Art von Elektroden sind die sogenannten Redox-Elektroden. Das meist feste und chemisch inerte Material der Elektrode dient hier nur als Elektronenleiter und tauscht keine Ionen mit der angrenzenden Phase aus. Es gibt folglich keinen Stofftransport durch diese Phasengrenze. Die Zufuhr von Elektronen an den Elektrolyt bedeutet Reduktion und findet an der Kathode statt. Der Entzug von Elektronen aus dem Elektrolyt ist eine Oxidation und erfolgt an der Anode. Damit erklärt sich die Bezeichnung als Redox-Elektroden. Es werden chemisch inerte Elektronenleiter verwendet. Ein Beispiel hierfür ist die von Chlor umgebene Grafitelektrode $C/Cl_2/Cl^-$. Das gasförmige Cl_2 haftet bzw. strömt am Grafit vorbei. Seine Moleküle können dabei Elektronen von der Kathode aufnehmen und dadurch zu Chlor-Ionen werden (Reduktion). Umgekehrt können negativ geladenen Chlorionen an der Anode Elektronen abliefern und wieder zu Chlormolekülen gewandelt werden (Oxidation).

$$2Cl^- \rightleftharpoons Cl_2 + 2e^- \tag{2.4}$$

Reaktionen zwischen Kupferionen verschiedener Wertigkeit können ebenfalls an inerten Platinelektroden $Pt/Cu^+/Cu^{2+}$ stattfinden. Auch hier ist an der

Elektrodenreaktion das Platin nicht direkt beteiligt und dient nur als Elektronenlieferant.

$$Cu^{+} \rightleftharpoons Cu^{2+} + e^{-} \tag{2.5}$$

Bei den Redox-Elektroden existieren folglich drei Phasen, die im Phasenschemata durch Schrägstriche voneinander getrennt werden.
Bei einer weiteren Elektrodenart hängt das Potenzial nicht direkt von der Konzentration der Elektrolytlösung ab. Deshalb wird diese Elektrode gern als zweite Halbzelle zur Potenzialmessung verwendet. Ein Beispiel ist die Silber-Silberchlorid-Elektrode $Ag/AgCl/Cl^{-}$. Das $AgCl$ bildet hier eine am Silber haftende Schicht und steht mit diesem im elektrischen Kontakt (Elektronenübergang). An der Elektrode findet folgende Reaktion statt:

$$Ag + Cl^{-} \rightleftharpoons AgCl + e^{-}\,. \tag{2.6}$$

Schließlich gibt es noch selektive Elektroden bezüglich einer Ionensorte, die hier nur der Vollständigkeit halber erwähnt werden.

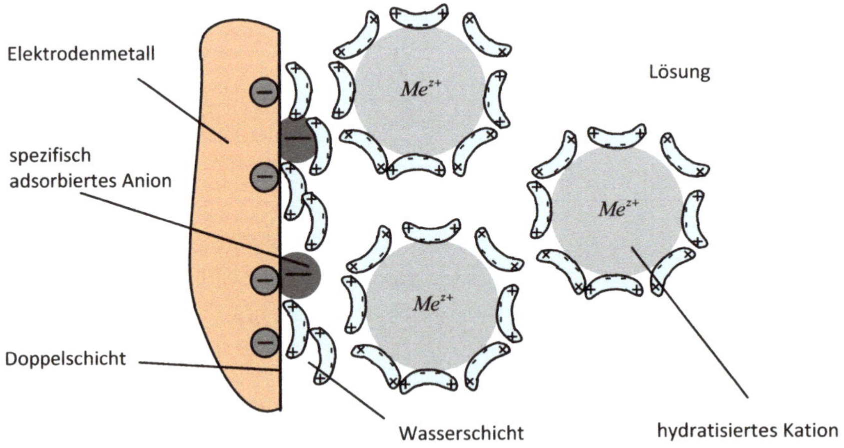

Bild 2.4: Anlagerung von spezifisch adsorbierte Anionen mit gleicher Polarität wie das Elektrodenmetall

Die Vorgänge an einer Phasengrenze sind in Wirklichkeit komplizierter als hier dargestellt. **Bild 2.4** zeigt eine höhere grafische Auflösung der Phasengrenze. Die Wassermoleküle setzen sich nicht nur an den Kationen (Hydratation), sondern auch am Metall der Elektrode an.

Da das Metallgitter bei mikroskopischer Betrachtung bezüglich der elektrischen Ladungen nicht homogen ist, sondern auch lokale positive „Pole“ haben kann, können sich sogar an der negativ geladenen Elektrode partiell Anionen anlagern. Diese Ionen werden spezifisch adsorbierte Anionen genannt.

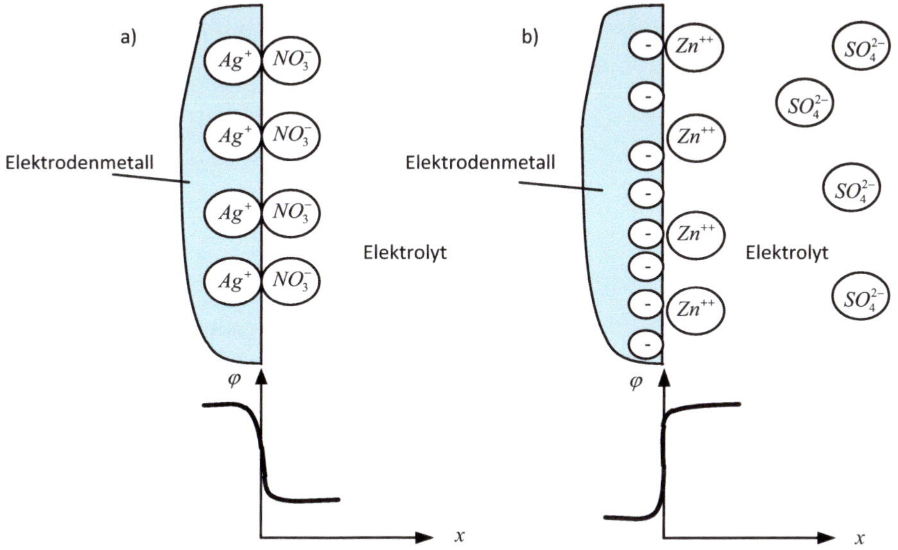

Bild 2.5: Potenzialdifferenz zwischen Elektronenleiter und Elektrolyt mit elektrischer Doppelschicht

2.1.3 Elektrodenpotenzial

Wie bereits dargestellt, bildet sich die Potenzialdifferenz einer Doppelschicht nach **Bild 2.5** in Abhängigkeit von den energetisch bevorzugten Bedingungen (Gleichgewicht) der vorhandenen Phasen einer Elektrode aus. Durch den osmotischen Druck verlassen mehr Silberionen die Lösung und gehen auf den Elektronenleiter über. Sie bringen dabei positive Ladungen mit. Dagegen ist beim Zink der Lösungsdruck höher, weshalb mehr Zinkionen in den Elektrolyten übergehen als umgekehrt zum Metall zurückkehren. Durch die zurückgelassenen Elektronen lädt sich das Metall negativ auf. Mit Me für ein beliebiges Metall kann man die Vorgänge allgemein in folgender Form schreiben:

$$Me^{z+} + ze^- \rightleftharpoons Me\,. \tag{2.7}$$

Die sich einstellende Potenzialdifferenz ist ein Maß für die chemische Energie, die beim freiwilligen Ablauf der chemischen Reaktion frei wird (Freie Enthalpie) und als elektrische Energie gewonnen werden kann. Umgekehrt muss mindestens diese Energie aufgebracht werden, wenn der Vorgang zwangsweise umgekehrt ablaufen soll, um einen Stoff, z. B. Zink, zu gewinnen. In diesem Fall müssen dem Zinkmetall (Anode) ständig Elektronen entzogen werden, was durch externe Energiezufuhr erfolgen muss.

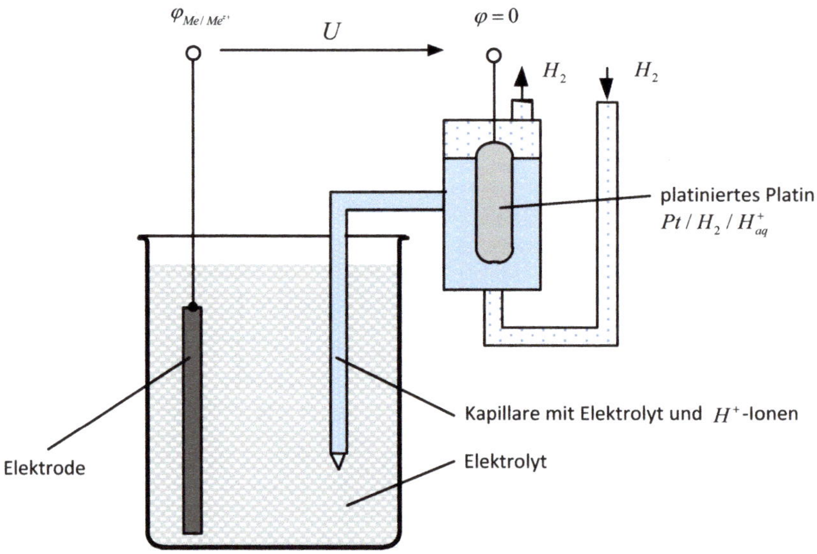

Bild 2.6: Messung des Standardpotenzials mithilfe der Wasserstoff-Elektrode; über die Kapillare werden nur Protonen H^+_{aq} getauscht.

Die Potenzialdifferenz an einer Phasengrenze kann nicht direkt gemessen werden, weil zur Messung eine zweite Elektrode erforderlich ist. An dieser zweiten Elektrode bildet sich jedoch ebenfalls eine Potenzialdifferenz. In der Praxis werden die verschiedensten Elektroden stets mit der gleichen Bezugselektrode ausgemessen. Eine mögliche Bezugselektrode ist die Wasserstoff-Elektrode nach **Bild 2.6**. Wenn diese die Standard-Bedingungen erfüllt, wird sie als Wasserstoff-Standard-Elektrode bezeichnet.

Tatsächlich ergibt sich an der Wasserstoff-Elektrode ebenfalls ein Potenzial φ_{H_2/H^+} (genauer Potenzialdifferenz). Da man jedoch in einer Zelle stets zwei Elektroden mit den gegenüber der Wasserstoff-Elektrode gemessenen Potenzialdifferenzen:

$$\Delta\varphi_1 = \varphi_{Me_1/Me_1^{z+}} - \varphi_{H_2/H^+} \tag{2.8}$$

und

$$\Delta\varphi_2 = \varphi_{Me_2/Me_2^{z+}} - \varphi_{H_2/H^+} \tag{2.9}$$

betrachtet, rechnet sich das Potenzial der Wasserstoffelektrode bei der Differenzbildung heraus.

$$\Delta\varphi = \Delta\varphi_1 - \Delta\varphi_2 = \varphi_{Me_1/Me_1^{z+}} - \varphi_{Me_2/Me_2^{z+}} \tag{2.10}$$

Die Potenzialdifferenz $\Delta\varphi$ wird Gleichgewichtsspannung genannt und weiterhin mit U_0 bezeichnet.

$$U_0 = \Delta\varphi = \varphi_{Me_1/Me_1^{z+}} - \varphi_{Me_2/Me_2^{z+}} \tag{2.11}$$

Gleichgewicht bedeutet hier, dass sich die freie Energie G nicht verändert, also $\Delta G = 0$ gilt. Um unnötigen Schreibaufwand zu vermeiden, wird vereinbart, die Potenzialdifferenz an der vergleichenden Wasserstoffelektrode gedanklich zu null anzusetzen. Die nur messbaren Potenzialdifferenzen $\Delta\varphi_1$ und $\Delta\varphi_2$ werden damit zu den Potenzialen $\varphi_{Me_1/Me_1^{z+}}$ und $\varphi_{Me_2/Me_2^{z+}}$, die als Gleichgewichtspotenziale oder thermodynamische Abscheidungspotenziale der Elektroden 1 und 2 bezeichnet werden. Die unter Standardbedingungen gemessenen Potenziale werden als Standardpotenziale bezeichnet und symbolisch als $\varphi^0_{Me_1/Me_1^{z+}}$ und $\varphi^0_{Me_2/Me_2^{z+}}$ ausgewiesen.
Die genannten Standardbedingungen beziehen sich u. a. auf einen Druck von 0,1013 MPa, auf die Temperatur von 298 K und auf die Konzentration der an der Reaktion beteiligten Ionen mit 1 mol/L. Letzteres bedeutet im Falle einer $CuSO_4$-Lösung, dass 63,55 g Cu^{2+}- Ionen pro Liter Lösung enthalten sein müssen (63,55 = relative Atommasse von Kupfer). Die **Tabelle 2.3** zeigt die Standardpotenziale einiger Elektroden.

2.1.4 Zelle

Eine elektrolytische Zelle besteht aus zwei Elektroden bzw. zwei Halbzellen und kann sowohl als galvanisches Element als auch als Elektrolyseur arbeiten.

Tabelle 2.3: Einige Standardpotenziale von Metall-, Gas- und Redoxelektroden gegenüber der Wasserstoff-Elektrode (s. Bild 2.6) nach [6, S. 93]; die Bezeichnung H_{aq}^{+} bezieht sich auf ein Wassermolekül, an das ein Proton gebunden ist.

Halbzelle	Elektrodenreaktion	φ^0/V
Li/Li^+	$Li^+ + e^- \rightleftharpoons Li$	−3,045
Ca/Ca^{2+}	$Ca^{2+} + 2e^- \rightleftharpoons Ca$	−2,76
Na/Na^{2+}	$Na^+ + e^- \rightleftharpoons Na$	−2,711
Mg/Mg^+	$Mg^+ + e^- \rightleftharpoons Mg$	−2,375
Al/Al^{3+}	$Al^{3+} + 3e^- \rightleftharpoons Al$	−1,706
$Pt/H_2/OH^-$	$2H_2O + 2e^- \rightleftharpoons H_2 + 2OH^-$	−0,8277
Zn/Zn^{2+}	$Zn^{2+} + 2e^- \rightleftharpoons Zn$	−0,7628
Fe/Fe^{2+}	$Fe^{2+} + 2e^- \rightleftharpoons Fe$	−0,409
Cd/Cd^{2+}	$Cd^{2+} + 2e^- \rightleftharpoons Cd$	−0,4026
Ni/Ni^{2+}	$Ni^{2+} + 2e^- \rightleftharpoons Ni$	−0,23
Pb/Pb^{2+}	$Pb^{2+} + 2e^- \rightleftharpoons Pb$	−0,1263
$Pt/H_2/H_{aq}^+$	$2H^+ + 2e^- \rightleftharpoons H_2$	0
$Pt/Cu^{2+}, Cu^+$	$Cu^{2+} + e^- \rightleftharpoons Cu^+$	0,167
Cu/Cu^{2+}	$Cu^{2+} + 2e^- \rightleftharpoons Cu$	0,3402
$Pt/O_2/OH^-$	$1/2\, O_2 + H_2O + 2e^- \rightleftharpoons 2OH^-$	0,401
$Pt/Fe^{3+}, Fe^{2+}$	$Fe^{3+} + e^- \rightleftharpoons Fe^{2+}$	0,771
Ag/Ag^+	$Ag^+ + e^- \rightleftharpoons Ag$	0,7996
$Pt/O_2/H^+$	$1/2\, O_2 + 2H^+ + 2e^- \rightleftharpoons H_2O$	1,229
$Pt/Cl_2/Cl^-$	$Cl_2 + 2e^- \rightleftharpoons 2Cl^-$	1,36
Au/Au^+	$Au^+ + e^- \rightleftharpoons Au$	1,42
$Pt/MnO_4^-, Mn^{2+}, H^+$	$MnO_4^- + 8H^+ + 5e^- \rightleftharpoons Mn^{2+} + 4H_2O$	1,491
$Pt/Mn^{3+}, Mn^{2+}$	$Mn^{3+} + e^- \rightleftharpoons Mn^{2+}$	1,51

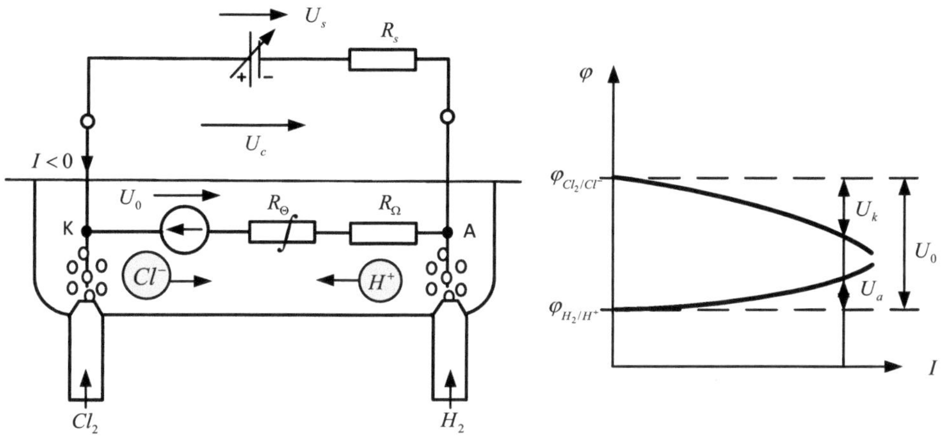

Bild 2.7: Ersatzschaltung eines galvanischen Elements mit der Abhängigkeit der wirksamen Potenzialdifferenz vom Strom

Galvanisches Element

In **Bild 2.7** ist das Prinzip eines galvanischen Elementes dargestellt. Die beiden Redox-Elektroden werden aus Platin und verdünnter Salzsäure gebildet. Das Chlor zieht aus dem Elektrodenmetall der Kathode Elektronen ab. Es bilden sich Cl^--Ionen. Die Elektrode wird positiv und ist der Pluspol der Quelle. Der Wasserstoff gibt seinerseits freiwillig Elektronen an die von ihm umspülte Anode ab. Es bildet sich nach kurzer Zeit die Gleichgewichtszellenspannung

$$U_0 = \varphi_{Cl_2/Cl^-} - \varphi_{H_2/H^-} \tag{2.12}$$

aus, die in der Elektrotechnik als Leerlaufspannung einer Quelle bekannt ist.

In Bild 2.7 ist die Ersatzschaltung des galvanischen Elements eingezeichnet. Daraus ergibt sich die Spannungsgleichung

$$U_c = U_0 + I(R_\Omega + R_\Theta(I)). \tag{2.13}$$

Bei einer Gleichgewichtszellenspannung U_0, die größer als die Klemmenspannung U_c ist, fließt ein negativer Strom. Die Zelle arbeitet als Stromquelle. Die elektrochemischen Reaktionen laufen freiwillig ab.
In der Ersatzschaltung symbolisiert R_Ω die ohmschen Widerstände der Leitungen und des Elektrolyten. Mit U_Θ sind die nichtlinear vom Strom abhängigen Spannungsabfälle an den Elektroden U_a und U_k bezeichnet (s. Diagramm

rechts in Bild 2.7). Diese Spannungsabfälle entstehen aufgrund von Hemmungen beim Transport der hydratisierten Ionen durch die beiden Phasengrenzen. Sie können nicht mit der elektrischen Leitfähigkeit des Elektrolyten beschrieben werden, weil sie stark vom Strom abhängen. Der Einfachheit halber fasst man diese nichtlinearen und vom Strom abhängigen Widerstände als $R_\Theta(I)$ zusammen.

$$U_\Theta = U_a + U_k = IR_\Theta(I) \tag{2.14}$$

In manchen galvanischen Zellen trennt ein Diaphragma im Elektrolyten unterschiedliche Ionen voneinander und erlaubt trotzdem einen Ladungsaustausch. Auch hier entstehen vom Strom abhängige Spannungsabfälle, die hier zwar erwähnt, aber nicht weiter betrachtet werden.

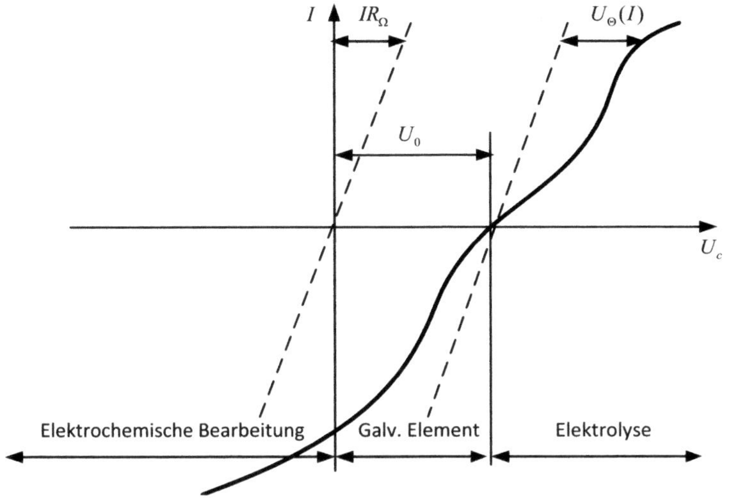

Bild 2.8: Zuordnung möglicher elektrochemischer Prozesse zur IU-Kennlinie

In **Bild 2.8** ist der prinzipielle Verlauf der $I(U_c)$-Kennlinie des galvanischen Elements im vierten Quadranten dargestellt. Im Gegensatz zur Chlor-Knallgas-Reaktion erfolgt der Austausch von Elektronen nicht direkt, sondern über den Umweg einer elektrischen Leitung. Dabei kann elektrische Energie an einen äußeren Verbraucher abgegeben werden. Verluste an ohmschen Widerständen R_Ω und nichtohmschen Hemmnissen $R_\Theta(I)$ sind dabei unvermeidlich. An der Anode wird Wasserstoff oxidiert und an der Kathode wird Chlor reduziert. Die Summe beider Gleichungen (S) ergibt die Bruttoreaktion mit energetisch minderwertiger Salzsäure im Ergebnis.

$$A: \quad H_2 + 2H_2O \rightarrow 2H_3O^+ + 2e^- \tag{2.15}$$

$$K: \quad Cl_2 + 2e^- \rightarrow 2Cl^- \tag{2.16}$$

$$S: \quad H_2 + Cl_2 \rightarrow 2HCl \tag{2.17}$$

Mit H_3O^+ in (2.15) wird angedeutet, dass das Proton H^+ hier mit einem Wassermolekül verbunden ist.

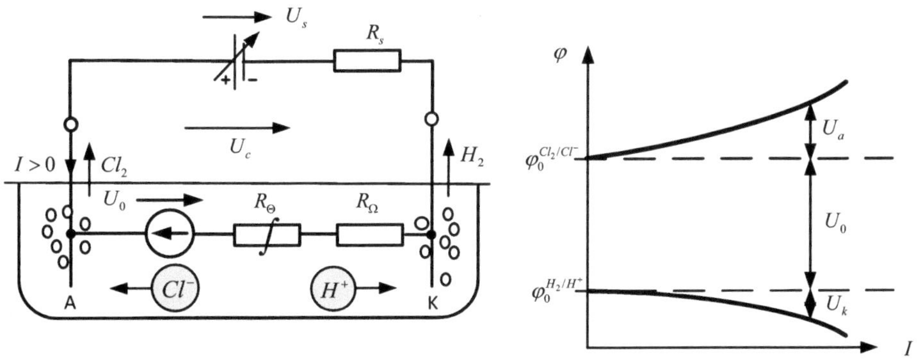

Bild 2.9: Ersatzschaltung einer Elektrolysezelle; im Gegensatz zum galvanischen Element vergrößert sich die Potenzialdifferenz mit dem Strom.

Elektrolyse

Wenn man die Klemmenspannung nach negativen Werten ausdehnen würde, so wird lediglich die Vernichtung von wertvollem Chlor und Wasserstoff beschleunigt und Wärme erzeugt. Dagegen können mit einer Elektrolyse nach **Bild 2.9** aus verdünnter Salzsäure wieder Chlor und Wasserstoff erzeugt werden. Die Klemmenspannung muss dazu größer als die Gleichgewichtszellenspannung sein, die auch Zersetzungsspannung genannt wird. Es gilt nach wie vor (2.13). Wegen $U_c > U_0$ fließt der Strom jetzt in positiv definierter Richtung (Verbraucherzählpfeile).

$$I = \frac{U_c - U_0}{R_\Omega + R_\Theta(I)} \tag{2.18}$$

Das Chlorion wird gezwungen, seine negative Ladung an der Anode abzuliefern. Ebenso nimmt das Wasserstoffion eine negative Ladung von der Kathode auf.

Per Saldo entstehen aus verdünnter Salzsäure unter Zugabe von Elektroenergie Wasserstoff und Chlor.

$$A: \quad 2Cl^- \rightarrow Cl_2 + 2e^- \tag{2.19}$$

$$K: \quad 2H_3O^+ + 2e^- \rightarrow H_2 + 2H_2O \tag{2.20}$$

$$S: \quad 2HCl \rightarrow H_2 + Cl_2 \tag{2.21}$$

Durch die Stromumkehr haben die Spannungen U_Θ ihr Vorzeichen gegenüber U_0 geändert, was auch aus dem Diagramm in Bild 2.9 deutlich wird. Diese Spannungen werden deshalb gern als Überspannungen bezeichnet, weil sie zusätzlich aufzubringen sind, um eine Elektrolyse ablaufen zu lassen. Sie haben ihre gleichen Ursachen wie beim Betrieb als galvanische Zelle und die prinzipielle Eigenschaft, die Effektivität des jeweiligen Prozesses zu schmälern.
Zur Klarstellung von Polung, Anode und Kathode sowie Stromrichtung sind in **Bild 2.10** nochmals die Zustände Laden und Entladen einander gegenübergestellt. Die Polung bleibt in beiden Zuständen unverändert. Dagegen tauschen Anode und Kathode ihre Plätze. Da das galvanische Element (Batterie) bezüglich der Zählpfeile als Verbraucher gewertet wird, ist der Strom beim Entladen negativ.

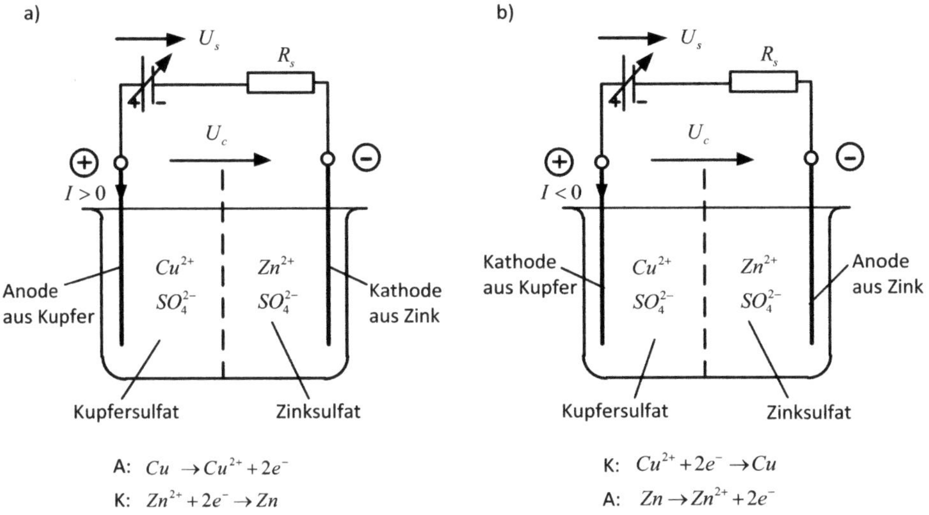

Bild 2.10: Daniell-Element: a) im Zustand Laden oder Elektrolyse, b) im Zustand Entladen oder als galvanisches Element

Überspannung

Die Überspannungen werden nach den Ursachen für bestimmte Hemmungen unterteilt:

- Durchtritts-Überspannung: Durchtritt von Ladungsträgern (Elektron, Ion) durch die elektrolytische Doppelschicht an der Phasengrenze nach Abschn. 2.1.1
- Reaktions-Überspannung: vor- oder nachgelagerte chemische Teilreaktion bei Stromfluss
- Kristallisations-Überspannung: Ein- oder Ausbau von Atomen in das bzw. aus dem Kristallgitter
- Diffusions-Überspannung: Transport durchtrittsfähiger Substanzen von der oder zu der elektrolytischen Doppelschicht.

Den Spannungsverlust durch die erwähnte Überspannung $U_\ominus$ nach (2.14) kann man an einer Elektrode relativ gut messen. Weil diese Messung das Verständnis der Überspannung fördert, soll das Messprinzip erklärt werden.

Tabelle 2.4: Wasserstoffüberspannung in Volt für zwei Stromdichten bei 1-molarer Salzsäure und verschiedenen Elektrodenmaterialien; ausführliche Angaben in [6, S. 430-431]

Stromdichte mA/cm^2	Pt	Cd	Ni	Fe	Ag	Cu	Hg	C
1	0,09	0,99	0,33	0,40	0,44	0,60	1,04	0,47
100	0,5	1,25	0,51	0,64	0,76	0,82	1,21	0,99

Es wird eine elektrolytische Messsonde nach **Bild 2.11**, ähnlich der Wasserstoffelektrode zwischen Anode und Kathode, gesetzt, um das Potenzial gegenüber der Kathode zu messen. Falls die Spannungsmessung stromlos erfolgt, existiert keine Überspannung an der Messsonde. Daher werden sowohl das Potenzial im stromlosen Zustand φ_0 als auch das Potenzial in Abhängigkeit des Stromes $\varphi(I)$ bestimmt. Für die Überspannung an der Kathode gilt dann:

$$U_k(I) = \varphi(I) - \varphi(I = 0)\,. \tag{2.22}$$

Bei der dargestellten Messmethode wird der ohmsche Spannungsabfall ΔR_Ω mit erfasst. Deshalb muss sehr dicht an der Elektrode $s \to 0$ gemessen werden.

Oder es müssen mehrere Messpunkte für unterschiedliche Abstände s ermittelt werden, denn dann kann der von der Länge abhängige Anteil $\Delta R_{\Omega}(s)$ herausgerechnet werden.
Die Überspannungen hängen neben der Stromdichte vom Elektrolyt, seiner Konzentration und dem Elektrodenmaterial ab. Zur Einordnung der Größenordnung sind in **Tabelle 2.4** einige Werte der Überspannung angegeben, wie sie an der Wasserstoff erzeugenden Elektrode auftreten können.

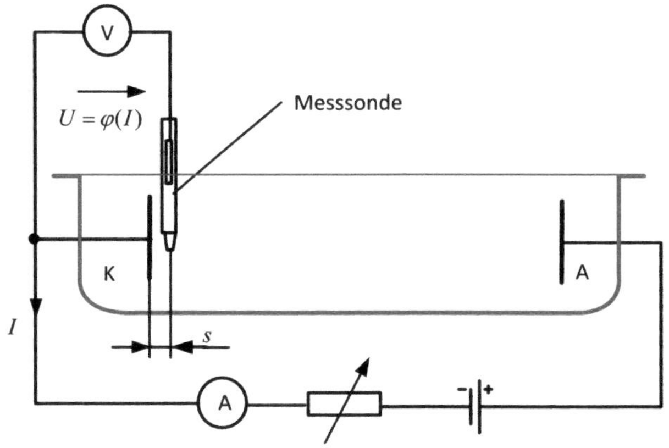

Bild 2.11: Schaltung zur Messung der Überspannung an einer Elektrode, hier Kathode

2.1.5 Stoffumsatz

Die Avogadro´sche Konstante N_A=6,022 $\cdot$ 10^{23} 1/mol gibt die Anzahl der Teilchen je mol an. Ein Ion mit der Ladungszahl z hat die Ladung ze_0. Damit ergibt sich die pro mol übertragbare Ladung

$$Q_m = N_A e_0 z = Fz, \tag{2.23}$$

worin $F = N_A e_0$=9,649 $\cdot$ 10^4 C/mol die Faraday'sche Konstante darstellt. Mit der molaren Masse M kann damit das elektrochemische Äquivalent Ä bestimmt werden.

$$\text{Ä} = \frac{M}{N_A e_0 z} = \frac{M}{Fz} \tag{2.24}$$

Das elektrochemische Äguivalent Ä setzt sich nur aus den Stoffeigenschaften M und z sowie Naturkonstanten zusammen. Die **Tabelle 2.5** gibt hierzu einige Beispiele.

Das erste Faraday'sches Gesetz formuliert den quantitativen Zusammenhang zwischen der Ladungsmenge Q, die eine Elektrode durchflossen hat, und der an dieser Elektrode umgesetzten Masse m.

$$m = \text{Ä}Q = \frac{M}{N_a e_0 z} Q = \frac{M}{Fz} Q \tag{2.25}$$

Das Verhältnis der Massen, die bei gleicher Ladung an den Elektroden 1 und 2 einer Zelle umgesetzt werden, gibt das zweite Faraday'sches Gesetz an.

$$\frac{m_1}{m_2} = \frac{M_1/z_1}{M_2/z_2} \tag{2.26}$$

Oftmals werden von einer Strommenge Q nicht nur die gewünschten Ionen, sondern auch unerwünschte umgesetzt. Das Verhältnis von tatsächlich umgesetzter Masse m_r zur theoretisch umsetzbaren Masse m nach (2.25) wird als Stromausbeute η_c bezeichnet.

$$\eta_c = \frac{m_r}{m} = \frac{m_r}{\text{Ä}Q} \tag{2.27}$$

Tabelle 2.5: Ladungszahl, molare Masse und elektrochemisches Äquivalent einiger Elemente

	H	*Ag*	*Cl*	*Cu*	*O*	Al	Pt
z	1	1	1	2	2	3	4
M in g/mol	1,008	107,9	35,5	63,5	16,0	27,0	195,1
Ä in mg/As	0,011	1,118	0,368	0,329	0,083	0,093	0,506

2.1.6 Berechnung der Elektrodenpotenziale

Es wurde bereits gezeigt, dass man das Elektrodenpotenzial mithilfe der Wasserstoffelektrode indirekt messen und so per Definition bestimmen kann. Allerdings ist die Zahl der Einflussgrößen sehr hoch, weshalb eine tabellarische Aufbereitung sehr umfangreich und unübersichtlich wird. Mithilfe der Nernst'schen

Gleichung können zumindest die Temperatur und die Ionenkonzentrationen des Elektrolyten als rechnerische Größen in die Bestimmung des Elektrodenpotenzials eingebracht und somit kann die Zahl an Variablen reduziert werden.

Nernst'sche Gleichung

Die Nernst'sche Gleichung stellt einen Zusammenhang zwischen dem Standardpotenzial, der Temperatur T und der Konzentration c der beteiligten Ionen her.

$$\varphi = \varphi^0 + \frac{RT}{z_e F}(\sum_i \ln c^*_{i,ox} - \sum_i \ln c^*_{i,red}) \tag{2.28}$$

In dieser Gleichung wird mit R=8,315 Ws/(molK) die molare Gaskonstante und mit F=9,649·10^4 C/mol die Faraday'sche Konstante bezeichnet. Die Anzahl der an der Elektrode ausgetauschten Elektronen pro Formelumsatz wird mit z_e bezeichnet. Der Divisor $z_e F$ bezeichnet folglich die Ladung, welche beim Umsatz pro Stoffmenge an der Elektrode ausgetauscht wird. Damit wird ersichtlich, dass das Produkt $\varphi \cdot z_e F$ einer elektrischen Energie pro mol entspricht. Diese Energie ist nicht mit der Ionisationsenergie identisch. Dies erkennt man indirekt daran, dass beispielsweise das Standardpotenzial von Lithium mit −3,045 V niedriger als das von Natrium mit −2,711 V ist, wohingegen die Ionisationsenergie von Lithium mit 513 kJ/mol größer als die von Natrium mit 495 kJ/mol ist. Die Ursache hierfür ist darin begründet, dass beim Übergang des Atoms in ein gelöstes Ion zusätzliche Energie in Form der Sublimations- und die Hydrationsenergie aufzubringen ist.
Von den auf 1 mol/L normierten Konzentrationen (Markierung mit *) der oxidierten Substanzen c^*_{ox} und der reduzierten Substanzen c^*_{red} wird der ln und davon die Summe gebildet. Die Normierung auf 1 mol/L entspricht der für das Standardpotenzial vorgeschriebenen Konzentration. Mit der Normierung sind die Argumente der ln-Funktion dimensionslos. Die dargestellte Form der Nernst'schen Gleichung nach (2.28) ist die ursprünglich Form, die nur für niedrige Konzentrationen (c < 0,001 1/mol) brauchbare Ergebnisse liefert. Mit Einführung der Aktivität a_i für die an den Elektrodenreaktionen beteiligten Stoffe kann ihr Gültigkeitsbereich wesentlich erweitert werden.

$$a_i = \gamma_i c^*_i \tag{2.29}$$

Die Aktivität wird aus praktischen Gründen mit dem Aktivitätskoeffizienten γ_i berechnet, wobei der Aktivitätskoeffizient von der Konzentration abhängt.

Die Nernst'schen Gleichung hat nun die Form:

$$\varphi = \varphi^0 + \frac{RT}{z_e F} (\sum_i \ln a_{i,ox} - \sum_i \ln a_{i,red}). \tag{2.30}$$

In gekürzter Schreibweise für die Summen als

$$\ln \frac{a_{ox}}{a_{red}} = \sum_i \ln a_{i,ox} - \sum_i \ln a_{i,red} \tag{2.31}$$

wird

$$\varphi = \varphi^0 + \frac{RT}{z_e F} \ln \frac{a_{ox}}{a_{red}} \tag{2.32}$$

erhalten. Da bei einer Summation der ln-Funktionen Summanden zu Faktoren und die Faktoren zu Potenzen werden, kann zusammengefasst werden. Dies soll nachfolgend anhand von drei Beispielen gezeigt werden. Diese Beispiele beziehen sich auf die in Tabelle 2.3 aufgeführten Halbzellen. Aus den in dieser Tabelle aufgeführten Elektrodenreaktionen kann man die ausgetauschten Ladungen z_e, die oxidierten Substanzen (stehen auf der Seite der Ladungszahlen) und die reduzierten Substanzen ablesen.

Für die Halbzelle $(Pt/Cl_2, Cl^-)$ gilt:

$$\varphi = 1{,}36\,\mathrm{V} + \frac{RT}{2F} \ln \frac{a_{Cl_2}}{a^2_{Cl^-}} . \tag{2.33}$$

Für die Halbzelle $(Pt/Fe^{3+}, Fe^{2+})$ gilt:

$$\varphi = 0{,}771\,\mathrm{V} + \frac{RT}{F} \ln \frac{a_{Fe^{3+}}}{a_{Fe^{2+}}} . \tag{2.34}$$

Und für die Halbzelle $(Pt/MnO_4^{2-}, Mn^{2+}, H^+)$ gilt:

$$\varphi = 1{,}491\,\mathrm{V} + \frac{RT}{5F} \ln \frac{a_{MnO_4^-}\; a^8_{H^+}}{a_{Mn^{2+}}\; a^4_{H_2O}} . \tag{2.35}$$

Wie bereits erwähnt, können für niedrige Konzentrationen ($c_i^* < 0,001$) anstelle der Aktivitäten die Konzentrationen eingesetzt werden.

Aktivität

Die Aktivität einer Ionensorte a_i ist i. d. R. nicht messbar, weil in einem insgesamt neutralen Elektrolyt stets die komplementäre Ionensorte vorhanden ist und sich die positiven und negativen Ladungen aufheben. Man definiert stattdessen für einen Elektrolyten mit k Kationen und l Anionen pro Formelumsatz die mittlere Aktivität $\overline{a}$ als geometrischen Mittelwert.

$$\overline{a} = \sqrt[k+l]{a_+^k \cdot a_-^l} = \sqrt[k+l]{\gamma_+^k c_+^k \cdot \gamma_-^l c_-^l} \tag{2.36}$$

Analog gilt für den mittleren Aktivitätskoeffizienten die Definition:

$$\overline{\gamma} = \sqrt[k+l]{\gamma_+^k \cdot \gamma_-^l}\,. \tag{2.37}$$

Worin mit a_+ und a_- die Aktivitäten bzw. mit γ_+ und γ_- deren Aktivitätskoeffizienten und mit c_+ und c_- die Konzentrationen der jeweiligen Ionensorte bezeichnet sind. Beispielsweise ergibt sich für eine Kochsalzlösung mit $NaCl$ die mittlere Aktivität zu

$$\overline{a}_{NaCl} = \sqrt{a_{Na^+} \cdot a_{Cl^-}} \tag{2.38}$$

und für eine Kaliumsulfat-Lösung K_2SO_4 folgt nach (2.36)

$$\overline{a}_{K_2SO_4} = \sqrt[3]{a_{K^+}^2 \cdot a_{SO_4^{2-}}}\,. \tag{2.39}$$

In **Tabelle 2.6** sind die mittleren Aktivitäten einiger gelöster Salze aufgeführt. Bei der Bestimmung der Gleichgewichtszellenspannung wird der Ausdruck 2.31 durch die Aktivitäten der zweiten Elektrode erweitert. Dadurch gelingt es dann vielfach, mittlere Aktivitäten zu bilden. Dies wird später in Abschnitt 2.1.6 nochmals gezeigt.

Bei Metallen und nicht dissoziierenden Substanzen ist die Bestimmung der Aktivität a_i relativ einfach. Man setzt für die reine kondensierte Phase die Aktivität $a_i = 1$. Der Zusatz weiterer Komponenten führt zu einer Verringerung der Konzentration der i-ten Komponente, was sich in der Verminderung des Dampfdruckes dieser i-ten Komponente p_i und damit seiner Aktivität a_i ausdrückt. Die Aktivität wird daher mit dem Partialdruck p_i bezogen auf den Dampfdruck der reinen Komponente p_{0i} bei gleicher Temperatur definiert.

$$a_i = p_i / p_{0i} \tag{2.40}$$

Bei Gasen wird vom idealen Verhalten ausgegangen und der Partialdruck der betrachteten Gaskomponente p_i auf den Gesamtdruck (i. d. R. der Normaldruck $p_0 = 0{,}1013\,\text{MPa}$) bezogen. Somit gilt:

$$a_i = p_i/p_0\,. \tag{2.41}$$

Die Aktivität von Wasser wird i. d. R. zu $a_{H_2O} = 1$ angenommen.

Tabelle 2.6: Näherungswerte für mittlere Aktivitätskoeffizienten $\overline{\gamma}$ von Salzen nach [16, S. 735]

Wertigkeit	Konzentration c in mol/L					
	0,001	0,005	0,01	0,05	0,1	0,2
1-1-wertig	0,97	0,93	0,90	0,81	0,76	0,70
1-2-wertig	0,94	0,86	0,81	0,66	0,58	0,49
1-3-wertig	0,90	0,80	0,73	0,53	0,43	0,34
2-2-wertig	0,87	0,74	0,66	0,44	0,33	0,24
2-3-wertig	0,81	0,64	0,53	0,29	0,19	0,12
3-3-wertig	0,73	0,51	0,39	0,15	0,08	0,04

Aus den Werten der Tabelle 2.6 erkennt man, dass sich der Aktivitätskoeffizient mit stärker werdender Verdünnung (geringere Konzentration) dem Wert $\overline{\gamma} = 1$ nähert. Bei einer hohen Konzentration ist die Aktivität folglich nicht in dem Maße proportional zur Konzentration wie bei einer geringeren, weil sich die Ionen gegenseitig behindern. Der Vergleich mit den zu vielen Köchen in der Küche drängt sich auf, weil diese auch beim besten Willen das Essen nicht schneller auf den Tisch bringen, da sie sich gegenseitig im Wege stehen.

Gleichgewichtszellenspannung

Aus zwei Elektroden wird eine galvanische Zelle gebildet. Nach (2.11) ergibt sich die Gleichgewichtszellspannung aus der Differenz der Gleichgewichtspotenziale der Halbzellen 1 und 2.

$$U_0 = \varphi_1 - \varphi_2 \tag{2.42}$$

Es wird an dieser Stelle vereinbart, das höhere Potenzial als Minuend zu schreiben, um stets eine positive Gleichgewichtszellspannung zu erhalten.

Chlor-Knallgas-Zelle: Diese Zelle ist in Bild 2.9 schematisch dargestellt. Für die Gleichgewichtszellenspannung ergibt sich nach (2.32):

$$U_0 = \varphi^0_{Cl_2/Cl^-} - \varphi^0_{H_2/H^+} + \frac{RT}{2F} \ln \frac{a_{Cl_2}}{a^2_{Cl^-}} - \frac{RT}{2F} \ln \frac{a^2_{H^+}}{a_{H_2}} \tag{2.43}$$

$$= \varphi^0_{Cl_2/Cl^-} - \varphi^0_{H_2/H^+} + \frac{RT}{2F} \ln \frac{a_{H_2}\, a_{Cl_2}}{a^2_{H^+}\, a^2_{Cl^-}} \,. \tag{2.44}$$

Die Aktivitäten vom Chlor- und Wasserstoffgas können nach (2.41) durch ihren auf den Normaldruck bezogenen Druck p_{H_2}/p_0 und p_{Cl_2}/p_0 ersetzt werden. Damit ergibt sich:

$$U_0 = \varphi^0_{Cl_2/Cl^-} - \varphi^0_{H_2/H^+} + \frac{RT}{2F} \ln \frac{p_{H_2}\, p_{Cl_2}}{p_0^2\, a_{H^+}\, a_{Cl^-}} \,. \tag{2.45}$$

Die Aktivitäten der Salzsäure-Ionen können nach (2.36) jeweils durch den mittleren Aktivitätskoeffizienten und die Konzentration ersetzt werden.

$$\overline{a}_{HCl} = \sqrt{a_{H^+} \cdot a_{Cl^-}} = \sqrt{\gamma_{H^+} c_{H^+} \cdot \gamma_{Cl^-} c_{Cl^-}} \tag{2.46}$$

Mit $c_{Cl^-} = c_{H^+} = c_{HCl}$ ergibt sich:

$$\overline{a}_{HCl} = c_{HCl}\sqrt{\gamma_{H^+} \cdot \gamma_{Cl^-}} = c_{HCl}\overline{\gamma}_{HCl} \,. \tag{2.47}$$

Damit ergibt sich für die Gleichgewichtszellenspannung:

$$U_0 = \varphi^0_{Cl_2/Cl^-} - \varphi^0_{H_2/H^+} + \frac{RT}{F} \ln \frac{\sqrt{p_{H_2}\, p_{Cl_2}}}{p_0\, \overline{a}_{HCl}} \,. \tag{2.48}$$

Wenn man die Gasdrücke gleich dem Luftdruck zu p_0 setzt, vereinfacht sich die Beziehung weiter.

$$U_0 = \varphi^0_{Cl_2/Cl^-} - \varphi^0_{H_2/H^+} - \frac{RT}{F} \ln \overline{a}_{HCl} \tag{2.49}$$

Mit einer angenommenen normierten Konzentration der Salzsäure von $c^*_{HCl}=$ 0,01 ergibt sich nach Tab. 2.6 für 1-1-wertige Säuren ein mittlerer Aktivitätskoeffizient von $\overline{\gamma}_{HCl}=$ 0,9. D. h., die mittlere Aktivität der Salzsäure beträgt $\overline{a}_{HCl}$=0,009. Mit den Standardpotenzialen für $\varphi^0_{Cl_2/Cl^-}$ und $\varphi^0_{H_2/H^+}$ nach Tab. 2.3, der thermodynamischen Raumtemperatur von 289 K sowie dem Quotienten $RT/F = 0{,}025\,68\,\mathrm{V}$ ergibt sich schließlich die Gleichgewichtszellenspannung:

$$U_0 = 1{,}36\,\mathrm{V} - 0\,\mathrm{V} - 0,02568\ \ln 0{,}009\,\mathrm{V} = 1{,}48\,\mathrm{V} \,. \tag{2.50}$$

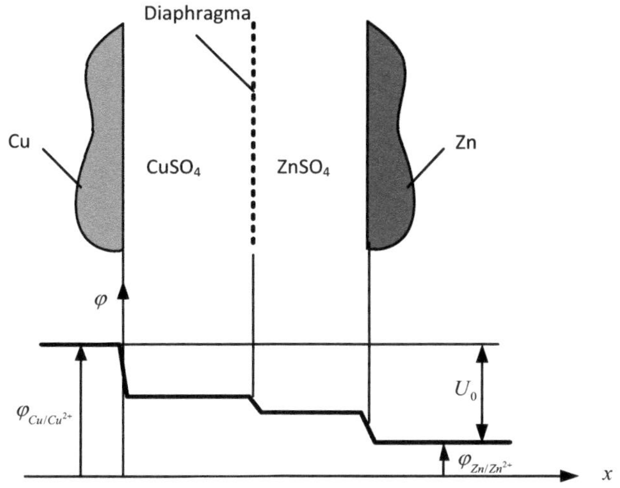

Bild 2.12: Daniell-Element und die möglichen Potenzialdifferenzen an den Elektroden und am Diaphragma

Daniell-Zelle: In einem zweiten Beispiel soll die Leerlaufspannung des Daniell-Elements nach **Bild 2.12** bestimmt werden. Damit es bei nur einer Ionenart an einer Elektrode bleibt, muss durch ein Diaphragma das Vermischen der Ionen verhindert werden. Am Diaphragma werden elektrische Ladungen ausgetauscht, ohne dass die atomaren Ladungsträger übertreten. Dieser Diffusionsprozess läuft nur in einer Richtung selbständig ab, was sich thermodynamisch durch den Potenzialabfall am Diaphragma zeigt. In der entgegengesetzten Richtung muss folglich Energie aufgebracht werden, um beispielsweise ein Elektron auf ein niedrigeres Potenzial zu drücken. Das wäre im Betrieb als galvanisches Element der Fall, denn dann ist der Stromfluss im Elektrolyt von der Zink-Elektrode zur Kupfer-Elektrode gerichtet.
Genau genommen entsteht am Übergang vom metallischen Zink zum metallischen Kupfer der Zuleitung eine Kontaktspannung, die als thermoelektrische Spannung bekannt ist (s. Seebeck- bzw. Peltier-Effekt). Bei hohen Temperaturunterschieden, z. B. bei der Schmelzflusselektrolyse von Aluminium, muss dies unter Umständen beachtet werden. Nachfolgend wird die Gleichgewichtszellenspannung unter Vernachlässigung des Spannungsabfalls am Diaphragma sowie der erwähnten möglichen Kontaktspannungen bestimmt.

$$U_0 = \varphi^0_{Cu/Cu^{2+}} + \frac{RT}{2F} \ln \frac{a_{Cu^{2+}}}{a_{Cu}} - (\varphi^0_{Zn/Zn^{2+}} + \frac{RT}{2F} \ln \frac{a_{Zn^{2+}}}{a_{Zn}}) \tag{2.51}$$

Mit der Annahme, dass die Metalle Kupfer und Zink rein sind, ergibt sich mit $a_{Cu} = a_{Zn} = 1$:

$$U_0 = \varphi^0_{Cu/Cu^{2+}} + \frac{RT}{2F} \ln a_{Cu^{2+}} - (\varphi^0_{Zn/Zn^{2+}} + \frac{RT}{2F} \ln a_{Zn^{2+}}) \quad (2.52)$$

$$= \varphi^0_{Cu/Cu^{2+}} - \varphi^0_{Zn/Zn^{2+}} + \frac{RT}{2F} (\ln \frac{a_{Cu^{2+}}}{a_{Zn^{2+}}}) \,. \quad (2.53)$$

Man erweitert nun den Quotienten der ln-Funktion mit der Aktivität der Sulfationen, für die gleiche Konzentrationen links und rechts des Diaphragmas angenommen werden. Unter Beachtung von (2.36) wird der Faktor 1/2 vor der ln-Funktion zur Wurzel im Argument dieser.

$$U_0 = \varphi^0_{Cu/Cu^{2+}} - \varphi^0_{Zn/Zn^{2+}} + \frac{RT}{F} \ln \frac{\overline{a}_{CuSO_4}}{\overline{a}_{ZnSO_4}} \quad (2.54)$$

$$= \varphi^0_{Cu/Cu^{2+}} - \varphi^0_{Zn/Zn^{2+}} + \frac{RT}{F} \ln \frac{\overline{\gamma}_{CuSO_4} c^*_{CuSO_4}}{\overline{\gamma}_{ZnSO_4} c^*_{ZnSO_4}} \quad (2.55)$$

Bei bekannten Konzentrationen von Kupfer- und Zink-Sulfat kann mithilfe der mittleren Aktivitätskoeffizienten nach Tab. 2.6 für 2-2-wertige Säuren die Gleichgewichtszellenspannung bestimmt werden.

2.1.7 Ersatzschaltung

Neben der Gleichgewichtszellenspannung U_0 sowie den ohmschen Spannungsabfällen IR_Ω und den Überspannungen $IR_\Theta(I)$, die bereits in Abschnitt 2.1.4 behandelt wurden, können noch richtungsabhängige Potenzialdifferenzen an einem Diaphragma in Form der Diffusionsspannung U_{di} und Kontaktspannungen U_{co} auftreten (s. **Bild 2.13**). Die Klemmenspannung setzt sich folglich aus EMK's und Spannungsabfällen aufgrund von linearen und nichtlinearen elektrischen Widerständen zusammen.

$$U_c = U_0 + IR_\Omega + IR_\Theta(I) + U_{di} + U_{co} \quad (2.56)$$

An der Grenzfläche unterschiedlicher Elektrolyte, die durch ein Diaphragma gebildet wird, entsteht aufgrund unterschiedlicher Geschwindigkeiten der Ionen zu beiden Seiten der Grenzfläche ein Potenzialsprung bzw. eine Diffusionsspannung U_{di}. Dieser stellt sich so ein, dass die Geschwindigkeiten der Ionen auf beiden Seiten gleich groß werden. Bei der Messung der Gleichgewichtszellspannung U_0 wird die Diffusionsspannung mit erfasst. Das Vorzeichen dieser

Spannung ergibt sich aus den Eigenschaften der aneinandergrenzenden Lösungen. Die Diffusionsspannung wird umso größer, je mehr sich die Ionen in ihren Diffusionskoeffizienten bzw. ihrer Beweglichkeit unterscheiden.

An der Berührungsfläche zweier Metalle entsteht durch die unterschiedlichen Energien der Elektronen (Fermi-Energien) im Leitungsband ebenfalls ein von der Temperatur abhängiger Potenzialsprung, der als Seebeck-Effekt bekannt ist. Bei der Elektrolyse mit wässrigen Lösungen sind diese Temperaturdifferenzen relativ klein, sodass die im mV-Bereich liegenden Spannungen vernachlässigbar sind. Bei der Schmelzflusselektrolyse des Aluminiums mit Temperaturen von ca. 1000 °C können an den Übergängen Kupfer/Kohle, Kohle/Aluminium, Aluminium/Kohle, Kohle/Eisen und Eisen/Kupfer (s. weiter unten Bild 2.15) wesentlich höheren Kontaktspannungen auftreten, die sich zu einer nicht zu vernachlässigenden Gesamtspannung aufsummieren. Die vorzeichenbehaftete Summe dieser Kontaktspannungen (mindestens zwei) hängt vom konkreten Fall ab und muss gegebenenfalls in der Ersatzschaltung berücksichtigt werden.

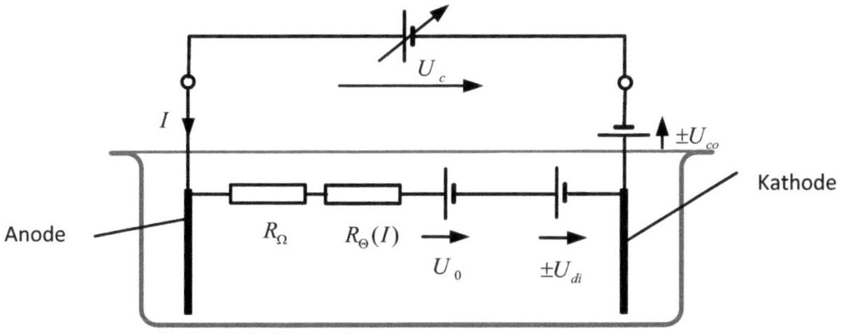

Bild 2.13: Ersatzschaltung zu einer Elektrolysezelle mit möglichen richtungsabhängigen Potenzialdifferenzen

2.1.8 Stromdichte-Potenzial-Funktionen

In Abschnitt 2.1.3 wurde die Bestimmung der Elektrodenpotenziale einschließlich der Überspannungen $IR_\Theta(I)$ bei Stromfluss behandelt. Aus dem gemessenen Strom kann die Stromdichte mittels der wirksamen Elektrodenfläche A_e zu $J = I/A_e$ bestimmt werden. Das vom Strom abhängige Potenzial kann mit einer Wasserstoffelektrode als Vergleichselektrode beispielsweise mit der Anordnung nach Bild 2.11 in Abhängigkeit von der Stromdichte gemessen werden.

Allerdings wird in der Praxis oft eine konstruktiv einfachere Vergleichselektrode verwendet und das Ergebnis auf die Wasserstoffelektrode umgerechnet. Auf diese Weise kann man beispielsweise für eine Elektrode aus Grafit in wässriger Kochsalzlösung die Stromdichte-Potenzial-Kurve für Sauerstoff O_2 oder Chlorgas Cl_2 aufzeichnen. Man erhält in getrennten Messungen die beiden oberen Kurven in **Bild 2.14**. Analog können für Natrium und Wasserstoff an einer Eisenelektrode die Stromdichte-Potenzial-Kurven aufgenommen werden. Hier ist zur Erhöhung des Stromes die treibende Spannung zu vermindern (in negativer Richtung zu erhöhen). Aus der Potenzialdifferenz zweier Kennlinien kann nach (2.42) bzw. (2.55) die Klemmenspannung abgelesen werden. Falls zwei Reaktionen an einer Elektrode gleichzeitig ablaufen (z. B. bei der Abscheidung von Natrium wäre das die Entstehung von Wasserstoff), dann kann die Stromdichte mittels des gleichzeitig gemessenen Stoffumsatzes (hier des Wasserstoffs) korrigiert werden.
Obwohl das Standardpotenzial von Sauerstoff unter dem von Chlor liegt, wird ab einer relativ kleinen Stromdichte an der Grafitanode hauptsächlich Chlor abgeschieden. Die zur Gewinnung von Chlor zweckmäßige Klemmenspannung beträgt daher ca. 2,8 V. Erst bei einer Klemmenspannung von etwa 4 V wird verstärkt Sauerstoff abgeschieden. Natrium wird erst bei einer Klemmenspannung von über 6,71 V abgeschieden. Da bei dieser Spannung die Kurve von Wasserstoff eingeschlossen ist, wird dabei hauptsächlich Wasserstoff entwickelt. Neben gasförmigem Chlor bildet sich im Elektrolyt Natronlauge $NaOH$.
Man erkennt weiterhin, dass mit der Wahl des Elektrodenmaterials das Standardpotenzial und auch die Überspannung beeinflusst werden können. Beispielsweise ist das Standardpotenzial von Wasserstoff an der Kathode aus Eisen nicht $\varphi^0_{Pt/H_2/H^+_{aq}} = 0\,\mathrm{V}$, sondern $\varphi^0_{Fe/H_2/H^+_{aq}} = -0{,}41\,\mathrm{V}$ (s. Bild 2.14). Damit ist es technisch möglich, auch solche Metalle kathodisch aus wässrigen Lösungen abzuscheiden, deren Standardpotenziale nach Tabelle 2.3 unter dem von Wasserstoff im negativen Bereich liegen. Dazu gehören beispielsweise die Metalle Pb, Ni, Cd, Fe und Zn.

2.2 Stoffgewinnung

2.2.1 Schmelzflusselektrolysen

Die elektrolytische Metallabscheidung aus wässriger Lösung ist energetisch günstiger als die der Schmelzflusselektrolyse. Wie bereits gezeigt wurde, können jedoch nur solche Metalle kathodisch abgeschieden werden, deren Stromdichte-Potenzial-Kurve unter der von Wasserstoff liegt. Ansonsten wird hauptsächlich Wasserstoff an der Kathode abgeschieden. Die Wasserstoffabscheidung kann mit einem Elektrolyten unterdrückt werden, der keine freien Protonen H^+ enthält. Die kathodische Abscheidung von Metallen in einem Elektrolyten, der aus Oxiden und Salzen in schmelzflüssiger Phase besteht, wird Schmelzflusselektrolyse genannt.

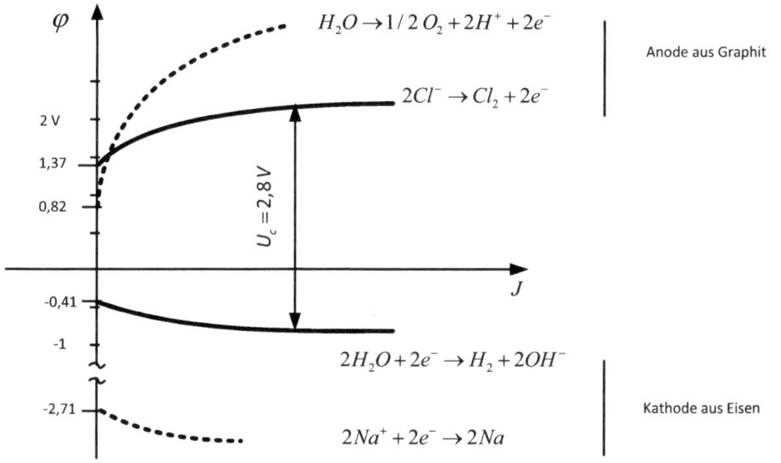

Bild 2.14: Stromdichte-Potenzial-Kurven von wässriger Kochsalzlösung mit einer Eisenkathode und einer Grafitanode; wegen der Elektroden aus Grafit und Eisen anstelle von Platin ergeben sich andere Potenziale bei $J = 0$, als in Tabelle 2.3 angegeben.

Schmelzflusselektrolyse von Aluminium

Die wirtschaftlich bedeutendste Schmelzflusselektrolyse ist die des Aluminiums. Es werden dafür weltweit ca. 5 % des Elektroenergieaufkommens eingesetzt. Das Ausgangsmaterial ist die aus Bauxit gewonnene Tonerde Al_2O_3, die einen Schmelzpunkt von 2050 °C hat. Durch Zugabe von Kryolith Na_3AlF_6 und anderer Stoffe, wie AlF_3, CaF_2 und LiF, entsteht ein Eutektikum mit einem Schmelzpunkt von 960 bis 970 °C. Den schematischen Aufbau einer Elektrolysezelle zeigt **Bild 2.15**. An Anode und Kathode finden folgende Reaktion statt:

$$A: \quad 3O^{2-} \rightarrow 1,5\,O_2 + 6e^- \tag{2.57}$$

$$K: \quad 2Al^{3+} + 6e^- \rightarrow 2Al \tag{2.58}$$

$$S: \quad Al_2O_3 \rightarrow 2Al + 1,5\,O_2\,. \tag{2.59}$$

Das flüssige Aluminium bildet sich an der Kathode, die am Boden der Zelle angeordnet ist. An der Anode wird Sauerstoff abgeschieden, der mit dem Kohlenstoff der Elektrode zu CO bzw. CO_2 reagiert. Die Anode wird somit kontinuierlich verbraucht (verbrannt). Die dabei frei werdende Wärme wird teilweise in den Prozess eingebunden. Bei einer Klemmenspannung von $U_c =$ 4,2 V wird die flüssige Tonerde zersetzt. Die Klemmenspannung ist im Vergleich zur Gleichgewichtszellspannung mit $U_0 = 1{,}7\,\mathrm{V}$ relativ hoch und setzt sich wie folgt zusammen:

- Gleichgewichtszellspannung $U_0 = 1{,}7\,\mathrm{V}$
- Polarisationsüberspannung an der Anode, hervorgerufen durch CO- und CO_2-Gase in der Form $IR_\Theta(I) = 0{,}4\,\mathrm{V}$
- Ohmsche Spannungsabfälle IR_Ω=2,1 V (davon 0,2 V über Kohleanode und Stromschienen, 1,7 V über Elektrolyt und 0,2 V über flüssigem Aluminium, Kohlegefäß und Stromschienen).

Der relativ hohe ohmsche Spannungsabfall über dem Elektrolyten entsteht, weil im Gegensatz zum wässrigen Elektrolyten der ganze Weg zwischen den Elektronenleitern Kohle und Aluminium eingeht. Die ingenieurtechnische Herausforderung besteht angesichts des gewaltigen Elektroenergieeinsatzes darin, die Klemmenspannung möglichst so weit abzusenken, dass nur die zur Zersetzung und zur Erwärmung notwendige Energie aufgebracht wird und eine Kühlung der Zellen vermieden werden kann. Hier stößt man schnell an Grenzen. Beispielsweise ist eine Vergrößerung des Querschnitts zur Absenkung von R_Ω begrenzt, weil durch Lorentz-Kräfte Wellenbewegungen des flüssigen Aluminiums angeregt werden, die zu Kurzschlüssen (Aluminium kontaktiert Anode) führen.

Bei einer Stromstärke von 200 kA beträgt die Stromdichte J an der Anode 60 bis 80 A/dm^2 und an der Kathode 30 bis 350 A/dm^2. Die Systemspannungen betragen 800 bis 1000 V, woraus sich eine Systemleistung bis zu 200 MW ergibt. Mit der oben angegebenen Klemmenspannung sind über 200 Zellen in Reihe zu schalten. Für die einzelne Zelle bedeutet dies Stromeinprägung, weshalb die Regelung auf eine konstante Klemmenspannung abzielt, was mittels Nachführung der Anode und Tonerde sowie Absaugen des flüssigen Aluminiums erreicht wird. Etwa 25 % der Investitionen sind für die Abführung und Reinigung (Filter) des Anodengases, in dem auch staubförmige Oxide und Fluor enthalten sind, aufzuwenden.

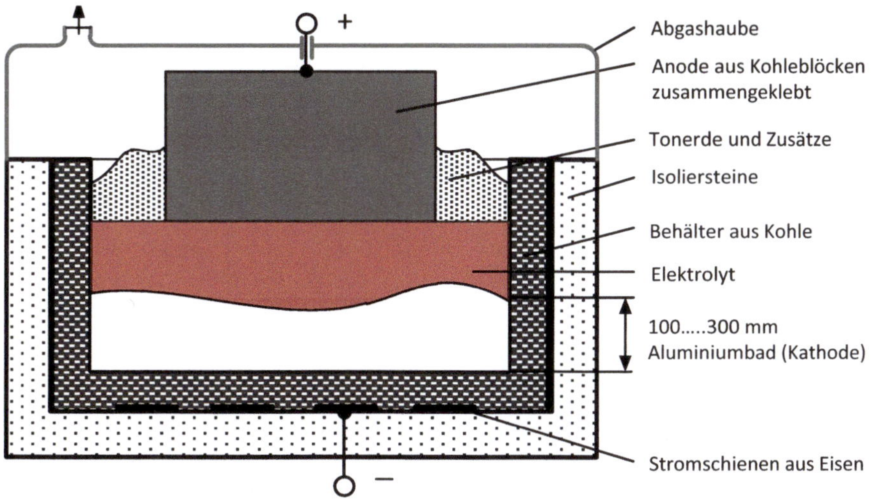

Bild 2.15: Schematischer Aufbau einer Zelle für die Schmelzflusselektrolyse

Weitere Schmelzflusselektrolysen

Neben dem Aluminium werden im großtechnischen Maßstab Magnesium, Lithium und Natrium mit der Schmelzflusselektrolyse hergestellt. In kleineren Mengen werden außerdem Kalzium, Beryllium, Bor, Titan, Niob, Tantal und seltene Erden mithilfe der Schmelzflusselektrolyse gewonnen (s. **Tabelle 2.7**).

2.2.2 Elektrolyse mit wässrigen Lösungen

Chlor-Alkali-Elektrolyse

Chlorgas ist ein wichtiger Grundstoff für die Herstellung von Chlorkohlenwasserstoffen aller Art. Die Stromdichte-Potenzial-Kurven wurden bereits in Abschnitt 2.1.8 diskutiert. Wegen des niedrigen Standardpotenzials von Na/Na^+ von −2,71 V scheidet sich bei einer Klemmenspannung von ca. 2 V an der Kathode bevorzugt Wasserstoff ab. Bei einer neutralen Lösung und wenig Protonen erfolgt eine direkte Elektrolyse des Wassers.

$$K: 2H_2O + 2e^- \rightarrow H_2 + 2OH^- \quad (2.60)$$

Die Umgebung der Kathode wird alkalisch. Obwohl das Standardpotenzial von Sauerstoff an der Grafitelektrode $C/O_2/H^+$ mit 0,82 V unter dem von Chlor $C/Cl_2/Cl^-$ mit 1,37 V liegt, wird vorzugsweise Chlorgas abgeschieden. Dies ist mit der hohen Überspannung von Sauerstoff bei bereits kleinen Stromdichten begründet. Das Bild 2.14 gibt die Verhältnisse mithilfe der Stromdichte-Potenzial-Kurven wieder.

$$A: 2Cl^- \rightarrow Cl_2 + 2e^- \quad (2.61)$$

Primärprodukte der $NaCl$-Elektrolyse sind damit Wasserstoff und Chlor. Die kathodisch entstandenen OH^--Ionen bilden mit den Na^+-Ionen Natronlauge. Die Bruttoreaktion (S) der Zelle lautet:

$$S: 2NaCl + 2H_2O \rightarrow Cl_2 + H_2 + 2NaOH\,. \quad (2.62)$$

Falls durch Rühren, Diffusion und Migration OH^--Ionen in den Anodenraum gelangen, so kommt es zu einer unerwünschten Nebenreaktion mit dem Chlorgas.

$$Cl_2 + 2OH^- \rightarrow ClO^- + Cl^- + H_2O \quad (2.63)$$

Das Chlorgas wird dadurch verunreinigt und die Stromausbeute vermindert. Deshalb werden zur großtechnischen $NaCl$-Elektrolyse Verfahrensmodifikationen verwendet, die als Diaphragma-, Amalgam- und Membran-Verfahren bekannt sind.

Elektrolysen mit wässrigen Lösungen

Mit den elektrochemischen Reaktionen in wässrigen Lösungen werden viele weitere Stoffe hergestellt:

- Kupfer(II)-Oxid Cu_2O für Fungizide, Katalysatoren in der organischen Chemie, Farbpigmente
- Kalium-Permanganat $KMnO_4$ zur Luft- und Wasserreinigung
- Braunstein MnO_2 als Kathodenmaterial für Batterien
- Elementares Fluor zur Urananreicherung
- Hypochlorit ClO^- zum Bleichen und Desinfizieren
- Wasserstoffperoxid H_2O_2 zum Bleichen von Holz und Haaren.

Tabelle 2.7: Parameter für weitere Anwendungen zur Schmelzflusselektrolyse von Metallen

Metall	Elektrolyt	ϑ °C	U_c V	w kWh/kg
Al	$Al_2O_3 + Na_3AlF_6$	950 - 970	4 - 4,5	13 - 15
Ca	$CaCl_2$	ca. 800	20 - 30	ca. 45
Li	$LiCl + KCl$	4200 - 430	ca. 6	13 - 15
Mg	$MgCl_2$	620 - 730	5 - 6	14 - 16
Na	$NaCl + CaCl_2$	570 - 590	6 - 7	10 - 11

2.2.3 Metallgewinnung

Viele Metalle können aus sauren Lösungen abgeschieden werden. Dazu werden die Metallerze durch sogenanntes Rösten in ihre Oxide umgewandelt. Mit einer Säure, z. B. mit den Ionen $2H_{aq}^+ + SO_4^{2-}$, erfolgt die Reaktion:

$$MeO_z + 2zH_{aq}^+ \rightarrow Me^{2z+} + zH_2O\,. \tag{2.64}$$

An der Anode wird Sauerstoff abgeschieden. Und an der Kathode erfolgt die Reduktion der Metallionen. Es ergibt sich die vereinfachte Gesamtreaktion (S):

$$A: \quad zH_2O \rightarrow 0,5z\,O_2 + 2zH_{aq}^+ + 2ze^- \tag{2.65}$$

$$K: \quad Me^{2z+} + 2ze^- \rightarrow Me \tag{2.66}$$

$$S: \quad MeO_z \rightarrow Me + 0,5z\;O_2\,. \tag{2.67}$$

Die skizzierten Reaktionen sind nur möglich, wenn es gelingt, das Abscheiden von Wasserstoff weitgehend zu unterbinden. Bei Metallen mit einem negativen Standardpotenzial, wie z. B. Zink, ist dies besonders schwierig. Durch geeignete Elektrodenmaterialien gelingt es, Zink mit einem Standardpotenzial von −0,76 V aus einer $ZnSO_4$-Lösung abzuscheiden. Die Anode besteht aus Blei und die Kathode aus Reinstaluminium. Es werden Stromdichten von 5 bis 10 A/dm^2 bei Klemmenspannungen von 3,5 bis 4 V erreicht. **Bild 2.16** zeigt den prinzipiellen Verlauf der Stromdichte-Potenzial-Kurven. Die allgemein gehaltenen Gleichungen nach (2.65) bis (2.67) sollen für das Beispiel Zinkgewinnung ausführlich aufgeschrieben werden. Nach dem Rösten liegt das Zink als ZnO vor. Das Zinkoxid wird mit Schwefelsäure aufgelöst.

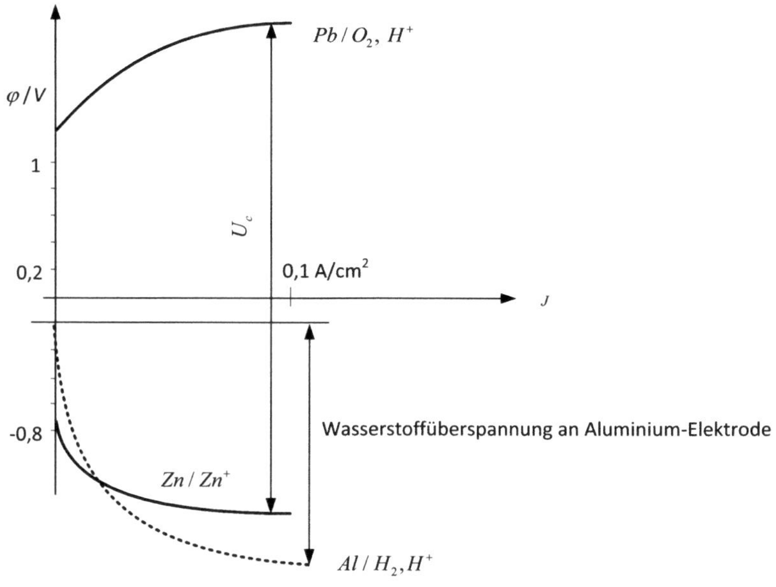

Bild 2.16: Abscheidung von Zink bei hohen Überspannungen für Wasserstoff durch eine Kathode aus Reinstaluminium

$$ZnO + H_2SO_4 \rightarrow ZnSO_4 + H_2O \tag{2.68}$$

Die anodischen und kathodischen Reaktionen lauten:

$$A: \quad H_2O \rightarrow 0,5\,O_2 + 2H^+_{aq} + 2e^- \tag{2.69}$$

$$K: \quad Zn^{2+} + SO_4^{2-} + 2e^- \rightarrow Zn + SO_4^{2-} \tag{2.70}$$

$$S: \quad H_2O + Zn^{2+} + SO_4^{2-} \rightarrow 0,5\,O_2 + 2H^+_{aq} + Zn + SO_4^{2-}\,. \tag{2.71}$$

Die Bruttoreaktion kann man noch weiter zusammenfassen als

$$S: \quad H_2O + ZnSO_4 \rightarrow 0,5\,O_2 + Zn + H_2SO_4 \tag{2.72}$$

oder ohne SO_4^{2-} als

$$S: \quad H_2O + Zn^{2+} \rightarrow 0,5\,O_2 + Zn + 2H^+. \tag{2.73}$$

Die elektrochemische Metallgewinnung ist mit vielen in Wasser lösbaren Metallsalzen möglich:

- Nickelchlorid $NiCl$
- Nickelsulfat $NiSO_4$
- Kupfersulfat $CuSO_4$
- Zinkchlorid $ZnCl$.

Gold (Au) kann aus cyanidischen Verbindungen abgeschieden werden. Kupfer kann galvanisch, aber auch chemisch abgeschieden werden. Falls Eisen in hoher Reinheit benötigt wird, so muss ebenfalls auf die galvanische Abscheidung zurückgegriffen werden. Wie bereits erwähnt, kann Aluminium nicht aus wässrigen Lösungen abgeschieden werden, weil an der Kathode H^+- bzw. H_3O^+-Ionen bevorzugt gegenüber Al^{3+}-Ionen reduziert werden.

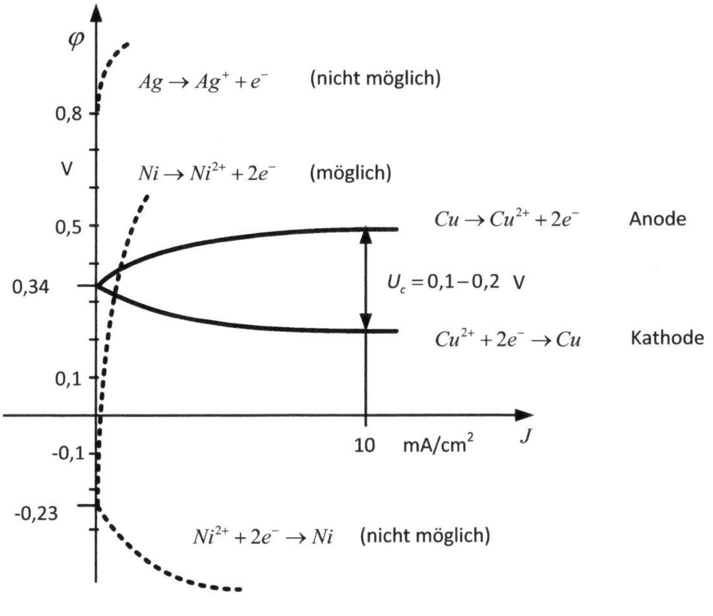

Bild 2.17: Stromdichte-Potenzial-Kurven von Kupfer-Elektroden im Vergleich zu Nickel-Elektroden

2.2.4 Raffination

Mit einer Raffination wird eine größere Reinheit eines Stoffes erzielt.

Raffination von Kupfer

Bei der Raffination von Kupfer besteht die Anode aus verunreinigtem Kupfer. An der Kathode wird relativ reines Elektrolytkupfer mit einer hohen elektrischen Leitfähigkeit von $58 \cdot 10^6$ S/m abgeschieden, denn Verunreinigungen, insbesondere durch Phosphor, setzten die Leitfähigkeit stark herab. Der Elektrolyt ist eine Kupfer-Sulfatlösung. Die Kupferionen gehen von der Anode aus in Lösung und scheiden sich an der Kathode wieder ab. Die Gleichgewichtspotenziale der beiden Elektroden sind identisch. Die Klemmenspannung wird deshalb nur durch die Überspannungen und die ohmschen Spannungsabfälle gebildet. In **Bild 2.17** ist der prinzipielle Verlauf der Potenziale über der Stromdichte dargestellt. Bei einer Klemmenspannung von 0,1 bis 0,2 V stellt sich eine Stromdichte von mehr als 1 A/dm^2 ein. Eine höhere Stromdichte bzw. höhere Produktivität führt zu einer höheren Verunreinigung des Kupfers der Kathode. Nachfolgend soll gezeigt werden, weshalb es zu der gewünschten Separation kommt. Die Potenziale von Anode und Kathode werden durch die Klemmenspannung vorgegeben. Die Anode habe ein um 0,2 V höheres Potenzial als die Kathode. Das Potenzial des Elektrolyten liegt dazwischen und ist um 0,1 V höher als das der Kathode. Nickel hat ein negatives Standardpotenzial von −0,23 V, weshalb Nickel-Ionen ungehemmt in Lösung gehen können. Bei der angenommenen Potenzialdifferenz von −0,1 V zwischen Elektrolyt und Kathode können jedoch keine Nickel-Ionen abgeschieden werden. Die Nickel-Ionen bleiben in Lösung und müssen mit dem Elektrolyt entsorgt werden. Ganz ähnlich verhält es sich mit den anderen Metallen, die ein negatives Standardpotenzial haben. Das sind z. B. die Elemente Mg, Zn, Fe, Cd und Pb.
Silber hat mit +0,8 V ein wesentlich höheres positives Standardpotenzial als Kupfer mit +0,34 V. Deshalb gehen nur sehr wenige Silber-Ionen in Lösung. Die Silber-Atome verbleiben deshalb so lange in der Anode, bis sie durch den Verbrauch von Kupfer keine Haftung an der Anode mehr finden. Sie reichern sich im sogenannten Anodenschlamm an. Ganz ähnlich verhält es sich mit Gold.

Raffination von Aluminium

Bei der Raffination von Aluminium wird von einer elektrothermisch hergestellten Aluminium-Legierung ausgegangen. Diese enthält 20 bis 40 % Aluminium. Der Rest besteht aus anderen Elementen, wie Cu, Si, Fe und Ti. Die Dichte der genannten Restanteile ist höher als die des Aluminiums. Der Elektrolyt besteht aus Aluminium-, Barium- und Natrium-Fluorit. Seine Dichte ist höher als die des Aluminiums und geringer als die der restlichen Anteile. Die sich ausbildende Schichtung zeigt **Bild 2.18**. An der Kathode bildet sich Aluminium mit einer Reinheit von 99,999 %.

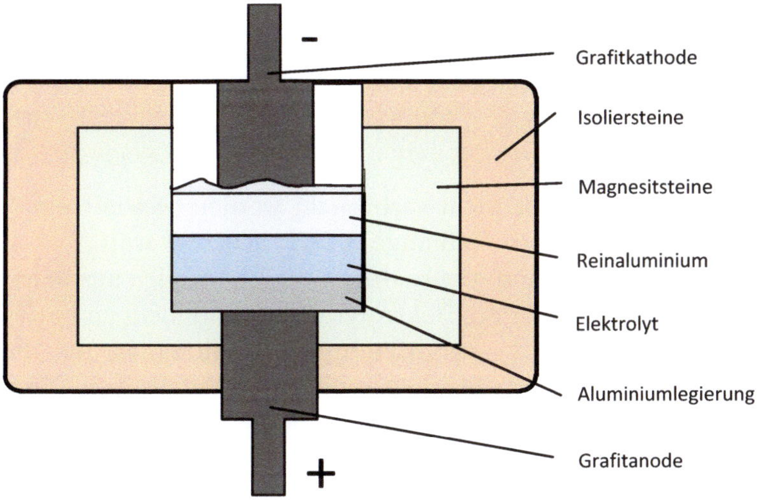

Bild 2.18: Prinzipieller Aufbau einer Zelle zur Raffination von sehr reinem Aluminium

2.2.5 Wasserelektrolyse

Die Elektrolyse von Wasser zur Speicherung und Verteilung von Wasserstoff ist mit einem ungünstigen Wirkungsgrad behaftet. Der maximale Gesamtwirkungsgrad der Kette Strom → Wasserstoff → Strom lässt sich mit der Klemmenspannung bei der Elektrolyse, mit derzeit minimal 1,8 V, und der Klemmenspannung einer Brennstoffzelle, mit derzeit maximal 0,8 V, zu $0{,}8/1{,}8 = 0{,}45$ abschätzen. Wenn allerdings ein Windkraftpark mit Leistungen im GW-Bereich wegen zu geringer Abnahme abgeregelt (abgeschaltet) werden muss, dann ist es allemal günstiger, diese verfügbare Energie zur Gewinnung von Wasserstoff zu verwenden.

Nach Tabelle 2.3 existiert für die Anode $Pt/O_2, OH^-$ das Standardpotenzial $\varphi^0_{O_2,OH^-} = 0{,}401\,\text{V}$ und an der Kathode $Pt/H_2, OH^-$ gilt $\varphi^0_{H_2,OH^-} = -0{,}827\,\text{V}$.

Damit ergeben sich folgende Reaktionen:

$$A: \quad 2OH^- \rightarrow 0,5\,O_2 + H_2O + 2e^- \tag{2.74}$$

$$K: \quad 2H_2O + 2e^- \rightarrow H_2 + 2OH^- \tag{2.75}$$

$$S: \quad H_2O \rightarrow 0,5\,O_2 + H_2\,. \tag{2.76}$$

Die Gleichgewichtsspannung der Zelle beträgt somit:

$$U_0 = \varphi^0_{O_2,OH^-} - (\varphi^0_{H_2,OH^-}) = 1{,}23\,\mathrm{V}\,. \tag{2.77}$$

Man sieht, dass die OH^--Ionen nicht verbraucht werden, weshalb ein basischer Elektrolyt, z. B. aus verdünnter Kalilauge KOH, geeignet wäre.
Bei der klassischen Wasserelektrolyse bestehen die Elektroden aus behandeltem Nickel- oder Stahlgewebe. Um den Elektrolytwiderstand klein zu halten, liegen die beiden Elektroden eng an einer Membran (Diaphragma) an, die OH^--Ionen, aber kein Gas durchlässt. Da die Gasblasen ebenfalls den Elektrolytwiderstand erhöhen, wird ihnen Platz zwischen den Vor- und Hauptelektroden gelassen (s. **Bild 2.19**).

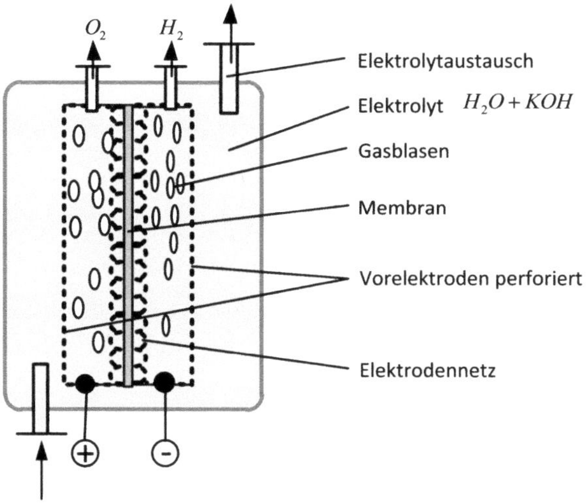

Bild 2.19: Elektrolysezelle zur klassischen Zerlegung von Wasser; durch die Ausbildung der Elektroden als Netze werden große Oberflächen wirksam.

Mit den Überspannungen an der Sauerstoffelektrode, der Wasserstoffelektrode und am Diaphragma sowie den ohmschen Spannungsabfällen im Elektrolyten und den Zuleitungen ist eine Klemmenspannung von 1,8 bis 2 V notwendig. Es

werden Stromdichten von 10 bis 25 A/dm^2 erreicht. Die einzelnen in Bild 2.19 gezeigten Zellen werden zu einem Zellblock mit bis zu 250 Zellen verbaut. Ein solcher Block hat eine Anschlussleistung von 500 kW. Der spezifische Energieverbrauch zur Gewinnung von Wasserstoff beträgt cirka 4 kWh/m^3.
Gegenwärtig wird intensiv an der Verbesserung des spezifischen Energieverbrauches geforscht, welcher mit der Klemmenspannung direkt gekoppelt ist:

- Senkung der Überspannungen durch verbesserte Oberflächenstruktur und günstigere Elektrodenmaterialien
- Minimierung der ohmschen Verluste in der Zelle durch hohe Leitfähigkeit des Elektrolyten und kurze Elektrodenabstände
- Erhöhung der Arbeitstemperatur; Gleichgewichtszellspannung wird mit der Temperatur abgesenkt [6, S.86].

2.2.6 Wirtschaftlichkeit

Zu einigen der angesprochenen elektrochemischen Verfahren zur Stoffgewinnung gibt es alternative Verfahren, die in großen thermischen mit fossilen Brennstoffen beheizten Reaktoren durchgeführt werden.
Die Investitionskosten der Elektrolyseanlagen sind relativ hoch, weil wegen der niedrigen Klemmenspannung von ca. 2 V viele Zellen (>50) in Reihe zu schalten sind, um auf die für die Gleichrichtung wirtschaftliche Spannung von mehr als 100 V zu kommen. Die elektrische Energie ist gegenüber fossilen Brennstoffen um ein Mehrfaches teurer. Dagegen ist die Ausbeute der elektrischen Energie relativ hoch. Der maximal mögliche elektrische Wirkungsgrad kann mit der Gleichgewichtsspannung U_0 und der Klemmenspannung U_c abgeschätzt werden.

$$\eta_{el} = \frac{U_0}{U_c} \tag{2.78}$$

Die Selektivität in Bezug auf die gewünschten Produkte ist bei der Elektrolyse höher und die Prozesse lassen sich über Strom und Spannung relativ leicht automatisieren. Die meisten Elektrolysen können bei Temperaturen bis 100 °C und normalen Drücken im Bereich von 0,1 MPa durchgeführt werden. Sowohl bei den thermischen als auch bei den Elektrolyse-Verfahren fallen Abfälle (z. B. Abwässer durch verbrauchte Elektrolyte) an, die umweltfreundlich entsorgt werden müssen. Der dazu notwendige Aufwand kann nicht allgemein zugunsten eines Verfahrens (thermisch oder elektrolytisch) angegeben werden und hängt von der spezifischen technologischen Aufgabe ab. Oftmals gibt es zur Elektrolyse keine thermische Alternative, wie z. B. bei der Raffination von Kupfer oder der Schmelzflusselektrolyse von Aluminium. Die heutzutage geforderte CO_2-Neutralität von technologischen Prozessen weist eindeutig in Richtung elektrochemischer Verfahren.

2.3 Stofftrennung

Die nachfolgend aufgeführten Verfahren sind ausführlich in [6, S.605-608] beschrieben.

2.3.1 Abwasserbehandlung

Besonders in der metallverarbeitenden Industrie, aber auch in der Farbstoff- und Pharmaindustrie sowie der Galvanik fallen Abwässer an, die vor der Ausleitung oder Wiederverwendung behandelt werden müssen. Diese Abwässer können beispielsweise mit Schwermetallen, wie Cadmium und Cyanid ($CuCN$), und giftigen Kohlenwasserstoffen, wie Tensiden (Glanzbildner), Geruchsstoffen und Farbstoffen, belastet sein.
Elektrochemische Direktoxydation: Mit der direkten elektrochemischen Oxydation kann beispielsweise cyanidhaltiges Wasser (enthalten Cu^+- und CN^-- Ionen) neutralisiert werden. Die Anode besteht aus Grafit. An ihr kann Stickstoff und Kohlendioxyd entstehen. Die Kathode besteht aus Kupfer. An ihr werden die Kupferionen und die Protonen reduziert, woraus sich die Bruttoreaktion (S) ergibt:

$$A: \quad 2CN^- + 8OH^- \rightarrow 2CO_2 + N_2 + 4H_2O + 10e^- \tag{2.79}$$

$$K: \quad 2Cu^+ + 8H^+ + 10e^- \rightarrow 2Cu + +4H_2 \tag{2.80}$$

$$S: \quad 2CuCN + 4H_2O \rightarrow N_2 + 2CO_2 + 4H_2 + 2Cu\,. \tag{2.81}$$

Kathodische Entfernung von Metallionen: Mit passenden Elektrodenmaterialien und angepassten Elektrodenpotenzialen können gezielt Metallionen, insbesondere die von Schwermetallen, ausgesondert werden. Die angewandten Verfahren entsprechen den der Metallgewinnung nach Abschn. 2.2.3. Wie bei der Zinkabscheidung kommt es hier darauf an, dass durch geeignete Kathoden-Metalle die Wasserstoff-Überspannung möglichst groß wird.

Indirekte Oxydation: Mit der Chlor-Alkali-Elektrolyse, die in Abschnitt 2.2.2 vorgestellt wurde, kann Chlor gewonnen werden. Chlor und Hypochlorit (ClO) sind starke Oxydationsmittel, die Mikro- und Makroorganismen sowie viele andere chemische Verbindungen zerstören können.

2.3.2 Elektrodialyse

Bei der Elektrodialyse werden selektive Membranen in die Elektrolyse-Zelle eingesetzt. Eine selektive Membran hat die Eigenschaft, nur bestimmte Ionensorten durchzulassen. Mit der Dreikammer-Zelle nach **Bild 2.20** kann der Salzgehalt im Wasser gesenkt werden, denn aus der mittleren Kammer können die Ionen entweichen, ohne dass neue hinzukommen. In der Praxis werden viele solcher Kammern in Reihe geschaltet, um auf effektive Anschlussspannungen zu kommen. Die Gewinnung von Süßwasser aus Brackwasser ist ein Anwendungsgebiet.

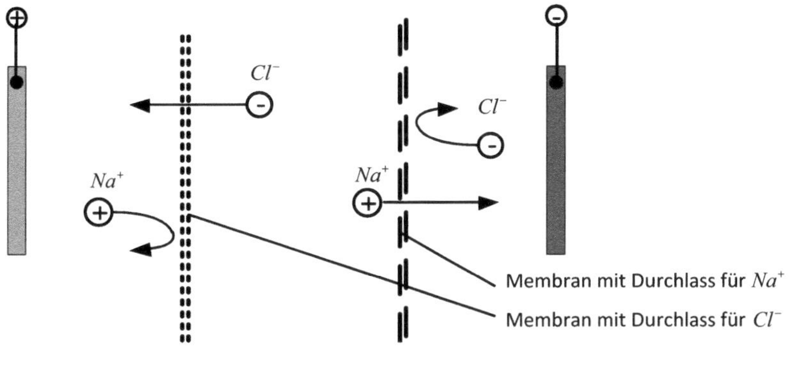

Bild 2.20: Elektrodialyse in einer Dreikammer-Zelle mit Membranen als spezifischen Ionen-Sperren

2.3.3 Elektrophorese

Elektrisch nichtleitende Partikel weisen aufgrund ihrer inneren Struktur eine mikroskopisch inhomogene Ladungsverteilung auf ihrer Oberfläche auf. Deswegen können sich Ionen auch an elektrisch neutrale Teilchen anlagern, wie das in **Bild 2.21** schematisch gezeigt wird. Dabei streifen die Ionen ihre Solvathülle teilweise ab. Ob Anionen oder Kationen andocken, hängt von der Natur des elektrisch neutralen Teilchens ab. Feinste suspendierte oder kolloidal gelöste Teilchen können im Vergleich zu den viel kleineren Ionen als Festkörper aufgefasst werden. An diese Teilchen setzen sich solvatisierte oder hydratisierte Ionen an. Das Verhältnis von adsorbierter Ladung zur Teilchenmasse kann so groß werden, dass sich das Teilchen im elektrischen Feld in Bewegung setzt (Migration). Prinzipiell können von einem neutralen Teilchen Ionen unterschiedlichen Vorzeichens adsorbiert werden. Nur in dem Falle, dass sich die Ladungen ausgleichen, gibt es keine Migration. In wässrigen Lösungen werden jedoch vorzugsweise Anionen adsorbiert (s. **Bild 2.22**). Auf diese Weise lassen sich beispielsweise die bei Reinigungsprozessen anfallenden Kaolin-Teilchen (Porzellanerde) aus dem Wasser aussondern. Die elektrostatischen Antriebskräfte sind relativ klein, weshalb manchmal die Migration durch Konvektion (z. B. durch Temperaturunterschiede) überlagert und teilweise oder ganz aufgehoben wird. Man versucht deshalb, die Flüssigkeit durch unbewegliche Träger, z. B. Aluminiumoxyd-Teilchen, zu fixieren. Dies wird dann Träger-Elektrophorese genannt.

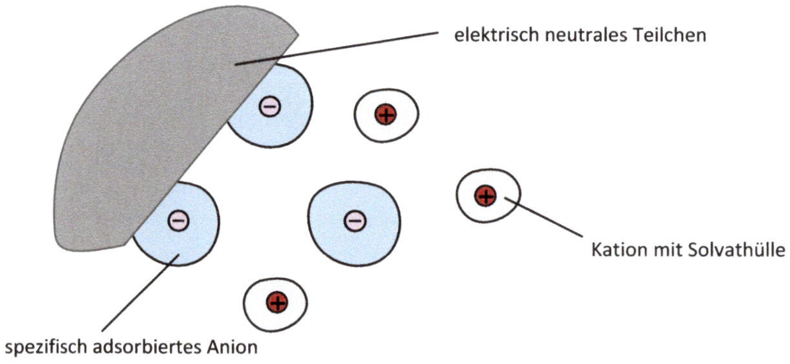

Bild 2.21: Suspendiertes oder kolloidal gelöstes Teilchen mit angelagerten Anionen

2.3.4 Reduktion radioaktiver Abfälle

Bei der Wiederaufbereitung von Brennstäben ist in einer Verfahrensstufe Plutonium in einer wässrigen Phase zu reduzieren. Mithilfe der elektrolytischen Reduktion von $Pu(VI)$ zu $Pu(III)$ kann ein chemisches Reduktionsmittel eingespart und der Abfall radioaktiver Stoffe wesentlich vermindert werden.

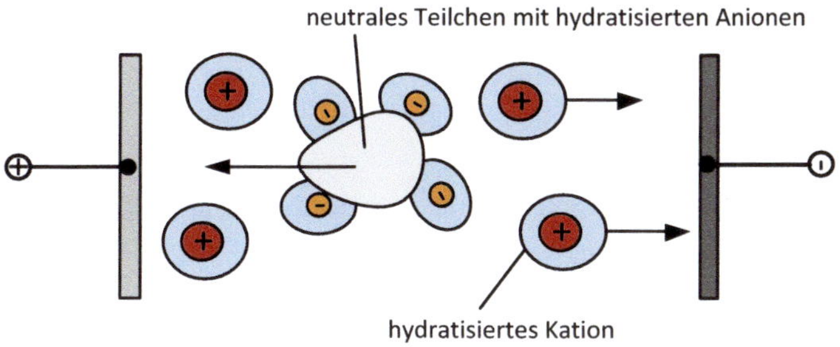

Bild 2.22: Suspendiertes oder kolloidal gelöstes Teilchen mit angelagerten Anionen wandert zur Anode

2.4 Bearbeitung

Die elektrolytische Bearbeitung (engl. *electrochemical machining*) von Metallen ist mit der spanabhebenden Bearbeitung von Metallen, in Form von Fräsen, Senken, Polieren usw., zu vergleichen. Die entscheidenden Vorteile sind, dass die zu bearbeitenden Metalle sehr hart sein können (z. B. gehärteter Stahl) und komplizierte Formen in einem Arbeitsgang hergestellt werden können.
Beim anodischen Abtragen nach **Bild 2.23** muss auf die Wasserstoffentwicklung keine Rücksicht genommen werden, weshalb relativ hohe Klemmenspannungen bis zu 30 V und Stromdichten bis zu 50 000 A/dm^2 angewandt werden. Als Elektrolyt wird hochkonzentriertes Kaliumnitrat oder Kaliumchlorid verwendet.
An der Anode (A1) wird bei einem z-wertigen Metall (Me) Metallhydroxid gebildet und mit einer Nebenreaktion (A2) wird außerdem Sauerstoff entwickelt. An der Kathode (K) wird von der Haupt- und Nebenreaktion Wasserstoff gebildet.

$$A1: \quad Me + zH_2O \rightarrow Me^{z+} + z(OH)^- + ze^- + zH^+_{aq} \tag{2.82}$$

$$A2: \quad H_2O \rightarrow 2e^- + 0,5\,O_2 + 2H^+_{aq} \tag{2.83}$$

$$K: \quad zH^+_{aq} + 2H^+_{aq} + ze^- + 2e^- \rightarrow (0,5z + 1)H_2 \tag{2.84}$$

$$S: \quad Me + (z+1)H_2O \rightarrow Me(OH)_z + (0,5z+1)H_2 + 0,5\,O_2 \tag{2.85}$$

Der Materialabtrag m kann mit dem elektrochemischen Äquivalent Ä bestimmt werden.

$$m = \text{Ä}Q = \frac{M}{Fz}Q \tag{2.86}$$

Der Materialabtrag pro Zeiteinheit ist mit der Stromdichte verknüpft.

$$\frac{\mathrm{d}m}{\mathrm{d}t} = \frac{M}{Fz}\frac{\mathrm{d}Q}{\mathrm{d}t} = \frac{M}{Fz}AJ \tag{2.87}$$

Mit der Querschnittsfläche A (bearbeitete Anodenoberfläche) und der Materialdichte ρ ergibt sich die Vorschubgeschwindigkeit v.

$$\frac{\mathrm{d}m}{\mathrm{d}t} = v\rho A = \frac{M}{Fz}AJ \tag{2.88}$$

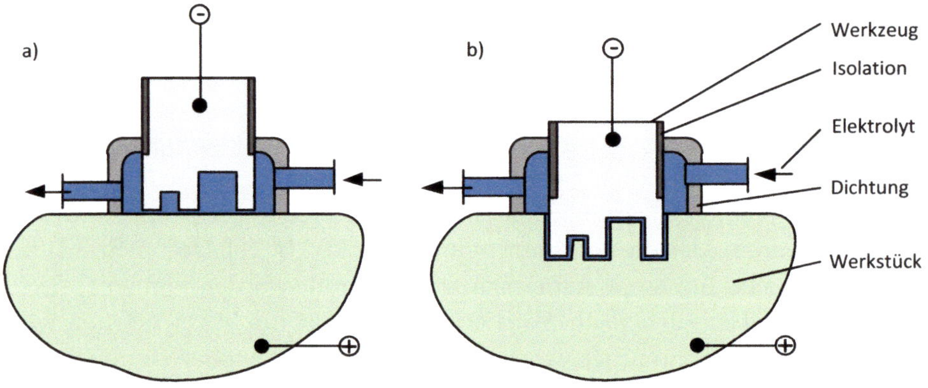

Bild 2.23: Elektrochemisches Senken; das Werkzeug wird teilweise isoliert, um konische Vertiefungen zu vermeiden.

Parameter: Nach [6, S. 615] wird bei einer Stromdichte von 9000 A/dm^2 eine Geschwindigkeit von 2 mm/min und bei 50 000 A/dm^2 eine Geschwindigkeit von 12 mm/min erreicht. Das ist deutlich weniger als bei einer Fräsmaschine, aber es können beispielsweise solche Vertiefungen, wie in Bild 2.23 dargestellt, mit rechteckigem Querschnitt und einem beliebig profilierten Boden in einem Arbeitsgang hergestellt werden. Die Wiederholbarkeit gleicher Arbeitsschritte gelingt mit einer Maßdifferenz von 20 bis 10 µm. Große Maschinen erreichen Abtragsleistungen von 100 cm^3/min. Um ein gutes Abbild (Negativ) des Werkstücks vom Werkzeug zu erhalten, sollte der Spalt zwischen Anode und Kathode relativ klein sein und im Bereich von 0,1 bis 0,5 mm liegen.
Steuerung: Mit fortschreitendem Abtrag vergrößern sich der Arbeitsspalt und meist auch der wirksame Querschnitt der Anode (s. Bild 2.23). Deshalb ist das

Werkzeug nachzuführen und der Sollwert des Stromes ist an die wirksame Anodenfläche anzupassen. Bei Kurzschlüssen (rascher Stromanstieg) ist unverzüglich (elektrisch über die Spannung) und danach mechanisch (Arbeitsspalt) zu reagieren. Um Kurzschlüsse zu vermeiden, muss das abgetragene Material mit relativ hohen Strömungsgeschwindigkeiten des Elektrolyten von 5 bis 50 m/s abtransportiert werden. Deshalb ist eine rotierende Kathode beim Fräsen nach **Bild 2.24** vorteilhaft. Mit einer geeigneten Abdichtung des unter hohem Druck strömenden Elektrolyts, wie z. B. nach Bild 2.23, kann ebenfalls eine hohe Strömungsgeschwindigkeit erreicht werden. Manche Metalle neigen zur Passivierung bei bestimmten Elektrolyten und lassen sich nur schwer oder nicht abtragen. Abhilfe kann ein anderer Elektrolyt schaffen.

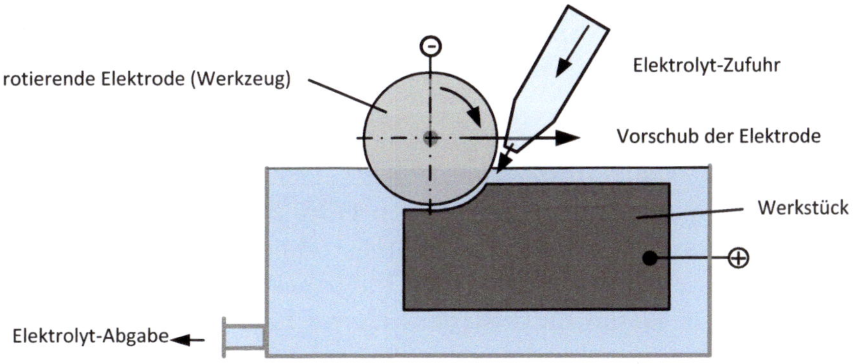

Bild 2.24: Elektrochemisches Abtragen als Alternative zum spanabhebenden Fräsen

Weitere Anwendungen: Neben den genannten Anwendungen sind noch das Entgraten, das Bohren sehr tiefer Löcher und das Polieren zu nennen.
Am vorhandenen Grat eines metallischen Werkstückes ist die elektrische Feldstärke besonders hoch, weshalb dieser zuerst elektrolytisch zersetzt wird.
Es gelingt, elektrolytisch relativ tiefe Bohrungen in einem Verhältnis von Tiefe zu Durchmesser von 50 : 1 bei relativ kleinen Durchmessern von 0,1 mm herzustellen.
Beim Polieren müssen mikroskopisch kleine, konvexe Erhebungen abgetragen werden, was wegen der dort auftretenden höheren Feldstärken relativ gut gelingt. Allerdings ist dann ein größerer Elektrodenabstand von mehr als 10 mm zu wählen. Die Stromdichte wird deutlich niedriger eingestellt und liegt zwischen 1 und 50 A/dm^2.

2.5 Formgebung

Die elektrochemische Formgebung wird in der Fachliteratur auch als Galvanoplastik bezeichnet. Ein beliebiger auch elektrisch nicht leitender Körper, z. B. eine Wachsform, wird mit Grafitpulver besprüht und damit oberflächlich leitend gemacht. Dieser Körper bildet die Kathode. Nahezu alle Metalle, die als Ionen in wässrigen Lösungen vorliegen, können kathodisch abgeschieden werden. Um allerdings einen dichten, porenfreien und glänzenden Metallüberzug zu erreichen, sind vielfältige Verfahrensschritte zu beherrschen, auf die hier nicht eingegangen werden kann. Eine leicht formbare Grundlage, wie z. B. aus Wachs, kann abschließend ausgeschmolzen werden. Ein bekanntes Anwendungsbeispiel sind Wasser-Luft-Wärmetauscher (z. B. Autokühler) mit einer filigranen wabenförmigen Struktur. Weitere Anwendungen der Galvanoplastik sind die Herstellung von Lagerschalen, von Press- und Spritzformen sowie von Druckstöcken.

Eine rotierende Kathode aus Titan oder Chrom, die einen elektrischen Kontakt, aber nur geringe Haftung zum abzuscheidenden Material haben muss, kann zur Herstellung von Metallfolien nach **Bild 2.25** eingesetzt werden.

Mit einer geschickten Kombination verfahrenstechnischer Schritte, wie elektrolytischer Metallabscheidung, Auftrag von Photolacken, Abdeckung, Belichtung und Lösung, können komplizierte Strukturen, wie Leiterbahnen und sogar elektrostatische Motoren bestehend aus Ständer und Läufer mit 0,1 mm Dicke und 1 mm Durchmesser hergestellt werden. Die erreichbare Feinheit reicht bis in den nm-Bereich.

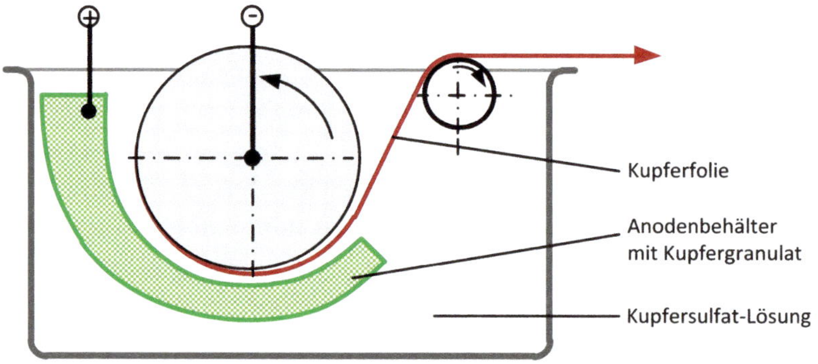

Bild 2.25: Abscheidung von Kupfer zu einer Kupferfolie; Kupfer der Anode geht in Lösung und ersetzt das aus dem Elektrolyt entnommene Kupfer.

2.6 Beschichtung

Elektrolytische Beschichtungen auf elektrisch leitenden Oberflächen können sowohl mit metallischen als auch nichtmetallischen Materialien ausgeführt werden.

2.6.1 Metallische Beschichtung

Mit metallischen Beschichtungen (engl. *electroplating*) werden folgende technologischen Ziele verfolgt:

- Korrosionsschutz
- Vorbereitung der Oberfläche für nachfolgende Fügeprozesse, wie Kleben, Löten und Schweißen
- Erzielung spezieller Eigenschaften, wie Reflexionsvermögen, elektrische und thermische Leitfähigkeit, Härte (Verschleißschutz) und Glanz
- Dekoratives Aussehen.

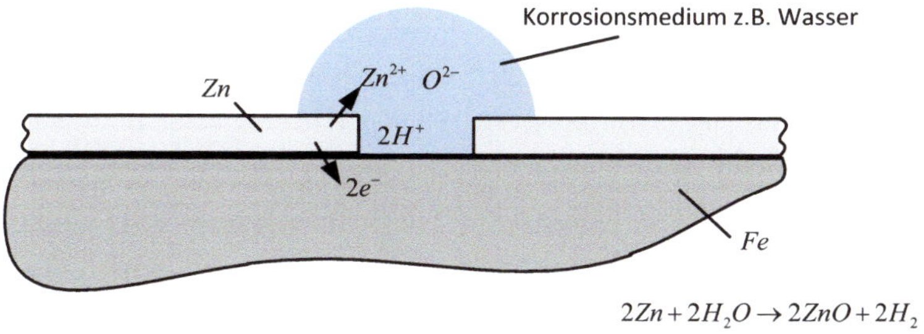

Bild 2.26: Funktion des Korrosionsschutzes durch eine Zinkschicht auf Eisen

Im Prinzip können alle Metalle, die als Ionen in wässrigen Lösungen vorkommen, wie z. B. Au, Ag, Cu, Ni, Zn, elektrolytisch auf geeigneten metallischen Oberflächen aufgebracht werden . Es bedarf allerdings vielfältiger und gut abgestimmter Verfahrensschritte, um porenfreie, feinkristalline und genügend glatte

Oberflächen zu erzielen. Oftmals werden der wässrigen Lösung noch Zusatzstoffe zugegeben, die beispielsweise folgende Ziele haben:

- Stabilen Säuregrad (pH-Wert) gewährleisten
- Mittels sogenannter Glanzbildner glatte bzw. glänzende Oberflächen erzeugen
- Durch Leitsalze elektrische Leitfähigkeit und damit elektrischen Wirkungsgrad erhöhen.

Die Klemmenspannungen liegen im Bereich von 2 bis 6 V. Die möglichen Stromdichten hängen vom verwendeten Elektrolyt ab und liegen im weiten Bereich von 0,005 bis 100 A/dm^2. Die Unterschiede ergeben sich vor allem aus den unterschiedlichen Ladungszahlen der Metallionen (Wertigkeit zwischen einer und sechs Elementarladungen) sowie im Anteil der unerwünschten Nebenwirkungen, wie z. B. der Entwicklung von Wasserstoff. Die Abscheidungsraten liegen im Bereich von 0,1 bis 10 µm/min. Unterschiedliche Schichtdicken ergeben sich durch unterschiedliche Feldstärken. An Ecken und Kanten ist die Feldstärke höher, weshalb hier stärkere Schichtdicken entstehen. Dagegen sind in Senken und Löchern die elektrischen Feldstärken geringer und ergeben deshalb geringe bis keine signifikanten Schichtdicken.
Gegenüber einer Beschichtung mit einem Tauchbad, das metallische Schmelzen aus beispielsweise Zink (Feuerverzinken) oder Zinn enthält, können galvanisch wesentlich dünnere Schichten erzeugt und Material gespart werden (falls die dünnere Schicht den Zweck erfüllt). Bei Zinn werden galvanisch Schichtdicken von 0,5 bis 50 µm erreicht und bei Zink sind es Dicken von 5 bis 30 µm. Zink schützt Eisen vor Korrosion, weil die Zinkionen bevorzugt in Lösung gehen (s. **Bild 2.26**). Solange noch Zink auf dem Eisen haftet, geht das Eisen nicht in Lösung. Außerdem ist Zinkoxid ein weißes Pulver, das nicht so störend wie Rost empfunden wird.

Beispiel Verkupfern: Der Elektrolyt ist der Ausgangsstoff und besteht aus mit Wasser verdünntem Kupfersulfat (wird in Tankwagen angeliefert). Aus dem Kupfersulfat wird anodisch Sauerstoff und kathodisch Kupfer abgeschieden.

$$A: \quad SO_4^{2-} + H_2O \rightarrow H_2SO_4 + 2e^- + 0,5\,O_2 \tag{2.89}$$

$$K: \quad Cu^{2+} + 2e^- \rightarrow Cu \tag{2.90}$$

$$S: \quad CuSO_4 + H_2O \rightarrow Cu + H_2SO_4 + 0,5\,O_2 \tag{2.91}$$

In **Bild 2.27** ist eine Einrichtung gezeigt, mit der Kleinteile metallisch überzogen werden können. Wegen der unterschiedlichen Elektrodenpotenziale der

Metalle gegenüber Wasserstoff lassen sich nicht beliebige Metallionen auf beliebigen metallischen Trägermetallen abscheiden. Als Beispiel sei Chrom genannt, das nicht auf Eisen, jedoch auf vernickeltem Eisen abgeschieden werden kann. Problematisch ist hier das sechswertige Chrom Cr^6, welches karzinogene Eigenschaften hat. Neben reinen Metallen können kathodisch auch Legierungen abgeschieden werden. Beispiele hierfür sind: $Au + Ag$ sowie Au + geringer Anteil von Fe, In, Co, Ni, Cu, Cd und Zn oder Cu + geringer Anteil von Ni, Ag, Cd, In, Co, Fe und Cd. Damit können insbesondere unterschiedliche Farben und Härten erzeugt werden.

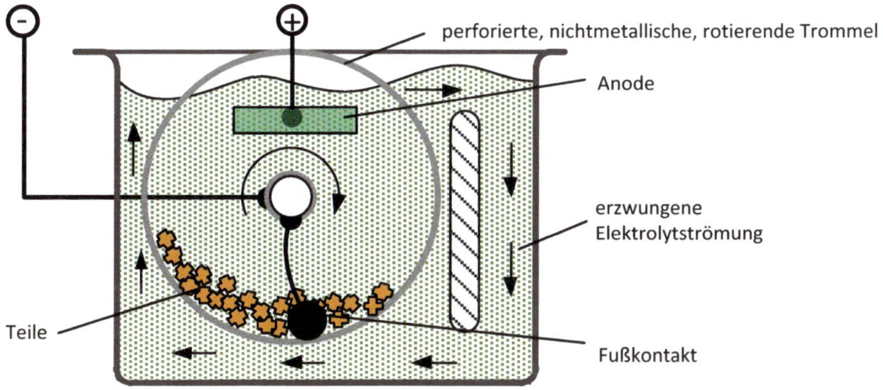

Bild 2.27: Verkupfern von Kleinteilen in einer nichtmetallischen Trommel; Fußkontakt zur metallischen Verbindung mit den Kleinteilen

2.6.2 Nichtmetallische Beschichtung

Mit der in **Bild 2.28** skizzierten Elektrophorese können nichtmetallische Schichten (Lacke, Latex usw.) aus kolloiden Lösungen auf metallische Oberflächen abgeschieden werden. Kolloide Lösungen sind heterogene Systeme, die aus einer festen und flüssigen Phase bestehen. Die feste Phase besteht aus kleinen Kolloidteilchen, den sogenannten Micellen, die ca. 10 000-mal größer als Ionen sind. Die flüssige Phase besteht zum größten Teil aus dem Lösungsmittel (meist Wasser). Die Micellen verhalten sich gegenüber den Ionen wie Festkörper, weshalb sich je nach Natur der Micellen vermehrt Anionen oder umgekehrt vermehrt Kationen mit einem Teil ihrer Solvathülle anlagern. Der so gebildete Cluster besteht aus dem neutralen Micellen, den angelagerten Ionen und dem

Lösungsmittel. Dadurch dass diese Cluster gleichsinnig geladen sind, stoßen sie sich gegenseitig ab und es erfolgt kein Ausflocken. Nur bei Störungen, etwa durch Adsorption von Fremdionen an den Cluster, kann es zu einer Veränderung des Ladungszustandes kommen, was schließlich zu einer Koagulation und Ausflockung führt. Die kolloide Lösung muss ständig gerührt werden, damit sich die Micellen nicht absetzen. Nur in der Diffusionsschicht auf den Elektrodenoberflächen mit einer Dicke von ca. 1 mm wirken elektrische Kräfte auf die Cluster, wodurch es zur Migration kommt (s. Abschnitt 2.3.3). Wenn der Cluster eine positive Überschussladung hat, dann wandert er zur Kathode und der Vorgang wird Kataphorese genannt. Der umgekehrte Vorgang mit von Anionen belagerten Micellen wird als Anaphorese bezeichnet. Im Falle der Kataphorese entsteht H_2 an der Kathode, was zur Erhöhung des pH-Wertes führt und einen stärker basischen Überzug hervorbringt. Umgekehrt erfolgt bei der Anaphorese an der Anode die Bildung von Sauerstoff, was zu einem saureren Überzug führt. Diese Effekte müssen zur Aufrechterhaltung stabiler kolloidaler Lösungen beachtet werden. An den Elektroden werden die anhaftenden Ionen entladen, weshalb die anhaftenden Wassermoleküle ihre Bindung verlieren und abgedrängt werden (Osmose). Es entsteht eine wasserdichte, fest haftende, weitestgehend wasserfreie und elektrisch nichtleitende Schicht. Die erreichbare Schichtdicke wird durch die sich aufbauende Isolationsschicht begrenzt. Dies bewirkt im Verlauf einer Beschichtung eine Umverteilung des elektrischen Feldes, sodass vorher weniger oder noch nicht beschichtete Stellen zunehmend mit einer höheren Feldstärke beaufschlagt werden, weil die bereits beschichteten Flächen isolierend wirken. Das führt zu einer relativ gleichmäßigen Schichtdicke. Es werden auf diese Weise auch Flächenelemente erreicht, die relativ abgeschirmt angeordnet sind (s. **Bild 2.29**).

Parameter:

- Klemmenspannung bei Kataphorese = 20...100 V
- Klemmenspannung bei Anaphorese = 100...500 V
- Stromdichte auf den zu beschichteten Flächen ca. 0,4 A/dm^2
- Abscheidedauer = 1...3 min
- Wanderungsgeschwindigkeit der Micellen = 0,5...6 mm/min
- Micellen-Größe = 0,01...1 µm
- elektrische Leitfähigkeit des Elektrolyten = 0,5...8 µS/m
- elektrochemisches Äquivalent = 15...50 g/Ah
- Schichtdicken = 5...30 µm .

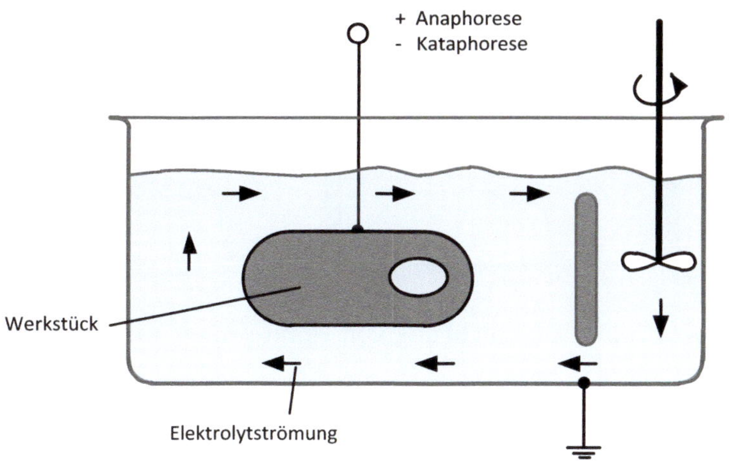

Bild 2.28: Prinzip der Elektrophorese; Polung bestimmt, ob Anaphorese oder Kataphorese

Anwendungen: Die wichtigste Anwendung ist das elektrophoretische Lackieren. Nach [6, S.628] können einige Polymer-(Lack)-Bindemittel unter bestimmten Bedingungen (müssen salzbildende Gruppen aufweisen) löslich werden und damit Kolloidteilchen ausbilden. Einige dieser Bindemittel haben die Eigenschaft, in saurer Umgebung (vor der Anode konzentrieren sich Protonen) wieder die unlösliche Ausgangsform anzunehmen, weshalb die Anaphorese anzuwenden ist. Andere Bindemittel benötigen eine basische Umgebung mit OH^--Ionen, um in die unlösliche Form zurückzukehren. Hier ist die Kataphorese angezeigt. Die nachfolgend aufgeführten weiteren Anwendungen zeigen, dass auch Hartstoffe, wie beispielsweise Siliziumcarbid, Bornitrid, Borcarbid und Titanoxid, aber auch hitzebeständige Stoffe, wie Teflon und Glimmer, mithilfe von Dispersionen abgeschieden werden können:

- Latexteilchen für Gummierungen
- Plastpulver für Plastbeschichtungen
- Anorganische Oxide für nachfolgende Emaillierungen
- Glimmerplättchen für elektrische Isolierungen
- Hartstoffpartikel als den Verschleiß mindernde Schutzschichten z. B. bei Zahnrädern.

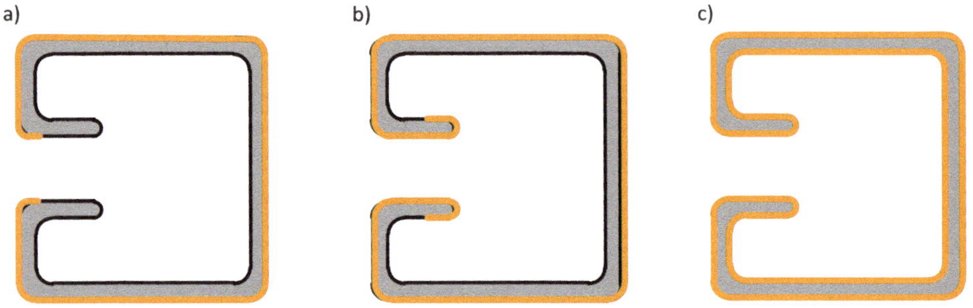

Bild 2.29: Fortschritt einer Beschichtung von Hohlräumen mit Elektrophorese

2.7 Anodisation

Mit der Anodisation werden gezielt schützende Oxidschichten auf metallischen Oberflächen erzeugt. Dazu wird die metallische Oberfläche als Anode geschaltet. Es läuft nur eine Reaktion zwischen dem Metall Me und Wasser ab.

$$Me + zH_2O \rightarrow Me(OH)_z + 0,5zH_2 \tag{2.92}$$

Die sich ausbildenden Oxidschichten sind i. d. R. sehr stabil und schützen das darunterliegende Metall vor weiterer Oxidation. Insbesondere die Oxide von Al, Ti, Ta, Nb und Mg bilden wirksame Sperrschichten aus. Im Falle des Aluminiums wird Anodisieren auch als Eloxieren bezeichnet.

2.8 Elektroosmose

Mit der Elektroosmose kann ein Feuchtigkeitstransport (allgemein Transport des Lösungsmittels) in kapillar porösen Materialien, wie Beton, Keramik oder Mauerwerk, hervorgerufen werden. Voraussetzung ist, dass sich eine Ionensorte (i. d. R. Anionen) an die Kapillarwände andocken, während die entgegengesetzt geladenen Ionen (dann Kationen) frei beweglich sind. Die hydratisierten Kationen transportieren das an ihnen haftende Wasser zur Kathode. Hier werden die Kationen entladen und das an ihnen haftende Wasser verliert seine Bindung. In **Bild 2.30** ist der Wassertransport in der Hydrathülle von Kationen schematisch dargestellt. Der umgekehrte Fall mit beweglichen Anionen ist möglich und hängt von der Natur des kapillar porösen Materials und des Lösungsmittels ab.

Je nach dem, wie das elektrische Feld erzeugt wird, werden unterschieden:

- Passive Osmose: Eine natürlich vorhandene elektrische Potenzialdifferenz wird nutzt.
- Galvanoosmose: Das elektrische Feld wird durch Einbringen verschiedener Metalle als Elektroden (galvanisches Element) aufgebaut.
- Aktive Osmose: Es wird eine äußere Gleichspannung über inerte Elektroden gleichen Materials aufgeprägt.

Um beispielsweise ein feuchtes Mauerwerk zu trocknen, müssen die Kationen frei beweglich und die Kathode im Erdreich angeordnet sein.

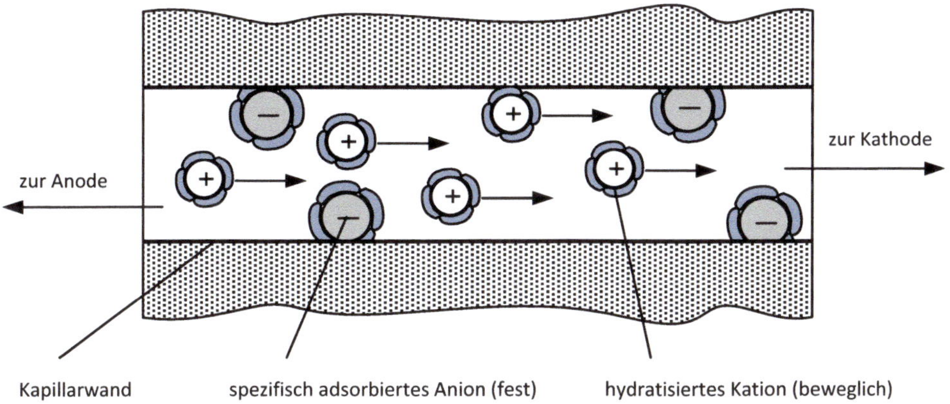

Bild 2.30: Elektroosmose in einer Kapillare; schematisch und nicht maßstäblich

2.9 Weitere elektrochemische Verfahren

Im Trinkwasser befinden sich Salze, die bei einigen Anwendungen stören (Ablagerung in Kühlwasser, bei Verwendung in wässrigen Elektrolyten). Diese Salze bestehen aus Kationen (Cu^{2+}, Na^{+}, Mg^{2+}, Ca^{2+}) und den Anionen (SO_4^{2-}, Cl^{-}, NO_3^{-}, CO_3^{2-}). Zur **Entionisierung** wird beispielsweise ein Harz verwendet, welches aus langkettigen Molekülen besteht, deren Seitenketten mit Wasserstoffionen H^{+} und Hydroxidionen OH^{-} besetzt sind. Bei Benetzung mit dem zu behandelnden Wasser werden die Wasserstoffionen durch die Kationen

und die Hydroxidionen durch die Anionen der Salze ersetzt. Der Vorgang wird durch ein elektrisches Feld unterstützt, indem die Ionen gezielt zu dem Harz abgelenkt werden. Durch ionenselektive Membranen erfolgt eine Abtrennung und Abspülung der Salzionen.
Im natürlichen Wasser (Grundwasser) ist in geringen Mengen **Deuterium** vorhanden. Bei der Elektrolyse von Wasser zur Wasserstofferzeugung reichert sich der Elektrolyt mit Deuterium an, das eventuell zukünftig für die Kernfusion genutzt werden kann.
Auch organische Reaktionen können elektrochemisch unterstützt bzw. überhaupt erst ermöglicht werden. Beispielsweise werden bei dem sogenannten Kolbe-Verfahren unter Abspaltung von CO_2 **Moleküle der Carbonsäure gekoppelt**.
Bei der **Reinigung** bzw. Entfettung metallischer Werkstücke wird ein starker alkalischer Elektrolyt, wie z. B. Natron- oder Kalilauge, verwendet. Das zu reinigende Metall wird anodisch oder kathodisch geschaltet. Im Falle der anodischen Schaltung wird Sauerstoff und bei der kathodischen Schaltung Wasserstoff unmittelbar an der metallischen Oberfläche gebildet. Diese Gasentwicklung sprengt die anhaftenden Verschmutzungen auch an unzugänglichen Stellen ab.
Schließlich sei die **Analytik** als ein weiteres Feld zur Anwendung elektrochemischer Verfahren genannt.

3 Plasmatechnik

In diesem Kapitel soll das nicht-thermische Plasma im Niederdruckbereich (Druck viel kleiner als 0,1 MPa=1 bar) mit seinen technologischen Anwendungen diskutiert werden. Die Plasmatechnik ist ein Gebiet der Elektroprozesstechnik, das weniger energetisch aber umso mehr technologisch bedeutsam ist. Die wissenschaftlichen Grundlagen hierzu sind in der Plasmaphysik niedergelegt, die nicht zuletzt wegen der intensiven Forschungen zur Kernfusion als hoffnungsvolle Energiequelle und den Technologien zur Mikroelektronik/Mikromechanik sehr gründlich untersucht wurde. Hier werden einige Teilgebiete betrachtet, um die Verbindungen zur Elektrotechnik aufzuzeigen. Weiterführende Informationen zu den Grundlagen der Plasmaphysik und den Oberflächentechnologien mit Niederdruckplasmen sind beispielsweise in [3], [5] und [9] zu finden.

3.1 Einordnung

Die Teilchen eines Plasmas sind Elektronen, Ionen und Neutrale (Atome, Moleküle). Durch die beweglichen und geladenen Teilchen ist das Plasma elektrisch leitend, weshalb elektrische und magnetische Felder auf das Plasma einwirken können. Die ständig in thermischer Bewegung befindlichen Elektronen und Ionen kreisen um die magnetischen Feldlinien und wirken wie kleine Magnete, die dem äußeren Magnetfeld entgegen wirken. Insbesondere die schnellen, weil viel leichteren Elektronen erzeugen durch ihre elastischen und inelastischen Stöße mit anderen Teilchen sowie den genannten Kreisbewegungen eine elektromagnetische Strahlung, die einen weiten Spektralbereich von der Mikrowellen- bis zur Röntgenstrahlung abdecken. Wegen des sehr unterschiedlichen Energieaustausches bei den einzelnen Stoßprozessen gibt es folgende Erscheinungen:

Hochdruckplasma: Es gibt große Wechselwirkungen zwischen den Spezies, weshalb Elektronen, Ionen und Neutrale die gleiche Temperatur und ihre spezielle Maxwell'sche Verteilung der Geschwindigkeit haben.

Niederdruckplasma: Es besteht eine geringe Wechselwirkung zwischen den Teilchen. Deshalb haben die Elektronen eine wesentlich höhere Temperatur als die Ionen und Neutralen.
Extrem geringer Druck: Die Wechselwirkung zwischen den Teilchen ist vernachlässigbar. Die Elektronen können ihre Energie nicht mehr auf andere Teilchen übertragen und haben keine Maxwell'sche Geschwindigkeitsverteilung.

Bei einem Plasma kann sich die Temperatur bzw. die kinetische Energie der Ionen T_i und Elektronen T_e unterscheiden. Dies ist insbesondere bei dem hier schwerpunktmäßig zu behandelnden Niederdruckplasma im Druckbereich von 0,1 bis 10 000 Pa der Fall, weshalb dieses Plasma auch als nicht-thermisches Plasma bezeichnet wird. Weitere wichtige Größen zur Einteilung von Plasmen sind die Teilchendichten von Neutralen n_n, Ionen n_i und Elektronen n_e. Das **Bild 3.1** zeigt die Einordnung einiger Plasmen bezüglich der Elektronentemperatur T_e und der Elektronendichte n_e.

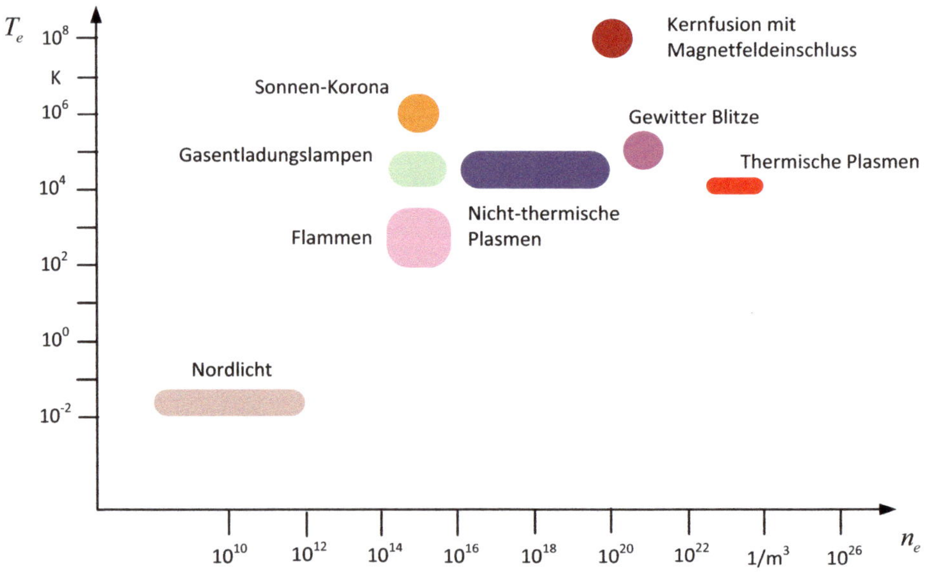

Bild 3.1: Größenordnung von Temperatur und Elektronendichte für Plasmen in Natur und Technik

3.2 Kenngrößen

3.2.1 Temperatur und kinetische Energie

Die Temperatur eines Gases entspricht der kinetischen Energie seiner Teilchen. Die Teilchen werden in Sorten mit unterschiedlicher Masse und Ladung unterteilt. Es werden Elektronen mit Index (e), Ionen mit Index (i) und Neutrale (Atome und Moleküle) mit Index (n) unterschieden. Im thermischen Gleichgewicht haben alle Teilchen im zeitlichen Mittel die gleiche kinetische Energie. Wegen der unterschiedlichen Massen der einzelnen Sorten, zum Beispiel $m_i >> m_e$, existieren für diese unterschiedliche mittlere Geschwindigkeiten. Ein Zusammenhang zwischen dem Betrag der Geschwindigkeit v einer Teilchensorte und der Temperatur T ist mit der Maxwell'schen Verteilung des Geschwindigkeitsbetrages $w(v)$ gegeben.

$$w(v) = \frac{4}{\sqrt{\pi}} \frac{1}{v} (\frac{mv^2}{2kT})^{3/2} \exp(-\frac{mv^2}{2kT}) \tag{3.1}$$

w ist die Wahrscheinlichkeit der Geschwindigkeit einer Teilchensorte mit der Maßeinheit $[w]$=s/m. In **Bild 3.2** ist die Form der Geschwindigkeitsverteilung für zwei verschiedene Gastemperaturen mit $T_2 > T_1$ gezeigt. Es ist zu erkennen, dass sich für $w(v = 0)$ der Wert null ergibt. Dies bedeutet, dass die Wahrscheinlichkeit, ein absolut ruhendes Teilchen zu finden, bei null liegt. Aus der Wahrscheinlichkeit der Geschwindigkeit kann eine effektive (thermisch wirksame) Geschwindigkeit bestimmt werden.

$$(v_{ef})^2 = \int_0^\infty v^2 w(v)\,\mathrm{d}\,v \tag{3.2}$$

Dieser kann mit der Boltzmann'schen Konstante $k = 1{,}38 \cdot 10^{-23}\,\mathrm{Ws/K}$ schließlich eine Temperatur zugewiesen werden.

$$\frac{m}{2} v_{ef}^2 = \frac{3}{2} kT \tag{3.3}$$

Die Maxwell'sche Geschwindigkeitsverteilung gilt nur für Plasmen, die sich vollständig im thermodynamischen Gleichgewicht befinden. Das ist selten erfüllt, weil neben äußeren elektrischen und magnetischen Kräften stets Temperatur- und Druckgradienten auftreten. Wenn allerdings von der Erfüllung des thermodynamischen Gleichgewichts in einem kleinen Gebiet ausgegangen werden kann, dann ist eine isotrope Verteilung der Geschwindigkeitskomponenten vorhanden.

$$w(v_x) = w(v_y) = w(v_z) \tag{3.4}$$

Dies bedeutet, dass sich für eine der drei Raumkomponenten der effektiven Geschwindigkeit die sogenannte thermische Geschwindigkeit v_{th} nach (3.3) ergibt:

$$v_{th}^2 m = kT\,. \tag{3.5}$$

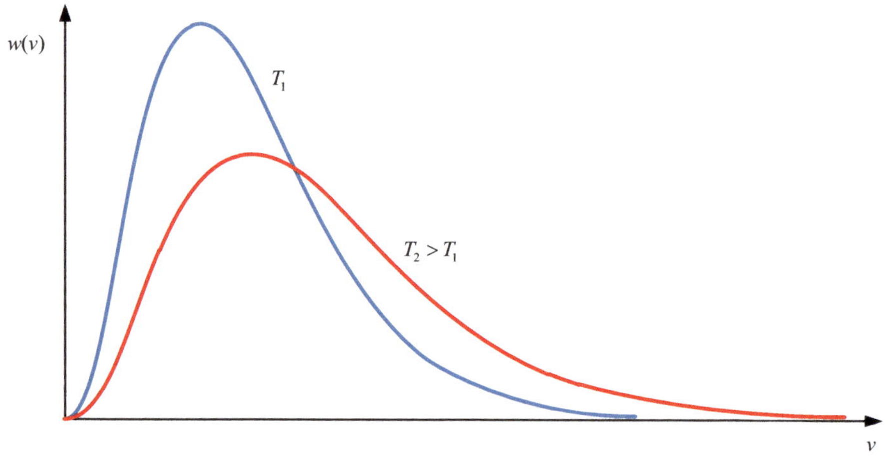

Bild 3.2: Maxwell'sche Verteilung der Geschwindigkeit von Teilchen für zwei unterschiedliche Temperaturen

Bei den nicht-thermischen Plasmen (Nicht-Gleichgewichts-Plasmen) gilt $T_e >> T_n \approx T_i$, weshalb die Verteilung nach (3.1) getrennt für die Temperaturen und Massen der Spezies mit T_e und m_e bzw. T_i und m_i usw. zu bilden ist.
In der Plasmaphysik werden die Geschwindigkeiten von Spezies oft mit Temperaturen ausgedrückt. Die Beziehung für das thermodynamische Gleichgewicht nach 3.5 wird deshalb auch in den Formen

$$v_e = \sqrt{\frac{kT_e}{m_e}} \tag{3.6}$$

und

$$v_i = \sqrt{\frac{kT_i}{m_i}} \tag{3.7}$$

für Elektronen und Ionen verwendet.

Eine Messung der Temperaturen bzw. der mittleren kinetischen Energien der Teilchen ist mit den klassischen Methoden der Temperaturmessung kaum möglich. Ein Grund dafür ist, dass die technischen Plasmen transparent sind. Deshalb wird beispielsweise mit einem Pyrometer hauptsächlich die Temperatur der hinter dem Plasma befindlichen Körper (z. B. die Laborwand) gemessen. Mit der Dopplerverbreiterung einer Spektrallinie, die von bewegten Teilchen ausgesendet wird, ist es jedoch möglich, deren Geschwindigkeit und damit deren Temperatur zu bestimmen. Wie später noch gezeigt wird, können angeregte Atome und Ionen, aber auch Elektronen charakteristische elektromagnetische Strahlung mit einer für sie typischen Wellenlänge λ aussenden. Der Dopplereffekt besagt, dass ein mit der Wellenlänge λ strahlendes Objekt, das sich mit der Geschwindigkeit v von einem ruhenden Beobachter entfernt, dieser mit der Wellenlänge $(1 + v/c)\lambda$ wahrnimmt. Ein auf den Betrachter zukommendes Objekt sieht dieser dagegen mit der kürzeren Wellenlänge $(1 - v/c)\lambda$. Bei einem Plasma sind die Spektrallinien wegen der chaotischen Wärmebewegung der Teilchen verbreitert. Aus der Form der spektralen Verteilung (s. **Bild 3.3**) kann man auf die Temperatur schließen.

$$\Delta\lambda = 2\frac{\lambda}{c}\sqrt{\frac{2kT}{m}} \tag{3.8}$$

Darin bezeichnet λ die Wellenlänge der von den Atomen und Ionen mit der Masse m im Ruhezustand ausgehenden charakteristischen Strahlung. Und $\Delta\lambda$ gibt die Breite der spektralen Verteilung auf der halben Höhe h an. Je höher die thermodynamische Temperatur, desto breiter erscheint eine Linienstrahlung. Die Beziehung 3.8 gilt strenggenommen nur für Gleichgewichtsplasmen. Die in Bild 3.3 aufgeführte Intensität ist proportional zur spektralen Strahldichte (s. Abschn. 5.2.1). Die Intensität (eigentlich spektrale Intensität, gemessen als Leistung pro Wellenlänge) kann mit einem Spektrometer unter der Annahme eines opaken Plasmas erfasst werden. Dabei sind die für die spektrale Intensität wichtigen Größen, wie die sichtbare strahlende Fläche und der vom Spektrometer aufgespannter Raumwinkel, konstant und haben auf die Verteilung (Kurvenform) keinen Einfluss.

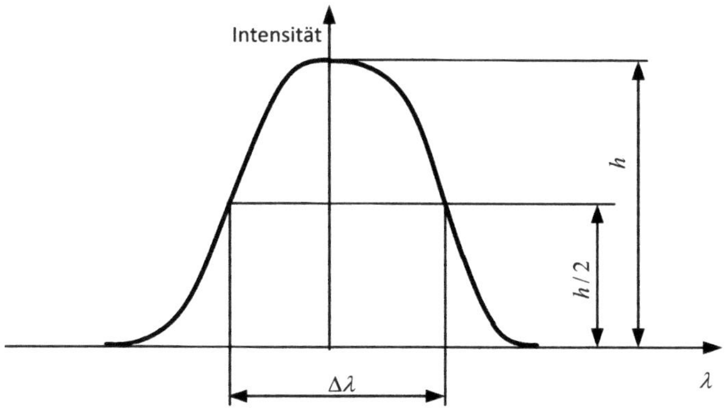

Bild 3.3: Spektrale Verteilung der Intensität einer bewegten Linienstrahlung

3.2.2 Debye-Länge

Die Debye-Länge ist eine wichtige Hilfsgröße, mit der die Abschirmung von scheren Ionen durch leichtere oder Elektronen beschrieben wird.
Makroskopisch ist ein Plasma neutral und es gilt $n_e = n_i$. Wenn es jedoch bis zu einem Volumen mit nur noch wenigen Ionen aufgelöst wird, dann zeigen sich positive und negative Raumladungsgebiete mit $n_e \neq n_i$. Das liegt daran, dass sich die Elektronen lieber in der Nähe ihres Gegenparts, den positiven Ionen, aufhalten. Sie schirmen folglich durch ihre Anwesenheit die positive Ladung des Ions ab. Der Potenzialverlauf einer punktförmigen positiven Ladung klingt durch diese vermehrte Anwesenheit von Elektronen stärker ab (s. **Bild 3.4**). Als Debye-Radius λ_D wird der Abstand von der Punktladung bezeichnet, bei dem das abgeschirmte Potenzial gegenüber dem Coulomb-Potenzial um den Faktor $1/e$ vermindert ist.[1] Diese Schirmwirkung wird durch thermische Bewegung der Elektronen vermindert (λ_D wird größer). Aus der Dichte n_e von Elektronen in der Umgebung eines Ions kann der Debye-Radius auch berechnet werden.

$$\lambda_D = \sqrt{\frac{\varepsilon_0 k T_e}{e^2 n_e}} \tag{3.9}$$

Mit wachsender Teilchendichte $n_e = z n_i$ nimmt folglich die abschirmende Wirkung des Plasmas zu. In einer präziseren Definition des Begriffs Plasma wird

[1] Debye hat dies zuerst für die Ladungsverteilungen in wässrigen Elektrolyten beschrieben.

daher gefordert, dass die charakteristische Gefäßabmessung L eines Plasmas größer als die Debye-Länge sein muss ($L > \lambda_D$). Für nicht-thermische technische Plasmen mit $T_i = 10^3\,\text{K}$ und $n_e = 10^{16}\,1/\text{m}^3$ ergibt sich beispielsweise ein Debye-Radius von 25 µm, womit der Plasma-Begriff immer zutrifft. Astrophysikalische Plasmen erreichen dagegen λ_D-Werte im km-Bereich. Falls ein Plasma so dünn ist, dass λ_D die charakteristische Gefäßabmessung L übersteigt, dann bewegt sich ein geladenes Teilchen so, als ob es keine anderen geladenen Teilchen gäbe.

Die exakte Definition für die Debye-Länge im Gleichgewicht $n_e = zn_i$ lautet:

$$\lambda_D^{-2} = \lambda_{De}^{-2} + \lambda_{Di}^{-2} = \frac{e^2 n_e}{\varepsilon_0 k}\left(\frac{1}{T_e} + \frac{z}{T_i}\right) \tag{3.10}$$

Für technische Niederdruckplasmen mit $T_e >> T_i$ ergibt sich daraus (3.9). Auch bei dichten Plasmen (Lichtbogen bei Normaldruck) oder bei schnell veränderlichen Feldern ist die Trägheit der Ionen zu groß, als dass sich ihre Dichte dem Feld anpassen kann. Dann gilt ebenfalls (3.9).

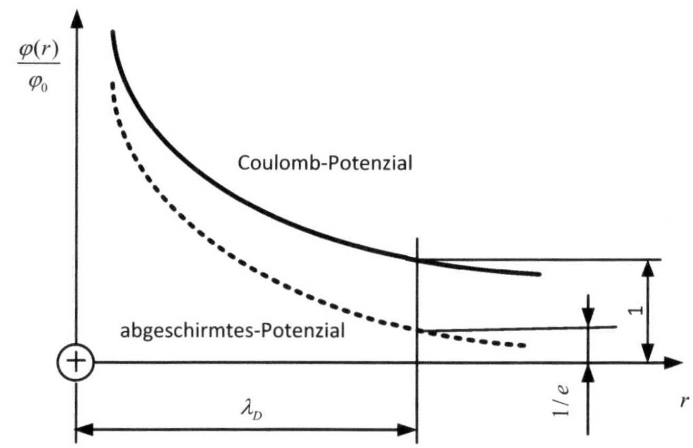

Bild 3.4: Änderung des Potenzialverlaufes durch abschirmende Elektronen in der Umgebung einer Punktladung

3.2.3 Plasmafrequenz

Wie die Dipole in einem Dielektrikum (s. Teil 1 des Buches, Kapitel "Kondensatorfelderwärmung") werden auch die geladenen Teilchen unter dem Einfluss eines kurzzeitig einwirkenden elektrischen Feldes um einen kleinen Betrag Δx verschoben (s. **Bild 3.5**). Sobald das äußere Feld verschwindet, versuchen die Coulomb'schen Rückstellkräfte die vorherige Ordnung wieder herzustellen. Wegen der Elektronenmasse und der damit verknüpften kinetischen Energie kommt es zum Überschwingen. Wie bei einem Pendel gibt es auch hier eine von der schwingenden Masse und den Rückstellkräften abhängige Eigenfrequenz, die Plasmafrequenz genannt wird. Für die Elektronen mit der Masse m_e ist dies die Plasmafrequenz der Elektronen.

$$\omega_{pe} = \sqrt{\frac{e^2 n_e}{\varepsilon_0 m_e}} \tag{3.11}$$

Für nicht-thermische Niederdruckplasmen mit $n_e = 10^{17}\,1/\mathrm{m}^3$ ergibt dies die Frequenz $f_{pe} = 2{,}8\,\mathrm{GHz}$. Diese Frequenz befindet sich somit nahe am Frequenzband der Mikrowellenerwärmung (s. Teil 1 dieses Buches, Kapitel "Mikrowellenerwärmung"). Ebenso lässt sich für die Ionen eine Plasmafrequenz mit der Masse m_i und $n_e = z n_i$ mit z als Ladungszahl der Ionen bestimmen.

$$\omega_{pi} = \omega_{pe}\sqrt{\frac{m_e}{m_i}} \tag{3.12}$$

Diese ist deutlich geringer und ergibt für das einwertige Proton ($z = 1$) eine Frequenz von ca. 57 MHz, welche im Bereich der Kondensatorfelderwärmung liegt. Die periodische Anregung eines Plasmas führt zu zusätzlichen Stößen und damit einem Energieeintrag.

Zwischen der Plasmafrequenz und dem Debye-Radius gibt es gemäß (3.9) und (3.11) einen Zusammenhang.

$$\lambda_D = \frac{1}{\omega_{pe}}\sqrt{\frac{kT_e}{m_e}} \tag{3.13}$$

Da die Plasmafrequenz aus den Resonanzpunkten der Wirkleistung $P(\omega)$ (s. Abschn. 3.7) und die Elektronentemperatur mit der Langmuir-Sonde (s. Abschn. 3.2.4) bestimmt werden können, ist der Debye-Radius berechenbar.

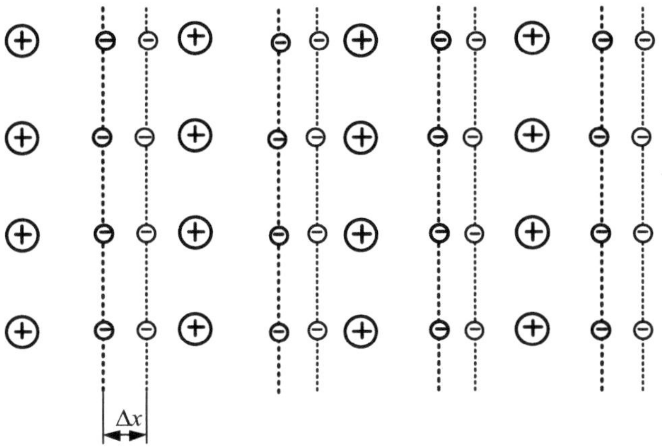

Bild 3.5: Verschiebung der Elektronen zu den Ionen um Δx bei Einwirkung eines elektrischen Feldes

3.2.4 Plasmapotenzial

Mit einer speziellen Sonde, der sogenannten Langmuir-Sonde, kann das elektrische Potenzial in einem Plasma ausgemessen werden. Diese Sonde besteht aus einem isoliert in das Plasma eingeführten Draht, dessen Ende mit einer Fläche A_L Kontakt mit dem Plasma hat. Mit einer variablen Spannungsquelle können das Potenzial der Sonde gegenüber dem metallischen Gefäß eingestellt und die U-I-Kennlinie aufgenommen werden (s. **Bild 3.6**). So einfach wie der geschilderte Aufbau der Sonde erscheint, ist ihre Anwendung leider nicht. Die Sonde ist nicht rückwirkungsfrei, d. h. sie verändert selbst die Verhältnisse im Plasma. Deshalb erfordern die Handhabung und Auswertung der Messergebnisse viel Erfahrung. Dennoch ist die Langmuir-Sonde ein wichtiges Messmittel der Plasmaphysik. Mit ihr können unter anderem die elektrische Feldstärke, die Stromdichte, die Plasmadichte n_e und die Elektronentemperatur T_e ortsabhängig bestimmt werden.
Gemäß der technisch positiven Stromrichtung wird der Strom in der Fließrichtung der Ionen v_i positiv gezählt und es gilt $J_i \propto v_i$. Bei den Elektronen ist es umgekehrt, weshalb $J_e \propto -v_e$ gilt. Gemäß dieser Definition ergibt sich für den Gesamtstrom

$$I = I_i + I_e. \tag{3.14}$$

Wenn also gleich viele einwertige Ionen und Elektronen pro Zeiteinheit auf die Sonde treffen, dann ist der Gesamtstrom null.

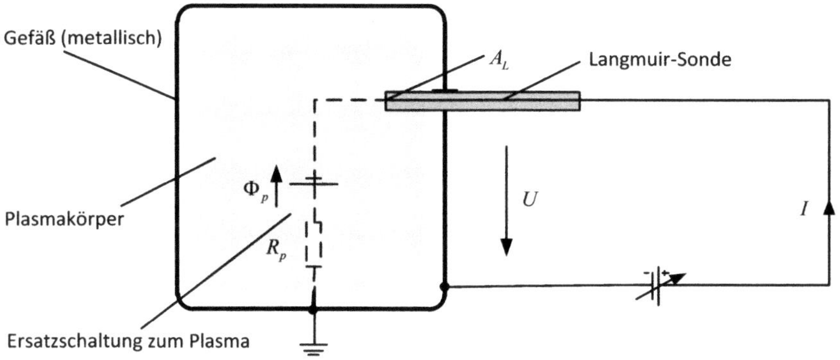

Bild 3.6: Ersatzschaltung der Langmuirsonde; Zählpfeile im äußeren Messkreis entsprechen dem rechten Teil der Kennlinie.

In **Bild 3.7** ist eine typische, mit der Langmuir-Sonde gemessene I-U-Kennlinie mit den charakteristischen Punkten 1 bis 4 dargestellt. Die nachfolgenden Erläuterungen zur Auswertung sollen lediglich eine Vorstellung darüber vermitteln, was alles herausgelesen werden kann. Für eine wissenschaftlich fundierte Auswertung bedarf es deshalb eines tiefer gehenden Studiums.
In Punkt 1 gilt $U < 0$ und $I < 0$. Von der Sonde auf negativem Potenzial werden alle verfügbaren Ionen aufgesammelt. Es wird der Ionensättigungsstrom $I = I_{is}$ gemessen. Mit dem Ionensättigungsstrom ist bereits ein Zusammenhang zwischen Plasmadichte $n = n_e = zn_i$ und Elektronentemperatur bekannt.

$$I_{is} = -A_s en\sqrt{\frac{kT_i}{m_i}} \tag{3.15}$$

Darin bezeichnet $A_s > A_L$ die etwas größere effektive Sondenfläche, denn vor der Sonde baut sich eine negative Randschicht auf (s. Abschn. 3.4), die zu einer scheinbaren Vergrößerung der Sondenfläche führt. Die Wurzel in (3.15) entspricht nach (3.7) der Ionengeschwindigkeit, woraus mit der Ladungsträgerdichte n die Berechnung des Ionenstromes ersichtlich wird.
Im Punkt 2 für $U < 0$ und $I = 0$ mit $I_i < 0$ ist der Gesamtstrom gleich null. Es treffen gleich viele positive und negative Ladungen auf die Sonde. Die dabei gemessene Spannung wird „Floating-Potenzial" genannt: $U(I = 0) = U_{float}$. Aus einer vorgegebenen Kennlinienformel (s. auch (3.19)) folgt ein weiterer Zusammenhang.

$$I = I_e + I_i = I_{es}\exp[\frac{-e(\Phi_p - U_{float})}{kT_e}] + I_i = 0 \tag{3.16}$$

Der darin enthaltene Elektronensättigungsstrom I_{es} und das Plasmapotenzial Φ_p werden anschließend erläutert.
Im Punkt 3 mit $U = 0$ und $I > 0$ fließt ein positiver Strom, obwohl die äußere Spannung null ist (Kurzschluss). Der Strom wird durch das gegenüber der Gefäßwand aufgebaute Plasmapotenzial Φ_p (s. Abschnitt 3.4) angetrieben. Das Plasma versucht, die durch die Sonde hervorgerufene Störungen auszugleichen. Über den separat zu bestimmenden inneren Widerstand des Plasmas R_p kann Φ_p bestimmt werden.
Bei weiterer Spannungserhöhung wird der Punkt 4 mit $U > 0$ und $I > 0$ sowie $I_e > 0$ und $I_i = 0$ erreicht, der zum Elektronensättigungsstrom I_{es} führt.

$$I_{es} \approx A_s e n \sqrt{\frac{kT_e}{m_e}} \tag{3.17}$$

Hiermit kann wieder ein Zusammenhang zwischen T_e und $n = n_e$ ermittelt werden. Allerdings ist zu beachten, dass die Messung des Elektronensättigungsstromes relativ ungenau ist, weil die Sonde das Plasma durch die hohe positive Spannung stark beeinflusst. Die Sättigungströme verhalten sich umgekehrt wie die Wurzel aus den Massen der Ladungsträger.

$$\frac{I_{es}}{I_{is}} = \sqrt{\frac{m_i}{m_e}} \tag{3.18}$$

Der Richtwert für diesen Quotienten beträgt 100 und beim leichtesten Ion, dem des Wasserstoffs, ca. 43. Die Kennlinie nach Bild 3.7 ist somit nicht maßstäblich und müsste in Richtung der Ordinate stark aufgezogen werden.
Die allgemeine Kennlinienformel

$$I = I_e + I_i = I_{es} \exp[\frac{-e(\Phi_p - U)}{kT_e}] + I_i \tag{3.19}$$

erlaubt im Bereich $|I_i| << |I_e|$ die Beziehung

$$\ln I/I_{es} = \frac{e(U - \Phi_p)}{kT_e} \tag{3.20}$$

abzuleiten, aus der sich ein Zusammenhang zwischen Φ_p und T_e gewinnen lässt. Mit den gegebenen Formeln und den Messwerten lassen sich viele Parameter eines Plasmas bestimmen und mittels unterschiedlicher Messpunkte sowie verschiedener Gleichungen verifizieren.

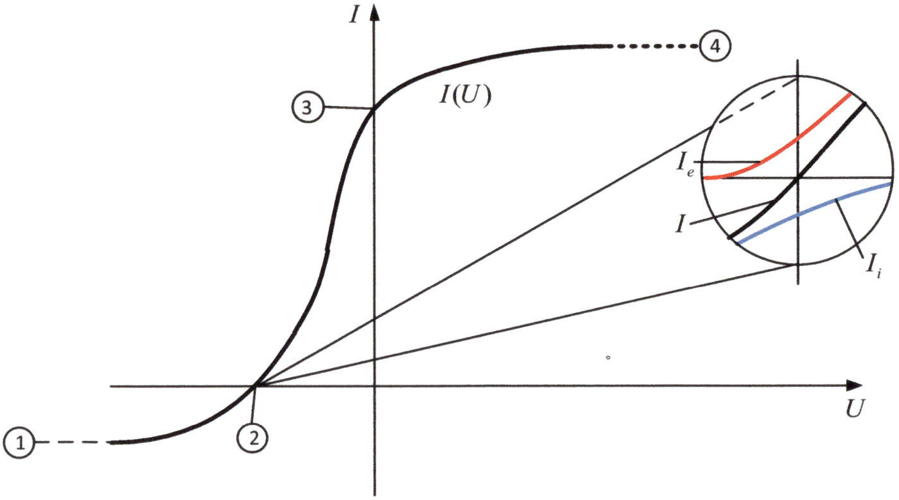

Bild 3.7: Typischer Verlauf einer mit der Langmuir-Sonde gemessenen IU-Kennlinie

3.3 Stoßvorgänge

Alle im Plasma vorhandenen Teilchensorten wechselwirken miteinander über Stöße. Es sind alle Stoß-Kombinationen zwischen diesen Spezies möglich. Auch Stöße untereinander, wie zum Beispiel Stöße zwischen zwei neutralen Teilchen ($n \rightarrow n$), sind denkbar. Die Stoßvorgänge werden mit dem Stoßquerschnitt σ, der Stoßfrequenz ν und der freien Weglänge λ beschrieben. Bei den Niederdruckplasmen dominieren die Stöße von Elektronen mit Neutralen ($e \rightarrow n$), weshalb hier die Stoßfrequenz ν stets die Stöße von Elektronen mit Neutralen $\nu_{en} = \nu$ benennt.

Um den Begriff des Stoßquerschnitts zu verstehen, soll zunächst der Stoßvorgang zwischen zwei Kugeln betrachtet werden. Die stoßende Kugel habe den Radius r_1 und die gestoßene Kugel den Radius r_2. In **Bild 3.8** ist gezeigt, wie man vereinfachend statt mit zwei Kugeln nur mit einer vergrößerten Kugel 2 und einer punktförmigen Kugel 1 arbeitet. Die vergrößerte Projektionsfläche der Kugel 2 nennt man Stoßquerschnitt σ.

Dieser Stoßquerschnitt σ kann allerdings nicht so einfach, wie in Bild 3.8 dargestellt, aus den Radien der beteiligten Teilchen bestimmt werden. Auf experimentellem Weg ist allerdings eine Bestimmung der Stoßfrequenz bzw. des

Stoßquerschnittes möglich. Eine der vielen experimentellen Möglichkeit ist in **Bild 3.9** schematisch dargestellt. Von einem Teilchenstrom zwischen Anode und Kathode wird die Anzahl der Elektronen N_o bestimmt, die nicht auf die Anode treffen, weil sie gestreut oder abgelenkt wurden. Das Verhältnis von abgelenkten zu einfallenden Elektronen N_o/N_i wird Trefferwahrscheinlichkeit w genannt. Aus der auf diese oder eine andere Weise gefundene Trefferwahrscheinlichkeit, die auch für Ionen bestimmt werden kann, wird der Stoßquerschnitt σ definiert.

$$w = \frac{N_o}{N_i} = \frac{\sigma N}{A} \tag{3.21}$$

Darin ist mit N die Teilchenzahl bezeichnet, die sich im Zielgebiet (Target) mit der Fläche A und der Tiefe s aufhalten. Dabei ist die Tiefe s ein Parameter, der sich aus der Konstruktion der Versuchseinrichtung ergibt. Mit der Teilchendichte $n = N/(As)$ ergibt sich damit der Stoßquerschnitt zu

$$\sigma = \frac{w}{ns}. \tag{3.22}$$

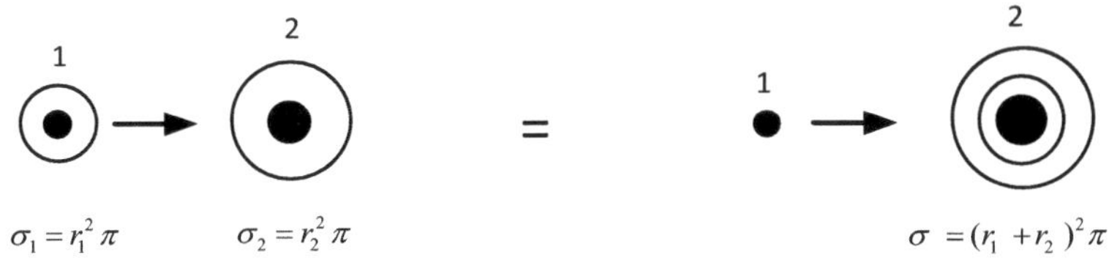

Bild 3.8: Äquivalenz für den Stoßquerschnitt für Stöße zwischen zwei räumlich ausgedehnten Teilchen

Der Stoßquerschnitt entspricht folglich einer Trefferwahrscheinlichkeit und ist keine unmittelbar aus der Geometrie der beteiligten Teilchen (Radien) bestimmbare Größe. Die in (3.22) angeführte Teilchendichte n steht stellvertretend für n_e, n_i oder n_n, womit deutlich wird, dass ein ausgewiesener Stoßquerschnitt stets auf bestimmte Teilchentypen zu beziehen ist. Die am Stoß beteiligten Teilchen wechselwirken mit ihren Ladungen. Daher sind die Stoßquerschnitte von Ionen mit Elektronen wegen der Coulomb'schen Kräfte sehr viel größer als die von neutralen Teilchen mit Elektronen. Aber auch auf neutrale Teilchen mit inhomogener Ladungsverteilung wirken im Nahbereich Coulomb'sche-Kräfte auf die Elektronen. Die Angaben zum Stoßquerschnitt können weiter spezifiziert werden und sich auf elastische oder inelastische sowie ionisierende Stöße beziehen.

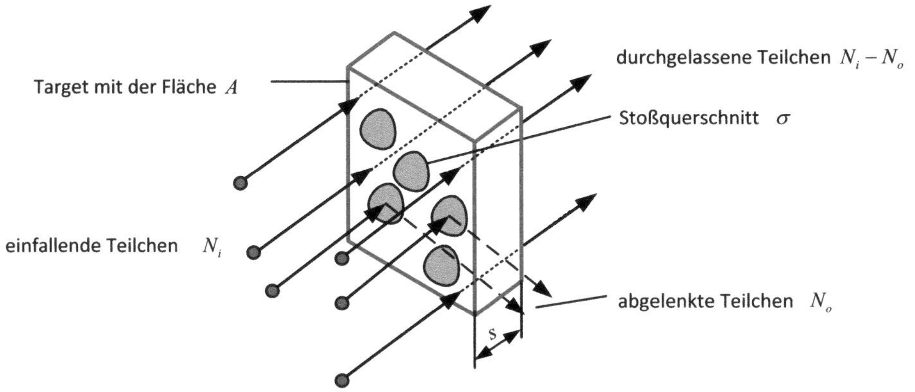

Bild 3.9: Bestimmung der Trefferwahrscheinlichkeit aus dem Verhältnis der Treffer (hier abgelenkte Teilchen) zur Anzahl der einfallenden Teilchen

Neben speziellen Experimenten gibt es in der einschlägigen Fachliteratur Berechnungsvorschläge, die zeigen, dass neben den Ladungen der am Stoß beteiligten Teilchen vor allem die kinetischen Energien der stoßenden Teilchen einen maßgebenden Einfluss auf den Stoßquerschnitt haben. Je größer die kinetische Energie bzw. die Relativgeschwindigkeit der stoßenden Teilchen ist, desto kleiner wird der Stoßquerschnitt. Bei den elastischen Stößen wird lediglich kinetische Energie unter den Teilchen ausgetauscht. Es ändern sich die Energien der Stoßpartner, ohne dass Energie verbraucht bzw. nach außen abgegeben wird. Bei Stößen von Teilchen gleicher Masse, z. B. $e \to e$, wird im Mittel die halbe kinetische Energie jedes Teilchens ausgetauscht. Bei elastischen Stößen von Teilchen unterschiedlicher Masse, z. B. $e \to i$, wird dagegen im Mittel nur ein Betrag $2(m_e/m_i)W_k$ der kinetischen Energien ausgetauscht. Bei inelastischen Stößen wird hauptsächlich potenzielle Energie ausgetauscht, was zu Anregung, Ionisation oder Dissoziation führen kann.
Auf ein Teilchen entfällt das Volumenelement $1/n$, das man sich aus dem Streuquerschnitt σ und einer Länge λ vorstellen kann.

$$1/n = \sigma\lambda \tag{3.23}$$

Da ein stoßendes Teilchen in diesem Volumenelement, in dem es rechnerisch nur ein zu stoßendes Teilchen gibt, nur einmal stoßen kann, muss es bis zum nächsten Stoß mindestens die Strecke λ zurücklegen. Deshalb wird diese Strecke als mittlere freie Weglänge λ (engl. *MFP - Mean Free Path*) bezeichnet. Falls dieses Teilchen die Geschwindigkeit v hat, dann vergeht zwischen zwei Stößen die Zeit $\tau = \lambda/v$. Der Kehrwert dieser Zeit ist die Stoßfrequenz ν, die sich mit (3.23) wie folgt definiert.

$$\nu = n \langle v\sigma(v) \rangle \tag{3.24}$$

Der Einschluss von $v\sigma$ in eckige Klammern soll ausdrücken, dass es sich um Mittelwerte der Relativgeschwindigkeiten von stoßender Teilchensorte zur gestoßenen Sorte (hier Elektronen und Neutrale) handelt und dass der Streuquerschnitt selbst von dieser mittleren Relativgeschwindigkeit abhängt. Einige Zahlenwerte sollen eine Vorstellung zur mittleren freien Weglänge der Elektronen und zur Stoßfrequenz zwischen Elektronen und Neutralteilchen vermitteln:

- In einem Reaktor mit *Ar*-Gas bei einem Druck von 7 Pa beträgt die mittlere freie Weglänge der Argonatome (Neutrale) 1,54 mm.
- Bei gleichem Druck von 7 Pa des Argongases beträgt die mittlere freie Weglänge der Elektronen 1 cm.
- Bei bedeutend niedrigerem Druck von 0,013 Pa beträgt die mittlere freie Weglänge der Argonatome bereits 80 cm.
- Die vom Gasdruck abhängigen Stoßfrequenzen ν (nur elastischer Stoß) betragen 9,5 GHz bei 133 Pa und 950 MHz bei 13,3 Pa sowie 95 MHz bei 1,3 Pa.

3.3.1 Coulomb-Stöße

Stöße zwischen geladenen Teilchen $e, i \rightarrow e, i$ werden Coulomb-Stöße genannt. In **Bild 3.10** sind die Bahnverläufe von einem Ablenkstoß und einem Einfangstoß gezeigt. Mit bekannten Ladungen, Massen und bekannter Geschwindigkeit des stoßenden Teilchens kann in Abhängigkeit des Parameters p die Teilchenbahn zumindest numerisch gut berechnet werden. Ab einem bestimmten von der Geschwindigkeit abhängigen Abstand $p < p_{min}$ wird das stoßende Teilchen eingefangen.

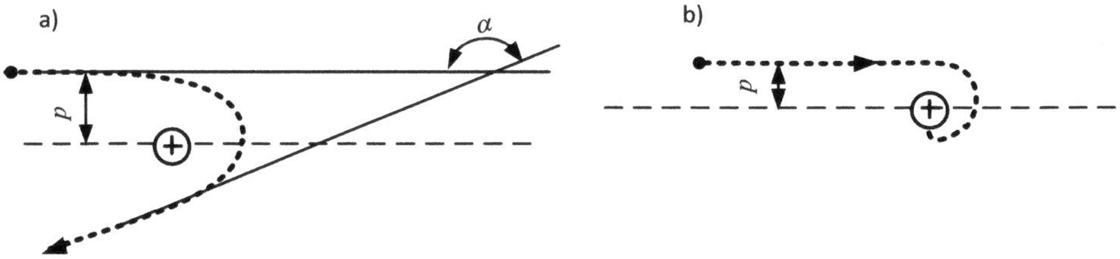

Bild 3.10: Zwei mögliche Flugbahnen eines stoßenden Teilchens: a) Ablenk-Stoß, b) Einfang-Stoß

3.3.2 Stöße von Elektronen mit Neutralen

In nicht-thermischen Niederdruckplasmen spielen die Coulomb-Stöße meist eine untergeordnete Rolle. Wegen $n_n >> n_e$ überwiegen in Niederdruckplasmen die Stöße von Elektronen mit den Neutralen. Von den Neutralteilchen sind die Atome, Moleküle und Radikale von Bedeutung, die polarisiert (permanent polar) oder polarisierbar (durch elektrisches Feld induziert polar) sind und somit einen elektrischen Dipol darstellen. Besonders gut polare und polarisierbare Atome und Moleküle sind beispielsweise: $H_2, H_2O, O_2, C, CO_2, Cl_2, CCl_4$.

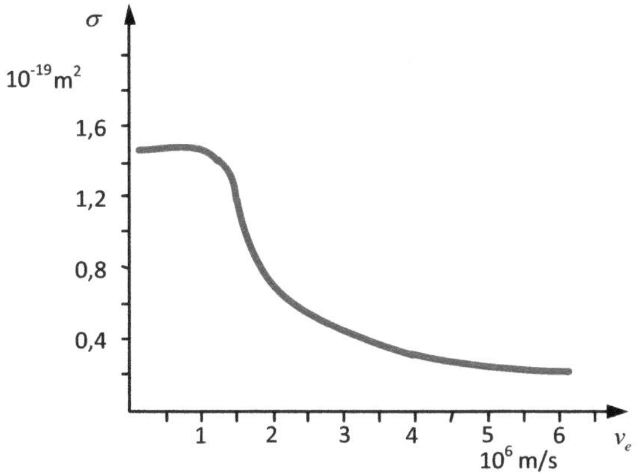

Bild 3.11: Elastischer Stoßquerschnitt zum Stoß eines Wasserstoffmoleküls durch ein Elektron $e \rightarrow H^2$ in Abhängigkeit von der Elektronengeschwindigkeit

Es können elastische Stöße und inelastische Stöße auftreten. Während das Potenzial des Ions mit $1/r$ abklingt, ist das Potenzial der global neutralen Dipole nicht mehr kugelsymmetrisch und klingt mit etwa $1/r^2$ bis $1/r^4$ stärker ab.

Trotzdem wirken Coulomb-Kräfte auf das sich nähernde Elektron, weil dieses eine relativ geringe Masse besitzt. Im Diagramm von **Bild 3.11** ist der elastische Stoßquerschnitt von Wasserstoffmolekülen in Abhängigkeit von der Elektronengeschwindigkeit gezeigt. Daraus wird deutlich: Je schneller das Elektron, desto geringer wird der Stoßquerschnitt bzw. die Trefferwahrscheinlichkeit. Der Stoßquerschnitt des Wasserstoffmoleküls ist mit beispielsweise $10^{-19}\,\mathrm{m}^2$ größer als seine Projektionsfläche, die sich bei einem angenommenen Durchmesser von $d = 10^{-10}\,\mathrm{m}$ zu $d^2\pi/4 \approx 10^{-20}\,\mathrm{m}^2$ ergibt. Dies zeigt, dass trotz neutraler Gesamtladung des Wasserstoffmoleküls seine inhomogene Ladungsverteilung eine Anziehungskraft auf das Elektron ausübt.
Skalierung: Die Platzverhältnisse, die den Elektronen bei einer Teilchendichte von beispielsweise $n_n = 10^{21}\,1/\mathrm{m}^3$ im nicht-thermischen Plasma zur Verfügung stehen, kann man sich nur schlecht vorstellen. Es wird deshalb gedanklich alles um den Skalierungsfaktor 10^8 vergrößert. Das Wasserstoffmolekül mit einem Durchmesser von ca. $10^{-10}\,\mathrm{m}$ hat damit einen Durchmesser von 1 cm. Das Elektron mit einem Wirkungsradius von ca. $3\cdot 10^{-15}\,\mathrm{m}$ hat dann einen Durchmesser von ungefähr 0,3 µm. Der Würfel mit einer Kantenlänge von 1 m mit den 10^{21} Neutralteilchen hat dann die gigantische Kantenlänge von 100 000 km. Wenn man nun aus diesem riesigen Würfel einen Würfel in der Größenordnung eines großen Hauses mit einer Kantenlänge von 20 m gedanklich ausschneidet, so befindet sich darin die überschaubare Menge von acht Wasserstoffmolekülen. Und bei einer relativ hohen Ionisation mit einer Elektronendichte von $n_e = 10^{20}\,1/\mathrm{m}^3$ findet man im zeitlichen Mittel nur 0,8 Elektronen, die in jedem Augenblick gerade durch den Würfel mit der Kantenlänge von 20 m fliegen (s. **Bild 3.12**). Die Elektronen haben folglich viel Platz in der vermeintlich dichten Teilchenpackung, um ohne Zusammenstoß den Würfel zu passieren. Bei einer angenommenen Geschwindigkeit des Elektrons von $1{,}5 \cdot 10^6\,\mathrm{m/s}$ ergibt sich nach dem Diagramm in Bild 3.11 ein Streuquerschnitt des Stoßes von einem Elektron mit einem Neutralen von $\sigma_{en} = \sigma = 1\cdot 10^{-19}\,\mathrm{m}^2$, was einem skalierten Durchmesser von 3,6 cm entspricht. Bei der angenommenen Geschwindigkeit des Elektrons beträgt die Verweildauer im nicht-skalierten Würfel ca. $10^{-6}\,\mathrm{s}$. D. h., die relativ geringe Trefferwahrscheinlichkeit wird durch eine hohe Durchlaufzahl von $0{,}8 \cdot 10^6\,1/\mathrm{s}$ relativiert. Mit (3.23) und den hier verwendeten Größen ergibt sich für das Beispiel eine freie Weglänge des Elektrons von 0,01 m im nicht-skalierten Würfel, was bei der gedanklichen Vergrößerung etwa 1000 km entspricht.
Hier ist anzumerken, dass die betrachteten Teilchen in Form von Elektronen, Atomen usw. sich wie Festkörper (Kirschkerne, Billardkugeln usw.) verhal-

ten sollen. Das entspricht nicht der gegenwärtigen Teilchenphysik, wonach der wahrscheinliche Aufenthaltsort eines Teilchens mit der Wellenfunktion bzw. der Schrödinger-Gleichung beschrieben wird. In Verbindung mit den o. g. Stoßquerschnitten gelingt es mit dieser Vorstellung jedoch, experimentell bestätigte Modelle zu den Teilchenstößen praktisch sinnvoll anzuwenden.

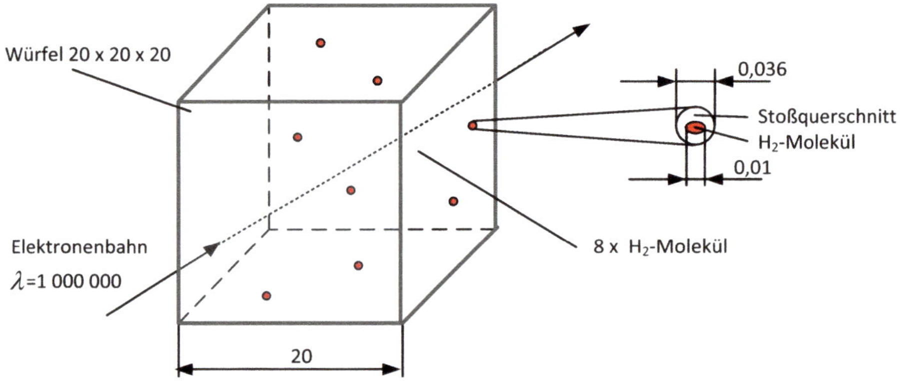

Bild 3.12: Größenverhältnisse bei Vergrößerung im Maßstab 1:10^8; nach Multiplikation mit 10^{-8} m ergeben sich die tatsächlichen Abmessungen.

Stoßionisation: Um eine Ionisation herbeizuführen, muss das Elektron eine kinetische Energie W_e haben, die über der Ionisationsenergie W_{ion} des betreffenden Atoms liegt.

$$W_e > W_{ion} \tag{3.25}$$

Um die kleinen Zahlenwerte für Energien, z. B. der Ionisationsenergie, besser vorstellbar zu machen, wird gern die Einheit eV = Elektronenvolt verwendet. Das ist der Wert in Joule geteilt durch den Zahlenwert der Elektronenladung. Die Umrechnung zur Energie W mittels der zugeschnittene Größengleichung lautet:

$$W/\text{eV} = 6,24151\,10^{18}\,W/\text{J} \tag{3.26}$$

Beispielsweise beträgt die Ionisationsenergie für Argon $W_{ion} = 16\,\text{eV}$. Dies bedeutet, dass das Elektron mindestens durch eine Potenzialdifferenz von 16 V beschleunigt werden muss, um die kinetische Energie für eine Ionisation von Argonatomen zu erreichen.

Stoßanregung: Bei inelastischen Stößen unterhalb der Ionisierungsenergie

$$W_{an} < W_{ion} \tag{3.27}$$

wird das gestoßene Teilchen in einen angeregten Zustand versetzt. Welche Zustände das sein können, wird später erläutert. In **Bild 3.13** ist der Stoßquerschnitt der verschiedenen Stoßvorgänge für Argon dargestellt. Man erkennt aus der Grafik, dass alle drei Formen (elastische Stöße, Anregung und Ionisation) für ein und dieselbe Elektronenenergie mit unterschiedlichen Streuquerschnitten bei einer Elektronenenergie $< 10\,\text{eV}$ auftreten können.

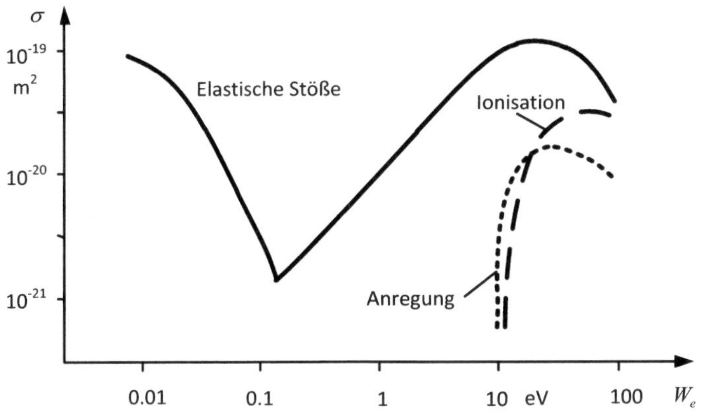

Bild 3.13: Elastische und inelastische Stoßquerschnitte für Elektronenstöße mit Argonatomen

Elektronenstöße mit Molekülen: Elektronenstöße mit Molekülen sind für chemische Prozesse interessant, weil dann einige Reaktionen bei Temperaturen möglich werden, für die bei Normaldruck viel höhere Temperaturen erforderlich wären. Ein Molekül besteht aus elastisch verbundenen Atomen. Diese elastisch verbundenen Massen sind zu Schwingungen im Bereich von 10^{13} bis $10^{14}\,\text{Hz}$ fähig. Außerdem kann das Molekül in Rotation versetzt werden. Deshalb sind neben der Anregung zu diskreten Energieniveaus (elektronische Anregung) bei Molekülen zusätzliche Schwingungs- und Rotationsanregungen möglich, die oftmals diskrete Energiestufen haben (s. **Bild 3.14**). Ab der Dissoziationsenergie $W > W_{dis}$ bricht das Molekül auf (dissoziiert).
Der Elektronenstoß kann auch zur Bildung negativer Molekülionen führen. Das wird insbesondere bei sogenannten Elektronenfängern (Moleküle und Atome) beobachtet, die eine besonders hohe Bindungsenergie für Elektronen aufweisen. Dazu gehören beispielsweise O_2 und Verbindungen mit Halogeniden wie SF_6. Auch Wasserstoff kann ein negatives Ion H^- bilden, was beim Plasmaätzen ausgenutzt wird.

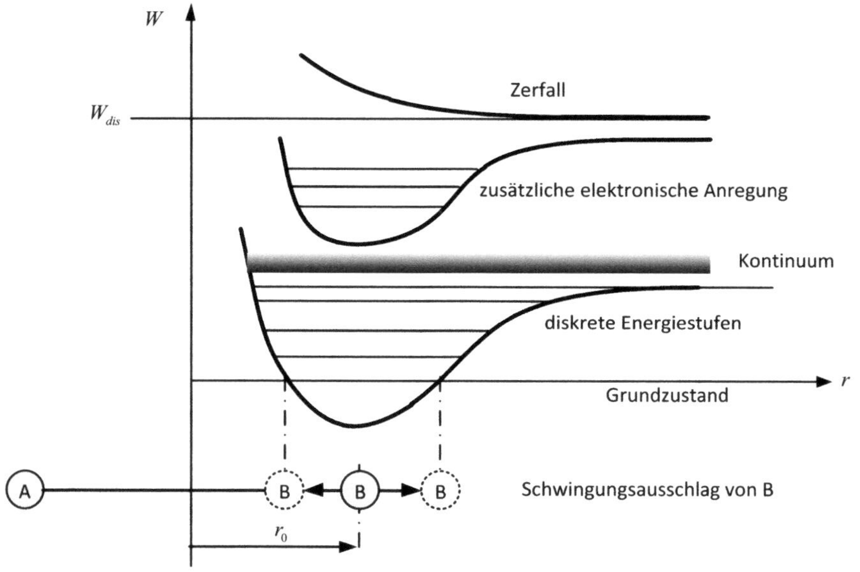

Bild 3.14: Energiezustände bei Schwingungsanregung des Atoms B zum ruhenden Atom A und zusätzlicher elektronischer Anregung

3.3.3 Umkehrvorgänge

Bei konstanten äußeren Bedingungen, wie Druck, elektrischer Feldstärke usw., stellt sich im Plasma rasch ein stationärer Zustand ein, weshalb die Plasmaeigenschaften, wie Elektronentemperatur T_e, Teilchendichte n_e usw., konstant bleiben. Dieser stationäre Zustand erfordert andererseits, dass es zu jedem Stoßvorgang im zeitlichen Mittel den jeweils umgekehrten Vorgang geben muss. An einem Teilchen A^{+z}, das ein Atom oder Molekül ($z = 0$) oder Ion mit der Ladungszahl $z > 0$ sein kann, sollen die Möglichkeiten diskutiert werden. Dabei ist wichtig zu erkennen, dass dieses Teilchen nur diskrete Energiezustände $E_1, E_2, ...$ bei Anregung und Abregung sowie Ionisation und Rekombination annehmen kann. Die kinetische Energie dieses Teilchens bleibt bei Stoßprozessen unverändert. Es ändert sich lediglich die Relativgeschwindigkeit der beteiligten Elektronen. Letztere können beliebige (kinetische) Energiezustände annehmen, deren Unterschied mit e und e' oder e'' ausgedrückt wird.

Stoßionisation und Dreierstoßrekombination: Das stoßende Elektron hat eine kinetische Energie, die die Bedingung $W_e > W_{ion}$ erfüllt. Deshalb muss der Rest mit einem dritten Teilchen ausgeglichen werden. Das bedeutet, dass bei der Rekombination (nach links) drei Teilchen beteiligt sein müssen, weil das Ion nur eine diskrete Ionisationsenergie W_{ion} aufnehmen kann. Der Rest wird als kinetische Energie auf das freie Elektron (linke Seite) übertragen.

$$A^{+z} + e \rightleftharpoons A^{+(z+1)} + e' + e'' \tag{3.28}$$

Allerdings kann dieser Energierest teilweise auch von anderen Teilchen (keine Elektronen) oder der Gefäßwand übernommen werden.
Stoßanregung und Stoßabregung: Die kinetische Energie des stoßenden Elektrons ist größer als die Anregungsenergie (nach rechts gerichteter Prozess = Stoß 1. Art). Das Elektron auf der rechten Seite gleicht die Differenz zum diskreten Anregungszustand aus. Dieser Prozess führt zu strahlungslosen Übergängen.

$$A^{+z} + e \rightleftharpoons (A^{+z})^* + e' \tag{3.29}$$

Bei dem nach links gerichteten Stoßprozess (Stoß 2. Art) trifft das angeregte Teilchen $(A^{+z})^*$ während der Verweilzeit ein Elektron und überträgt ihm seine Anregungsenergie. Dabei wird die Abstrahlung unterdrückt. Das ist auch zwischen Ionen bzw. Atomen ($z = 0$) möglich.

$$(A_1^{+z})^* + A_2^{+z} \rightleftharpoons (A_2^{+z})^* + A_1^{+z} \tag{3.30}$$

Die Anregungsenergie eines Teilchens wird folglich auf ein anderes Teilchen übergeben. Voraussetzung dafür ist das Vorhandensein gleicher oder fast gleicher Energieniveaus (Energieresonanz).
Photoionisation und Strahlungsrekombination: Die Energie des absorbierten Photons muss mindestens gleich der Ionisationsenergie des Teilchens sein (rechte Seite). Das Elektron geht von einem gebundenen in den freien Zustand über und kann dabei beliebige Energiebeträge annehmen. Deshalb ist die Photonenenergie $h\nu$ sowohl bei der Ionisation als auch bei der Rekombination kontinuierlich (Frequenz variabel) verteilt. Es entsteht ein Kontinuum der Strahlung.

$$A^{+z} + h\nu \rightleftharpoons A^{+(z+1)} + e \tag{3.31}$$

Strahlungsanregung und spontane Emission: Das ist der einzige Übergang, bei dem ein diskreter Energiebetrag getauscht wird. Es ist der Übergang zwischen gebundenen Zuständen $E_1 \rightarrow E_2$. Der diskrete Energiebetrag

$h\nu = E_2 - E_1$ entspricht einer ganz bestimmten Frequenz. Das bedeutet, dass bei der Anregung des Ions bzw. Atoms ($z = 0$) die Frequenz der absorbierten Strahlung genau zur Anregungsenergie passen muss. Es ergibt sich ein Linienspektrum.

$$A^{+z} + h\nu \rightleftharpoons (A^{+z})^* \tag{3.32}$$

Diese spontane Emission mit einem Linienspektrum ist in der Lasertechnik von Bedeutung.

Photoabsorption und Bremsstrahlung: Das Elektron geht von einem freien in einen anderen freien Zustand über. Das sogenannte Bremsstrahlungsspektrum ist daher kontinuierlich.

$$A^{+z} + h\nu + e \rightleftharpoons A^{+z} + e' \tag{3.33}$$

Zusammenfassend ist festzuhalten, dass im stationären Zustand der Verlust an Ladungsträgern, z. B. durch Rekombination und Diffusion (zur Wand), immer wieder durch Ionisation ausgeglichen werden muss.

3.3.4 Ionisationsgrad

Als Folge der im Gleichgewicht stehende ionisierenden und rekombinierenden Stöße stellt sich der Ionisationsgrad ein.

$$\eta_{ion} = \frac{n_i}{n_n} \tag{3.34}$$

Hier wird mit $n_i = n_e$ und n_n die Dichte der einzelnen Spezies bezeichnet. Nur im thermischen Gleichgewicht, bei dem alle Teilchen die gleiche kinetische Energie W_{kin} haben, kann der Ionisationsgrad aus dem Partialdruck p der einzelnen Spezies bestimmt werden.

$$\eta_{ion} = \frac{p_i}{p_n} \tag{3.35}$$

Da die betrachteten nicht-thermischen Niederdruckplasmen nicht im thermischen Gleichgewicht stehen, also die Temperatur der Elektronen viel höher als die der Neutralen und Ionen ist, kann in diesem Fall diese Beziehung mit den Partialdrücken (3.35) nicht angewandt werden. Dies gilt auch für die oft zitierte Saha-Eggert-Gleichung, die den Ionisierungsgrad als Funktion der Temperatur und der Zustandssumme bzw. Entartungsart des jeweiligen Energie-Niveaus der Ionisierung beschreibt.

3.3.5 Elektrische Leitfähigkeit

Das anliegende elektrische Feld wirkt auf die freien Ladungsträger ein und bewegt sie je nach Vorzeichen in oder entgegen der Feldrichtung, aber immer gegen den Reibungswiderstand der neutralen Teilchen, durch das Plasma. Weil das Plasma sich quasi neutral ($n_e = n_i$) verhält, muss jedoch der Gesamtfluss von positiven (Ionen) und negativen (Elektronen) Ladungen gleich sein. Die schweren und folglich trägen Ionen halten deshalb die leichten Elektronen zurück. Bremsend wirken sich natürlich auch die Stöße aus. Bei Niederdruckplasmen sind dies die Stöße der Elektronen mit den Neutralen $\nu = \nu_{en}$. Daher ist die Stoßfrequenz umgekehrt proportional zur elektrische Leitfähigkeit:

$$\kappa = \frac{e^2 n_e}{m_e \nu} \tag{3.36}$$

Die Leitfähigkeit kann auch mit der Beweglichkeit von Ionen b_i und Elektronen b_e bestimmt werden.

$$\kappa = e n_e (b_e + b_i) \tag{3.37}$$

Da für die Beweglichkeit $b \propto 1/m$ gilt, wird deutlich, dass die Elektronen die Leitfähigkeit bestimmen. Es gilt somit in guter Näherung:

$$\kappa = e n_e b_e \tag{3.38}$$

Damit ist es möglich, bei bekannter Elektronendichte über die Leitfähigkeit aus Stromdichte- und Feldstärkemessungen mit J/E sowohl die Stoßfrequenz mit (3.36) als auch die Beweglichkeit (3.38) der Elektronen zu bestimmen.
Bei einer experimentellen Bestimmung der Leitfähigkeit über Strom- und Spannungsmessung an den Elektroden ist Vorsicht geboten, weil die elektrische Feldstärke E über der Entladungsstrecke nicht konstant ist (Fallgebiete). Diese Messung liefert folglich nur einen groben Mittelwert. Messungen mit der Langmuir-Sonde (s. 3.2.4) sind geeigneter. Außerdem muss hier bereits vermerkt werden, dass (3.36) und (3.38) nur für Gebiete gelten, die frei von magnetischen Feldern sind oder der Strom parallel zu den magnetischen Feldlinien fließt. Bei magnetischen Feldern quer zur Stromrichtung existiert wegen der Elektronenablenkung eine anisotrope elektrische Leitfähigkeit. Bei Hochfrequenz ($f > 1\,\text{MHz}$) geht in die Leitfähigkeit nach (3.36) zusätzlich die Frequenz ein, weil zusätzlich Verschiebeströme auftreten (s. 3.7).

3.4 Plasma-Festkörper-Übergang

Bei der technologischen Anwendung von nicht-thermischen Niederdruckplasmen muss das Plasma in ein Gefäß (Reaktorraum) eingeschlossen werden, um den notwendigen Arbeitsdruck einstellen und Arbeitsgase einleiten zu können. Der Übergang vom Plasma zur Gefäßwand ist nicht sprunghaft möglich. An der Gefäßwand baut sich eine Übergangszone auf, in der das Plasma erst unmittelbar an der Wand erlischt. Dabei kann diese Wand elektrisch leitend (z. B. Edelstahl) oder nichtleitend (z. B. Quarzglas) sein. Aber auch andere im Plasma vorhandene Körper stellen mit ihren Oberflächen einen Plasma-Festkörper-Übergang dar, auch wenn diese Körper keine Elektroden darstellen. Die Vorgänge in der Randschicht sind bezüglich der kinetischen Energie, mit der Ionen auf die Wand übergehen, bedeutsam.
Im nicht-thermischen Plasma haben die Elektronen eine Temperatur von mehreren 1000 K und damit eine relativ hohe Geschwindigkeit bzw. kinetische Energie. Die Ionen sind dagegen „kalt“, weshalb ihnen näherungsweise die Temperatur $T_i = 0$ und damit ein Ruhezustand zugeschrieben wird. Ganz anders verhält es sich in der Randschicht vor dem Festkörper, die eine Stärke von mehreren Debye-Längen aufweist, also im Sub-Millimeter-Bereich liegt. Die Elektronen schießen mit der Normalkomponente ihrer Geschwindigkeit auf die Wand zu und verlassen das Plasma. Das Plasma lädt sich dadurch positiv auf. Diese positive Aufladung bewirkt, dass die Elektronen aufgrund der Coulomb'schen Kräfte zum größten Teil abgebremst und umgelenkt werden. Nur ein Rest ganz schneller Elektronen dringt bis zur Wand vor. Der hier entscheidende Effekt kommt aber von den Ionen, die den Elektronen folgen und durch die positive Aufladung des Plasmas bis auf Schallgeschwindigkeit in Richtung Wand beschleunigt werden. Die Aufladung des Plasmas zur Wand kann bis zu 10 V erreichen. Das bedeutet, dass ein Ion mit der Ladung $z = 1$ mit einer kinetischen Energie von 10 eV auf die Wand prallt. Das reicht nicht zum Plasmaätzen, aber oft dazu, unerwünschte Kontaminationen von Oberflächen zu entfernen (Plasmareinigung). Das Gleichgewicht der Teilchenströme ist erreicht, sobald gleich viele positive und negative Ladungen pro Zeiteinheit die Wand erreichen. Dieser Vorgang wird oft als ambipolarer Teilchenfluss bezeichnet.
In **Bild 3.15** sind die Verhältnisse vor der Wand schematisch dargestellt. Die Ionen werden in der Randschicht neutralisiert und kehren teilweise als Atome ins Plasma zurück. Je höher die kinetische Energie der Elektronen T_e im Plasma ist, desto größer werden die Dicke der Randschicht und die Potenzialdifferenz $\Delta\phi$ zwischen Plasma und Wand, die allgemein als Plasmapotenzial

Φ_p bezeichnet wird.

$$\Delta\phi = \Phi_p = 2,84\frac{kT_e}{e} \tag{3.39}$$

Bei $T_e = 10\,000\,\mathrm{K}$ ergibt sich beispielsweise ein Plasmapotenzial von $\Phi_p = 2{,}45\,\mathrm{V}$.

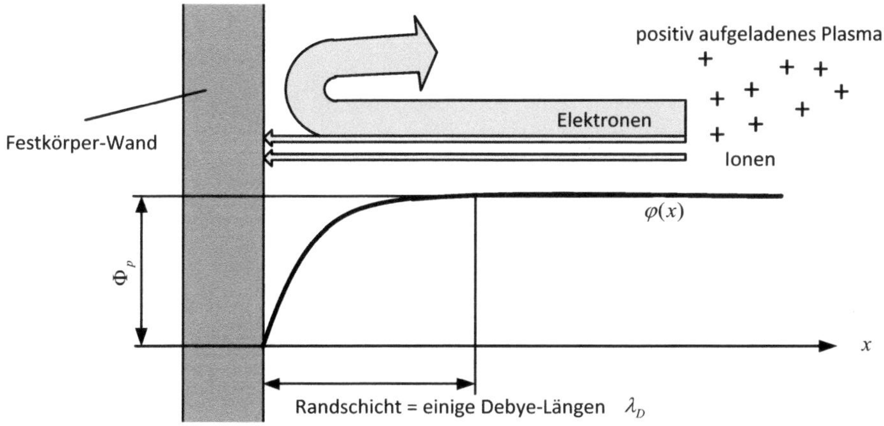

Bild 3.15: Größenordnung der Teilchenströme von Ionen und Elektronen am Übergang Plasma-Festkörper (Gefäßwand)

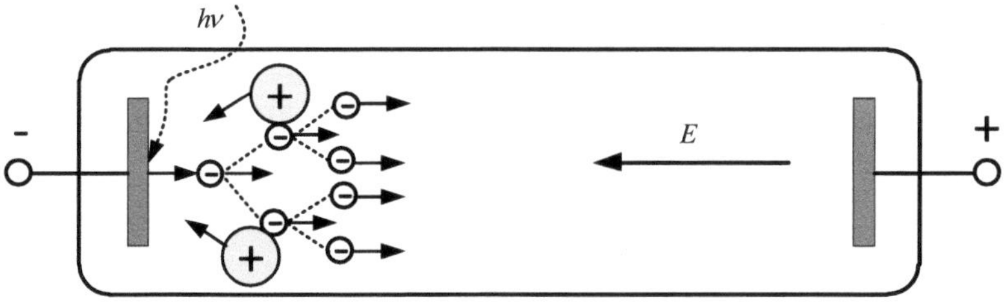

Bild 3.16: Einfache Anordnung zur Erzeugung einer Glimmentladung im Gleichfeld

3.5 Entladung im Gleichfeld

Die Entladung im Gleichfeld (s. **Bild 3.16**) ist die häufigste Konstellation bei der technologischen Anwendung von Niederdruckplasmen.

3.5.1 Elektronenemission der Kathode

Für die Entladung werden freie Elektronen benötigt, deren Freisetzung bereits in den vorangestellten Kapiteln mehrfach erwähnt wurde. Zusammengefasst sind dies:

Thermische Emission durch elektrische Kathodenheizung

Feldemission bei hohen elektrischen Feldstärken

Ionenbeschuss als Sekundärprozess der Gasentladung

Fotoeffekt durch Auftreffen von Photonen auf die Kathode.

3.5.2 Zündung der Glimmentladung

Die Zündung einer Glimmentladung kann beispielsweise durch ein Photon eingeleitet werden (s. Bild 3.16). Dieses Photon löst ein Primärelektron (Primäremission) aus der Kathode, welches durch das elektrische Feld in Richtung Anode beschleunigt wird. Bei ausreichender Geschwindigkeit können nach einem Zusammenprall mit anderen Teilchen (Ionen, Atome, Moleküle) weitere Folgeelektronen erzeugt werden. Dies setzt sich bei erfüllten Voraussetzungen lawinenartig fort. Unter bestimmten Bedingungen, bezüglich Druck, Spannung und Elektrodenabstand, stellt sich eine stationäre Glimmentladung ein und es erfolgt ein Stromfluss durch das Gas. Für eine stationäre Entladung müssen kontinuierlich Elektronen aus der Kathode nachgeliefert werden. Dies geschieht durch Sekundäremission von Elektronen, die durch den Aufprall weiterer Ionen auf der Kathodenoberfläche ausgelöst wird.

Die **Townsend**-Koeffizienten α, β und γ beschreiben die Zünd- und Existenzbedingungen einer Glimmentladung:

- α gibt die Anzahl der Ionisationsstöße pro Wegstrecke für Elektronen in 1/m an. Diese ist von der Gasart und von der Feldstärke abhängig.
- β gibt die Anzahl der Ionisationsstöße der Ionen pro Weglänge in 1/m an.
- γ ist der vom Kathodenmaterial abhängige Sekundäremissionskoeffizient. Er gibt die Sekundärelektronen an, die pro Ion beim Auftreffen auf die Kathode ausgelöst werden. Für einen Ionenenergie- Bereich von 50 bis 200 eV liegt sein Wert zwischen 0,05 und 0,2. D. h., um ein Sekundärelektron aus der Kathode zu lösen, müssen 5 bis 20 Ionen aufschlagen.

Die Zündung, das ist der Übergang von der unselbständigen Dunkelentladung zur selbständigen Glimmentladung, ist an die Bedingung

$$\gamma(e^{\alpha d} - 1) > 1 \tag{3.40}$$

gebunden. Darin wird der Term $\exp(\alpha d)$ mit dem Produkt aus Townsend-Koeffizient α und Elektrodenabstand d im Exponenten als Gasverstärkung bezeichnet. Wegen der Abhängigkeit vom Ort der Entladung $\alpha(x)$ ist die Gasverstärkung genauer als

$$\exp(\int_0^d \alpha(x)\,\mathrm{d}\,x) \approx e^{\alpha d} \tag{3.41}$$

zu verstehen.
Weil mehrere Ionen auf der Kathode auftreffen müssen, um ein Elektron auszulösen, kommt es zu einem wellenförmigen Anstieg des Entladungsstromes nach der Zündung. Die sogenannte Lawinenlaufzeit zwischen zwei Stromamplituden wurde experimentell mit ca. 10 ms bestimmt (s. **Bild 3.17**).

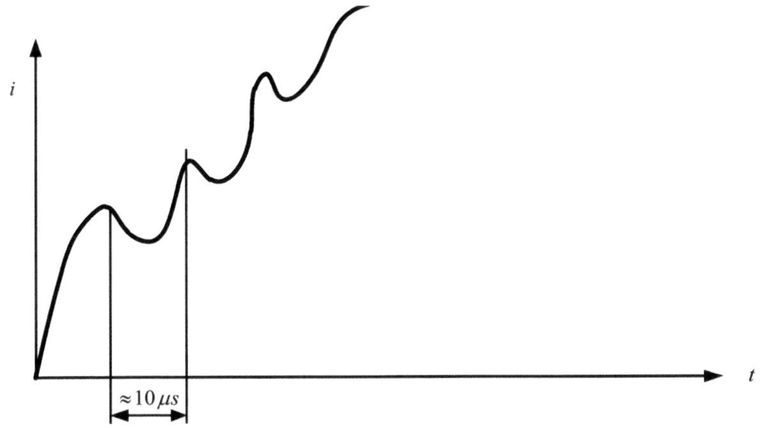

Bild 3.17: Wellenförmiger Stromanstieg bei der Zündung einer Glimmentladung

Die Zündspannung U_{ign} wird mit der **Paschen**-Kurve in Abhängigkeit von den Produkt pd aus Druck und Elektrodenabstand beschrieben (s. **Bild 3.18**). Formelmäßig wird sie mit

$$U_{ign} = a\frac{pd}{\ln(b \cdot pd) - \ln\ln(1 + 1/\gamma)} \tag{3.42}$$

angegeben. Die Koeffizienten a und b hängen von der Geometrie der Elektroden ab. Auf der Hochdruckseite (rechts vom Minimum) ist die Paschen-Kurve für alle Gase nur geringfügig vom Sekundäremissionskoeffizienten γ abhängig. Auch die Gasart, die mit dem Townsend-Koeffizient α durch die Bedingung (3.40) in (3.42) steckt, hat keinen erheblichen Einfluss auf den Kurvenverlauf und insbesondere auf das Minimum. Das Paschen-Minimum wird durch Extremwert-Bildung zu

$$pd = \ln(1 + 1/\gamma)/b \tag{3.43}$$

erhalten. Die Kurven gehen links und rechts des Minimums nicht gegen Unendlich. Auf der linken Seite erfolgt bei immer geringerem Druck ein Durchbruch, der durch Feldemission der Elektronen an den Spitzen der mikroskopisch betrachteten Kathodenoberfläche eingeleitet wird. Auf der rechten Seite setzt sich der lineare Anstieg in Richtung Atmosphärendruck ebenfalls nicht beliebig fort. Es erfolgt bei einer bestimmten Feldstärke der Funken-Durchbruch (Funkenentladung). Bei Normaldruck von 1 bar = 0,1 MPa wäre dies eine Feldstärke von cirka 30 kV/cm.

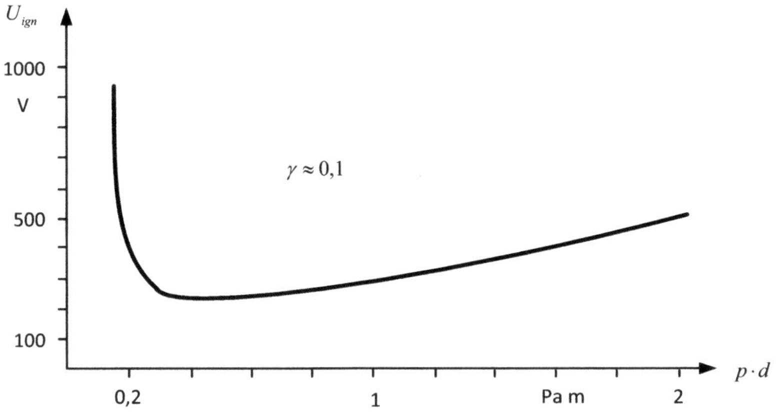

Bild 3.18: Charakteristische Abhängigkeit der Durchschlagsspannung von Druck und Elektrodenabstand (Paschen-Kurve) für Luft

Der lawinenartige Stromanstieg nach Bild 3.17 setzt sich nicht beliebig fort. Er kann mit einer den Strom begrenzenden Speisequelle von außen auf einen vorgegebenen Wert der subnormalen Kennlinie eingestellt werden (s. **Bild 3.19**). Die Abnahme der Gasverstärkung nach (3.41) bewirkt eine Strombegrenzung.

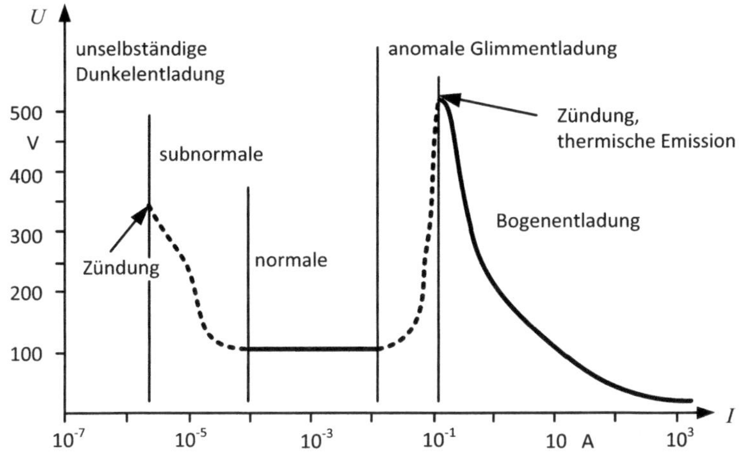

Bild 3.19: Charakteristische Entladungen über einen sehr großen Strombereich

Weil mehrere Ionen für die Auslösung eines Elektrons aus der Kathode erforderlich sind, wird der Strom vor der Kathode hauptsächlich nur durch die schweren und damit langsamen Ionen bestimmt. Vor der Anode tragen die leichten und schnellen Elektronen den Strom. Das führt dazu, dass die Feldstärke vor der Anode sehr klein und vor der Kathode groß wird. Dies wirkt so, als ob sich die Anode virtuell in Richtung Kathode verschiebt (s. **Bild 3.20**). In die Gasverstärkung geht folglich nicht mehr die sichtbare Endladungsstrecke d, sondern die viel kleinere $d' << d$ ein. Obwohl der Townsend-Koeffizient α mit der elektrischen Feldstärke wächst (Geschwindigkeit der Elektronen höher), sinkt die Gasverstärkung. Das führt schließlich zu einer Stabilisierung des Stromes.

Die normale Glimmentladung ist durch eine nahezu konstante Spannung über einen Strombereich von ca. zwei Zehnerpotenzen gekennzeichnet. Im normalen Bereich der Glimmentladung nimmt mit der Stromstärke der Durchmesser des Entladungskanals zu (s. **Bild 3.21**). Wird die treibende Spannung weiter erhöht, dann wird der Bereich der anomalen Glimmentladung erreicht. Dieser Bereich endet mit der Zündung des Lichtbogens.

Wie aus Bild 3.19 abgelesen werden kann, wird im Bereich der anomalen Glimmentladung ein Mehrfaches der Leistung umgesetzt. Daher wird dieser Bereich in technischen Einrichtungen bevorzugt. Da sich jedoch an die anomale Glimmentladung unmittelbar die Zündung des Lichtbogens anschließt, muss

bei industriellen Anlagen ein elektronischer Schutz eingebaut werden, der die Ausbildung eines Lichtbogens zuverlässig unterdrückt. Auch ein kurzzeitiger Lichtbogen kann sowohl die Anlage als auch die Werkstücke bis zur Unbrauchbarkeit beschädigen. Die Zündung des Lichtbogens wird durch die viel effizientere thermische Elektronenemission auf der nun heißen Kathodenoberfläche ausgelöst.
Es soll hier noch bemerkt werden, dass es auch im Plasma ohne Elektroden, z. B. dem Mikrowellenplasma (s. Abschn. 3.7), ab einer kritischen Feldstärke zu einem Durchbruch mit einem Lichtbogen kommen kann.

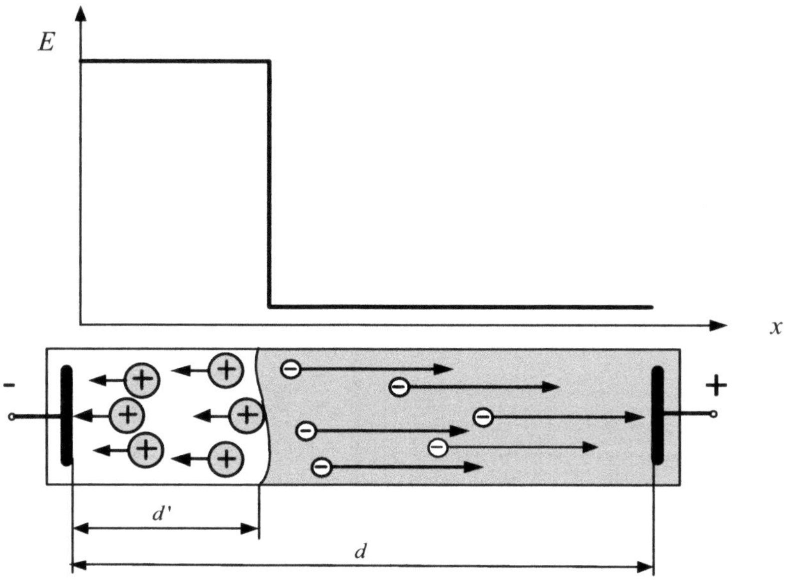

Bild 3.20: Schematische Vorstellung einer durch schnelle Elektronen hervorgerufenen virtuellen Anode (dunkles Gebiet)

3.5.3 Stationäre Glimmentladung

Eine stationäre Glimmentladung stellt sich bei niedrigen Drücken von unter 10 kPa ein. Die Stromstärken liegen im Bereich von einigen A und die Brennspannungen nehmen die Größenordnung von 100 V an. Letztere kann bei geringen Drücken und großen Elektrodenabständen aber auch mehrere kV betragen.

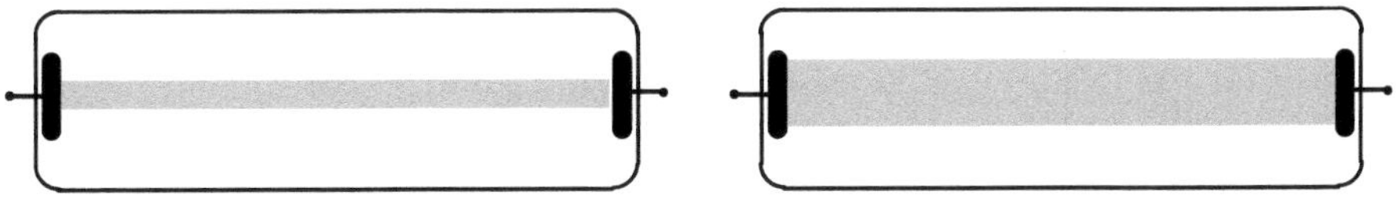

Bild 3.21: Vergrößerung des Durchmessers des Entladungskanals mit der Stromstärke bei der normalen Glimmentladung

Mit besonderen Maßnahmen, wie spitzen Elektroden, kann auch bei Normaldruck von 0,1 MPa eine stabile Glimmentladung eingestellt werden.
Auf die geladenen Teilchen (Elektronen und Ionen) wirken Coulomb- und Diffusions-Kräfte (wegen örtlicher Dichteunterschiede) ein. Dabei reagieren die Elektronen wegen ihrer geringeren Masse rascher und bewegen sich schneller. In Verbindung mit Festkörpern (Elektroden, Gefäßwandung) führt dies dazu, dass die elektrische Feldstärke über der Entladungsstrecke variiert und sich Raumladungen ausbilden (s. **Bild 3.22**).
Raumladungen bilden sich bevorzugt an den Übergängen zu Festkörpern aus, wie das bereits im Abschnitt 3.4 dargestellt wurde. Positive Raumladungen bremsen Ionen und beschleunigen Elektronen. Bei negativen Raumladungen ist es umgekehrt. Man spricht daher von ambipolarer Diffusion. Typisch ist der steile Anstieg des Potenzials unmittelbar vor der Kathode, dem Kathodenfall, der mit seiner positiven Raumladung auf die Verarmung an schnellen Elektronen zurückzuführen ist.
Die Raumladungen führen zu unterschiedlichen Feldstärken und damit zu örtlich unterschiedlichen Anregungs- und Ionisierungsenergien der stoßenden Teilchen. Diese zeigen sich in unterschiedlichen Leuchtzonen und nicht sichtbaren Ausstrahlungen, den sogenannten Dunkelräumen. Die stärkste Ionisation erfolgt in der negativen Glühzone. Die Zonen mit hohen Feldstärken vor den Elektroden, die bei den Niederdruckplasmen im Submillimeter-Bereich liegen und oft Schilde (Anodenschild, Kathodenschild) genannt werden, sollen hier weiterhin als Fallgebiete bezeichnet werden.
Die Beschleunigung von Elektronen und Ionen im elektrischen Feld steht im umgekehrten Verhältnis ihrer Massen $m_i/m_e > 100$. Bei der stationären Glimmentladung muss stets ein Gleichgewicht beim Transport von positiven und negativen Ladungsträgern erreicht werden, das sich in einem konstanten Gesamt-

strom $I_e + I_i = I =$ const. an jeder Stelle der Entladungsstrecke l_p ausdrückt. Anderenfalls würde sich die Verteilung der Raumladungen mit der Zeit verändern. Wegen $I_e > I_i$ nehmen hauptsächlich die Elektronen Energie aus dem elektrischen Feld auf und verteilen diese durch Stöße auf die anderen Spezies. Die Elektronenemission aus der kalten Kathode erfolgt durch Aufprall der im Kathodenfall beschleunigten Ionen. Auch der Fotoeffekt (Auftreffen von Photonen) kann zur Elektronenemission beitragen. Während einer normalen Glimmentladung ist die Kathode nicht voll vom Glimmlicht bedeckt. Bei Stromänderungen bleibt die Brennspannung weitgehend konstant, nur der Bedeckungsgrad ändert sich. Erst bei voller Bedeckung der Kathode steigt bei weiterem Stromanstieg die Brennspannung an. Das führt zur anomalen Glimmentladung. Bei weiterem Stromanstieg erhitzt sich die Kathode. Es kommt zur Emission thermischer Elektronen, woraus sich die Bogenentladung ausbildet.

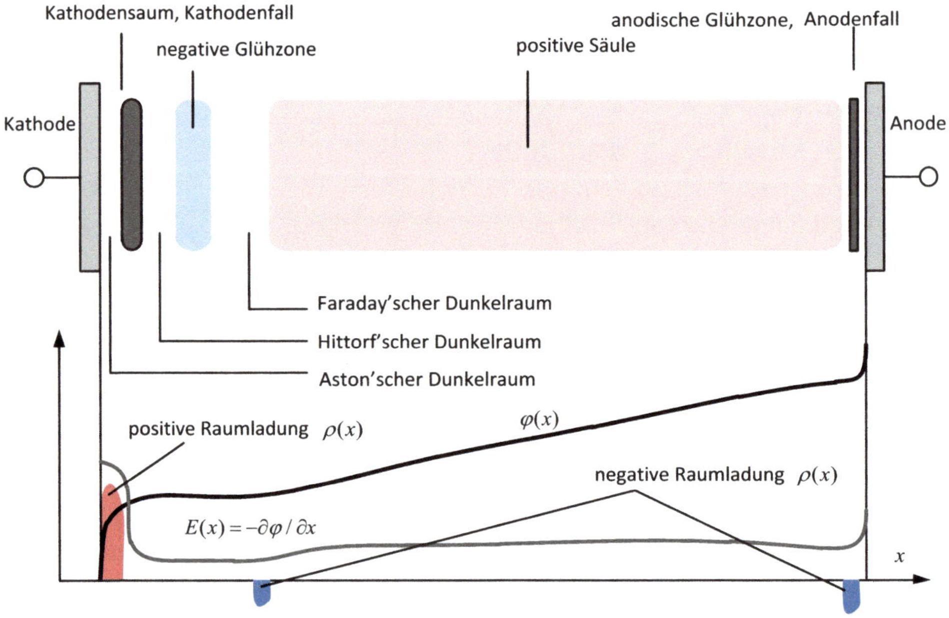

Bild 3.22: Schematischer Potenzialverlauf im stationären Zustand einer normalen Glimmentladung; Darstellung in den Fallgebieten stark gedehnt

Die mit der positiven Säule virtuell vorgerückte Anode bleibt auch nach der Zündung erhalten. Eine Verkürzung oder Verlängerung der Entladungsstrecke wird hauptsächlich mit der positiven Säule ausgeglichen. Bei starker Verkürzung der Entladungsstrecke verschwindet die positive Säule ganz. Ohne die kathodischen Gebiete (Kathodenfall, negative Glühzone, Dunkelräume) kann keine Glimmentladung existieren. An der kathodischen Seite der positiven Säule kommt es zu einem Stau von Elektronen, weshalb sich eine negative Raumladung ausbildet. Ein Stau von Elektronen wird auch vor der Anode beobachtet und damit die negative Raumladung begründet. Hier gibt es nochmals einen kleinen steilen Anstieg des Potenzials. Dieser Abschnitt wird als Anodenfall bezeichnet. Im Anodenfall kann sich unter bestimmten Bedingungen ein anodisches Glimmlicht zeigen.

3.6 Teilchenbewegung

Die Energiezufuhr für ein Plasma erfolgt durch das elektrische oder gegebenenfalls durch das elektromagnetische Feld. Mit dem magnetische Feld kann lediglich auf die Bewegungsbahnen der geladenen Teilchen und ihren bevorzugten Aufenthaltsort Einfluss genommen werden. Dies kann man bei einigen technologischen Prozessen zur Verbesserung der Qualität und Produktivität nutzen. Die Bewegungsbahnen (Trajektorien) von Elektronen und Ionen werden durch elektrische und magnetische Felder sowie Stöße zwischen den Teilchen bestimmt. Nachfolgend werden die Bahnänderungen durch Stöße vernachlässigt, weshalb man von ungestörten Bewegungsbahnen ausgehen kann. Um nicht immer sinngemäß gleiche Aussagen für Ionen und Elektronen zu wiederholen, wird weiterhin, falls nicht anders bestimmt, von einer allgemeinen Elementarladung q ausgegangen.

$$q = \pm ze \quad \text{mit} \quad z = 1, 2, 3, ... \tag{3.44}$$

3.6.1 Magnetisiertes Plasma

Das Plasma wird einem magnetischen Gleichfeld ausgesetzt, wodurch zusätzlich Lorentz-Kräfte auf die bewegten und elektrisch geladenen Teilchen einwirken. Im elektrischen Feld wird das geladene Teilchen durch die Coulomb-Kraft beschleunigt oder verzögert.

$$\vec{F}_C = m\, \partial\vec{v}/\partial t = q\,\vec{E} \tag{3.45}$$

Dadurch wird dem geladenen Teilchen kinetische Energie zugeführt bzw. entzogen. Diese Energie kommt letztlich von der Speisequelle, die die Elektroden

mit einer Spannung versorgt. Ebenso wird Energie an die Quelle zurückgeführt, wenn das Teilchen in seiner Bewegung gegen das elektrische Feld kinetische Energie verliert und abgebremst wird.
Im magnetischen Feld wirkt auf eine bewegte Ladung die Lorentz-Kraft.

$$\vec{F}_L = q\,(\vec{v} \times \vec{B}) \tag{3.46}$$

Diese Kraft ist senkrecht zur Bahnbewegung und senkrecht zum magnetischen Feld gerichtet. Das bedeutet, dass geladene Teilchen, die mit der Geschwindigkeitskomponente $v_\perp$ senkrecht zum magnetischen Feld unterwegs sind, um die Magnetfeldlinien wie Kugeln in einem gewundenen waagerechten Rohr ohne Verlust und ohne Zufuhr von Energie kreisen. Weil kein Energieaustausch mit dem magnetischen Feld erfolgt, kann das magnetische Feld auch mit einem Permanentmagneten aufgebaut werden. Das Vorzeichen der Ladung bestimmt allein den Umlaufsinn der Ladung (s. **Bild 3.23**). Der Bahnradius r_g, der als Gyroradius bezeichnet wird, ergibt sich aus dem Gleichgewicht zwischen Lorentz- und Zentripetalkraft.

$$r_g = \frac{mv_\perp}{qB} \tag{3.47}$$

Darin bezeichnet $v_\perp$ die zu B senkrechte Geschwindigkeitskomponente. Die Gyrationsbewegung der geladenen Teilchen erzeugt einen Kreisstrom, dessen Magnetfeld dem ursprünglichen entgegen gerichtet ist. Ein geladenes und bewegtes Einzelteilchen verhält sich folglich immer diamagnetisch. Aus dem Bahnumfang und der Umlaufgeschwindigkeit $v_\perp$ folgt die Gyrofreguenz (engl. *cyclotron-frequency*)

$$\omega_c = \frac{qB}{m}, \tag{3.48}$$

die also unabhängig von der Geschwindigkeit ist. Für Elektronen ergibt sich die Gyrofrequenz zu:

$$\omega_{ce} = \frac{eB}{m_e} \tag{3.49}$$

Dies ergibt für eine magnetische Flussdichte von $B = 0{,}1\,\mathrm{T}$ eine Gyrofrequenz von $f_{ce} = 2{,}795\,\mathrm{GHz}$, was nahezu der technischen Mikrowellenfrequenz von entspricht.
Für Ionen gilt

$$\omega_{ci} = \frac{zeB}{m_i} \tag{3.50}$$

mit einer etwa um den Faktor 100 kleineren Frequenz.

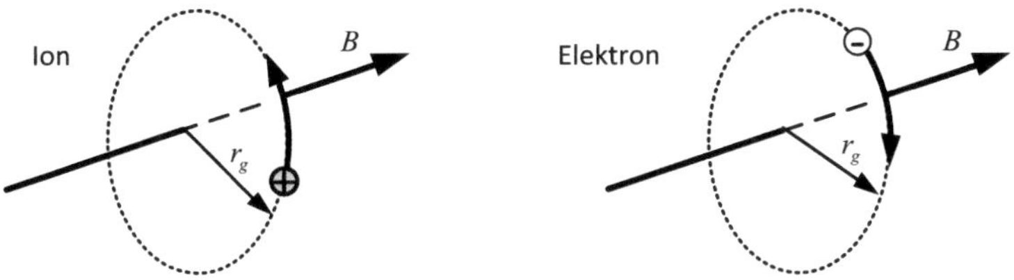

Bild 3.23: Gyration von Elektronen und Ionen in einem homogenen Magnetfeld; Gyration schwächt das magnetische Feld und wirkt daher diamagnetisch.

Die Kreisbahnen der geladenen Teilchen können als Schwingungen aufgefasst werden (Hin- und Herbewegung einer Ladung). Deshalb kann eine eingestrahlte elektromagnetische Welle gleicher Frequenz Energie auf die Teilchen übertragen. Das führt bei $\omega = \omega_{ce}$ zum resonanten Energietransfer auf Elektronen (engl. *ECRH = Electron Cyclotron Resonant Heating*). Wegen $\omega_{ci} << \omega_{ce}$ ist die entsprechende Ionen-Heizung viel geringer und für die Energiezufuhr weniger geeignet.
Auch die thermische Bewegung der Teilchen führt in Anwesenheit eines magnetischen Feldes zu einer Kreisbewegung. Mit $m_e v_\perp = 2kT_e$ wird mit (3.47) der sogenannten Larmor-Radius erhalten.

$$r_L = \frac{\sqrt{2m_e kT_e}}{eB} \tag{3.51}$$

Für eine Flussdichte $B = 0{,}1\,\mathrm{T}$ und einer Elektronentemperatur von 10 000 K oder 0,86 eV ergibt sich beispielsweise ein Larmor-Radius für Elektronen von 0,1 mm.
Die geladenen Teilchen werden durch die Magnetfelder und die daraus resultierenden Kreisbahnen quasi fixiert, weshalb man von einem magnetisierten Plasma spricht. Während das elektrische Feld wegen der begrenzenden Bogenentladung nicht wesentlich gesteigert werden kann, lässt sich problemlos ein starkes magnetisches Felder überlagern. Damit kann das Plasma eingeschlossen bzw. konzentriert werden. Durch Einstrahlung elektromagnetischer Wellen ist bei resonanten Wechselwirkungen eine hohe Energiekonzentration im Plasma erreichbar (s. hierzu Abschnitt 3.8).

3.6.2 Teilchenbahnen

Das elektrische und das magnetische Feld werden als zeitlich konstant angenommen. Es wirken sowohl die Coulomb- als auch die Lorentz-Kraft auf das bewegte und geladene Teilchen und bestimmen seine Bahnkurve.

$$m\,\partial\vec{v}/\partial t = q\,\vec{E} + q\vec{v} \times \vec{B} \tag{3.52}$$

Durch das elektrische Feld werden die geschlossenen Kreisbahnen, die durch die Lorentz-Kraft entstehen, geöffnet. Aus der Kombination von Gyration und Translation entstehen Zykloiden-Bahnen (Spiralen), wie sie in **Bild 3.24** dargestellt sind. Wenn davon ausgegangen werden kann, dass der Gyroradius klein ist im Vergleich zum translatorischen Weg, der während einer Umdrehung zurückgelegt wird, so kann man sich auf die Drift des Teilchens beschränken. Die Drift wird mit dem Ortsvektor $\vec{r}_c$ beschrieben, der das bewegte Zentrum (weiterhin als Führungszentrum bezeichnet) der aufgedrehten Kreisbahnen angibt. Dann beschreibt $\vec{r}_c$ die gemittelte Bahnkurve des Teilchens. Nach Bild 3.24 gilt:

$$\vec{r}_c = \vec{r} + \vec{r}_g\,. \tag{3.53}$$

Der Vektor $\vec{r}_g$ kann mit dem Betrag nach (3.47) und seiner Richtung aus $\vec{v} \times \vec{B}/(v_\perp B)$ bestimmt werden.

$$\vec{r}_g = \frac{m}{qB^2}\,\vec{v} \times \vec{B} \tag{3.54}$$

Die Geschwindigkeit $\vec{v}_c$ des Führungszentrums lässt sich mithilfe der Bewegungsgleichung ausdrücken.

$$\vec{v}_c = \partial\vec{r}_c/\partial t = \vec{v} + \frac{m}{qB^2}\partial\vec{v}/\partial t \times \vec{B} \tag{3.55}$$

Mit (3.52) ergibt sich:

$$\vec{v}_c = \vec{v} + \frac{1}{qB^2}(q\,\vec{E} + q\vec{v} \times \vec{B}) \times \vec{B}\,. \tag{3.56}$$

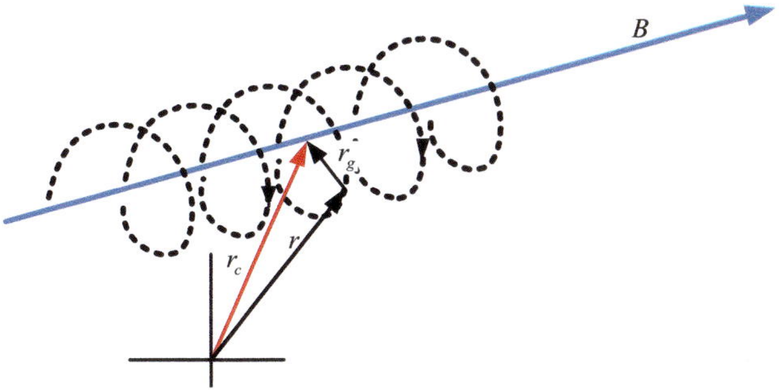

Bild 3.24: Bahn eines geladenen Teilchens im elektrischen und magnetischen Feld

Das darin enthaltene doppelte Kreuzprodukt kann in der Form

$$(\vec{v} \times \vec{B}) \times \vec{B} = (\vec{v} \cdot \vec{B})\vec{B} - B^2\vec{v} = B^2\vec{v}_{\|} - B^2\vec{v} = -B^2\vec{v}_{\perp} \tag{3.57}$$

aufgeteilt werden, worin mit $\vec{v}_{\|}$ die Geschwindigkeitskomponente parallel zum B-Feld und mit $\vec{v}_{\perp}$ die Geschwindigkeitskomponente senkrecht zum B-Feld bezeichnet wird. Damit ergibt sich für (3.56):

$$\vec{v}_c = \vec{v} + \frac{q\vec{E} \times \vec{B}}{q\,B^2} - \vec{v}_{\perp} = \vec{v}_{\|} + \frac{\vec{E} \times \vec{B}}{B^2}\,. \tag{3.58}$$

Die erste Komponente des Führungszentrums ist parallel zum B-Feld gerichtet, dessen treibende Kraft nur von der Komponente der elektrischen Feldstärke stammen kann, die ebenfalls parallel zu den B-Feldlinien gerichtet ist. Von dieser Parallel-Komponente der elektrischen Feldstärke wird dem Teilchen elektrische Energie zugeführt, die sich in kinetische Energie wandelt.

$$m(\partial\vec{v}/\partial t)_{\|} = q\vec{E}_{\|} \tag{3.59}$$

Die zweite Komponente beschreibt eine Bewegung senkrecht zu $\vec{E}$ und $\vec{B}$, in die der Anteil $\vec{E}_{\perp}$ eingeht. Da die Geschwindigkeit senkrecht zur elektrischen Feldstärke gerichtet ist, kann dies keine beschleunigende Bewegung sein. Mit dieser Bewegung ist folglich auch keine Energiewandlung verbunden und es erfolgt lediglich eine Ablenkung in Richtung $\vec{E} \times \vec{B}$ bei positiv geladenen Teilchen.

Diese Geschwindigkeitskomponente wird als Driftgeschwindigkeit $\vec{v}_d$ bezeichnet.

$$\vec{v}_d = \frac{\vec{E} \times \vec{B}}{B^2} \tag{3.60}$$

Die Driftgeschwindigkeit ist vom Vorzeichen der Ladung und der Teilchenmasse unabhängig und somit für Elektronen und Ionen gleich. Sie führt zu einer globalen Bewegung des Plasmas senkrecht zum elektrischen und magnetischen Feld. Daraus ergibt sich beispielsweise die Möglichkeit, ein heißes Plasma von einer Wand auf Abstand zu halten (Fusionstechnik). Das **Bild 3.25** veranschaulicht die $\vec{E} \times \vec{B}$-Drift des Teilchens.

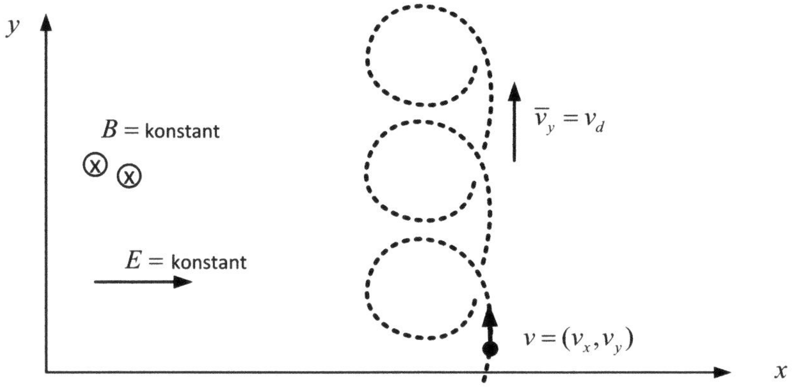

Bild 3.25: Drift eines positiv geladenen Teilchens in zeitlich und räumlich konstanten E- und B-Feldern; negativ geladene Teilchen haben entgegengesetzten Drehsinn, aber gleiche Driftrichtung.

Die Aussage der Gleichung (3.60) kann verallgemeinert werden, indem die Coulomb-Kraft (nach Erweiterung mit q) durch eine beliebige andere Kraft $\vec{F}$ ersetzt wird.

$$\vec{v}_d = \frac{\vec{F} \times \vec{B}}{qB^2} \tag{3.61}$$

Dies erlaubt später, die Drift auch für andere auf das Teilchen wirkende Kräfte (z. B. die Schwerkraft) zu bestimmen.

Die Gyroradien in Bild 3.25 sind nicht maßstäblich gezeichnet. Für ein relativ kaltes Proton mit $m_i = 1{,}67 \cdot 10^{-27}\,\mathrm{kg}$ und $T_i = 500\,\mathrm{K}$ ergibt sich mit $m_i v_\perp^2 =$

$2kT_i$ eine senkrechte Geschwindigkeitskomponente $v_\perp = 1{,}3 \cdot 10^4$ m/s. Mit (3.47) entspricht das einem Gyroradius für das Proton von $r_{gi} = 1{,}35$ mm.

3.6.3 Dielektrisches Plasma

In diesem Abschnitt wird gezeigt, dass unter dem Einfluss eines sich zeitlich ändernden elektrischen Feldes (Wechselfeldes) das magnetisierte Plasma wie ein Dielektrikum wirkt.

Eine zeitliche Zu- oder Abnahme der elektrischen Feldstärke bewirkt eine Zu- oder Abnahme an kinetischer Energie der geladenen Teilchen, was sich in der Geschwindigkeit des geladenen Teilchens ausdrückt. Eine Änderung der Geschwindigkeit der geladenen Teilchen führt nach (3.47) zu einer entsprechenden Veränderung der Gyroradien. In **Bild 3.26** sind die zwei möglichen Zustände beim Anstieg der elektrischen Feldstärke mit $\mathrm{d}E/\mathrm{d}t > 0$ dargestellt. Im Falle $E < 0$ vermindert sich der Betrag der Feldstärke und damit der Gyroradius (s. Bild 3.26 a). Und im Falle $E > 0$ vergrößert sich der Betrag der Feldstärke und damit der Gyroradius (s. Bild 3.26 b). Das lässt vermuten, dass sich dadurch das Führungszentrum (Mittelpunkte der geöffneten Kreis) verschiebt.

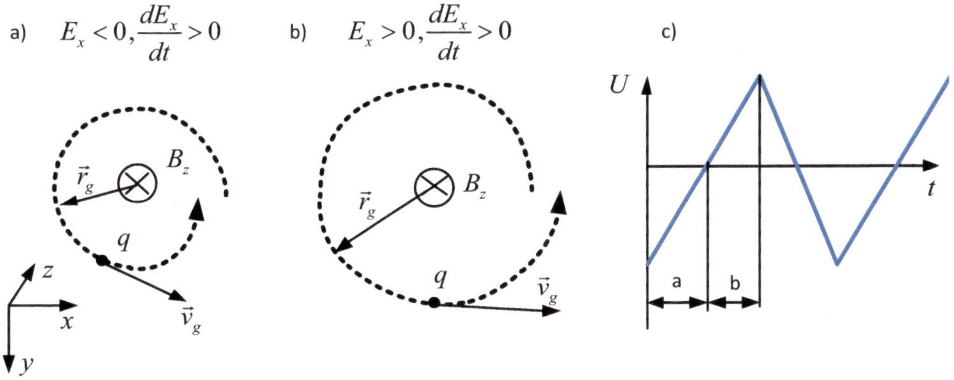

Bild 3.26: Öffnung der Kreisbahnen bei Anstieg der elektrischen Feldstärke

Mit Hilfe der Bewegungsgleichung (3.52) kann der geschilderte Effekt berechnet werden. Hierzu wird angenommen, dass die elektrische Feldstärke in x-Richtung und die magnetische Flussdichte in z-Richtung weisen. Damit ergibt sich für die Komponenten der Teilchengeschwindigkeiten in der xy-Ebene:

$$m\partial\vec{v}_x/\partial t = q\vec{e}_x(v_y B_z + E_x) \tag{3.62}$$

$$m\partial\vec{v}_y/\partial t = -\vec{e}_y q v_x B_z\,. \tag{3.63}$$

Durch nochmaliges Differenzieren von (3.62) und Einsetzen von (3.63) erhält man:

$$m\partial^2\vec{v}_x/\partial t^2 = \vec{e}_x(-\frac{q^2}{m}B_z^2 v_x + q\partial E_x/\partial t)\,. \tag{3.64}$$

Der linke Teil dieser Gleichung beschreibt das zeitliche Verhalten der Geschwindigkeit bezüglich der geöffneten Kreisbahnen (Kreisbahn mit ansteigendem oder abfallendem Radius). Da hier nur die Bewegung des Führungszentrums (Mittelpunkt der Kreise) von Interesse ist und angenommen werden kann, dass die Kreisradien sehr klein im Vergleich zur translatorischen Bewegung sind, kann angenommen werden, dass sich dieser Term im zeitlichen Mittel aufhebt.[2] Damit ergibt sich für die mittlere Geschwindigkeit:

$$\bar{v}_x = v_p = \frac{m}{qB_z^2}\partial E_x/\partial t\,. \tag{3.65}$$

Bei der oben gewählten Zuordnung der Komponenten von $\vec{E}$ und $\vec{B}$ ergibt sich bei einer positiven Ladung und zeitlichem Anstieg der elektrischen Feldstärke eine Verschiebung des Führungszentrums in x-Richtung (s. **Bild 3.27**).

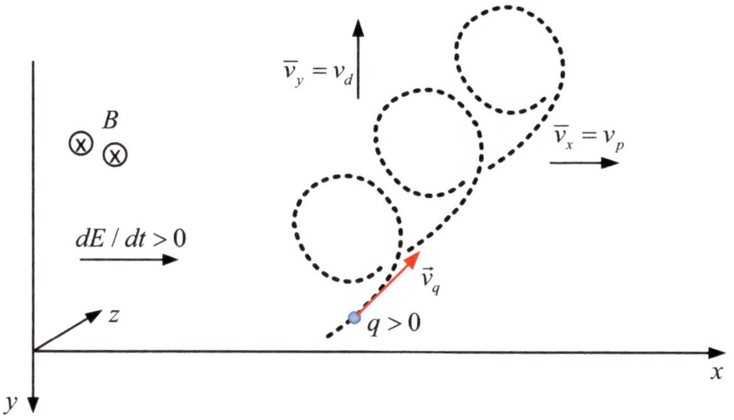

Bild 3.27: Zusätzliche Driftbewegung durch ein zeitlich ansteigendes elektrisches Feld

[2] Genauen Aufschluss könnte eine numerische Simulation von (3.64) erbringen.

Bewegte Ladungen mit der Dichte n ergeben eine Stromdichte in der Form

$$\vec{J} = qn\vec{v}_p \,. \tag{3.66}$$

Wenn folglich (3.65) mit der Ladungsträgerdichte $n = zn_i = n_e$ (z Ladungszahl der Ionen) und den Ladungen erweitert wird, so ergibt sich daraus die Stromdichte

$$\vec{J} = \frac{nm_i}{B^2}\partial\vec{E}/\partial t + \frac{nm_e}{B^2}\partial\vec{E}/\partial t \,. \tag{3.67}$$

Wegen der viel größeren Ionenmasse $m_i > 100\, m_e$ wird dieser Strom hauptsächlich von den Ionen getragen. Unter Vernachlässigung des Beitrages der Elektronen an der Stromdichte folgt in guter Näherung für die Stromdichte:

$$\vec{J} = \frac{nm_i}{B^2}\partial\vec{E}/\partial t \,. \tag{3.68}$$

Diese Stromdichte existiert folglich nur bei einer zeitlichen Änderung der elektrischen Feldstärke, was dem Verhalten eines Verschiebestromes entspricht. In Anlehnung an die polarisierende Wirkung von Dielektrika wird dieser Strom Polarisationsstrom genannt. Falls die Vereinbarung, dass das E-Feld senkrecht auf dem B-Feld steht, aufrechterhalten wird, kann verallgemeinernd geschrieben werden:

$$\vec{J}_p = \frac{nm_i}{B^2}\partial\vec{E}/\partial t \tag{3.69}$$

Neben der Verschiebestromdichte im Vakuum $\vec{J}_d$ existiert folglich in einem Plasma mit einem magnetischen Feld und einer zeitlich veränderlichen elektrischen Feldstärke eine weitere Stromdichte.

$$\vec{J} = \vec{J}_d + \vec{J}_p = \varepsilon_0\vec{E}/\partial t + \frac{nm_i}{B^2}\partial\vec{E}/\partial t \tag{3.70}$$

Diese beiden Summanden können zusammengefasst und in Form einer relativen Permittivität ε_r ausdrückt werden.

$$\vec{J} = \varepsilon_0\varepsilon_r\partial\vec{E}/\partial t \tag{3.71}$$

Darin hat ε_r den Wert

$$\varepsilon_r = 1 + \frac{nm_i}{\varepsilon_0 B^2}. \tag{3.72}$$

Mit $c^2 = 1/(\varepsilon_0\mu_0)$ kann dies auch als

$$\varepsilon_r = 1 + \frac{c^2}{v_A^2} \tag{3.73}$$

geschrieben werden. Hier bezeichnet v_A die sogenannte Alfvén-Geschwindigkeit:

$$v_A = \frac{B}{\sqrt{\mu_0 n m_i}}\,. \tag{3.74}$$

Die Alfvén-Geschwindigkeit hat insbesondere für Wellenfelder Bedeutung. Sie ist relativ klein gegenüber der Lichtgeschwindigkeit, weshalb ε_r sehr große Werte annimmt. Für das Proton mit $m_i = 1{,}67 \cdot 10^{-27}$ kg und einer Teilchendichte $n = 10^{17}\,1/\mathrm{m}^3$ (technisches Plasma) sowie $B = 0{,}1$ T erhält man mit (3.72) eine relative Permittivität von $\varepsilon_r \approx 200$. Das magnetisierte Plasma ist daher für das elektrische Feld extrem anisotrop. Die Komponente der elektrischen Feldstärke senkrecht zum magnetischen Feld wird quasi kurzgeschlossen, weshalb diese Erscheinung bei der Behandlung von Wellenfeldern in Plasmen berücksichtigt werden muss (s. auch Abschn. 3.8).

3.6.4 Inhomogenes Magnetfeld

Ein rotierendes und geladenes Teilchen wirkt diamagnetisch, weshalb es im inhomogenen Magnetfeld in Richtung geringerer magnetischer Flussdichte gedrängt wird. Diese Kraft ist folglich dem Gradienten des magnetischen Feldes entgegen gerichtet.

$$\vec{F} = -I_g A_g \operatorname{grad} B \tag{3.75}$$

In dieser Gleichung bezeichnet das Produkt $I_g A_g$ ein magnetisches Moment, das sich aus dem Gyrostrom

$$I_g = q\omega_c/(2\pi) \tag{3.76}$$

und der vom Gyrostrom umrandeten Kreisfläche

$$A_g = \pi r_g^2 \tag{3.77}$$

zusammensetzt. Die Drift, die von dieser Kraft ausgeht, kann durch Einsetzen in (3.61) aufgeschrieben werden.

$$\vec{v}_d = -\frac{I_g A_g}{qB^2} \operatorname{grad} B \times \vec{B} \tag{3.78}$$

Das **Bild 3.28** zeigt ein Beispiel, bei dem die Drift eine azimutale Komponente aufweist. Die Drift steht senkrecht auf grad B und $\vec{B}$ und führt zu einer Kreisbahn der Teilchen. Dadurch konzentrieren sich die geladenen Teilchen in einem ringförmigen Gebilde, in dem es zu einer höheren Ionisation kommen kann. Beim Magnetron-Sputtern (s. Abschn. 3.9) wird dieser Effekt zur Steigerung der Effektivität genutzt.

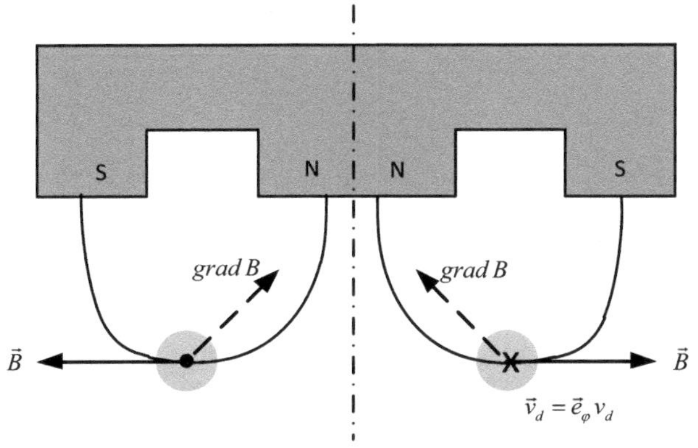

Bild 3.28: Elektronen- und Ionendrift im magnetischen Gleichfeld eines Dauermagneten

Ein inhomogenes magnetisches Feld bewirkt eine Drift der geladenen Teilchen, sobald diese um die magnetischen Flusslinien rotieren. Dabei spielt die Ursache der Bewegung senkrecht zu den magnetischen Flusslinien keine Rolle. Zum Beispiel kann deren Geschwindigkeit durch die thermischen Bewegungen gegeben sein. Wird die Gyrofrequenz in I_g durch (3.48) und der Gyroradius in A_g durch den Larmor-Radius mit (3.51) ersetzt, ergibt sich mit $e = q$ eine Drift in Verbindung mit den thermischen Teilchenbewegungen.

$$\vec{v}_d = -\frac{kT}{qB^3}\,\mathrm{grad}\,B \times \vec{B} \tag{3.79}$$

$$= -\frac{mv_\perp^2}{2qB^3}\,\mathrm{grad}\,B \times \vec{B} \tag{3.80}$$

In dieser Gleichung bezeichnet $v_\perp$ die Teilchengeschwindigkeit senkrecht zu den magnetischen Feldlinien.

3.6.5 Weitere Driften

Weitere Driften ergeben sich mit (3.61), wenn andere Kräfte für $\vec{F}$ eingesetzt werden. Die Schwerkraft

$$\vec{F} = m\vec{g} \tag{3.81}$$

führt mit (3.61) zur Gravitationsdrift. Die Krümmung der magnetischen Feldlinien (bei $|\text{grad}\, B| \neq 0$ immer vorhanden) ergibt eine Zentrifugalkraft

$$\vec{F} = -\frac{mv_{\|}^2}{B}\,\text{grad}\, B, \tag{3.82}$$

die mit (3.61) zur Krümmungsdrift führt.

3.7 Entladungen im Wechselfeld

Bei niedrigen Frequenzen verhält sich das Plasma wie ein Gleichstromplasma, das nach dem Ausschalten umgepolt wieder eingeschaltet wird. Es stellt sich bei jeder Polung ein stationärer Zustand mit den Fallgebieten an Anode und Kathode sowie der positiven Säule usw. ein (s. **Bild 3.29**).

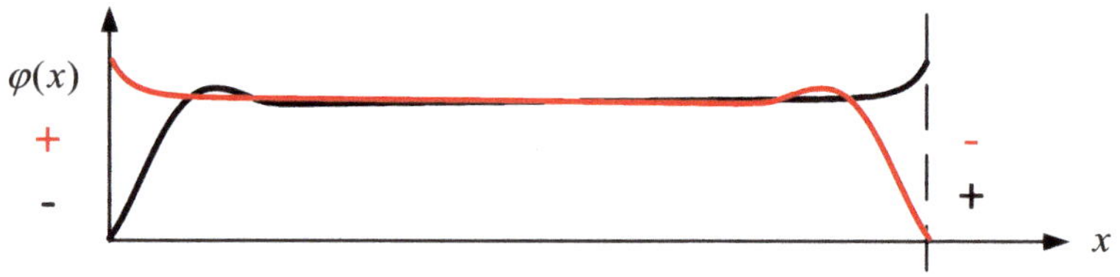

Bild 3.29: Potenzialverlauf bei Umpolung mit niedriger Frequenz; Fallgebiete sind in x-Richtung stark gedehnt.

Beispielsweise wird bei Netzfrequenz die Entladung im Takt der beiden Halbwellen gezündet und erlischt am Ende einer Halbwelle, sobald die Verlustrate von Ladungsträgern größer als die Ladungsträgererzeugung ist. Bereits im kHz-Bereich kann ein Plasma mehr Energie aufnehmen als bei einem Gleichfeld gleicher Feldstärke. Aber erst bei Frequenzen, die im Bereich der Plasmafrequenzen der Ionen ω_{pi} liegen, ist die Zeitspanne zu kurz, als dass sich ein stationärer Zustand wie bei Gleichspannung einstellen kann.

$$\omega_{pi} = \sqrt{\frac{n_e e^2}{\varepsilon_0 m_i}} \tag{3.83}$$

Für Argonionen mit einer relativen Atommasse von ca. 40 ergibt sich bei einer Ladungsträgerdichte von $n_e = n_i = 10^{16}\,1/\mathrm{m}^3$ eine Plasmafrequenz der Ionen von $f_{pi} = 0{,}506\,\mathrm{MHz}$. Die Zeitspanne einer Halbwelle, die hier rund 1 µs beträgt, reicht nicht mehr aus, um die Fallgebiete wie bei Gleichspannung auszubilden. Da beim Anodenfall die trägen Ionen das Gebiet vor der Anode verlassen, wird zunächst dieser nicht mehr voll ausgebildet. Dagegen kann sich der Kathodenfall, der durch eine Verarmung an Elektronen gekennzeichnet ist, in der genannten Zeitspanne noch vollständig ausprägen. Erst ab der Plasmafrequenz der Elektronen im GHz-Bereich bildet sich auch der Kathodenfall nicht mehr aus. Wie später in Abschn. 3.7 gezeigt wird, liegt die für den Leistungseintrag günstigste Anregungsfrequenz bei $\omega = \omega_{pe}$, was in einem Bereich >100 MHz liegt.

Bereits mit Frequenzen von $f > 500\,\mathrm{kHz}$ kann die Intensität des Plasmas gesteigert werden. Wichtiger jedoch ist, dass mit Wechselfeldern die Behandlung von elektrisch nichtleitenden Materialien möglich wird. Die umgesetzten Leistungen liegen im Bereich von 1 bis 1000 kW. Die technologischen Anwendungen von Wechselfeldern im relativ weiten Frequenzbereich von einigen kHz- bis in den GHz-Bereich erfordern allerdings sehr unterschiedliche technische Einrichtungen.

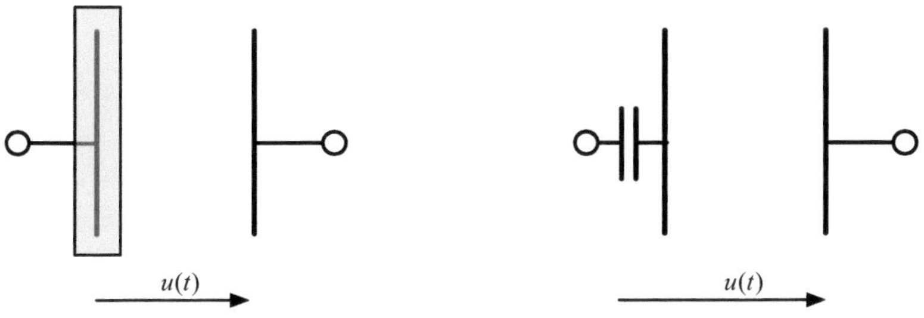

Bild 3.30: Ersatz der elektrischen Isolierung einer Elektrode durch einen Kondensator

Kapazitiv Einkopplung

Bei der kapazitiven Einkopplung sind die Elektroden wie bei Gleichstrom ausgebildet. Auch bei nicht isolierten Elektroden gelangt mit zunehmender Frequenz der Verschiebestrom in die Größenordnung des Leitungsstromes. Eine oder beide Elektroden können deshalb isoliert sein. In diesem Fall fließt dann nur noch der Verschiebestrom. Das Plasma wird zum CCP (engl. *Capacitance Coupled Plasma*). Die oben genannten idealen Frequenzen von $f > 100\,\text{MHz}$ bereiten mit zunehmender Frequenz Schwierigkeiten, weil sich an den Zuleitungen Leitungs-Induktivitäten und Leitungs-Kapazitäten (Übergang zum Wellenleiter) bemerkbar machen. Es wird deshalb oft zu den niedrigeren ISM-Frequenzen (s. Teil 1 des Buches, Kapital „Kondensatorfelderwärmung") von 13,56 MHz und 27,12 MHz ausgewichen. Die elektrische Isolierung einer Elektrode ist gleichwertig mit dem Anschluss über einem Kondensator ohne Isolierung der Elektrode (s. **Bild 3.30**). Der Teil der Isolierung, der der Gegenelektrode zugewandt ist, kann das zu behandelnde Material sein und wird oft als Substrat oder Target bezeichnet. Weiterhin soll hierfür der Begriff Target verwendet werden. Durch zwei sich überlagernde Effekte kann die kinetische Energie der auf dem Target auftreffenden Ionen wesentlich erhöht werden. Das ist zum einen die schwingende Bewegung des Plasmakörpers im Takt der Anregungsfrequenz und zu anderen die positive Aufladung des Plasmakörpers durch den Wandeffekt, der bereits in Abschnitt 3.4 behandelt wurde.

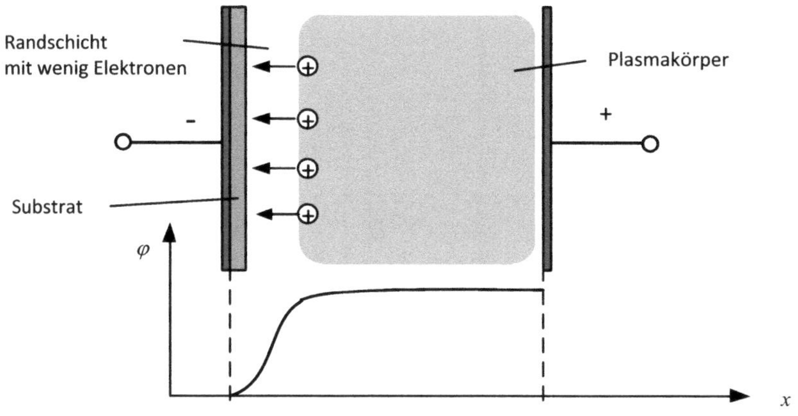

Bild 3.31: Bewegung des Plasmakörpers und Ausbildung einer Zone verstärkten Spannungsabfalls

Bewegung des Plasmakörpers: Wenn die Anregungsfrequenz unter der Plasmafrequenz der Ionen ω_{pi} bleibt, dann bewegen sich die Ionen in der Zeitspanne einer Halbwelle auf die negativen Elektrode (Kathode) zu und werden stark beschleunigt (s. **Bild 3.31**). Es erfolgt ein hochenergetischer Ionenbeschuss mit Energien bis zu einigen 100 eV. Das ist beispielsweise beim Plasmaätzen von Bedeutung. Ist dagegen die Zeitdauer zu kurz, weil die Anregungsfrequenz zu hoch ist, dann erreichen die Ionen die Elektrode nicht bzw. nur mit wesentlich geringerer Energie von einigen 10 eV. In diesem Fall schwingen alle Elektronen des Plasmakörpers im Takt der Frequenz hin und her. Das hat zur Folge, dass an der jeweils die Elektronen abstoßenden Elektrode (Kathode) ein Elektronenmangel entsteht. An dieser Stelle ist folglich die elektrische Feldstärke groß und die momentan anliegende Spannung fällt hier nahezu vollständig ab. In der folgenden Halbwelle dreht sich dies um, und die gesamte Spannung fällt an der Gegenelektrode ab.

Positive Aufladung des Plasmakörpers: In der Elektrodenanordnung nach **Bild 3.32** ist eine Einrichtung angedeutet, bei der die beiden Elektroden unterschiedlich groß sind. Die größere Elektrode bildet beispielsweise eine Gefäßwand (Rezipient) und habe die Fläche A_w. Die kleinere Elektrode bildet das Target mit der wirksamen Fläche A_t. Der aus diesen beiden Elektroden gebildete Arbeitskondensator ist in Reihe mit dem Kondensator C_0 geschaltet, womit jegliche Gleichspannung von der Speisequelle mit der Wechselspannung u_{hf} ferngehalten wird.

Mit der Ersatzschaltung nach Bild 3.32 b werden die elektrischen Eigenschaften des Plasmas treffend beschrieben. Die beiden Fallgebiete vor den Elektroden wirken wegen der Verarmung an Ladungsträgern wie Isolatoren bzw. Kondensatoren, die an ihren Randflächen Ladungen speichern. Die Fallgebiete werden deshalb als verlustbehaftete Kondensatoren C_t und C_w, die in jeder Periode umgeladen werden, in der Ersatzschaltung nachgebildet. Bei der positiven Halbwelle auf der rechten Seite fließen die Elektronen entgegen der Sperrrichtung der Diode rasch aus dem Plasmakörper ab. Die Ionen schaffen dies auf der linken Seite dagegen nicht. Das Plasma lädt sich dadurch positiv auf. In der folgenden positiven Halbwelle auf der linken Seite setzt sich dieser Vorgang mit der positive Aufladung des Plasmakörpers fort. Der Plasmakörper hat deshalb stets ein höheres Potenzial als die beiden Elektroden. Ein quasistationärer Zustand wird erreicht, sobald das positive Potenzial u_{sb} so groß ist, dass von Ionen und Elektronen stets gleiche Ladungsmengen unterschiedlichen Vorzeichens abtransportiert werden. Diese Eigenschaft wird mit den beiden Dioden in der Ersatzschaltung wiedergegeben. Der Widerstand des Plasmakörpers R_p ist wegen der freien Elektronen klein gegenüber den Fallgebieten, weshalb $R_p << R_t$ und $R_p << R_w$ gilt.

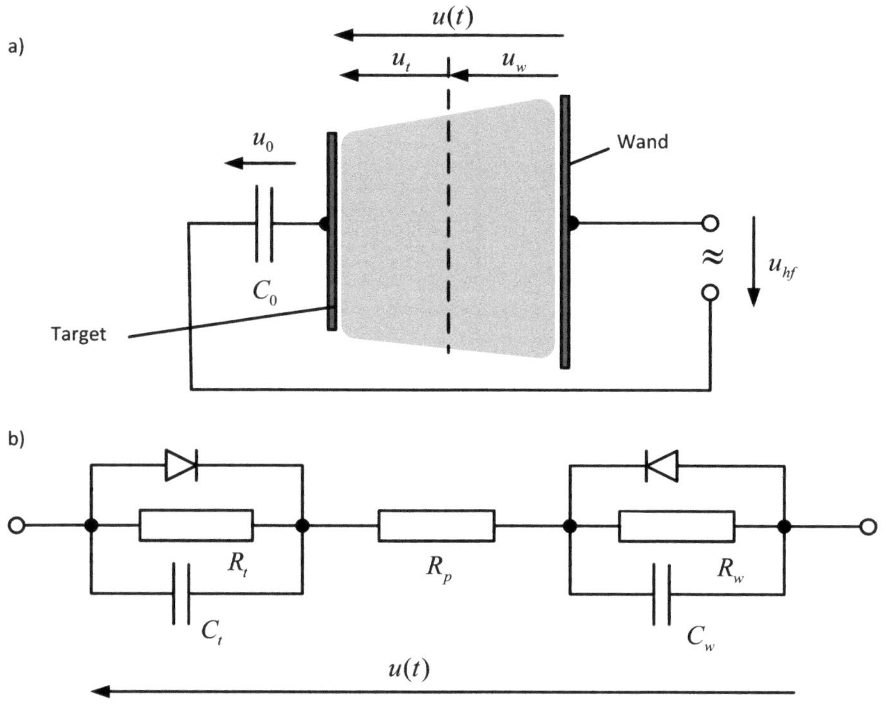

Bild 3.32: Ersatzschaltung eines HF-Plasmas mit Elektroden stark unterschiedlicher Abmessungen (z. B. Target und Rezipient)

Die Spannung u_t, die entscheidend für die kinetische Energie der auf dem Target auftreffenden Ionen ist, soll nachfolgend abgeschätzt werden.
Wenn der Spannungsabfall über R_p wegen der relativ hohen Leitfähigkeit des Plasmakörpers vernachlässigt wird oder den Fallgebieten anteilig zugefügt wird, so kann die Gesamtspannung als

$$u_{hf} = u_0 + u_t + u_w \tag{3.84}$$

notiert werden. Die HF-Spannung sei eine sinusförmig aufgeprägte Spannung ohne Gleichanteil. Der Reihenkondensator sei gegenüber C_w und C_t sehr groß, weshalb der Abfall der Wechselspannung an ihm vernachlässigt werden kann.

Die Spannungen über den Fallgebieten setzen sich aus einem Wechsel- und einem Gleichanteil (Index a und d) zusammen.

$$u_t = u_{ta} + u_{td} \tag{3.85}$$

$$u_w = u_{wa} + u_{wd} \tag{3.86}$$

Für die Gleichspannung gilt mit den getroffenen Annahmen:

$$u_0 + u_{td} + u_{wd} = 0 \tag{3.87}$$

Der Kondensator C_0 kompensiert folglich die mögliche Differenz der Gleichspannungen mit $u_{wd} < 0$.
Für die Wechselspannungen gilt:

$$u_{hf} = u_{ta} + u_{wa} \tag{3.88}$$

Mit (3.85) ergibt sich für die gesuchte Spannung:

$$u_t = u_{hf} - u_{wa} + u_{td} \tag{3.89}$$

Die Anhebung des Plasmapotenzials um die Gleichspannung vor der Targetelektrode u_{td} wird als vom Plasma selbst erzeugte Vorspannung bezeichnet (engl. *self bias*), weshalb

$$u_{sb} = u_{td} \tag{3.90}$$

in der Fachliteratur gesetzt wird. Im unsymmetrischen Fall mit $C_w >> C_t$ kann u_{wa} vernachlässigt werden. Mit (3.90) ergibt sich dann

$$u_t = u_{hf} + u_{sb}\,. \tag{3.91}$$

Der zeitliche Verlauf von $u_t(t)$ und die Größenordnung im Vergleich zur treibenden Wechselspannung sind in **Bild 3.33** gezeigt.
Im symmetrischen Fall gilt $C_t = C_w$ und $u_{ta} = u_{wa}$, woraus mit (3.88) für $u_{wa} = u_{hf}/2$ folgt. Dies in (3.89) eingesetzt, ergibt eine wesentlich kleinere treibende Spannung am Target als im stark unsymmetrischen Fall.

$$u_t = u_{hf}/2 + u_{td} = u_{hf}/2 + u_{sb} \tag{3.92}$$

Der typische Fall für unsymmetrische Elektroden ist gegeben, wenn das Gehäuse des Reaktors eine Elektrode mit der Fläche A_w bildet. Diese Elektrodenfläche ist viel größer als die vom Target $A_w >> A_t$. Ein Vergleich von (3.91) und (3.92) zeigt, dass die Spannung u_t mit dieser Unsymmetrie wesentlich vergrößert werden kann. Die Spannung u_t darf zu keiner Zeit negativ werden (verbieten auch die Dioden im Ersatzschaltbild). Es gilt folglich:

$$\hat{u}_{hf} \leq u_{sb} \tag{3.93}$$

Eine Vergrößerung der HF-Spannung hat ein Anwachsen von u_{sb} zur Folge. Durch den Gleichrichtungseffekt verbreitern sich die Fallgebiete bis zu zehn Debye-Längen. Das ist bei den hier betrachteten Niederdruckplasmen immer noch weniger als ein mm (s. Abschn. 3.2.2).

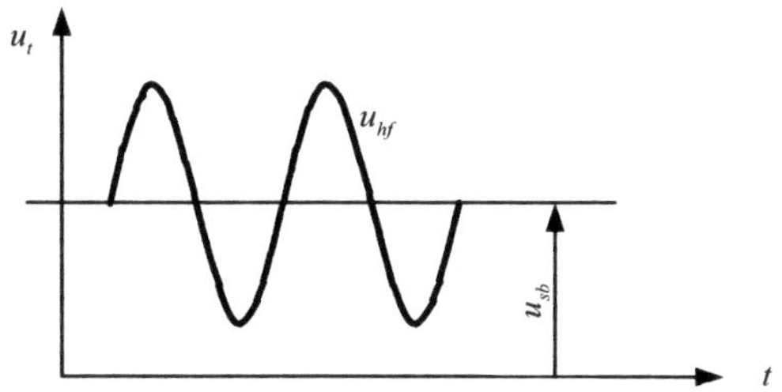

Bild 3.33: Zeitlicher Verlauf der die Ionen vor dem Target antreibenden Spannung

Induktive Einkopplung

Bei der induktiven Einkopplung existiert neben dem Verschiebestrom auch ein Leitungsstrom im Plasma. Damit kann der Nachteil einer relativ niedrigen Frequenz < 1 MHz ausgeglichen werden. Durch das Induktionsprinzip ist der Ringstrom im Plasma begrenzt und kann maximal den Wert der Durchflutung des Induktors NI annehmen. Das ist der Grund, weshalb man beim induktiven Plasma keinen Spannungsdurchschlag befürchten muss. Eine vollständige Ionisation des Plasmas mit $n_n \rightarrow 0$ ist deshalb möglich.
In Teil 1 dieses Buches sind im Kapitel „Induktionserwärmung“ die prinzipielle Anordnung und einige Parameter, wie die Mindestleistung in Abhängigkeit von der Frequenz, zum induktiv gekoppelten Plasma angegeben. Die Bearbeitungsfläche (Target) liegt nach **Bild 3.34** neben den Strombahnen, weshalb die Ionen nur mit einer kleinen Normalkomponente, die der Wandeffekt mit sich bringt, auf diese Fläche treffen. Deshalb wird oft ein kapazitiv gekoppeltes Plasma mit beispielsweise 13,56 MHz überlagert. Die oft wünschenswerte

Gleichmäßigkeit der Intensität des Plasmas über der Target-Fläche ist durch den Skineffekt eingeschränkt. Die höchste Feldstärke liegt bekanntlich im äußeren Bereich (großer Radius) des Plasmas. Zur Achse hin nimmt die elektrische Feldstärke näherungsweise nach einer e-Funktion ab.

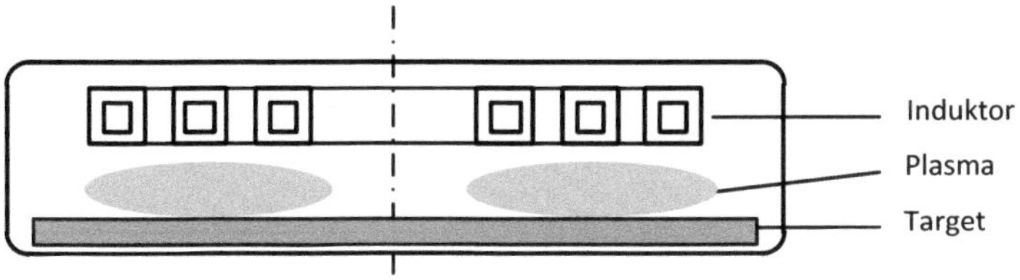

Bild 3.34: Erzeugung eines ringförmigen Plasmas mit einem Flach-Induktor bestehend aus drei Windungen

Mikrowellen Einkopplung

Bei der Mikrowellen-Einkopplung in einem metallisch geschirmten Hohlraum (Applikator nach **Bild 3.35**) dringt das elektrische Feld als elektromagnetische Welle unter zwei Voraussetzungen ein. Erstens müssen die charakteristischen Abmessungen des Applikators größer als die Wellenlänge des eingekoppelten elektromagnetischen Feldes $L > \lambda$ sein. Und zweitens muss die Anregungsfrequenz ω größer als die Plasmafrequenz der Elektronen $\omega > \omega_{pe}$ sein (s. hierzu Abschn. 3.8). Die üblichen Frequenz- und Leistungsbereiche des Mikrowellenplasmas betragen: 0,915 bis 29,4 GHz und 1 bis 100 kW bei mehreren Quellen pro Applikator.

Mikrowellenplasma mit überlagertem Magnetfeld

Eine Besonderheit ergibt sich für das Mikrowellenplasma, wenn ein magnetisches Gleichfeld überlagert wird. Wie bereits in Abschnitt 3.6.1 gezeigt, zirkulieren Elektronen und Ionen um die magnetischen Flusslinien. Bei einer relativ einfach zu realisierenden Flussdichte von 0,1 T liegt die Gyrofrequenz der Elektronen ω_{ge} im Bereich der Standardfrequenz der Mikrowellen von 2,45 GHz. Der Gyroradius r_{ge} hängt von der Geschwindigkeit bzw. Temperatur der Elektronen ab und liegt im mm-Bereich.

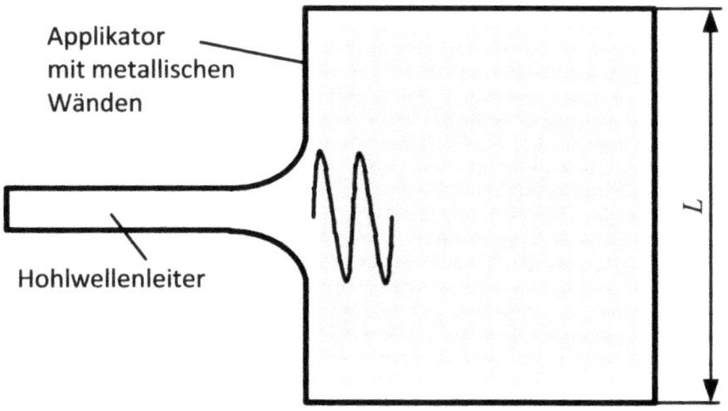

Bild 3.35: Mikrowellen-Applikator; bei 2,45 GHz beträgt die Wellenlänge $\lambda \approx$ 12 cm.

Falls der Vektor der konstanten magnetischen Flussdichte in Richtung des Poynting-Vektors zeigt, dann liegt der Vektor der elektrischen Feldstärke in der vom Gyroradius aufgespannten Fläche. Das **Bild 3.36** zeigt die polarisierte Welle und das kreisende Elektron. Man kann sich das Elektron statt auf einer Kreisbahn auf einer schmalen Ellipse bewegend vorstellen, dann läuft es in etwa auf einer Linie, wie sie von der Spitze des E-Vektors vorgegeben wird. In Ruhelage des Elektrons auf dieser Linie wirkt eine Kraft auf dieses Elektron ein, welche von der elektrischen Feldstärke mit der Frequenz ω ausgeht. Wenn sich das Elektron dagegen im Takt der Gyrofrequenz mit ω_{ge} auf und ab bewegt, dann weicht es im Idealfall ($\omega = \omega_{ge}$ und entsprechender Amplitude) der vom E-Feld ausgehende Kraft aus. Bei einer Differenz $\Delta\omega = \omega - \omega_{ge}$ wirkt eine Kraft mit eben dieser Frequenz-Differenz auf das Elektron ein. Ohne strenge mathematische Begründung wird diese Frequenz-Differenz in die Formel zur absorbierten Leistung pro Volumeneinheit (s. später (3.104)) eingesetzt.

$$p = \frac{e^2 n_e}{m_e} \frac{\nu}{\nu^2 + (\omega^2 - \omega_{ge}^2)} E^2 \qquad (3.94)$$

Darin bezeichnet $\nu = \nu_{en}$ die Stoßfrequenz der Elektronen mit den neutralen Teilchen des Plasmas. In der Nähe der Resonanz $\omega_{ge} = \omega$ ergibt sich eine drastische Reduktion des Nenners. Der ungünstige Frequenzeffekt mit $p \propto 1/\omega^2$ kann damit weitgehend kompensiert werden.

Ein weiterer Vorteil dieses auch als ECR (engl. electron cyclotron resonant) bezeichneten Plasmas wird bei kleinen Drücken und niedriger Stoßfrequenz deutlich. Statt $p \propto \nu$ (wegen $\nu << \omega$) ohne magnetisches Gleichfeld gilt jetzt $p \propto 1/\nu$. Außerdem kann die Einkopplung von Mikrowellenenergie auch für $\omega < \omega_{ge}$ ermöglicht werden (s. nachfolgenden Abschnitt 3.8). Auch bei der Mikrowellen-Einstrahlung stellt sich durch die Wandeffekte ein zeitlich kon-stantes positives Plasmapotenzial ein. Es können sich daher von den Rand-schichten zum Plasmakörper Gleichspannungen von 10 bis 20 V ausbilden. Da diese Spannungen nur geringe Energien für die auftreffenden Ionen ermögli-chen, wird auch das Mikrowellenplasma oft mit einer kapazitiven Einkopplung kombiniert.

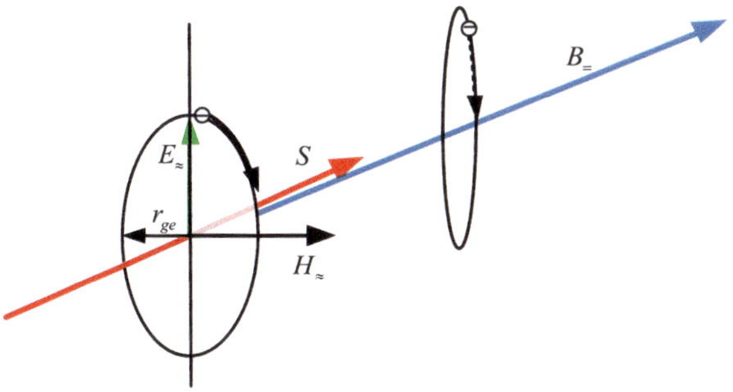

Bild 3.36: Wirkung des magnetischen Gleichfeldes auf die Bahn eines Elektrons

Wirkleistung

Die maximale Energie, die ein Elektron während einer Halbwelle bei 2,45 GHz in der Beschleunigungsphase aufnehmen kann, beträgt bei einer Durchbruchfeldstärke von 1 kV/cm (Niederdruck) ca. 1 eV. Das ist für eine Ionisation z. B. eines Argonatoms mit 15,8 eV viel zu wenig. Es müssen folglich noch andere Effekte zur Steigerung der mittleren Elektronengeschwindigkeit wirken. Um dies aufzuklären, soll die Bewegungsgleichung eines einzelnen frei schwingenden Elektrons mit der Ladung $(-e)$ untersucht werden. Das Elektron soll in der x-Richtung mit $u = v_x$ schwingen und unter dem Einfluss einer zeitlich sinusförmigen Feldstärke $E = E_x$ stehen.

$$m_e \partial u/\partial t = (-e) \cdot \hat{E} \cos(\omega t) \tag{3.95}$$

Das Elektron wird von der wechselnden Feldstärke beschleunigt und abgebremst. Wie bei einem reibungslosen Pendel ist die im Mittel einwirkende Kraft null. Das ändert sich, wenn das Elektron durch elastische Stöße mit anderen Teilchen abgelenkt oder durch inelastische Stöße abgebremst wird. Beim elastischen Stoß behält das Elektron den Betrag seiner Geschwindigkeit und es ändert nur seine Bewegungsrichtung. Beispielsweise könnte aus u die senkrecht zu u gerichtete Geschwindigkeit v werden. Demzufolge kann das elektrische Feld dieses Elektron erneut zur Geschwindigkeit u beschleunigen. Die resultierende Geschwindigkeit wäre dann bereits $\sqrt{u^2 + v^2}$. Die wesentliche Ursache für die Energieaufnahme des Plasmas sind somit die Stöße mit anderen Teilchen. Die Anzahl von Stößen zwischen Elektronen und Neutralen (Niederdruck-Plasma) je Zeiteinheit bezeichnet die Stoßfrequenz ν. Die obige Kraftbilanz muss deshalb um einen Reibungsterm ergänzt werden.

$$m_e \partial u/\partial t + \nu \cdot (m_e \cdot u) = (-e) \cdot \hat{E} \cos(\omega t) \tag{3.96}$$

Die Reibungskraft kann auch als der Impuls des Elektrons ($m_e \cdot u$) bezogen auf die Zeit zwischen zwei Stößen angesehen werden. Mit der Stromdichte

$$J = (-e) u \, n_e \tag{3.97}$$

und ihrer Ableitung nach der Zeit

$$\partial J/\partial t = (-e) n_e \partial u/\partial t \tag{3.98}$$

können die Geschwindigkeit u und die Beschleunigung $\partial u/\partial t$ in (3.96) ersetzt werden.

$$\partial J/\partial t + \nu J = \frac{e^2 n_e}{m_e} \hat{E} \cos(\omega t) \tag{3.99}$$

In komplexer Schreibweise wird daraus für jede beliebige Ortskomponente

$$\mathrm{j}\,\omega \underline{J} + \nu \underline{J} = \frac{e^2 n_e}{m_e} \underline{E}, \tag{3.100}$$

worin $\underline{E}$ den vereinbarten Effektivwertzeiger darstellt. Die Stromdichte ist damit als

$$\underline{J} = \frac{e^2 n_e}{m_e} \frac{1}{\nu + \mathrm{j}\,\omega} \underline{E} \tag{3.101}$$

$$= \frac{e^2 n_e}{m_e} \left(\frac{\nu}{\nu^2 + \omega^2} + \mathrm{j} \, \frac{-\omega}{\nu^2 + \omega^2} \right) \underline{E} \tag{3.102}$$

bestimmt. Der Ausdruck vor der elektrischen Feldstärke gibt die komplexe HF-Leitfähigkeit an.

$$\kappa = \frac{e^2 n_e}{m_e}\left(\frac{\nu}{\nu^2+\omega^2} + \mathrm{j}\,\frac{-\omega}{\nu^2+\omega^2}\right) \tag{3.103}$$

Diese wird für $\omega \to 0$ zur Leitfähigkeit bei Gleichstrom nach (3.36).
In der komplexen Rechnung ist die Wirkleistung als $\mathsf{Re}\{\underline{E}\cdot\underline{J}^*\}$ definiert. Damit ergibt sich die auf das Volumen bezogene Wirkleistung zu:

$$p = \frac{e^2 n_e}{m_e}\frac{\nu}{\nu^2+\omega^2}E^2 \tag{3.104}$$

Eine andere Schreibweise für die Wirkleistung wird mit der Plasmafrequenz der Elektronen nach (3.11) erhalten.

$$p = \varepsilon_0 \omega_{pe}^2 \frac{\nu}{\nu^2+\omega^2}E^2 \tag{3.105}$$

Bei Gasdrücken mit $\nu < \omega$ nimmt die absorbierte Leistung mit ν und damit dem Gasdruck zu. Bei $\nu = \omega$ erreicht sie das Maximum. Das ist beispielsweise eine gute Möglichkeit, um die Stoßfrequenz ν mit Variation von ω aus $p(\omega)$ zu bestimmen.
Die Anwendung von (3.105) auf das gesamte Volumen ist in der Regel nicht einfach, weil die lokale elektrische Feldstärke starke Unterschiede aufweisen kann (induktiv durch Skineffekt, kapazitiv durch kurze Fallgebiete mit hohen Feldstärken) und selbst wieder von der umgesetzten Leistung abhängt. Eine genaue Bestimmung der Gesamtleistung erfordert daher die Berechnung der Feldverteilung im Plasma.
Durch das hochfrequente Feld vollführen die Elektronen Oszillationen mit Amplituden, die viel kleiner als die Gefäßabmessungen sind. Durch gegenseitige Stöße der geladenen Teilchen (Reibung) erfolgt die Aufnahme thermischer Energie. Dies führt zu Ionisierung, die bald mit der Verlustrate im Gleichgewicht steht (stationärer Zustand). Die Kathodenmechanismen wie beim Gleichfeld sind offensichtlich nicht nötig. Es lassen sich saubere (kein Kontakt mit Elektroden) und über große Dimensionen homogene Plasmen erzeugen. Durch die breite Auswahl an Frequenzen mit unterschiedlichen Einkopplungen (induktiv, kapazitiv, Wellenfeld) kann das Energiespektrum gut an die verfahrenstechnischen Anforderungen angepasst werden. Die Geschwindigkeitsverteilung der Teilchen weist bei Wechselfeldern wegen der treibenden Frequenz eine deutliche Abweichung von der Maxwell-Verteilung auf. Die weiter vorn genannte Definition der Temperatur aus der Maxwell-Geschwindigkeits-Verteilung einer Teilchensorte trifft deshalb streng genommen nicht mehr zu.

3.8 Wellenausbreitung im Plasma

Wie oben gezeigt wurde, sind die freien Ladungsträger eines Plasmas mit einem elektromagnetische Feld verkoppelt. Dadurch unterscheidet sich die Wellenausbreitung im Plasma von einer Wellenausbreitung in einem Dielektrikum, bei dem die Ladungen an einem räumlich festen Dipol gebunden sind.[3]
Die Ausbreitungsrichtung von Wellen wird allgemein mit dem Wellenvektor $\vec{k}$ beschrieben. Falls dessen Richtung mit der des Poynting-Vektors $\vec{S}$ übereinstimmt, werden bei den elektromagnetischen Wellen die geladenen Teilchen (hier hauptsächlich Elektronen) quer zur Ausbreitungsrichtung hin- und herbewegt. Unter der Annahme, dass es zu keinem Zusammenstoß mit anderen Teilchen kommt, finden sich diese schwingenden Teilchen nach einer Schwingungsperiode am Ausgangsort wieder. Die Welle bleibt trotz dieser bewegten Teilchen eine Transversalwelle, weil sowohl die elektrische als auch die magnetische Feldstärke sowie die Ionen und Elektronen senkrecht zur Ausbreitungsrichtung schwingen. Ein Sonderfall davon ist die ebene Welle, die mit der Ausbreitung eines Mikrowellenfeldes im Halbraum bereits in Teil 1 dieses Buches im Kapitel „Mikrowellenerwärmung“, betrachtet wurde. Eine wesentliche Annahme war hier, dass alle Ableitungen quer zur Ausbreitungsrichtung von $\vec{E}$ und auch von $\vec{H}$ nicht existieren. Diese Annahme ist hilfreich, sie trifft jedoch nur für spezielle Fälle wie für ein Flächenelement (Empfangsantenne) in großer Entfernung von der Quelle (Sendeantenne) zu. In realen Fällen nehmen die Feldstärken $\vec{E}$ und $\vec{H}$ mit der Entfernung zu ihrer Quelle ab und das elektromagnetische Feld hat beispielsweise eine Kugelsymmetrie. Weil in einem solchen Fall die Ableitung der elektrischen Feldstärke senkrecht zur Ausbreitungsrichtung $\vec{E} \perp \vec{k}$ nicht verschwindet, breitet sich folglich auch in dieser Richtung eine Welle in Richtung $\vec{k}' \perp \vec{k}$ mit vollkommen anderen Eigenschaften aus (s. **Bild 3.37**). Die Ladungen werden zwar ebenfalls in Richtung von $\vec{E}$ hin und her verschoben, jedoch kehren sie nach einer Schwingung nicht mehr an ihren Ausgangsort zurück, weil sich die Feldstärke auf dem Weg der Teilchen ändert. Es kommt zu einer Trennung von Ionen und Elektronen und somit zu Raumladungen. Außerdem baut sich durch die Verschiebung der Ionen ein Druckgradient wie bei Schallwellen auf. Dieses Phänomen wird mit einer Longitudinalwelle beschrieben und ist für astrophysikalische und magnetohydrodynamische Plasmen von großer Bedeutung. Bei den hier betrachteten Niederdruckplasmen spielen wegen der relativ kleinen Abmessungen der Plas-

[3]Die Geschwindigkeiten von Strömungen sind im Vergleich zu den Geschwindigkeiten der Elektronen vernachlässigbar.

men (Größe des Rezipienten) und wegen der relativ niedrigen Drücke diese transversalen Wellen nur eine untergeordnete Rolle.

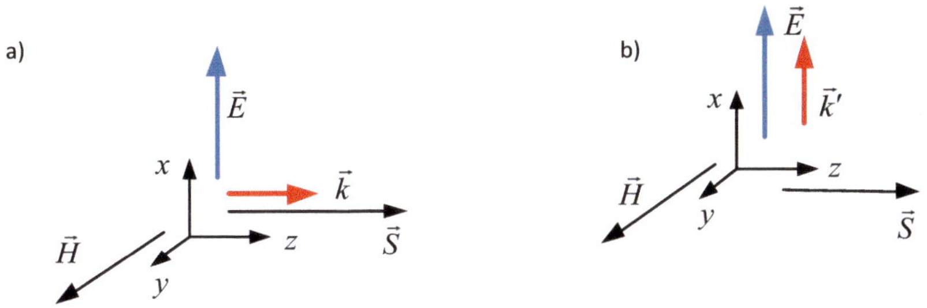

Bild 3.37: Ausbreitung der elektromagnetischen Welle bei Betrachtung in z-Richtung: a) als Transversalwelle, b) als Longitudinalwelle

Wie bereits gezeigt, kann ein externes magnetisches Gleichfeld die geladenen Teilchen zu Kreisbewegungen (Gyration, s. Abschn. 3.6) anregen. Dadurch werden neue Eigenschaften bei der Wellenausbreitung beobachtet. Insbesondere kann in bestimmten Fällen ein tieferes Eindringen der Welle herbeigeführt werden. Um einen Einblick in diese Effekte zu erlangen, wird in den nachfolgenden Abschnitten die Wellenausbreitung unter vereinfachenden Annahmen betrachtet. In ein Niederdruckplasma werden mittels eines Hornstrahlers elektromagnetische Wellen mit $\lambda << L$ (Abmessung des Rezipienten) eingestrahlt, wobei mögliche Reflexionen an den metallischen Gefäßwänden des Rezipienten vernachlässigt werden (s. **Bild 3.38**). Außerdem sollen nur ebene elektromagnetische Transversalwellen in einem kalten Plasma mit vernachlässigbaren Stößen ($\nu < \omega$) betrachtet werden. Im Gegensatz zum Gleichstrom-Plasma können die Ionen den schnellen Wechsel der Feldstärke nicht folgen, weshalb eine verschwindende Geschwindigkeit der Ionen mit $v_i = 0$ angenommen wird.

3.8.1 Wellenausbreitung ohne magnetisches Gleichfeld

Der Wellenvektor zeige in Richtung des Poynting-Vektors, weshalb $\vec{k} \| \vec{S}$ gilt. Das Koordinatensystem wird so angeordnet, dass $\vec{k}/k = \vec{e}_z$ gilt. Die Permeabilität und die Permittivität sollen dem Vakuum entsprechen.

Die Maxwell'schen Gleichungen haben im Zeitbereich die Form:

$$\text{rot}\,\vec{E} = -\mu_0 \partial \vec{H}/\partial t \tag{3.106}$$

$$\text{rot}\,\vec{H} = \varepsilon_0 \partial \vec{E}/\partial t + \vec{J}\,. \tag{3.107}$$

Von (3.106) wird nochmals die Rotation und von (3.107) nochmals die Zeitableitung gebildet. Damit kann $\partial \vec{H}/\partial t$ ersetzt werden.

$$\text{rot}\,\text{rot}\,\vec{E} = -\mu_0 \partial \vec{J}/\partial t - \mu_0 \varepsilon_0 \partial^2 \vec{E}/\partial t^2 \tag{3.108}$$

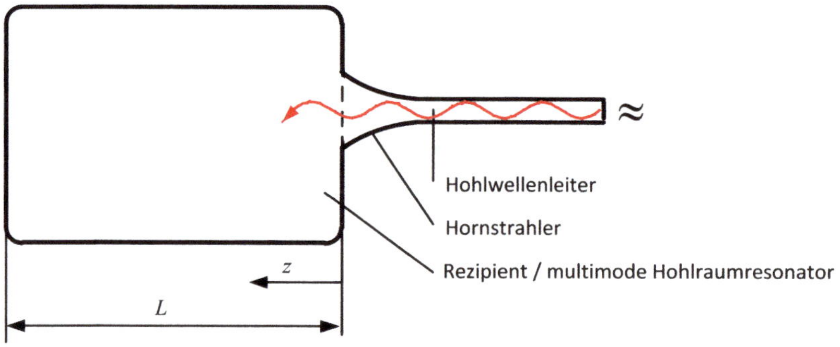

Bild 3.38: Reflexionsarme Einkopplung von Mikrowellen in ein Niederdruckplasma

Der Ausdruck rot rot $\vec{E}$ wird nach bekannten Regeln umgeformt.

$$\text{rot}\,\text{rot}\,\vec{E} = \text{grad}(\text{div}\,\vec{E}) - \Delta \vec{E} \tag{3.109}$$

Mit

$$\text{div}\,\vec{E} = 1/\varepsilon_0\,\text{div}\,\vec{D} = \rho/\varepsilon_0 \tag{3.110}$$

ergibt sich

$$\Delta \vec{E} - \text{grad}\,\rho/\varepsilon_0 = \mu_0 \partial \vec{J}/\partial t + \mu_0 \varepsilon_0 \partial^2 \vec{E}/\partial t^2. \tag{3.111}$$

Eine äquivalente Form ergibt sich mit dem Quadrat der Lichtgeschwindigkeit zu $c^2 = 1/(\mu_0 \varepsilon_0)$

$$\Delta \vec{E} - \text{grad}\,\rho/\varepsilon_0 = \mu_0 \partial \vec{J}/\partial t + 1/c^2 \partial^2 \vec{E}/\partial t^2\,. \tag{3.112}$$

In dieser Wellengleichung ist noch die Raumladungsdichte ρ enthalten, die, wie oben gezeigt wurde, nur bei Longitudinal-Wellen entsteht und deshalb hier vernachlässigt wird.

$$\Delta \vec{E} = \mu_0 \partial \vec{J}/\partial t + 1/c^2 \partial^2 \vec{E}/\partial t^2 \tag{3.113}$$

In dieser Gleichung hat die elektrische Feldstärke entsprechend der Festlegungen zum Koordinatensystem und wegen der Existenz einer transversalen Welle nur die von der Koordinate z abhängige x-Komponente $E_x = E(z)$. Alle zeitlichen Änderungen sind sinusförmig. Daher erfüllt der Ansatz

$$\underline{E} = \underline{E}_0 \, \mathrm{e}^{\pm \gamma z} \tag{3.114}$$

mit

$$E(t) = \mathsf{Re}\{\sqrt{2}\underline{E}_0 \, \mathrm{e}^{\mathrm{j}\,\omega t \pm \gamma z}\} \tag{3.115}$$

die Gleichung (3.113). Darin bezeichnen $\underline{E}_0$ den Effektivwertzeiger der elektrischen Feldstärke an der Stelle $z = 0$ und $\gamma = \alpha + \mathrm{j}\,\beta$ den komplexen Ausbreitungskoeffizient mit dem Dämpfungskoeffizienten α und dem Phasenkoeffizienten β. Mit den Transformationen

$$\frac{\partial}{\partial t} \rightarrow \mathrm{j}\,\omega\,, \; \frac{\partial^2}{\partial t^2} \rightarrow -\omega^2 \tag{3.116}$$

und

$$\frac{\partial}{\partial z} \rightarrow \pm\gamma\,, \; \frac{\partial^2}{\partial z^2} \rightarrow \gamma^2 \tag{3.117}$$

kann (3.113) in eine algebraische Gleichung umwandeln werden.

$$\gamma^2 \underline{E} = \mathrm{j}\,\omega \mu_0 \underline{J} - \omega^2 \mu_0 \varepsilon_0 \underline{E} \tag{3.118}$$

Um die darin enthaltene Stromdichte zu eliminieren, wird (3.101) benutzt, wobei die oben getroffene Annahme $\nu = 0$ verwendet wird.

$$\gamma^2 \underline{E} = \frac{\mu_0 n_e e^2}{m_e} \underline{E} - \omega^2 \mu_0 \varepsilon_0 \underline{E} \tag{3.119}$$

Der Ausbreitungskoeffizient kann jetzt bestimmt werden.

$$\gamma^2 = \frac{\mu_0 n_e e^2}{m_e} - \omega^2 \mu_0 \varepsilon_0 \tag{3.120}$$

Diesen Ausdruck kann man mit $c^2 = 1/(\mu_0 \varepsilon_0)$ und der Plasmafrequenz für Elektronen ω_{pe} nach (3.11) in die übliche Form bringen.

$$\gamma^2 = \frac{\omega_{pe}^2 - \omega^2}{c^2} \tag{3.121}$$

$$\gamma = \pm \frac{1}{c} \sqrt{\omega_{pe}^2 - \omega^2} \tag{3.122}$$

Es wird hier nur die hinlaufende Welle betrachtet, für die aus energetischer Sicht nur das negative Vorzeichen im Exponenten sinnvoll ist (nur Abklingen möglich), weshalb für (3.114) gilt:

$$\underline{E} = \underline{E}_0 \, \mathrm{e}^{-\frac{z}{c}\sqrt{\omega_{pe}^2 - \omega^2}} \tag{3.123}$$

Offensichtlich hängt die Ausbreitung der elektromagnetischen Welle entscheidend davon ab, ob die Mikrowellenfrequenz ω größer oder kleiner als die Plasmafrequenz ω_{pe} ist.
Im Falle $\omega_{pe} > \omega$ ist $\gamma = \alpha$ reell, weshalb die Welle abklingt. Bei dem oben angenommenen Plasma ohne Stöße mit $\nu = 0$ wird die elektromagnetische Welle nicht absorbiert, sondern ganz oder teilweise reflektiert. Die Tiefe δ, bei der die Welle auf den Wert $1/\mathrm{e}$ abgeklungen ist, beträgt somit

$$\delta = 1/\alpha = c/\sqrt{\omega_{pe}^2 - \omega^2}. \tag{3.124}$$

Für eine Anregungsfrequenz von 27 MHz und einer Plasmafrequenz von 2 GHz ergibt dies beispielsweise eine Tiefe von 3 cm. Das ist keine Eindringtiefe im Sinne einer absorbierten Leistung, sondern lediglich die Verminderung der Amplitude der elektrischen Feldstärke. Falls also die Anregungsfrequenz ω kleiner als die Plasmafrequenz der Elektronen ω_{pe} ist, wird die elektromagnetische Welle bis zum Erreichen von $\omega = \omega_{pe}$ reflektiert. Genauere Berechnungen ergeben den in **Bild 3.39** dargestellten Verlauf [5]. Mit den Randbedingungen bei $z = b$ kann die reflektierte Welle bestimmt werden. Bei einer Dicke b des Plasmas in der Größenordnung von $1/\alpha$ setzt sich die Welle auf der Rückseite des Plasmas mit geringerer Intensität fort. Dabei schwingen im Plasma die Elektronen gleichphasig. Bei großer Dicke wirkt das Plasma auf eine elektromagnetische Welle so ähnlich wie ein Metall und reflektiert diese. Im Kurzwellen-Funk mit 3 bis 30 kHz wird dieser Effekt genutzt. Durch die Reflexion derartiger Wellen am Ionosphären-Plasma laufen die Kurzwellen rund um den Erdball.

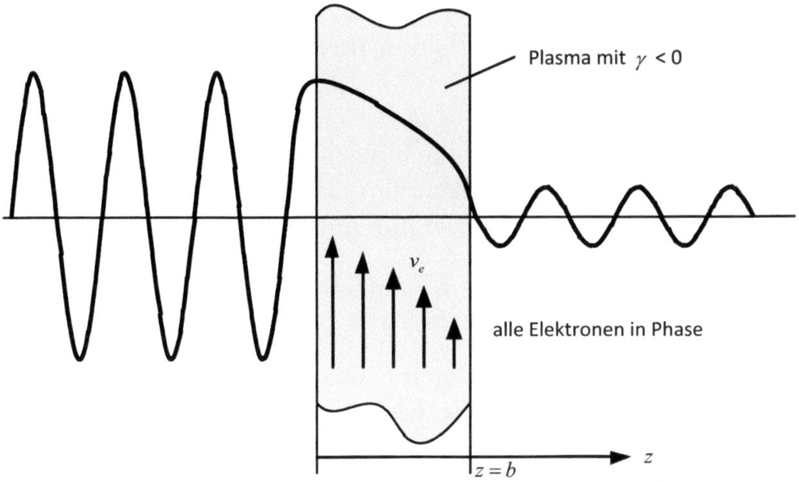

Bild 3.39: Durchdringen eines Plasmas mit der Dicke $b < 1/\lambda$ mit transversalen elektromagnetischen Wellen

Im Falle $\omega_{pe} \leq \omega$ wird ein verlustfreies Plasma mit $\nu = 0$ quasi transparent. Der komplexe Ausbreitungskoeffizient ist rein imaginär $\gamma = \mathrm{j}\,\beta$, was lediglich zu einer Phasenverschiebung über z führt. Bei wirksamer Stoßfrequenz $\nu > 0$ wirkt es in diesem Falle wie ein verlustbehaftetes Dielektrikum. Die lokal umgesetzte Leistung $p(E)$ kann mit (3.105) berechnet werden. Es wird elektromagnetische Energie in Wärme und damit in schnellere Elektronenbewegungen umgesetzt.

3.8.2 Wellenausbreitung mit magnetischem Gleichfeld

Wie bereits in Abschnitt 3.6.1 gezeigt, kann ein magnetisches Gleichfeld die Eigenschaften das Plasmas durch die Gyrationsbewegung der geladenen Teilchen wesentlich verändern, was sich folglich auch bei der Wellenausbreitung zeigen wird.

Dem transversalen Wellenfeld wird ein magnetisches Gleichfeld $\vec{B}_d$ überlagert. Falls dieses Magnetfeld parallel zum Vektor der elektrischen Feldstärke des Wellenfeldes $\vec{E}$ gerichtet ist ($\vec{B}_d || \vec{E}$), dann hat es keinen Einfluss auf die Ausbreitung des Wellenfeldes, weil die Elektronen senkrecht zur elektrischen Feldstärke kreisen. In allen anderen Fällen mit Anteilen von $\vec{B}_d \perp \vec{E}$ gibt es Kopplungen, weil die bewegten Elektronen durch die elektrische Feldstärke und die

Lorentz-Kraft beeinflusst werden (s. Abschn. 3.6). Vereinfachend wird hier angenommen, dass das magnetische Gleichfeld in Richtung des Poynting-Vektors zeigt (s. **Bild 3.40**).
Der komplexe Ausbreitungskoeffizient γ wird sich durch dieses magnetische Gleichfeld verändern und soll deshalb nachfolgend bestimmt werden. Dazu wird die Bewegungsgleichung eines Elektrons mit der Ladung $q = -e$ nach (3.96) in vektorieller Form geschrieben und durch die Lorentz-Kraft ergänzt.

$$m_e \partial \vec{v}_e / \partial t + \nu m_e \vec{v}_e = (-e)\vec{E} + (-e)\vec{v}_e \times \vec{B}_d \tag{3.125}$$

Die Coulomb- und die Lorentz-Kräfte beschleunigen bzw. verzögern das Elektron in dem Maße, wie es die Verluste durch Stöße zulassen. Wie bereits oben vereinbart, sollen auch hier die Stöße der Elektronen mit Neutralen vernachlässigt werden ($\nu_{en} = \nu = 0$). Wegen der raschen Feldwechsel wird der Strom nur von Elektronen getragen werden. Nach (3.97) ergibt sich damit für die Stromdichte:

$$\vec{J} = (-e) n_e \vec{v}_e \,. \tag{3.126}$$

Damit und mit $\nu = 0$ ergibt sich für (3.125) die Form:

$$\frac{m_e}{e n_e} \partial \vec{J} / \partial t = e\vec{E} - \frac{1}{n_e} \vec{J} \times \vec{B}_d \,. \tag{3.127}$$

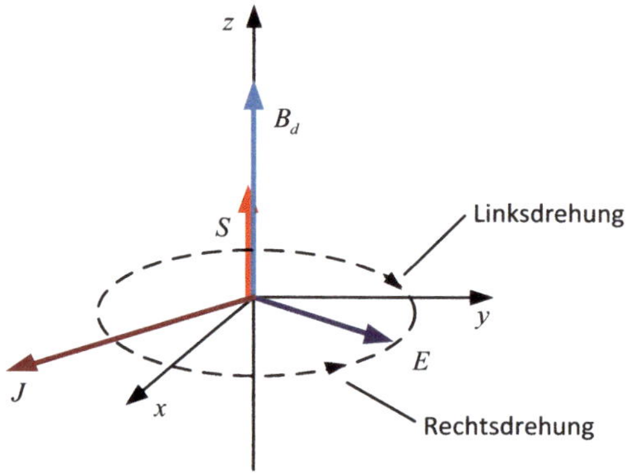

Bild 3.40: Drehbewegung des Vektors der elektrischen Feldstärke durch unterschiedliche Phasen von E_x und E_y

Hier ist unbedingt zu beachten, dass elektrische Feldstärke und Stromdichte keine gleichgerichteten Vektoren mehr sind, wie es das Ohmsche Gesetz beschreibt. Die elektrische Feldstärke hat jetzt zwei Raumkomponenten, die nicht in Phase sein müssen. Das bedeutet, dass der Vektor $\vec{E} = E_x\vec{e_x} + E_y\vec{e_y}$ in einer Periode eine Rotation um die z-Achse ausführt (s. Bild 3.40). Wie im Oszillogramm zweier sinusförmiger Wechselgrößen (z. B. Strom über Spannung) wird beispielsweise eine Ellipse geschrieben, wobei je nach Phasenlage der Umlauf im oder gegen den Uhrzeiger erfolgen kann. Wie später gezeigt wird, ist dies für die Ausbreitung des Wellenfeldes von ausschlaggebender Bedeutung. Mit $\vec{B_d} = B_d\vec{e_z}$ kann das Kreuzprodukt in (3.127) aufgelöst werden. Mit dem Übergang zur komplexen Rechnung ergibt sich:

$$\frac{m_e}{en_e}\,\mathrm{j}\,\omega\underline{\vec{J}} = e\underline{\vec{E}} + \frac{1}{n_e}(\underline{J}_x B_d\vec{e_y} - \underline{J}_y B_d\vec{e_x})\,. \tag{3.128}$$

In dieser Gleichung wird nun die Elektronendichte n_e durch die Plasmafrequenz der Elektronen ω_{pe} nach (3.11) und die Flussdichte des magnetischen Gleichfeldes B_d durch die Gyrofrequenz der Elektronen ω_{ge} nach (3.49) ersetzt. Der Ausdruck $c^2 = 1/(\mu_0\varepsilon_0)$ ersetzt ε_0. Nach einigen Umformungen wird

$$\mathrm{j}\,\omega\mu_0\underline{\vec{J}} = \frac{\omega_{pe}^2}{c^2}\underline{\vec{E}} + \omega_{ce}\mu_0(\underline{J}_x\vec{e_y} - \underline{J}_y\vec{e_x}) \tag{3.129}$$

erhalten. Diese Gleichung beschreibt den Zusammenhang von Stromdichte und elektrischer Feldstärke in der xy-Ebene unter dem Einfluss eines magnetischen Gleichfeldes, das eine konstante z-Komponente hat. Die Lösung der Wellengleichung nach (3.114) beschreibt dagegen das Verhalten der Welle in z-Richtung. In vektorieller Schreibweise und mit $c^2 = 1/(\varepsilon_0\mu_0)$ ergibt sich für (3.114):

$$(\gamma^2 + \frac{\omega^2}{c^2})\underline{\vec{E}} = \mathrm{j}\,\omega\mu_0\underline{\vec{J}}\,. \tag{3.130}$$

Somit kann jetzt die elektrische Feldstärke in (3.129) ersetzt werden.

$$\mathrm{j}\,\omega\underline{\vec{J}} = \frac{\mathrm{j}\,\omega\omega_{pe}^2}{c^2\gamma^2 + \omega^2}\underline{\vec{J}} + \omega_{ge}(\vec{e_y}\underline{J}_x - \vec{e_x}\underline{J}_y) \tag{3.131}$$

Diese Vektorgleichung ergibt für die beiden Raumkomponenten der Stromdichte zwei Gleichungen.

$$(1 - \frac{\omega_{pe}^2}{c^2\gamma^2 + \omega^2})\,\mathrm{j}\,\omega\underline{J}_x = -\omega_{ge}\underline{J}_y \tag{3.132}$$

$$(1 - \frac{\omega_{pe}^2}{c^2\gamma^2 + \omega^2})\,\mathrm{j}\,\omega\underline{J}_y = \omega_{ge}\underline{J}_x \tag{3.133}$$

Jetzt kann durch Einsetzen beispielsweise $\underline{J}_y$ eliminiert und anschließend in der verbleibenden Gleichung $\underline{J}_x$ gestrichen werden. Damit ist der gesuchte komplexe Ausbreitungskoeffizient bestimmbar. Es ergibt sich eine charakteristische Gleichung vierten Grades bezüglich γ in der Form

$$(1 - \frac{\omega_{pe}^2}{c^2\gamma^2 + \omega^2})^2 = (\frac{\omega_{ge}}{\omega})^2 \tag{3.134}$$

oder

$$1 - \frac{\omega_{pe}^2}{c^2\gamma^2 + \omega^2} = \pm\frac{\omega_{ge}}{\omega}\,. \tag{3.135}$$

Die Umstellung dieser Gleichung nach γ ist wegen des doppelten Vorzeichens auf der rechten Seite unübersichtlich, weshalb hier lediglich eine Betrachtung verschiedener Zustände erfolgen soll.

Für $B_d = 0$ und folglich $\omega_{ge} = 0$ ergibt sich aus (3.122) die Aussage, dass bei $\omega_{pe} \leq \omega$ das Plasma die elektromagnetische Welle ungehindert bzw. nur mit Phasendrehung durchlässt (plasma-cut-off). Deshalb ist zu erwarten, dass bei möglichen Stößen mit $\nu > 0$, die nur zur Vereinfachung der Rechnung vernachlässigt wurden, eine Energiezufuhr durch Mikrowellen erfolgt. Man muss also bei einer bestimmten Dichte der geladenen Teilchen n_e, von der nach (3.11) die Plasmafrequenz ω_{pe} abhängt, über eine Mindestfrequenz der Mikrowellen verfügen, um Energie einkoppeln zu können. Die Frequenz der Mikrowellen, für die der Zustand $\gamma = \alpha + \mathrm{j}\,\beta = 0$ gilt, soll deshalb mit $\omega = \omega_0$ bezeichnet werden.

Dafür ergibt sich aus (3.135) mit $\gamma = 0$ und $\omega_{ge} > 0$

$$1 - \frac{\omega_{pe}^2}{\omega_0^2} = \pm\frac{\omega_{ge}}{\omega_0}\,. \tag{3.136}$$

Das ergibt eine quadratische Gleichung zur Bestimmung von ω_0 mit zwei physikalisch sinnvollen Lösungen.

$$\omega_{01/2} = \frac{1}{2}(\sqrt{\omega_{ge}^2 + 4\,\omega_{pe}^2} \pm \omega_{ge}) \tag{3.137}$$

Die beiden Lösungen entsprechen der oben erwähnten Rechts- und Linksdrehung des Vektors der elektrischen Feldstärke. Hier interessiert der untere Wert, also eine möglichst niedrige Frequenz zur Einkopplung von Mikrowellenenergie mit der Frage, ob mit Gyration durch ein magnetisches Feld B_d diese Frequenz abgesenkt, also $\omega_{02} < \omega_{pe}$ erreicht werden kann.

$$\omega_{02} = \sqrt{(\omega_{ge}/2)^2 + \omega_{pe}^2} - \omega_{ge}/2 \tag{3.138}$$

Nachfolgend soll die Wirkung des magnetischen Gleichfeldes an einem Zahlenbeispiel verdeutlicht werden:
Ein Niederdruckplasma habe eine Elektronendichte von $n_e = 10^{17}\,1/\mathrm{m}^3$. Nach (3.11) ergibt das eine Plasmafrequenz der Elektronen von $\omega_{pe} = 17{,}82 \cdot 10^9\,1/\mathrm{s}$ bzw. 2,83 GHz. Diese Frequenz ist höher als die technische Mikrowellenfrequenz von 2,45 GHz, die somit nicht zur Einkopplung von Mikrowellenenergie geeignet ist. Die Überlagerung mit einem magnetischen Gleichfeld mit der Stärke $B_d = 0{,}1\,\mathrm{T}$ ergibt nach (3.49) eine Gyrofrequenz der Elektronen von $\omega_{ge} = 17{,}56 \cdot 10^9\,1/\mathrm{s}$. Mit Hilfe von (3.138) erhält man mit diesen Zahlenwerten die Kreisfrequenz zu $\omega_{02} = 11{,}03 \cdot 10^9\,1/\mathrm{s}$ bzw. 1,76 GHz, die deutlich unter der technische Mikrowellenfrequenz von 2,45 GHz liegt. Mit (3.135) kann schließlich der komplexe Ausbreitungskoeffizient $\gamma = \alpha + \mathrm{j}\,\beta$ für die technische Mikrowellenfrequenz $f = 2{,}45\,\mathrm{GHz}$ bzw. $\omega = 15{,}39 \cdot 10^9\,1/\mathrm{s}$ bestimmt werden. Mit der oben bestimmten Plasmafrequenz der Elektronen ω_{pe} und der Gyrofrequenz der Elektronen ω_{ge} ergeben sich die zwei Werte $\gamma_1 = \mathrm{j}\,\beta_1 = \mathrm{j}\ 54\,1/\mathrm{m}$ und $\gamma_2 = \mathrm{j}\,\beta_2 = \mathrm{j}\ 500\,1/\mathrm{m}$. D. h., die elektromagnetische Welle wird vom Plasma in beiden Fällen durchgelassen. Die Ausbreitung erfolgt in Form von zwei Wellen gleicher Amplitude und Frequenz, aber unterschiedlicher Phasenverschiebung entlang der Ausbreitungsrichtung. Bei real vorhandenen Stößen der Elektronen mit den neutralen Teilchen mit $\nu > 0$ wird dem Plasma Energie zugeführt, was schließlich zu einer Dämpfung der Welle führt.

3.9 Anwendungen

Durch die Anregung und Ionisierung von Atomen und Molekülen mittels energiereicher Elektronen sowie den Beschuss von elektrisch leitenden und nichtleitenden Oberflächen mit Ionen ergeben sich vielfältige technologische Anwendungen. Der wesentliche Vorteil besteht darin, dass die Temperatur der Neutralen und Ionen relativ niedrig bleibt. Die zu behandelnden Oberflächen können metallische Elektroden oder nichtmetallische Flächen in Verbindung mit isolierten Elektroden und HF-Spannung sein. Auch Körper, die keine leitende oder kapazitive Verbindung zu einer Elektroden haben, werden aufgrund

des Randschichteffektes von Elektronen und Ionen beschossen. Die Energien dieser Teilchen sind relativ niedrig, reichen jedoch oft für eine Reinigung bzw. Dekontamination der Oberflächen aus. Bei der Anordnung der zu behandelnden Oberflächen als Kathode können bei einer Beaufschlagung mit sehr kurzen Gleichspannungsimpulsen extrem hohe Ionenenergien bis in den keV-Bereich erreicht werden. Wenn eine HF-Spannung an die Elektroden angelegt wird, dann kann bei entsprechender Auslegung der Elektroden eine hohe positive Aufladung des Plasmakörpers erreicht werden, wodurch das Target (Kathode) ebenfalls mit hohen Ionenenergien beaufschlagt werden kann. Mittels Mikrowellen-Einstrahlung oder induktiver Einkopplung können Plasmen in einem großen Volumen (Kubikmeter-Bereich) mit relativ gleichmäßiger Intensität erzeugt werden. Weil hier aber die Energie der Ionen, die auf die zu behandelnden Flächen treffen, relativ gering ist, kommt oft eine Kombination mit einem elektrischen Gleich- oder Wechselfeld (DC oder HF) zur Anwendung. Plasmen ohne jegliche Elektroden, wie Mikrowellen- und induktiv gekoppelte Plasmen, genügen höchsten Ansprüchen an Reinheit, weil keine Fremdteilchen (Ionen oder Neutrale) aus den Elektroden ausgeschlagen werden können.
Die **Tabelle 3.1** fasst nochmals die wesentlichen Unterschiede von thermischen und nicht-thermischen Plasmen zusammen. Die wesentlichen Anwendungen von nicht-thermischen Plasmen sind die Modifikation, Beschichtung und Strukturierung von Oberflächen.

3.9.1 Reinigen und Aktivieren

Durch Beschuss des Targets (Kathode) mit beispielsweise relativ leicht ionisierbaren Argonionen können Oberflächen des zu behandelnden Materials aktiviert oder gereinigt (entfettet) werden. So wird beispielsweise die Farbhaftung oder die Verklebbarkeit verbessert. Die ionisierten Argonionen kehren nach ihrer Neutralisation auf der Kathode wieder in den Reaktorraum zurück.

3.9.2 Atom-Diffusion

Bestimmte Atome können bereits durch ihre thermische Bewegung in eine oberflächennahe Schicht diffundieren. Als Beispiel sei das **Plasma-Nitrieren** genannt. Hier wird der diffusionsfähige Stickstoff N_2 im Plasma durch Elektronen aufgespalten (dissoziiert). Bei Neutralgas-Temperaturen von 450 bis 500 °C diffundiert der Stickstoff beispielsweise in die Oberfläche eines Bauteils ein. Durch das Nitrieren verbessern sich die Haltbarkeit gegen Verschleiß und der Korrosionsschutz. Da nur die äußere Randschicht der Bauteile beeinflusst wird und die Behandlungstemperaturen niedrig sind, ist der Verzug der behandelten Bauteile vernachlässigbar. Nacharbeit ist nicht notwendig.

Tabelle 3.1: Eigenschaften von thermischen und nicht-thermischen Plasmen

Plasma	thermisches	nicht-thermisches
Art	isotherm $T_e = T_i = T$	nicht-isotherm $T_e >> T_i$
Gasdruck in Pa	(0,5 bis 1) 10^5	0,01 bis 100
Dichte Neutrale in m^{-3}	10^{24} bis 10^{25}	10^{19} bis 10^{21}
Elektronendichte in m^{-3}	10^{22} bis 10^{24}	10^{16} bis 10^{20}
Entladungsart	Bogen, Funken	Glimm, Barriere, Korona
Reaktorleistung in kW	1 bis 1000	0,001 bis 10
Stoffumsatz	groß (kg/h)	gering (g/h)
Gas- bzw. Ionentemperatur in K	1000 bis 20 000	300 bis 1000
Elektronentemperatur in K	1000 bis 20 000	10 000 bis 100 000
Elektronenenergie in eV	0,1 bis 2	1 bis 10
Aktivierungsenergie	gering	hoch
Stöße	alle Teilchen	Elektronen
Reaktionen	Zerfall	Aufbau

Beim **Plasma-Nitrocarburieren** werden dem Arbeitsgas außer Stickstoff noch Kohlendioxid CO_2 und gasförmige Kohlenwasserstoffe (meist Methan CH_4) zugesetzt. Durch das Nitrocarburieren können beispielsweise die Reib- und Gleiteigenschaften und der Korrosionsschutz von Werkzeugen verbessert werden. Das Nitrieren oder Nitrocarburieren im Salzbad erfordert dagegen höhere Temperaturen und hinterlässt giftige Rückstände, wie Cyanide und Cyanate. Weiterhin ist noch das **Plasma-Borieren** (Einlagerung von Bor) bekannt.

3.9.3 Ionen-Immersion

Wenn die in die Oberfläche des Werkstückes einzulagernden Atome vorher im Plasma ionisiert werden, dann können höhere Beschuss-Energien erzielt werden. Diese Ionen können sich in einem neutralisierten Zustand (Aufnahme von Elektronen) und tiefer in der Oberfläche festsetzen. Sehr hohe Ionenenergien und damit größere Eindringtiefen der Ionen werden bei der **Plasma-Ionen-Immersions-Technik** (engl. *PIIT - Plasma Ion Immersion Implantation*) erreicht. Bei dieser Technik wird meist ein Mikrowellen-Plasma mit einer gepulsten Gleichfeld-Entladung kombiniert (s. **Bild 3.41**). Bei Impulsen von bis zu 50 kV und einer Dauer von 10 bis 50 µs erreichen die Ionen in der Randschicht des Kathodenfalls Energien bis 50 keV. Durch diese hohen kinetischen Energien dringen sie relativ tief (einige µm) in das Material ein. Das sind Effekte, die ansonsten nur mit Ionenkanonen (Teilchenbeschleunigern) erreicht werden. Das Fallgebiet vor der Kathode kann dabei eine Tiefe im cm-Bereich erreichen (ansonsten nur einige Debye-Längen im µm-Bereich). Die maximale Spannung für die Pulse ist durch das Auftreten von Durchbrüchen (lokale Lichtbögen) begrenzt. Um eine unzulässige Erwärmung des Targets zu verhindern, muss nach jedem Puls eine ausreichende Pausenzeit (Tastverhältnis von 1:2 bis 1:10) eingehalten werden.

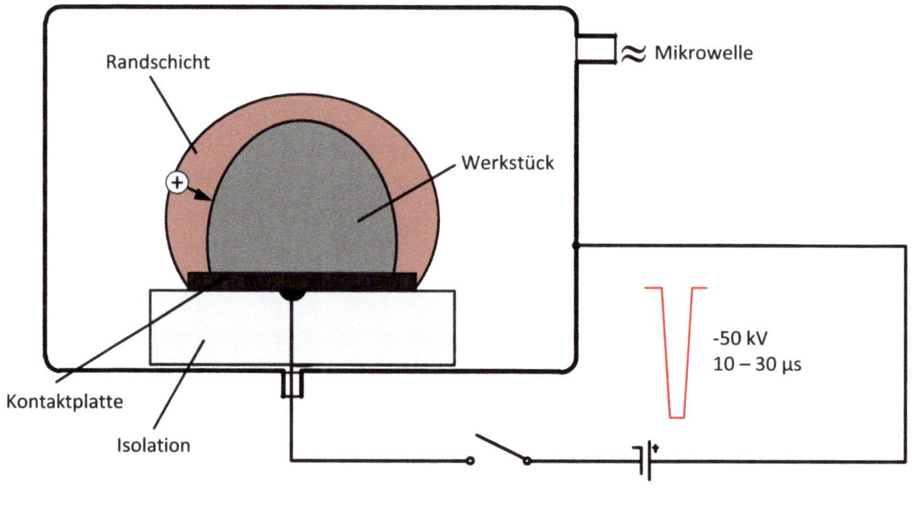

Bild 3.41: Erzeugung hoher Ionenenergien mit der Impulstechnik; Dicke der Randschicht im cm-Bereich

3.9.4 Physikalische Beschichtung

Die als DVD bekannte Technologie (engl. *PVD – Physical Vapour Deposition*) basiert auf einem Effekt, der bereits an in sehr alten Radio- und Fernsehgeräten verbauten Elektronenröhren beobachtet wurde. Der Glaskolben dieser Röhren wurde mit zunehmender Betriebsdauer von innen her mit einer silbrigen Schicht überzogen. Das war jedoch nichts anderes als von der beheizten Kathode durch Ionenbeschuss heraus geschlagener atomarer Staub. Erfahrene Rundfunkmechaniker konnten daran die noch zu erwartende Lebensdauer einer Röhre ziemlich genau abschätzen. Mit der technologischen Anwendung dieses Effekts kann das intensive Verdampfen von Metall erreicht werden, ohne dass das Material über die Schmelztemperatur erhitzt werden muss. Beim Beschuss einer Kathode mit z. B. *Ar*-Ionen werden atomare Neutralteilchen aus der metallischen Kathode (Target) herausgeschlagen, weshalb sich der Begriff Sputtern (engl. *sputtering*) eingebürgert hat.

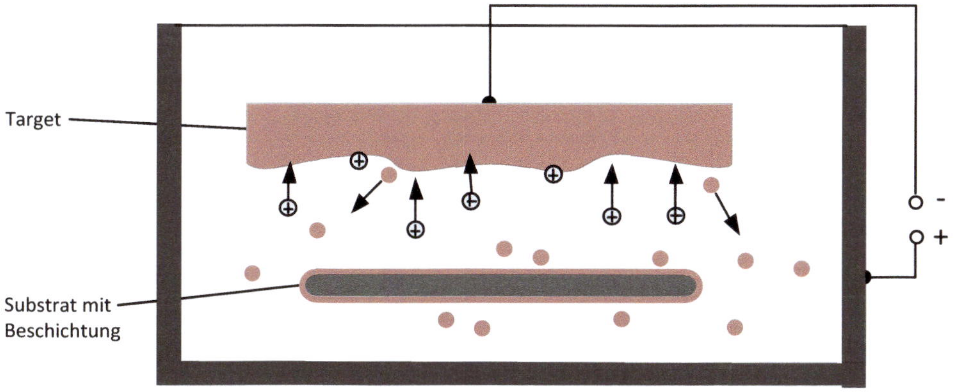

Bild 3.42: Einfache Sputter-Einrichtung zur Beschichtung des Substrates mit dem Werkstoff des Targets

In **Bild 3.42** wird das Prinzip verdeutlicht. Wegen der atomaren Größe der Teilchen haften diese auf den verschiedensten Oberflächen vermittels der Van-der-Waals-Kräfte sehr gut. Es werden Schichtdicken von einigen µm erzielt. Die erzeugten Schichten können aus Metallen aber auch Metalloxiden, Keramiken und Kunststoffen bestehen. Auch Verbundmaterialien können beim Wechsel des Targetmaterials erzeugt werden.

Eine wesentliche technologische Anforderung besteht darin, möglichst gleichmäßig dicke Schichten zu erzeugen. Deswegen werden die zu beschichtenden Bauteile im Reaktorraum aufwendig bewegt (s. **Bild 3.43**). Beim PVD wird das zu beschichtende Material nicht als eine Elektrode geschaltet, weshalb also auch elektrisch nichtleitende Gegenstände beschichtet werden können.

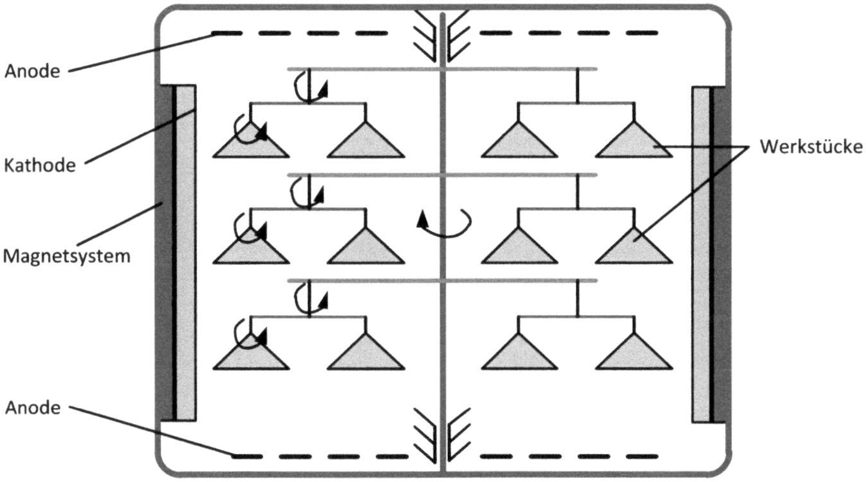

Bild 3.43: Eine gleichmäßige Beschichtung erfordert beim Sputtern hohe Aufwendungen.

Es gibt verschiedene Möglichkeiten, die Produktivität des Sputterns (Sputter-Rate) zu erhöhen. Mit einem Dauermagneten (s. **Bild 3.44**) kann ein inhomogenes magnetisches Gleichfeld erzeugt werden, durch das gemäß Abschnitt 3.6.4 eine Drift der geladenen Teilchen entsteht (s. auch Bild 3.28). Wenn dieser Magnet hinter der Kathode angeordnet wird, bildet die Drift der Elektronen bei Zylindersymmetrie eine Kreisbahn oder bei Streckung des Magneten in die Tiefe eine Teilchenbahn, die der Form einer Pferderennbahn ähnelt. Die Elektronen und damit auch die Ionen werden auf dieser Drift-Bahn konzentriert. Da mehrere Ioneneinschläge zum Ablösen eines Atoms aus dem Target notwendig sind, trägt diese Teilchenkonzentration erheblich zur Erhöhung der Sputter-Rate bei. Diese Technik nennt sich **Magnetron Sputtern** (engl. *Magnetron Sputtering*).

Auch nicht metallische Materialien (Dielektrika) können zerstäubt werden. Dazu ist allerdings eine HF-Spannung notwendig. Das Target bildet dann im einfachsten Fall eine metallische Elektrode, die mit dem zu zerstäubenden Material (Dielektrikum) bedeckt ist.

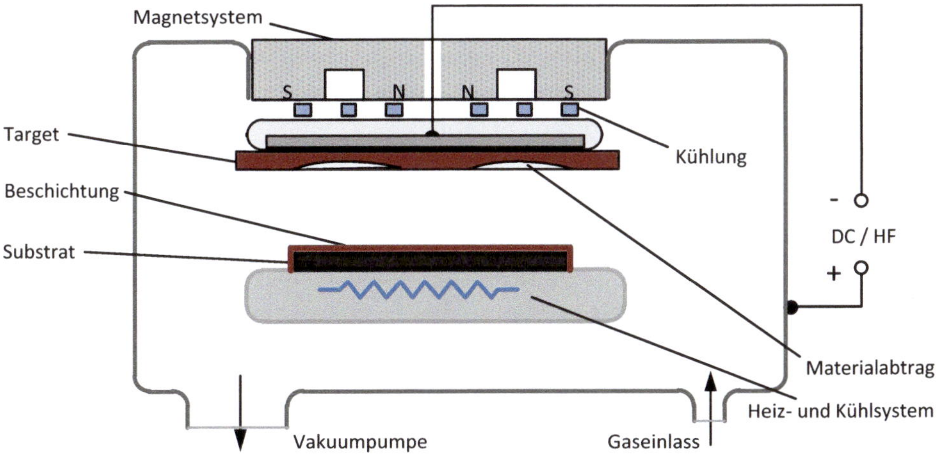

Bild 3.44: Magnetron-Sputter-Einrichtung mit einem überlagerten inhomogenen magnetischen Gleichfeld

Das **Hochleistungs-Impuls-Magnetron-Sputtern** (engl. *HPPMS – High Power Pulsed Magnetron Sputtering*) ist eine weitere Möglichkeit zur Steigerung der Beschichtungsrate. Neben einem überlagerten magnetischen Gleichfeld wird hier die Produktivität zusätzlich durch starke Gleichspannungsimpulse gesteigert. Jedem Impuls im µs-Bereich müssen längere Pausenzeiten folgen (Ein-Aus-Tastverhältnis ca. 1:10), damit das gekühlte Targetmaterial nicht überhitzt wird. Die mit hoher Ionen-Energie herausgeschlagenen Teilchen werden hier teilweise ionisiert bzw. angeregt und sind deshalb chemisch aktiv.
Der atomare Staub kann vor dem Absetzen noch einer chemischen Reaktion unterworfen werden. Diese Technologie wird **reaktives Sputtern** (engl. *Reactive Sputtering*) genannt. Beispielsweise werden bei einer mit Sauerstoff O_2 angereicherten Atmosphäre die zerstäubten Aluminiumatome in Al_2O_3 oxidiert, bevor sie sich niederschlagen. Das wird beispielsweise angewendet, um PVC-Folien mittels einer dünnen, unsichtbaren Al_2O_3-Schicht zu bedecken. Die Folien sind erst dadurch für die Verpackung von Lebensmittel verwendbar. Beim Sputtern von Titan und Zufuhr von Stickstoff N_2 in den Reaktorraum

scheidet sich ebenfalls eine keramische Schicht, hier Titan-Nitrit (TiN), auf dem Substrat ab. Diese Schicht ist sehr hart und sieht wie Gold aus, weshalb auch dekorative Effekte erzielt werden können. Weitere Schichtwerkstoffe sind beispielsweise Chromnitrid CrN und Titanaluminiumnitrid $TiAlN$.

Weitere wichtige Anwendungen der PVD-Technologie sind: Metallbeschichtungen auf Gläsern (IR-reflektierendes Wärmedämmglas mit Dimensionen bis zu mehreren $10\,m^2$), Beschichtung von Werkzeugen (Bohrer, Schneidwerkzeuge) und Gebrauchsgegenständen (Uhren, Schmuck usw.).

3.9.5 Chemische Beschichtung

Im Plasma können gasförmige Reaktanten angeregt oder ionisiert werden, weshalb sie bei wesentlich niedrigeren Temperaturen miteinander reagieren als in einer normalen Atmosphäre. Die etablierte Gasphasenabscheidung (engl. *CVD – Chemical Vapour Deposition*), die hohe Substrattemperaturen in der Größenordnung von 1000 °C erfordert, um die gewünschten Reaktionen ablaufen zu lassen, kann mittels Plasma bei niedrigeren Temperaturen von 100 bis 250 °C erfolgen. Das Verfahren nennt sich plasmagestützte Gasphasenabscheidung (engl. *PECVD – Plasma Enhanced Chemical Vapour Deposition*). Voraussetzung ist, dass flüchtige Verbindungen der Schichtkomponenten existieren. Die gasförmigen Ausgangsverbindungen reagieren im angeregten Zustand auf der Oberfläche des Substrates miteinander und bilden die gewünschte Schicht. Dabei entstehen noch andere in der Regel gasförmige Reaktionsprodukte, die abgepumpt werden müssen. Die erzeugten Schichten haften sehr gut. Das Grundmaterial wird kaum verändert und verzieht sich nicht (behält seine Fertigungsmaße). Es kommen Gleichstrom-Plasmen aber auch induktiv und kapazitiv gekoppelte Plasmen sowie Mikrowellenplasmen zu Anwendung. Die zu beschichtenden Materialien können somit Metallteile nach der Fertigung (kein Verzug), aber auch Gläser oder Kunststoffe und Halbleiter (Wafer) sein. Einige der möglichen Schichten sind: PbO, SiO_2, SnO_2, Si_3O_4, TiO_2, polykristallines Silizium bzw. kristallines Silizium. Weitere mithilfe der PECVD-Technik erreichten Eigenschaften von Oberflächen sind:

- Optische Schichten (Antireflexion)
- Magnetische Speicherschichten
- Schichten mit extrem geringer Reibung für Trockenlager in der Vakuumtechnik

- Aktive photovoltaische Schichten
- Diffusionssperrschichten für chemische Trennprozesse.

Es können sogar dünne Diamantschichten erzeugt werden. Dabei wird unter sehr speziellen Bedingungen (Gaszusammensetzung, Substrattemperatur, Energie der auf das Substrat auftreffenden Ionen) die schnell aufwachsende Graphitphase immer wieder weggeätzt, während die sehr langsam wachsende, aber nicht entfernbare Diamantphase aufwächst. Die Wachstumsraten sind gering und betragen 1 bis 2 µm/h. Für diese spezielle Technologie werden Mikrowellenplasmen in Kombination mit HF-Plasmen eingesetzt.

3.9.6 Polymerisation

Organische Moleküle eines in den Reaktorraum zusätzlich zum Arbeitsgas (z. B. Argon) eingeleiteten Gases, wie z. B. CH_4, können im nicht-thermischen Plasma durch Stöße mit Elektronen in andere Spezies zerlegt werden:

- $CH_4 \rightarrow CH_3 + H$ Radikale
- $H_2 \rightarrow H + H$ Atome
- $H_2 \rightarrow H_2^+ + e$ Molekülionen bzw. Radikal-Ionen
- $H + e \rightarrow H^-$ negative Ionen
- $H \rightarrow H^+ + e$ positive Ionen.

Aus diesen Spezies können sich unter bestimmten Bedingungen (Temperatur, Druck, Zusammensetzung der Gase usw.) neue komplexe chemische Verbindungen bilden, die auf Bauteilen abgeschieden werden. Die Plasmapolymerisation wird in der Regel mit Mikrowellenplasmen realisiert. Die erzeugten Schichten ermöglichen beispielsweise ein verbessertes Zellwachstum auf Implantaten, eine erhöhte Kratzfestigkeit oder eine Veränderung der Benetzungs-Eigenschaften (hydrophil, hydrophob) von Oberflächen.

3.9.7 Strukturieren

Die Strukturierung durch **Plasma-Ätzen** (engl. *PE – Plasma Etching*) von Oberflächen wird hauptsächlich in der Mikroelektronik und Mikromechanik, aber auch bei der Herstellung von Bildschirmen, Foto- und Brennstoffzellen eingesetzt. Durch Oberflächenstrukturieren von optischen Gläsern gelingt beispielsweise ein sanfter Übergang des Brechungsindexes am Luft-Glas-Übergang, wodurch Reflexionen vermindert werden. Beim Plasma-Ätzen wird das Substrat mit einer Maske so abgedeckt, dass die freigegebenen filigranen Flächen mit Abmessungen im sub-µm-Bereich in einer Tiefe von mehreren µm entfernt werden können. Beim nass-chemischen Ätzen erfolgt dies rein chemisch. Beim Plasma-Ätzen werden durch Beschuss mit Ionen atomare Teilchen aus dem Substrat herausgeschlagen. Das ist wesentlich präziser und es können vor allem tiefere Strukturen erzielt werden (s. **Bild 3.45**).

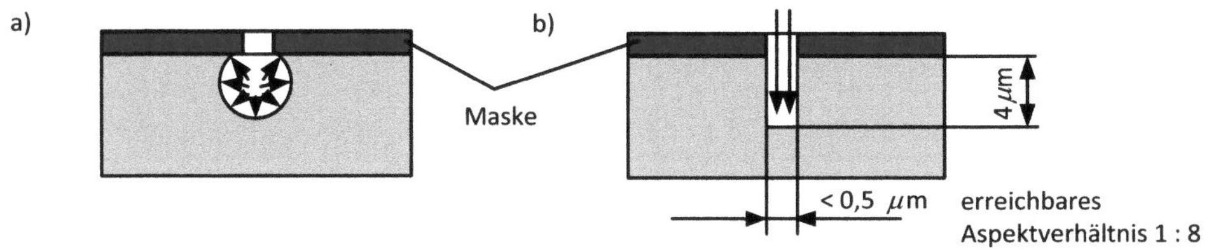

Bild 3.45: Vergleich von Ätztechniken: a) nass-chemisches Ätzen, b) Plasma-Ätzen

Mit dem **reaktiven Ionen-Ätzen** (engl. *RIE – Reactive Ion Etching*), das eine Kombination des chemischen Ätzens mit einem reaktiven Ätzgas, wie z. B. CF_3-Radikale, und dem Ionenbeschuss darstellt, kann eine enorme Steigerung der Ätzrate bis zum 40-fachen erreicht werden (s. **Bild 3.46**).

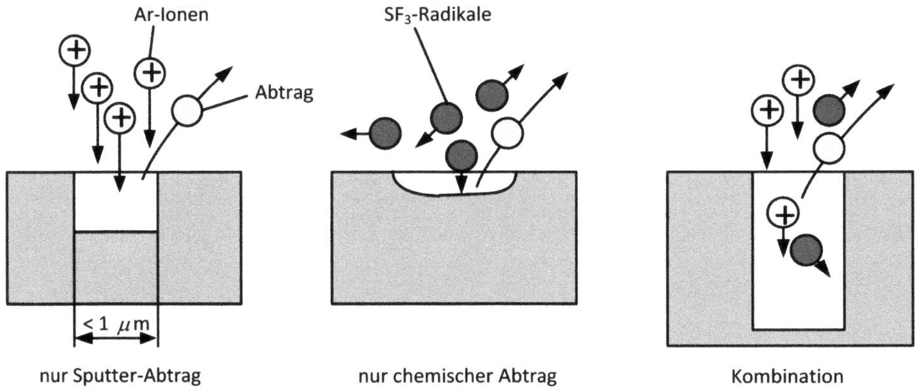

Bild 3.46: Separates chemisches Ätzen und separates plasmagestütztes Sputtern sowie deren Kombination

Beim reaktiven Ätzen wird der Abtransport der abgetragenen Teilchen durch den engen Spalt von ca. 0,25 µm wegen des hohen Gasdruckes von ca. 100 Pa zum Problem. Weil das induktive Plasma auch bei wesentlich geringeren Drücken im Bereich von 0,1 bis 1 Pa arbeitet, kann das Ätzen mit chemisch aktiven Ionen, wie SF_x^+-Ionen, im induktiven Plasma vorteilhafter sein.

3.9.8 Einrichtungen und Parameter

In **Tabelle 3.2** sind nochmals die wichtigsten Parameter bei der Anwendung von Niederdruckplasmen zusammengestellt.

Tabelle 3.2: Prozessparameter nicht-thermischer Niederdruckplasmen; angegebene Zahlenwerte sind Richtwerte mit erheblichen Abweichungen in speziellen Fällen, MW – Mikrowellen.

Verfahren	PVD	PECVD	Polymerisation	Ionen-Immersion	Plasmaätzen
Temperatur in °C	100 bis 500	100 bis 300	20 bis 100	20 bis 200	20 bis 200
Plasmaerzeugung	DC, HF	HF, MW	HF, MW	HF+DC (gepulst)	HF, MW
Druck in Pa	0,01 bis 1	0,01 bis 10	1 bis 100	0,1 bis 1	0,1 bis 100
Arbeitsgase	Ar, O_2	$O_2, N_2, H_2, CH_4, C_2H_2, TiCl, SiH_4$	(C_xH_y)-Monomere	N_2, O_2, (C_xH_y)-Monomere	F, Cl, Br, Ar, H_2
Schichtarten	Metalle, Metalloxide	TiN, TiC, Diamant	(CH)-Polymere	Metalloberflächen	
Schichtdicke in µm	0,01 bis 1	1 bis 10	1 bis 100	0,1 bis 1	0,1 bis 100
Wachstum in µm/s	1	0,05 bis 0,2			

Der stete Wunsch nach Effektivitätssteigerung führte zu größeren Anlagen mit hohen Intensitäten. Dabei erreichen die gepulsten Leistungen Werte im MW-Bereich und es kommen Spannungen und Ströme zur Anwendung, die über 1 kV bzw. 1 kA liegen. Die Reaktoren (Rezipienten) erreichen Volumina bis zu

50 m^3, in denen Bauteile mit einem Gewicht von bis zu 30 t behandelt werden können. Der realisierte Unterdruck steigt mit dem Volumen und reicht von 10 bis 1000 Pa (Normaldruck 100 000 Pa).
Eine höhere Intensität geht mit einem höheren Energietransfer auf die das Plasma bildenden Partikeln einher. Deshalb werden beispielsweise mehrere Frequenzen (DC, HF, MW) in einem Reaktor eingesetzt (s. **Bild 3.47**) und das Plasma mit zusätzlichen magnetischen Gleichfeldern überlagert.

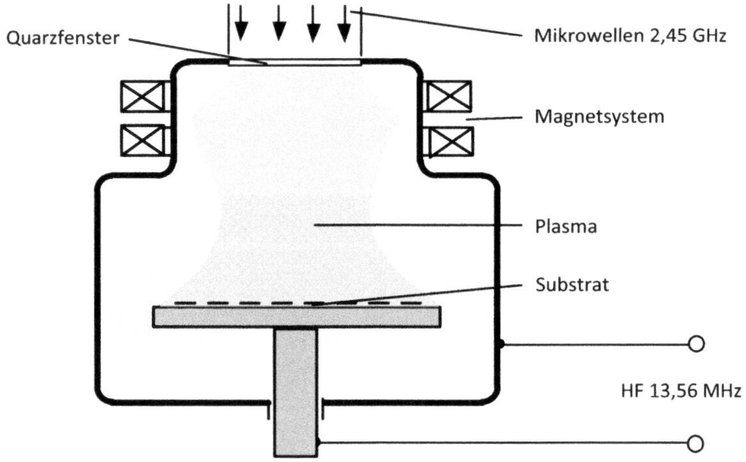

Bild 3.47: Höherer Energietransfer durch Kombination von Mikrowellen- und HF-Plasma

Ein weitere Aufgabe besteht in der Erzielung hoher Gleichmäßigkeiten trotz größerer Abmessungen des zu behandelnden Substrates (homogene Beschichtung, gleichmäßiger Abtrag usw.). Das **Bild 3.48** zeigt zwei Möglichkeiten hierzu. In Bild 3.48 a werden die geladenen Teilchen eines Mikrowellen-Plasmas durch das inhomogene magnetische Gleichfeld einer Spule auf eine Kreisbahn gezwungen (s. auch Abschnitt 3.6.4). Hier gibt es häufigere Stöße, was zu einer höheren Dichte geladener Teilchen führt. Die Spule wirkt aber auch wie eine Sperre für die sich in axialer Richtung bewegenden Teilchen. Nur die schnellsten (energiereichsten) Teilchen kommen durch. Diese verteilen sich relativ gleichmäßig, weil sie sich in kreisenden Bewegungen (Gyration) um die Feldlinien herum auf das Substrat zubewegen. Allerdings ist die Dichte der magnetischen Feldlinien nicht ideal homogen und sie treffen auch nicht im gleichen Winkel auf das Substrat.

Eine weitere Möglichkeit besteht beim Einsatz des induktiv gekoppelten Plasmas darin, den Induktor in die Tiefe auszudehnen (Form einer Pferderennbahn) und pendeln zu lassen (s. Bild 3.48 b). Gegenüber dem induktiv gekoppelten Plasma im Hochdruckbereich ist die Leitfähigkeit des nicht-thermischen Plasmas deutlich geringer und die äquivalente Eindringtiefe bei gleicher Frequenz höher. Letztlich klingt aber auch hier die Intensität des Feldes an der Symmetrielinie des Induktors bis auf null ab. Eine Pendelbewegung das Induktors kann hier ausgleichend wirken.

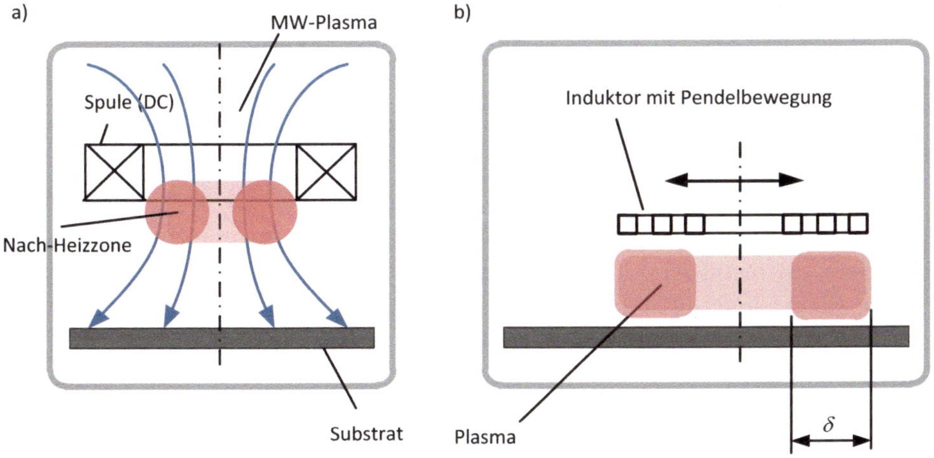

Bild 3.48: Varianten zur Verbesserung der Homogenität: a) durch magnetisches Gleichfeld, b) durch Relativbewegung

3.10 Nicht-thermische dichte Plasmen

Auch bei Normaldruck von 0,1 MPa können nicht-thermische, aber dichte Plasmen mit $T_e >> T_i \approx T_n$ erzeugt werden. Um diese Eigenschaft des nicht-thermischen Plasmas auch bei hoher Teilchendichte beizubehalten, muss der Energieaustausch durch Stöße zwischen den Teilchen unterbunden werden. Dazu gibt es zwei Möglichkeiten:

- Das Gebiet hoher, zur Ionisation führender Feldstärke bleibt räumlich stark begrenzt. Das ist bei extrem inhomogenen Feldern der Fall und zeigt sich bei der Korona-Entladung.

- Die Energiezufuhr wird zeitlich so begrenzt, dass sich keine heißen Schwerteilchen ausbilden können. Schwerteilchen sind alle Teilchen außer Elektronen, also Atome, Moleküle und Ionen, die durch Stöße mit Elektronen Energie aufnehmen können. Dies findet bei der sogenannten Barriere-Entladung seine technologischen Anwendungen.

3.10.1 Korona-Entladungen

Extrem hohe elektrische Feldstärken bilden sich bekanntlich in unmittelbarer Umgebung von dünnen Drähten, scharfen Ecken und Kanten aus. Wenn die sich in diesem Feld ausbildenden Streamer nicht weiter laufen können und „verhungern", nennt man das Korona-Entladung (bei feuchter Luft in der Nähe von Höchstspannungsleitungen mit 400 kV gut zu hören). Durch die Ionisation im Gebiet der hohen Feldstärke wird das übrige Feldgebiet entweder mit positiven oder negativen Ladungsträgern angereichert. Wenn die Spitze negative Polarität hat, dann bilden sich im übrigen Feld auch negative Ladungsträger, indem sich Elektronen an neutrale Teilchen anlagern. Man nennt dies negative Korona. Umgekehrt wird bei einer positiven Spitze das Feldgebiet mit Ionen angereichert (s. **Bild 3.49**).

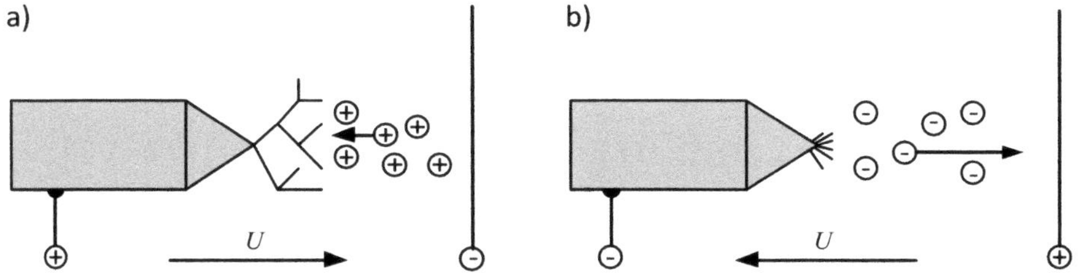

Bild 3.49: Aufladung von Partikeln (z. B. Staub) durch Koronaentladung: a) positive Korona, b) negative Korona

Als technologische Anwendungen sind einige der in Abschnitt 3.9 genannten denkbar, falls die Beschränkung auf relativ kleine Volumina möglich ist. Als Zündquelle (Gasbrenner, Feuerzeug) findet die Korona-Entladung bereits häufig ihre praktische Anwendung. In Kapitel 6 „Kraftwirkungen" wird als weitere Anwendung der Korona-Entladung die elektrische Aufladung von Staubteilchen zu ihrer nachfolgenden Abscheidung behandelt.

3.10.2 Barriere-Entladungen

Bis zum Beginn eines Funkendurchschlags vergeht stets eine sehr kurze, aber endliche Zeit. Dieses Zeitfenster wird bei der Barriere-Entladung genutzt. Das Feld zwischen zwei Elektroden sollte dazu möglichst homogen sein und eine Festkörperisolierung enthalten, die wegen der Dipoldrehung im Festkörper die notwendige Verzögerung bringt (s. **Bild 3.50**).

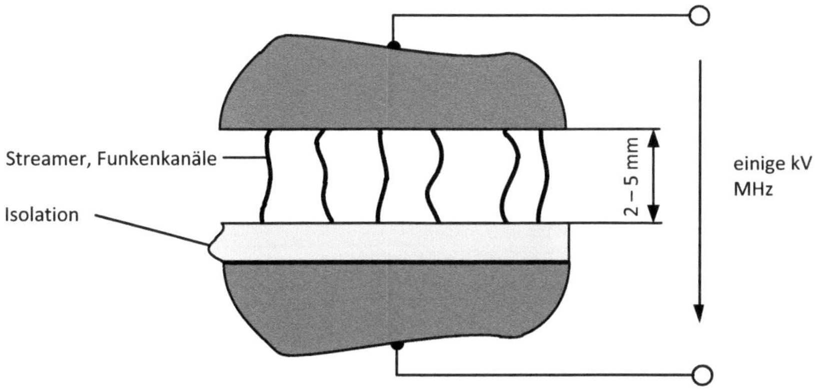

Bild 3.50: Barriere-Entladung, existiert nur in einem sehr kleinen Zeitfenster

Die elektrische Feldstärke während der Aufladung muss mindesten so hoch sein, dass ein Funkendurchbruch beginnt. Durch rechtzeitiges Umpolen muss eine sich anschließende stromstarke Entladung (Lichtbogen) gerade noch verhindert werden. Die Dauer des Aufladevorganges liegt in der Größenordnung von einigen 10 ns. Nach einer Umpolung läuft der Vorgang in entgegengesetzter Richtung ab. Es sind folglich Umschaltfrequenzen bis in den 100 MHz-Bereich erforderlich. In den sogenannten Streamern bildet sich ein sehr dichtes, aber nicht-thermisches Atmosphärenplasma. Wegen der kurzen Aufladezeit können sich die Neutralen und Ionen nicht aufheizen und behalten die Umgebungstemperatur. Es bilden sich ca. 10 Entladungskanäle pro cm^2 aus. Mit dem Isolationsmaterial kann die Anzahl der Entladungskanäle beeinflusst werden. Ein Entladungskanal hat folgende Parameter:

- Durchbruchspannung 10 bis 20 kV je nach Abstand
- Stromstärke 0,1 bis 1 A
- Leistung 10 kW
- Zeitdauer einige ns

- Elektronendichte $n_e = 10^{22}$ bis $10^{23}\,1/\mathrm{m}^3$
- Elektronentemperatur $kT_e = 5\,\mathrm{eV}$.

Vorteilhaft ist, dass keine Vakuumtechnik benötigt wird. Deshalb kann der Durchsatz bei der Behandlung von Materialien relativ leicht durch „Parallelschaltung“ erhöht werden. Es sind Anwendungen in der Chemie und Textilindustrie bekannt. Das **Bild 3.51** zeigt zwei isolierte Rollen, zwischen denen eine Barriere-Entladung erfolgt. Auf diese Weise wird beispielsweise Wolle behandelt. Mit unterschiedlichen Modifikationen des Verfahrens können die Eigenschaften der Wolle so verändert werden, dass diese weniger verfilzt oder eine bessere Benetzbarkeit aufweist (z. B. beim Färben). Andererseits ist die Herstellung von wasser- oder ölabweisenden Textilien möglich.

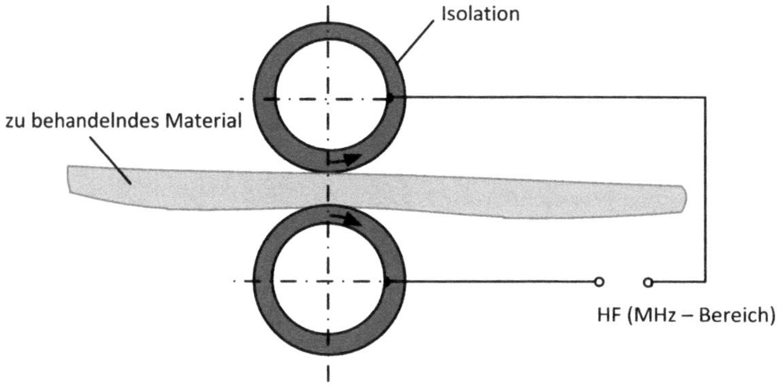

Bild 3.51: Mögliche Elektrodenanordnung zur Behandlung von Wolle in einer Barriere-Entladung

4 Technologische Teilchenstrahlung

In diesem Kapitel wird eine Einführung in die technologischen Anwendungen von Elektronen- und Ionenstrahlen gegeben.
Wenn Elektronen im elektrischen Feld mit hohen Spannungen beschleunigt und geführt werden, wird von Elektronenstrahlen gesprochen, obwohl es sich um bewegte Teilchen und nicht um Wellen handelt. Die dazugehörigen technischen Einrichtungen werden Elektronenstrahler oder Elektronenkanonen genannt. Die Elektronenstrahl-Technologie nutzt Elektronenstrahler für technologische Anwendungen, wie Schweißen, Umschmelzen und Bearbeiten. Diese Thematik wird beispielsweise umfassend in [21] dargestellt.

4.1 Elektronenstrahler

Das **Bild 4.1** zeigt eine der zahlreichen konstruktiven Varianten von Elektronenstrahlern. Diese können meist in den eigentlichen Elektronenstrahler und eine Prozesskammer unterteilt werden. Beides sind evakuierte Gefäße (Rezipienten), die mit einem schmalen Durchgang für den Elektronenstrahl verbunden sind. Im Vergleich zu den Anschlüssen für die Vakuumpumpen hat der genannte Durchgang einen kleinen Durchmesser und stellt einen Strömungswiderstand dar. Dieser ist notwendig, um zwei Druckbereiche einstellen zu können. Im Teil des Elektronenstrahlers soll ein Hochvakuum herrschen, um insbesondere die auf hohe Temperaturen erhitzte Kathode zu schützen. In der Prozesskammer entstehen oft Dämpfe durch Ausgasung beim Schmelzen, Schweißen usw., weshalb ein Feinvakuum genügen muss. Der Elektronenstrahler selbst kann nochmals in den Strahlerzeuger und in das System zur Strahlführung unterteilt werden.

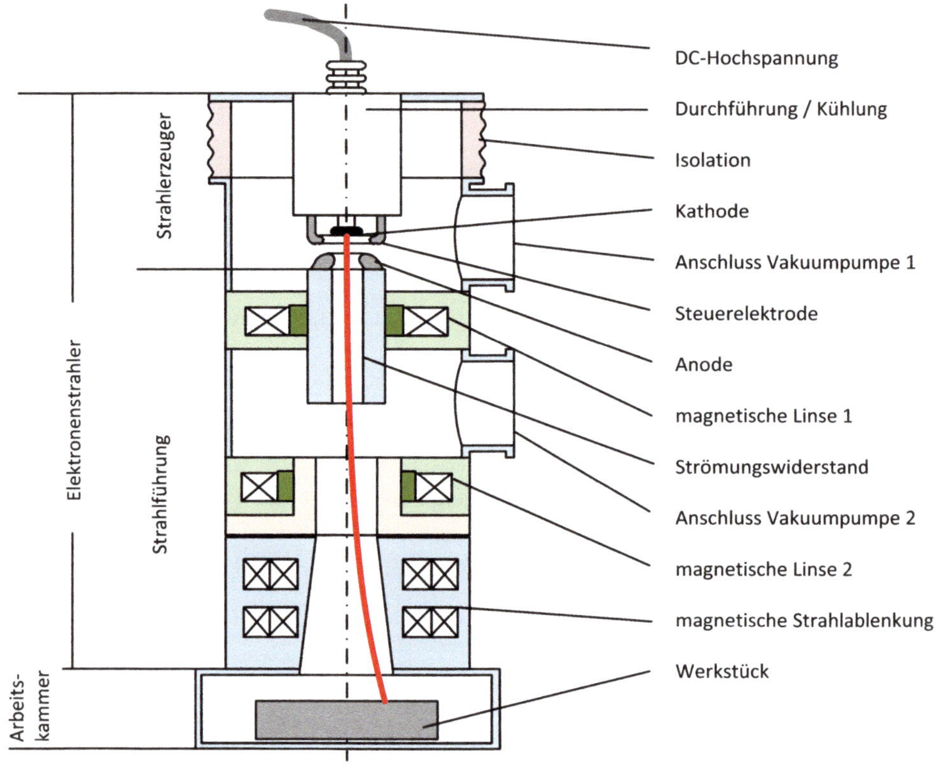

Bild 4.1: Eine der vielfältigen konstruktiven Varianten von Elektronenstrahlsystemen

4.1.1 Strahlerzeuger

Das **Bild 4.2** zeigt das Prinzip des Strahlerzeugers.

Elektronenemission

Die Elektronen werden von der Kathode thermisch durch entsprechend hohe Temperaturen, aber auch elektrisch mittels hoher äußerer elektrischer Feldstärken emittiert. Nach dem Napf-Modell muss die thermisch getriebene Energie der Elektronen so groß sein, dass die Austrittsarbeit W_a (auch Auslösearbeit genannt) überschritten wird (s. **Tabelle 4.1**). Die Austrittsarbeit ist mit der Ionisationsenergie vergleichbar, aber nicht dasselbe. Während die Ionisationsenergie auf die Elektronen der äußeren Schalen abzielt, bezieht sich die Austrittsarbeit auf das Herauslösen von Elektronen bis zum Ferminiveau, welches dem energetischen Zustand der Elektronen bei 0 K entspricht. In Analogie zur kinetischen Gastheorie ergibt sich für die zwei möglichen Freiheitsgrade der Elektronen in den Elektronenbahnen ein Zusammenhang zwischen Geschwindigkeit bzw. kinetischer Energie der Elektronen und der Temperatur in der Form

$$\frac{\nu}{2}kT_k = kT_k = \frac{m_e}{2}v_0^2. \tag{4.1}$$

Darin wird mit $\nu = 1, 2, 3$ die Zahl der Freiheitsgrade für die thermischen Schwingungen bezeichnet. Auf der Kathodenoberfläche gilt $\nu = 2$, weil senkrecht zur Flächennormalen keine freien Schwingungen möglich sind. Weiterhin sind mit k die Boltzmann'sche Konstante und mit v_0 die wahrscheinlichste thermische Geschwindigkeit der Elektronen bezeichnet. Zu einer bestimmten Temperatur gehört eine über einen weiten Bereich verteilte Geschwindigkeit.

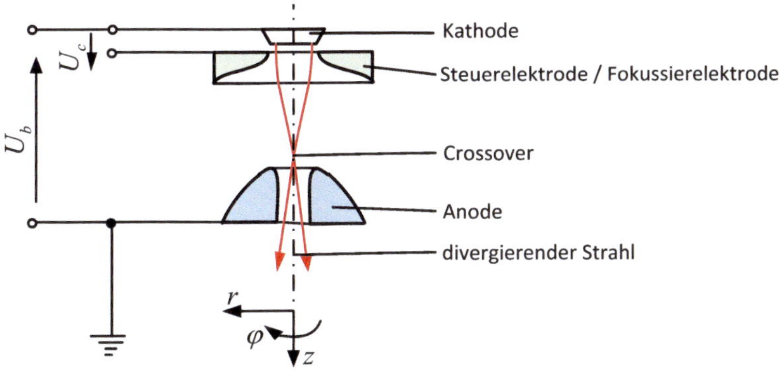

Bild 4.2: Prinzipieller Aufbau eines Strahlerzeugers; relativ kurz im Vergleich zu den Einrichtungen für die Strahlführung

Die aus der Thermodynamik bekannte Maxwell'sche Geschwindigkeitsverteilung entspricht weitgehend dieser Verteilung, deren prinzipielle Form **Bild 4.3** zeigt. Nur die Elektronen, deren kinetische Energie die effektive Austrittsarbeit übersteigt, treten aus der Kathodenoberfläche in allen möglichen Richtungen und mit unterschiedlichsten Geschwindigkeiten aus.

$$\frac{m_e}{2}v^2 > W_a \tag{4.2}$$

Aus der Maxwell'schen Geschwindigkeitsverteilung geht hervor, dass es größere und kleinere Geschwindigkeiten als v_0 gibt. D. h., auch bei einer Kathodentemperatur $T_k < W_a/k$ können bereits Elektronen emittiert werden, denn es muss lediglich die Bedingung (4.2) erfüllt sein. Die von der Kathode in Richtung Anode startenden Elektronen haben eine kinetische Energie, die um die effektive Austrittsarbeit gegenüber der im Atom vermindert ist. Damit kann aus der Verteilung der thermischen Geschwindigkeiten die Häufigkeit der Startgeschwindigkeiten v_s der Elektronen bestimmt werden.

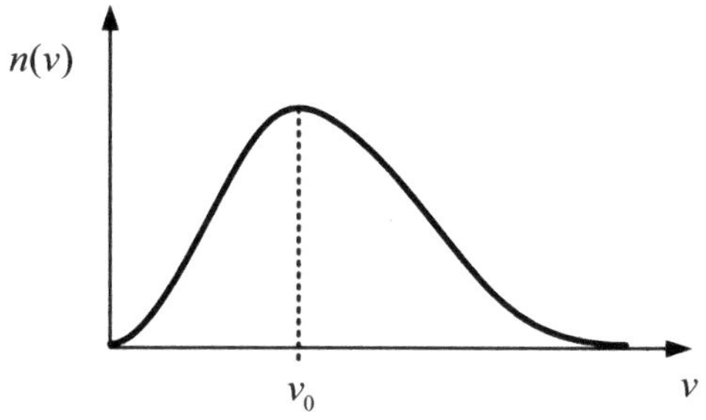

Bild 4.3: Mögliche Verteilung der thermischen Geschwindigkeiten der Elektronen in der Kathode

$$v_s = \sqrt{v^2 - \frac{2}{m_e} W_a} \quad \text{mit Bedingung von (4.2)} \tag{4.3}$$

Die Häufigkeit der Startrichtungen in Form ihrer Abweichung von der Flächennormalen α kann mittels einer Gauß'schen Glockenkurve angenähert werden (s. **Bild 4.4**).

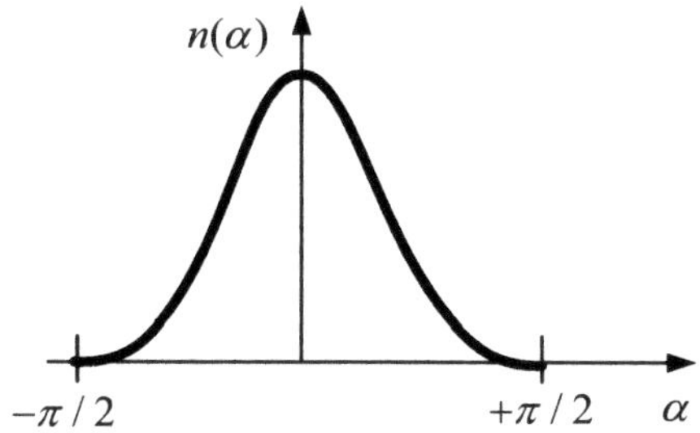

Bild 4.4: Verteilung des Austrittswinkels der Elektronen aus der Kathode in Form einer Gauß'schen Glockenkurve

Stromdichte

Die Emission von Elektronen ist nicht grenzenlos. Die erreichbare Sättigungsstromdichte J_{et} beschreibt das Richardson-Dushman'sche-Gesetz.

$$J_{et} = AT_k^2 \exp^{-W_e/kT_k} \tag{4.4}$$

Darin bedeutet $A \approx 0{,}6\,\mathrm{A/(mm^2K^2)}$ die Richardson'sche und k die bekannte Boltzmann'sche Konstante. Für Wolfram wird bei einer Temperatur von 3000 K beispielsweise eine Sättigungsstromdichte von 0,1 A/mm² erreicht. Die Temperatur der Kathode ist begrenzt, weil ab einer bestimmten Temperatur die Verdampfung des Kathodenmaterials exponentiell zunimmt. Die Sättigungsstromdichte kann nur erreicht werden, wenn alle emittierten Elektronen vom elektrischen Feld abgesaugt werden. Ist dies gegeben, dann wird von einer thermisch bestimmten Emissionsstromdichte J_{et} gesprochen. Anderenfalls bildet sich vor der Kathode eine negative Raumladung, die ihrerseits die Stromdichte in Richtung Anode begrenzt. Diese Stromdichte wird raumladungsbegrenzte Emissionstromdichte J_{eq} genannt und mit dem Child-Langmuir'sche Gesetz in Form einer zugeschnittenen Größengleichung beschrieben.

$$J_{eq}/(\mathrm{A/mm^2}) = \frac{2,334\,10^{-6}}{(a/\mathrm{mm})^2}(U_b/\mathrm{V})^{3/2} \tag{4.5}$$

Diese Gleichung gilt nur für planparallele Elektroden mit dem Abstand a zwischen Anode und Kathode. Modifizierte Gleichungen für andere Geometrien sind verfügbar.

Tabelle 4.1: Kathodenmaterialien mit Maximalwerten von Temperatur und Stromdichte sowie Austrittsarbeit

Material	LaB_6	WTh	Ta	W	Ba	Mo
W_a in eV	2,4...2,7		4,2	4,5...4,6	1,8...2,5	4,2
ϑ_k in °C	1700	2000	2400	2700		
J_e in A/cm²	5	30	1,5	4,0		

Mit (4.5) ergibt sich für einen Abstand von 100 mm zwischen Anode und Kathode bei $U_b = 100\,\mathrm{kV}$ eine raumladungsbegrenzte Emissionstromdichte von ca. 0,01 A/mm². Die raumladungsbegrenzte Emissionstromdichte J_{eq} ist also

um eine Größenordnung kleiner als die Sättigungsstromdichte J_{et}. Beide Effekte (Temperatur der Kathode und Raumladung) überlagern sich, wie dies in **Bild 4.5** dargestellt ist. Die meisten Kathoden für Elektronenstrahler werden im Bereich des Überganges zwischen raumladungsbegrenzter und temperaturbestimmter Sättigungsstromdichte betrieben.
Auch bei kalter Kathode ist eine Elektronenemission möglich. Diese wird mit dem Fowler-Nordheim-Gesetz beschrieben. Die Austrittsarbeit W_a wird hier allein durch die hohe elektrische Feldstärke überwunden. Diese Art der Feldemission tritt bei Feldstärken von 10^6 V/cm auf. Das wird bei Elektronenstrahlern mit Spitzenkathoden im Ultrahochvakuum zur nicht-thermischen Bearbeitung genutzt. Es werden dabei Emissionsstromdichten in einer ganz anderen Größenordnung von bis zu 100 A/mm² bei allerdings sehr kleinen Strahlströmen erreicht.

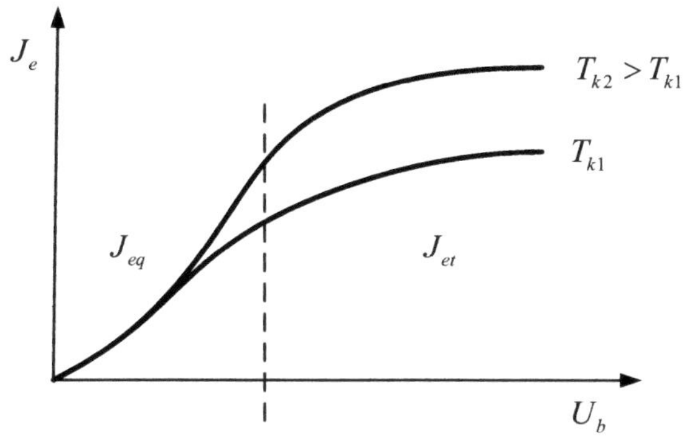

Bild 4.5: Prinzipielle Abhängigkeit der Emissionstromdichte von der Beschleunigungsspannung und der Kathodentemperatur mit dem Übergang von raumladungsbegrenzter (J_{eq}) zu temperaturbestimmter (J_{et}) Stromdichte

Kathodenheizung

Die Kathodenheizungen basieren nach **Bild 4.6** auf unterschiedlichen Prinzipien. Für Strahlerzeuger kleiner Leistung genügt ein vom Heizstrom durchflossener Blechstreifen mit einer Emissionsfläche von einigen cm² (s. Bild 4.6 a). Wie später gezeigt wird, bildet sich die Emissionsfläche in der Querschnittsform des Elektronenstrahls ab. D. h., eine nicht kreisförmige Emissionsfläche gleicher Temperatur führt zu einem nicht kreisförmigen Strahlquerschnitt. Diese unerwünschte Erscheinung wird Astigmatismus genannt. Die Bemühungen gehen daher zu Kathoden mit einer möglichst kreisförmigen Fläche homogener Temperatur. Daher wird manchmal sogar der Kathodenblock auf der Rückseite mit Elektronen beschossen, die von einer auf negativerem Potenzial liegenden Hilfskathode stammen (s. Bild 4.6 b). Das ist aufwendiger und nur für große Leistungen im MW-Bereich zweckmäßig. Die Emissionsfläche erreicht hier Abmessungen von bis zu mehreren 10 cm^2.

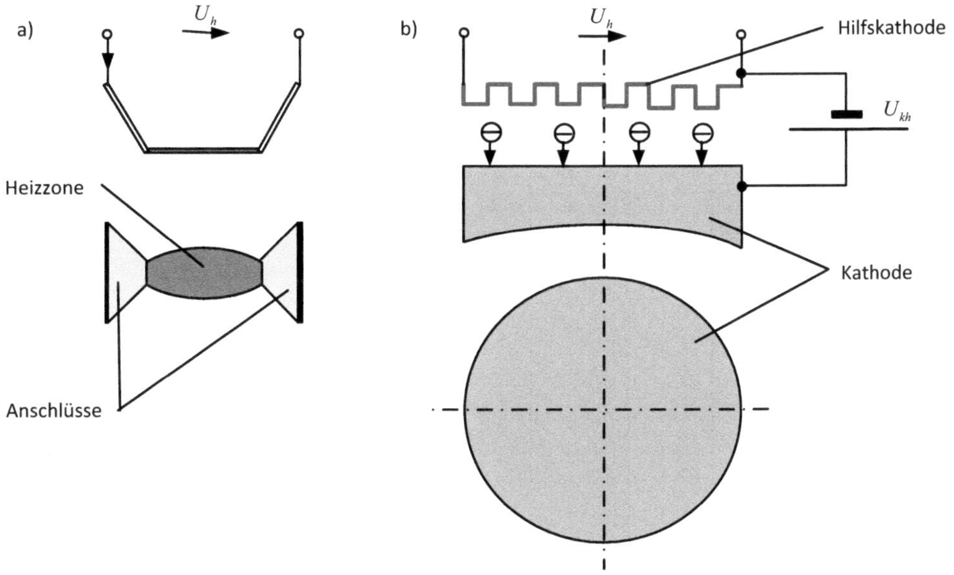

Bild 4.6: Kathoden: a) direkt beheizte Bandkathode, b) durch Elektronenbeschuss beheizte konkave, großflächige Massivkathode mit Durchmesser von bis zu 50 mm

Ideale Werkstoffe für die Kathoden sind solche, die bei niedrigen Temperaturen hohe Stromdichten generieren (s. Tab. 4.1). Für hohe Strahlströme wird Lanthanhexaborid (LaB_6) eingesetzt, weil nur so die Heizleistung für die benötigte großflächige Kathode beherrscht wird. Thoriertes Wolfram (WTh) scheint der günstigste Werkstoff zu sein. Er ist allerdings giftig und wird nur in ganz speziellen Fällen verwendet. Für niedrige Strahlströme $< 0{,}2$ A wird Wolfram verwendet.

Elektronenbeschleunigung

Zwischen Anode und Kathode liegt die Beschleunigungsspannung U_b an, die Werte bis in den MV-Bereich annehmen kann. Die von der Kathode emittierten Elektronen werden von dem elektrischen Feld zwischen Kathode und Anode stark beschleunigt.

$$m_e \frac{\mathrm{d}\vec{v}}{\mathrm{d}t} = e \,\mathrm{grad}\,\varphi \tag{4.6}$$

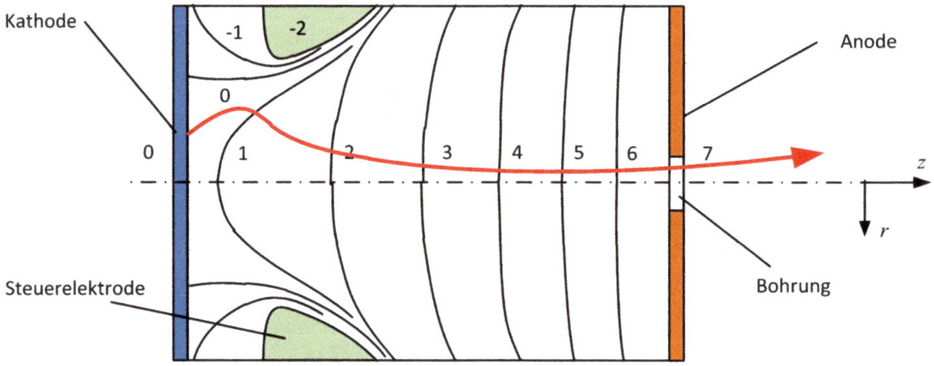

Bild 4.7: Die Steuerelektrode beeinflusst das elektrostatisches Feld zwischen Kathode und Anode.

Der Gradient des Potenzialfeldes bestimmt die Bahn des Elektrons (s. **Bild 4.7**). Durch Integration entlang der Elektronenbahn gelangt man zur Änderung der kinetischen Energie ΔW_{ke} des Elektrons.

$$\Delta W_e = m_e \int \frac{\mathrm{d}\vec{v}}{\mathrm{d}t}\,\mathrm{d}\vec{s} = e \int \mathrm{grad}\,\varphi\,\mathrm{d}\vec{s} \tag{4.7}$$

$$= m_e \int \mathrm{d}\vec{v}\frac{\mathrm{d}\vec{s}}{\mathrm{d}t} = m_e \int \vec{v}\,\mathrm{d}\vec{v} = e\,\Delta\varphi \tag{4.8}$$

$$= \frac{m_e}{2}\,\Delta v^2 = e\,\Delta\varphi \tag{4.9}$$

Ein Zuwachs oder eine Abnahme an Potenzial bedeutet Zuwachs oder Abnahme an kinetischer Energie. Meist wird angenommen, dass bei $\varphi = 0$ auch $v = 0$ gilt, weshalb dann

$$W_e = \frac{m_e}{2}\,v^2 = e\,\varphi = e\,U \tag{4.10}$$

notiert werden kann. Dies bedeutet, das alle Elektronen, die sich auf einer gemeinsamen Potenzialfläche befinden, den gleichen Zuwachs an kinetischer Energie erfahren haben. Das verhält sich so wie mit Kugeln, die auf verschiedenen Wegen reibungsfrei von einem Berg rollen. Diese haben auch an jeder Höhenlinie die gleiche kinetische Energie, unabhängig davon, welchen Weg sie nehmen. Falls sie oben angestoßen wurden, dann erhöht sich ihre kinetische Energie um den Betrag mit der Startgeschwindigkeit überall auf ihrem Weg. Für die Elektronen bedeutet dies:

$$W_e = \frac{m_e}{2}\,v^2 = e\,\varphi = e\,U + \frac{m_e}{2}\,v_s^2\,. \tag{4.11}$$

Die Identität nach (4.10) wird auch dazu benutzt, die großen Zahlenwerte zur Geschwindigkeit bzw. die kleinen Zahlenwerte zur Energie zu umgehen, indem diese in Einheiten von eV ausgedrückt werden. Diese Einheit entspricht folglich der Energie, die ein Elektron an kinetischer Energie gewinnt, wenn es ein um 1 V höheres Potenzial erreicht. Auf diese Weise kann eine Elektronengeschwindigkeit als Spannung und umgekehrt eine Spannung als Elektronengeschwindigkeit ausgedrückt werden.
Die Anode hat im Allgemeinen die Form einer Schale mit einer zentralen Bohrung. Durch diese Bohrung sollen möglichst alle Elektronenbahnen verlaufen. Weil nur die Potenziallinien maßgebend sind, übt die Bohrung im Anodenring die gleiche Anziehung auf die Elektronen aus wie das Massiv der Anode. Hinter der Anode liegen alle Gefäßwände auf Anodenpotenzial (Erdpotenzial), weshalb $\operatorname{grad}\varphi \approx 0$ gilt und sich die Elektronen mit konstanter Geschwindigkeit bis zum Aufprall auf einen Festkörper (Werkstück) bewegen.

Strahlstrom

Die Steuerelektrode dient zur Einstellung der Strahlstromstärke I_b und zur Fokussierung des Elektronenstrahls. Sie liegt auf gleichem oder negativem Potenzial gegenüber der Kathode. Da sie nicht beheizt wird, emittiert sie selbst keine Elektronen, sondern stößt die sich ihr nähernden Elektronen ab. Wenn ihr Potenzial fest eingestellt ist, wird sie Fokussierelektrode genannt. Mit variablem Potenzial der Steuerelektrode kann die Stromstärke des Elektronenstrahls stufenlos bis zum Wert Null gestellt werden (s. **Bild 4.8**). Eine Steuerung der Stromstärke ist außerdem über die Kathodentemperatur und die Beschleunigungsspannung möglich. Nachteilig ist hier, dass die Einstellung der Kathodentemperatur wegen der Wärmekapazität der Kathode relativ träge ist. Eine

Einstellung der Stromstärke über die Beschleunigungsspannung U_b hat den Nachteil, dass damit auch die Geschwindigkeit der Elektronen bei der Strahlführung verändert wird. Da die Wirkung der Fokussier- und Ablenkeinrichtungen (siehe nachfolgenden Abschnitt Strahlführung) von der Geschwindigkeit der Elektronen abhängt, müssten dann diese Einrichtungen für jede Beschleunigungsspannung separat justiert werden.

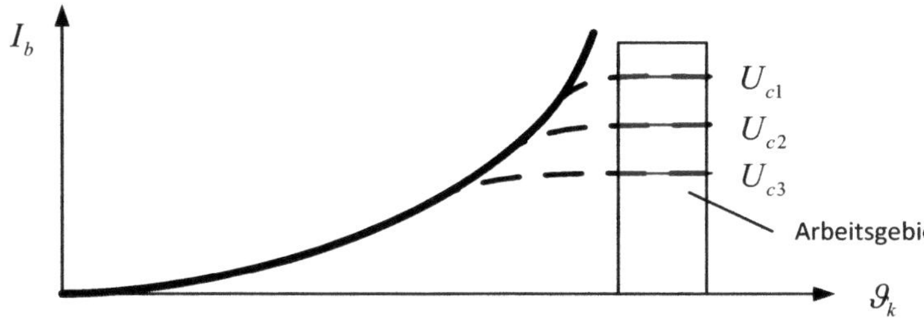

Bild 4.8: Das Potenzial (Spannung) der Steuerelektrode bestimmt die Strahlstromstärke.

Die negativen Gleichspannungen an Kathode und Steuerelektrode bis in den MV-Bereich erfordern in Verbindung mit den hohen Temperaturen an der Kathode anspruchsvolle konstruktive Gestaltungen, um die Spannungsfestigkeit des Systems und die Temperaturkonstanz der Kathode bei variabler Beschleunigungsspannung zu gewährleisten. Ein Beispiel zeigt **Bild 4.9**. Dieser Strahlerzeuger besitzt eine Isolation aus Transformatorenöl, das gleichzeitig zur konvektiven Kühlung des Kathodensockels dient.

Apertur

Die anfängliche Apertur (halber Öffnungswinkel des Strahls) beträgt wegen der genannten Richtungsverteilung nach Bild 4.3 der Elektronen $\alpha = \pm\pi/2$ zur Flächennormalen der Kathode. Durch die Gradientenkraft des Potenzialfeldes und die daraus resultierende hohe Geschwindigkeit vermindert sich die Apertur wesentlich. Gemäß (4.10) kann man die kinetische Energie eines Elektrons wahlweise durch seine Geschwindigkeit oder ein elektrisches Potenzial (Spannung) ausdrücken. Damit kann man der Startgeschwindigkeit eine Spannung mit $v_s \approx \sqrt{U_s}$ und der Beschleunigungsspannung eine Geschwindigkeit mit $v_b \approx \sqrt{U_b}$ zuweisen.

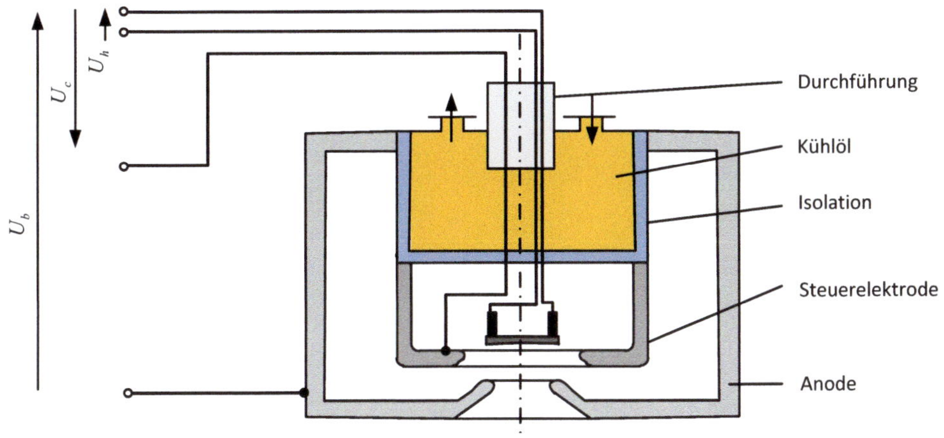

Bild 4.9: Hochspannungsfestigkeit und Temperaturstabilisation der Kathode durch konvektive Kühlung

Eine extreme Startrichtung bezüglich der Apertur ist die in tangentialer Richtung bzw. mit $\alpha = \pi/2$ zur Flächennormalen. Auf dieser steht senkrecht die Geschwindigkeit v_b. Für einen Zeitschritt entsprechen die Geschwindigkeiten Wegstrecken, wie dies in **Bild 4.10** dargestellt ist. Mit diesem Bild kann der halbe Öffnungswinkel (Apertur) als

$$\alpha \approx \tan \alpha \approx \frac{v_s}{v_b} \approx \sqrt{\frac{U_s}{U_b}} \quad \text{für} \quad \alpha << \pi/4 \tag{4.12}$$

abgeschätzt werden. Das ist nicht sehr genau, weil für v_s der maximale Wert aus einer Verteilung nach (4.3) zu wählen ist und weil sich v_b erst aus einer linear beschleunigten Bewegung am Ende der Beschleunigungsstrecke ergibt. Um jedoch eine Vorstellung von der Größenordnung der Apertur zu erlangen, ist diese Abschätzung vollkommen ausreichend. Eine Zahlenrechnung soll dies verdeutlichen. Es wird angenommen, dass das extreme Elektron mit Flugrichtung in $\alpha = \pi/2$ eine kinetische Energie hat, die der Austrittsarbeit von Wolfram nach Tabelle 4.1 mit $W_a = 4{,}5\,\mathrm{eV}$ entspricht. Dies bedeutet, dass die thermisch bestimmte kinetische Energie dieses Elektrons vor dem Austritt den Wert $(2 \cdot W_a)$ hatte. Der Zahlenwert für die Startgeschwindigkeit mit der äquivalenten Spannung $U_s = 4{,}5\,\mathrm{V}$ ist folglich sehr hoch gegriffen. Trotzdem ergibt sich bei einer Beschleunigungsspannung von üblicherweise $U_b = 100\,\mathrm{kV}$ nach (4.12) eine Apertur von lediglich $\alpha \approx 6 \cdot 10^{-3}$ rad. D. h., im homogenen Feld hat der Strahl den Querschnitt der Kathode. Somit ergibt eine quadratische Kathodenfläche einen quadratischen Strahlquerschnitt. Erst durch ein geeignetes inhomogenes Feld, hervorgerufen durch weitere Elektroden, kann der Strahl fokussiert oder abgelenkt werden.

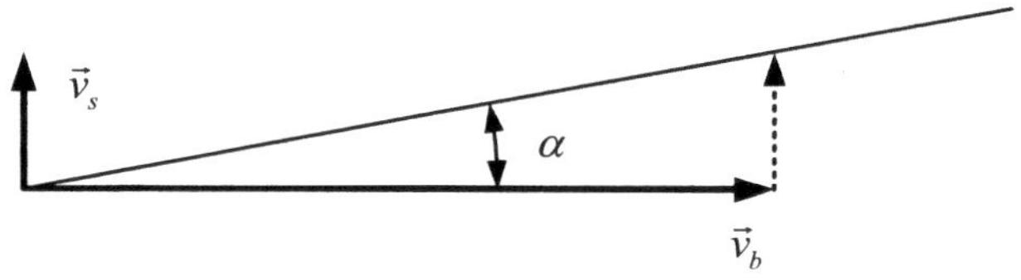

Bild 4.10: Extreme Richtung der Austrittsgeschwindigkeit weniger Elektronen (Index s) und die Normalenkomponente der Elektronengeschwindigkeit am Ende der Beschleunigungsstrecke (Index b)

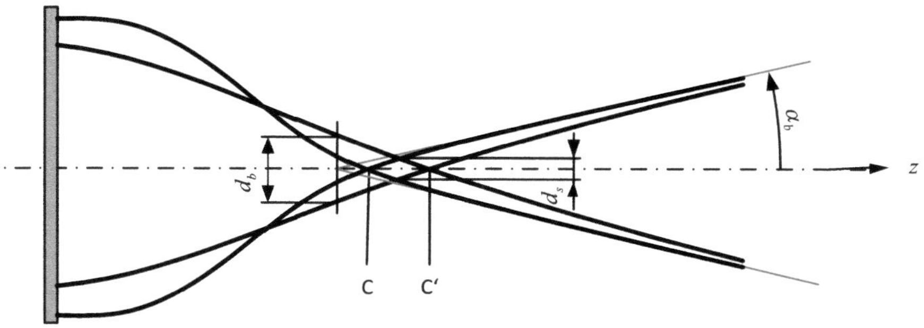

Bild 4.11: Extreme Elektronenbahnen im Strahlerzeuger bestimmen die Cross-Over-Punkte.

Elektronenbahnen

In **Bild 4.11** sind zwei mögliche Paare von Elektronenbahnen dargestellt. Man sieht, dass es keinen gemeinsamen Schnittpunkt, den sogenannten Crossover (Punkte C und C'), gibt. Die Bahnen sind durch das elektrostatische Feld gekrümmt und hängen von der Startgeschwindigkeit und dem Startwinkel zur Flächennormalen ab. Außerdem spielt der Abstand des Startpunktes von der Symmetrieachse (z-Achse) eine Rolle. Mit der Vorstellung von sehr

vielen Elektronenbahnen ergibt sich ein Bahnenbündel, das weiterhin Elektronenstrahl genannt wird. Er wird durch den kleinsten Strahldurchmesser d_s und den Brennfleck mit dem Durchmesser d_b und die Apertur (Winkel α_b) gekennzeichnet. Der Durchmesser des Brennflecks ist die Dicke des Elektronenstrahls am Schnittpunkt der beiden Geraden, die von den umhüllenden geradlinigen Elektronenbahnen im feldfreiem Raum gebildet werden. Brennfleck und kleinster Strahldurchmesser stimmen im Allgemeinen nicht überein. Der kleinste Strahldurchmesser kann in Strahlrichtung gesehen hinter der Anode liegen. Der Brennfleck seinerseits kann virtuell hinter der Kathode (gegen die Strahlrichtung) liegen.
Die auf die Elektronen einwirkenden Kräfte resultieren nicht nur aus den angelegten Spannungen an Anode und Steuerelektrode. Wie bereits erwähnt, können sich negative Raumladungen ausbilden, die das elektrostatische Feld verändern. Schließlich stellen bewegte Elektronen elektrische Ströme dar, die ihrerseits ein Magnetfeld generieren. Dieses Magnetfeld wirkt über die Lorentz-Kraft auf die Elektronenbahnen zurück. Außerdem kann es bei sehr hohen Beschleunigungsspannungen notwendig sein, relativistische Effekte zu berücksichtigen.

Strahlleistung

Um diese vielfältigen Einflüsse auf einen Elektronenstrahl gezielter zuzuordnen, werden die Strahlerzeuger nach der Elektronenstrahlleistung $P = U_b I_b$ unterteilt. Zur Unterscheidung dient nicht die Leistung selbst, sondern eine Art normierte Leitfähigkeit in Form einer Kennziffer p, die als Perveanz bezeichnet wird.

$$p = I_b/\mathrm{A} \cdot (U_b/\mathrm{V})^{-3/2} \tag{4.13}$$

Im Bereich von $p < 10^{-8}$ sind die Raumladungswirkungen wegen der relativ hohen Beschleunigungsspannung U_b gering und vernachlässigbar. Das betrifft Strahlerzeuger kleiner Leistung, bei denen die Kathodentemperatur den Strahlstrom I_b bestimmt. Z. B. ergibt sich mit $I_b = 1\,\mathrm{mA}$ und $U_b = 100\,\mathrm{kV}$ eine Perveanz $p \approx 10^{-11}$. Die Leistung dieses Strahlerzeugers beträgt 100 W. Bei dieser kleinen Leistung genügt eine kleinflächige Kathode (s. **Bild 4.12**). Es gelingt deshalb relativ leicht, einen kleinen Brennfleck zu erzielen, dessen Stromdichte deutlich höher als die Emissionsstromdichte auf der Kathode ist. Damit können ein kleiner Fokus im µm-Bereich und somit hohe Leistungsdichten am Wirkungsort erreicht werden. Zusammen mit der raschen Steuerung des Strahlstromes ist dies für die gepulste thermische Bearbeitung (Bohren, Fräsen usw.) vorteilhaft.

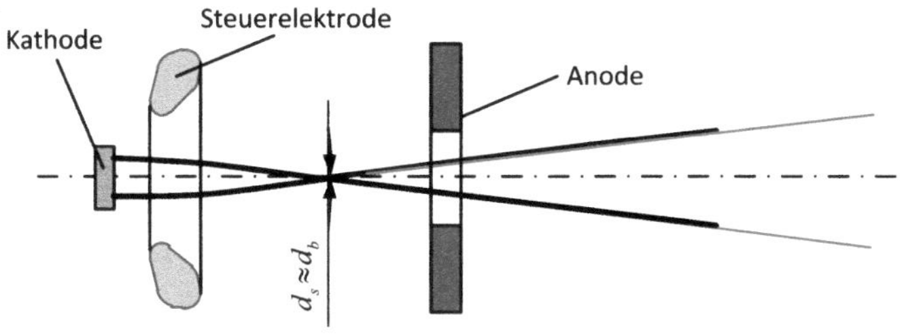

Bild 4.12: Kleinflächige Kathoden ergeben kleinflächige Brennflecke z. B. für präzise Bearbeitungsaufgaben

Im Bereich einer Perveanz von $p > 10^{-6}$ wird die Strahlformierung stark von den negativen Raumladungen begrenzt. Das sind, wie erwähnt, Strahlerzeuger hoher Leistung. Hier ist die Perveanz relativ groß, weil ein hoher Strahlstrom im Verhältnis zu einer kleinen Beschleunigungsspannung steht. Z. B. ergibt sich mit $I_b = 40\,\text{A}$ und $U_b = 30\,\text{kV}$ eine Perveanz $p \approx 10^{-5}$. Die Leistung dieses Strahlerzeugers ist mit $U_b I_b = 1{,}2\,\text{MW}$ relativ hoch. In diesem Fall kommt es vorzugsweise darauf an, die Verluste durch auf die Anode treffende Elektronen so klein wie möglich zu halten. Das **Bild 4.13** zeigt eine schematische Anordnung eines raumladungsbegrenzten Strahlerzeugers. Die konkave Oberfläche der Kathode hat bereits eine fokussierende Wirkung. Form, Abstand und Potenzial der Steuerelektrode werden auf minimale Verluste ausgelegt. Deshalb wird die Spannung an der Steuerelektrode in der Regel konstant gehalten, was sie zu einer reinen Fokussierelektrode macht. Es werden Verluste von unter 1% erreicht; das sind bei der oben genannten Leistung immer noch 12 kW, die von der Anode durch Kühlung abgeführt werden müssen. Die Nachteile dieses Strahlerzeugers mit einer trägen Steuerung des Strahlstromes (z. B. über die Kathodentemperatur) sowie einem relativ großen Fokus und damit relativ kleiner Leistungsdichte am Wirkungsort sind, beispielsweise beim Umschmelzen, unerheblich.

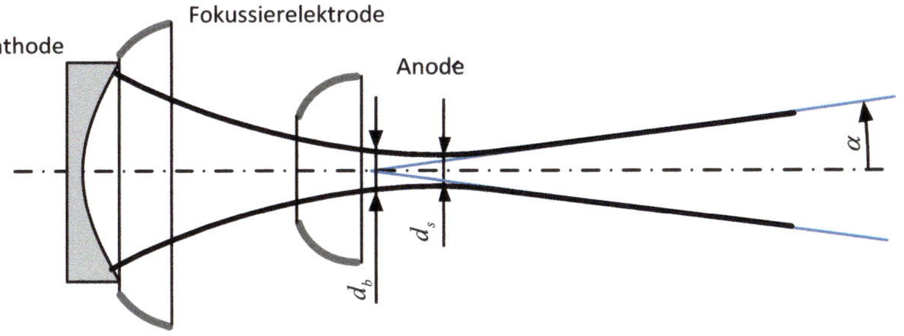

Bild 4.13: Strahlerzeuger mit großflächiger konkaver Kathode für das Umschmelzen

4.1.2 Berechnung

Eine optimale Auslegung der Geometrie eines Elektronenstrahlers zu Formen, Abständen und Abmessungen von Kathode, Anode usw. erfordert viel Erfahrung und spezielle Fähigkeiten. Eine numerische Berechnung der Elektronenbahnen kann dafür hilfreich sein. Nachfolgend werden einige einführende Hinweise gegeben, die keinen Anspruch auf Vollkommenheit erheben, weshalb bei der Notwendigkeit einer Berechnung auf kommerzielle Software verwiesen wird. In [11] sind numerische Verfahren zur Berechnung von Strahlerzeugern unter Berücksichtigung der Raumladungen ausführlich dargestellt.
Die Erläuterungen beziehen sich auf die Elektronenbahnen im Strahlerzeuger, sie gelten jedoch prinzipiell auch für den Teil der Strahlführung. Es wird eine axialsymmetrische Anordnung angenommen, wie es das Beispiel nach **Bild 4.14** zeigt. D. h., die Elektronenbahnen sind entlang einer φ-Koordinate gleichmäßig verteilt. Rückstreuungen, wie sie beim Aufprall der Elektronen auf einen Festkörper auftreten können, werden ebenso wie gegenseitige Stöße der Elektronen nicht berücksichtigt. Rotationsbewegungen der Elektronen um die z-Achse werden vernachlässigt. Relativistische Effekte, die bei sehr hohen Beschleunigungsspannungen auftreten (siehe 4.1.6), werden nicht beachtet.

Potenzialfeld

Das Potenzialfeld wird wegen der möglichen Raumladungen ρ durch die Poisson'sche Gleichung beschrieben.

$$\Delta\varphi = -\rho/\varepsilon_0 \tag{4.14}$$

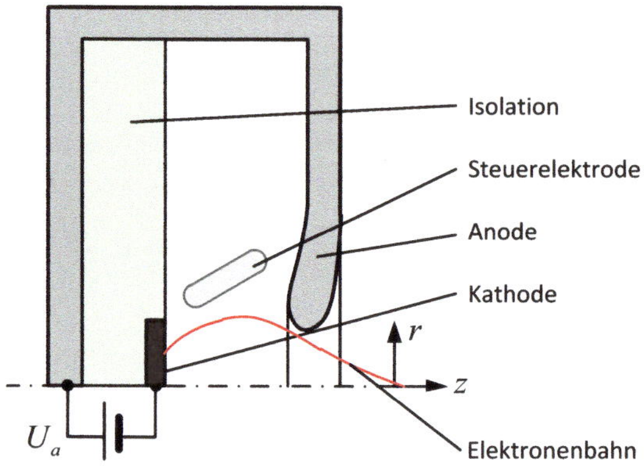

Bild 4.14: Lösungsgebiet einer axialsymmetrischen Anordnung zur numerischen Berechnung der Elektronenbahnen

Wegen der Axialsymmetrie folgt daraus in Zylinderkoordinaten:

$$\frac{1}{r}\frac{\partial \varphi}{\partial r} + \frac{\partial^2 \varphi}{\partial r^2} + \frac{\partial^2 \varphi}{\partial z^2} = -\rho/\varepsilon_0. \tag{4.15}$$

Die Raumladung ist durch die Dichte n_e der Elektronen und deren Elementarladung $(-e)$ bestimmt.

$$\rho = (-e)n_e \tag{4.16}$$

Die zu bestimmenden Funktionen in (4.15) sind das Potenzial $\varphi(r, z)$ und die Raumladungsdichte $\rho(r, z)$. Es soll eine iterative Lösung skizziert werden, bei der im ersten Schritt die Raumladungen als vorgegeben bzw. vernachlässigbar angenommen werden. Letzteres entspricht einer hohen Beschleunigungsspannung bei relativ kleinen Strahlströmen, weshalb ein möglicher Elektronenstau vor der Kathode vernachlässigbar ist.
In **Bild 4.15** sind die Randbedingungen für das elektrische Potenzial $\varphi(r, z)$ eingetragen. Die numerische Berechnung kann beispielsweise mit der im Teil 1 des Buches erläuterten Finite-Elemente-Methode (FEM) erfolgen. Durch die Bohrung in der Anode kann das elektrische Feld aus dem Raum zwischen Anode und Kathode austreten. Deshalb ist es erforderlich, einen künstlichen Rand anzunehmen, für den hier ebenfalls Anodenpotenzial angenommen wird.

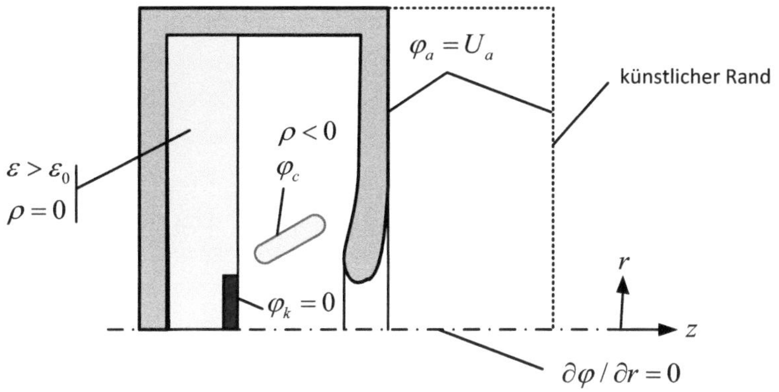

Bild 4.15: Modifizierte Anordnung mit Randbedingungen für das elektrische Potenzialfeld

Elektronenbahnen

Die Bahn eines einzelnen Elektrons wird mit (4.6) beschrieben, wobei zum Kraftterm auf der rechten Seite noch die Lorentz-Kraft

$$\vec{F}_L = F_r\vec{e}_r + F_z\vec{e}_z \tag{4.17}$$

addiert wird.

$$m_e \frac{\mathrm{d}\,\vec{v}}{\mathrm{d}\,t} = e\,\mathrm{grad}\,\varphi + \vec{F}_L \tag{4.18}$$

Der Vektor der Lorentz-Kraft steht stets senkrecht auf der Geschwindigkeit, weshalb von ihr nur die Richtung, aber nicht der Betrag der Elektronengeschwindigkeit verändert wird (kein Energieeintrag). Da in der Lorentz-Kraft das noch unbekannte Magnetfeld $\vec{H}$ enthalten ist, wird auch hier iterativ vorgegangen und die Lorentz-Kraft zunächst als gegeben oder als vernachlässigbar angenommen.
Die Auflösung der Bewegungsgleichung (4.18) nach den Komponenten der Geschwindigkeit ergibt mit den von der Zeit abhängigen Ortskoordinaten $r(t)$ und

$z(t)$ des Elektrons:

$$m_e \frac{\mathrm{d}\, v_r}{\mathrm{d}\, t} = m_e \frac{\mathrm{d}^2\, r}{\mathrm{d}\, t^2} = e\, \frac{\partial \varphi}{\partial r} + F_r \tag{4.19}$$

$$m_e \frac{\mathrm{d}\, v_z}{\mathrm{d}\, t} = m_e \frac{\mathrm{d}^2\, z}{\mathrm{d}\, t^2} = e\, \frac{\partial \varphi}{\partial z} + F_z\,. \tag{4.20}$$

Die Elektronen werden im elektrischen Feld beschleunigt und haben nach (4.11) einen Zuwachs an kinetischer Energie, der dem jeweiligen Potenzial, auf dem sie sich gerade befinden, entspricht.

$$\frac{m_e}{2}(v_r^2 + v_z^2) = \frac{m_e}{2}[(\frac{\mathrm{d}\, r}{\mathrm{d}\, t})^2 + (\frac{\mathrm{d}\, z}{\mathrm{d}\, t})^2] = \frac{m_e}{2} v^2 = e\, U + \frac{m_e}{2} v_s^2 \tag{4.21}$$

Die kinetische Energie bzw. das Quadrat der Geschwindigkeit der Elektronen sind danach linear mit dem Potenzial verknüpft. D. h., auf einer Fläche konstanten Potenzials haben die Elektronen eine kinetische Energie, die sich lediglich durch die kinetische Startenergie unterscheidet. Falls letztere bekannt ist, dann ist der Betrag der Geschwindigkeit der Elektronen mit dem Potenzial bestimmt.

Das Ziel besteht darin, die stationären Elektronenbahnen zu bestimmen, weshalb die Abhängigkeit von der Zeit nicht von Interesse ist. Um deshalb die Zeitableitungen in (4.19) und (4.20) zu umgehen, kann (4.21) genutzt werden. Dazu wird das Verhältnis n der beiden Geschwindigkeitskomponenten als Hilfsgröße eingeführt.

$$n(r, z) = \frac{v_r}{v_z} = \frac{\mathrm{d}\, r/\mathrm{d}\, t}{\mathrm{d}\, z/\mathrm{d}\, t} = \frac{\mathrm{d}\, r}{\mathrm{d}\, z} \tag{4.22}$$

Die skalare Größe n gibt das Verhältnis der pro Zeiteinheit zurückgelegten Wege der Elektronen in r- und z- Richtung an (s. **Bild 4.16**) und wird weiterhin als Neigung (zur z-Achse) bezeichnet. Weiter wird der zurückgelegte Weg $\mathrm{d}\, r$ als eine Funktion von $\mathrm{d}\, z$ aufgefasst. Damit gilt für die r-Komponente der Geschwindigkeit:

$$\frac{\mathrm{d}\, r}{\mathrm{d}\, t} = \frac{\mathrm{d}\, r}{\mathrm{d}\, z} \frac{\mathrm{d}\, z}{\mathrm{d}\, t} = n\, \frac{\mathrm{d}\, z}{\mathrm{d}\, t}\,. \tag{4.23}$$

Für die zweite Ableitung nach der Zeit ergibt sich mit der Produktregel:

$$\frac{\mathrm{d}^2\, r}{\mathrm{d}\, t^2} = \frac{\mathrm{d}\, n}{\mathrm{d}\, z}\, (\frac{\mathrm{d}\, z}{\mathrm{d}\, t})^2 + n\, \frac{\mathrm{d}^2\, z}{\mathrm{d}\, t^2}. \tag{4.24}$$

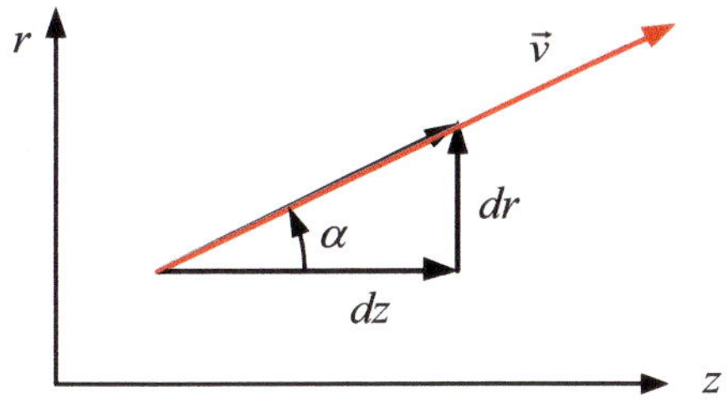

Bild 4.16: Neigung n einer Elektronenbahn wird durch die zurückgelegten Wegstrecken eines Zeitschrittes bestimmt

Aus (4.23) und (4.21) ergibt sich:

$$(\frac{\mathrm{d}\,z}{\mathrm{d}\,t})^2 = \frac{2\,e\,\varphi}{m_e(1+n^2)}. \tag{4.25}$$

Aus den Gleichungen (4.19) und (4.20) folgt nach einfacher Umordnung:

$$\frac{\mathrm{d}^2\,r}{\mathrm{d}\,t^2} = \frac{1}{m_e}(e\,\frac{\partial\varphi}{\partial r} + F_r) \tag{4.26}$$

$$\frac{\mathrm{d}^2\,z}{\mathrm{d}\,t^2} = \frac{1}{m_e}(e\,\frac{\partial\varphi}{\partial z} + F_z)\,. \tag{4.27}$$

Nun können in (4.24) die Terme mit den Zeitableitungen ersetzt werden. Dazu sind (4.25), (4.26) und (4.27) einzusetzen.

$$\frac{1}{m_e}(e\,\frac{\partial\varphi}{\partial r} + F_r) = \frac{\mathrm{d}\,n}{\mathrm{d}\,z}\,\frac{2\,e\,\varphi}{m_e(1+n^2)} + \frac{n}{m_e}(e\,\frac{\partial\varphi}{\partial z} + F_z) \tag{4.28}$$

Nach Kürzung und Umordnung folgt:

$$\frac{\mathrm{d}\,n}{\mathrm{d}\,z} = \frac{(1+n^2)}{2\varphi}(\frac{\partial\varphi}{\partial r} - n\frac{\partial\varphi}{\partial z} + \frac{F_r}{e} - n\frac{F_z}{e})\,. \tag{4.29}$$

Das ist eine nichtlineare Differentialgleichung erster Ordnung bezüglich der Neigung n, mit der die Richtungsänderung der Flugbahn aufgrund von Coulomb- und Lorentz-Kräften beschrieben wird. Mit dem bereits bekannten Betrag der Geschwindigkeit $v(\varphi)$ nach (4.21) ist damit das Geschwindigkeitsfeld bestimmt.

Aus Bild 4.16 und mit der Umwandlung der sin- und cos-Funktionen in die tan-Funktion folgt:

$$v_r = v\,\sin\alpha = v\,n\sqrt{\frac{1}{1+n^2}} = \sqrt{\frac{2e\varphi}{m_e}}\,n\sqrt{\frac{1}{1+n^2}} \tag{4.30}$$

$$v_z = v\,\cos\alpha = v\,\sqrt{\frac{1}{1+n^2}} = \sqrt{\frac{2e\varphi}{m_e}}\,\sqrt{\frac{1}{1+n^2}}\,. \tag{4.31}$$

Ein einzelnes Elektron startet von einem beliebigen Ort auf der kreisförmigen Kathodenoberfläche A_k und dem Radius r_k sowie mit unterschiedlichen Geschwindigkeiten v_s und unterschiedlichen Neigungen n_s (s. Abschnitt 4.1.1). Wenn man sich die r,φ- Ebene mit einem Gitternetz überzogen vorstellt, dann durchläuft das Elektron eine Folge von Gitterelementen bei seinem Lauf von der Kathode bis zum Aufschlag auf einen Festkörper (Anode, Werkstück und Gehäuse).

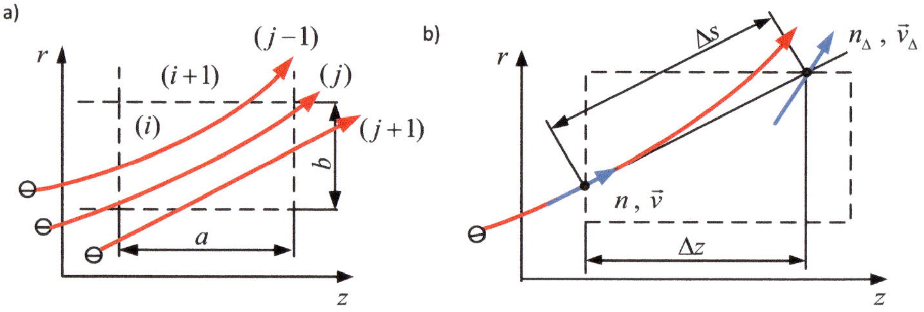

Bild 4.17: Diskrete Änderung von Neigung und Geschwindigkeit in einem Gitterelement

In **Bild 4.17** sind die möglichen Flugbahnen dargestellt. Mit bekannter Neigung der Flugbahn n an der kreuzenden Gitterlinie kann mithilfe von (4.29) die Korrektur der Flugbahn beim Austritt aus dem jeweiligen Element näherungsweise bestimmt werden (s. Bild 4.17 b). Bei Gitterelementen, die an die Kathode grenzen, ist die Neigung und Anfangsgeschwindigkeit gegeben. Es wird angenommen, dass im betrachteten Gitterelement die Größen n, grad φ und $\vec{F}_L$ konstant sind. Damit kann die Änderung Δn bestimmt werden.

$$\Delta n = \frac{(1+n^2)}{2\varphi}\left(\frac{\partial\varphi}{\partial r} - n\frac{\partial\varphi}{\partial z} + \frac{F_r}{e} - n\frac{F_z}{e}\right)\Delta z \tag{4.32}$$

Aus Bild 4.17 b wird die Ungenauigkeit anhand des wahren und des berechneten Austrittspunktes deutlich. Daher gibt es verschiedene Methoden zur weiteren Verbesserung der Rechnung und die Möglichkeit, das Gitternetz mit den variablen Abmessungen a und b bis in den Submillimeter-Bereich zu verfeinern. Falls eine Flugbahn die z-Achse kreuzt, so wird entsprechend der Zylindersymmetrie angenommen, dass sie sich spiegelt und sich mit Ausfallwinkel = Einfallwinkel fortsetzt (s. **Bild 4.18**).

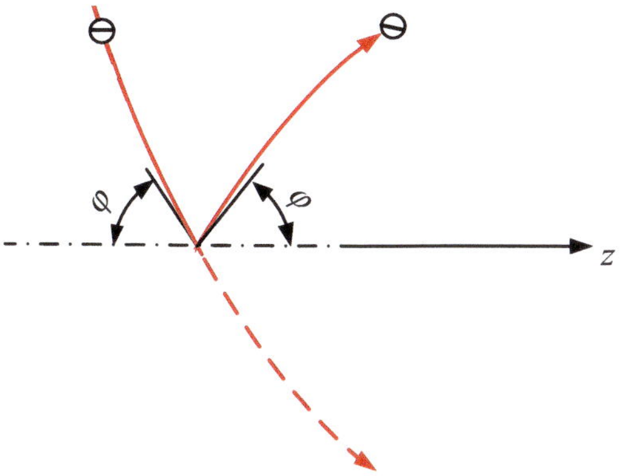

Bild 4.18: Zum angenommenen Bahnverlauf an der Symmetrieachse mit Einfallswinkel gleich Ausfallswinkel

Das entspricht dann allerdings einem anderen Elektron, das einen um den Winkel π versetzten Startpunkt bei gleichem Radius und identischer Startgeschwindigkeit und Neigung hat.
Tatsächlich gibt es auch Elektronen, die in φ-Richtung starten. Durch deren spiralförmige Bahnen wird eine z-Komponente des magnetischen Feldes erzeugt. Hier wird davon ausgegangen, dass es eine Gleichverteilung der links- und rechts drehenden Elektronen gibt, sodass sich das erzeugte magnetische Feld aufhebt. Hier wird diese Bewegungskomponente der Elektronen vernachlässigt. Die Aufenthaltsdauer des einzelnen Elektrons im jeweiligen Gitterelement (i) kann aus dem zurückgelegten Weg Δs und der Geschwindigkeit v bestimmt werden.

$$\Delta t_i = \frac{\Delta s}{v} \tag{4.33}$$

Wegen der angenommenen Zylindersymmetrie wird mit dem einen hier betrachteten Elektron eigentlich die Menge aller der Elektronen beschrieben, die auf dem gleichen Radius der Kathodenoberfläche mit gleicher Geschwindigkeit und

Neigung starten. Um ein möglichst reales Bild von dem Geschwindigkeitsfeld zu erhalten, müssen folglich sehr viele Elektronenbahnen mit unterschiedlichen Startpunkten (Radius auf der Kathode, Neigungen und Startgeschwindigkeiten) in folgenden Wertebereichen berechnet werden.

$$r = 0.....r_k \tag{4.34}$$

$$v_s = 0.....v_{max} \tag{4.35}$$

$$n_s = -1....0.... + 1 \tag{4.36}$$

Dabei muss die Häufigkeit der Größen v_s und n_s den Wahrscheinlichkeiten, wie sie beispielhaft in Bild 4.3 und Bild 4.4 dargestellt sind, entsprechen.

Von den sehr vielen Bahnkurven werden, wie bereits erwähnt, die Aufenthaltszeiten Δt_i und die Neigungen an den kreuzenden Gitterlinien gespeichert. Aus den möglicherweise vielen Neigungen um einen Knotenpunkt (Kreuzung zweier Gitterlinien) ist ein Mittelwert zu bilden, wie dies in **Bild 4.19** dargestellt ist. Auf diese Weise werden jedem Knotenpunkt ein Potenzial φ, ein Geschwindigkeitsbetrag v sowie eine Neigung n zugeordnet. Somit ist an jedem Knotenpunkt ein Geschwindigkeitsvektor bestimmt, wobei die statistischen Schwankungen insbesondere in der Nähe der Kathode wegen der Mittelwertbildung geglättet sind.

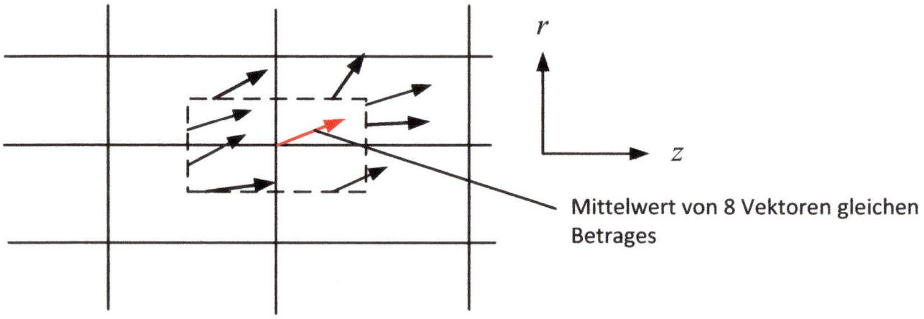

Bild 4.19: Mittelwertbildung auf einem Knotenpunkt aus den Werten auf den angrenzenden halben Gitterlinien

Raumladungen

Die Ausbildung der Raumladungen nach (4.16) ist ein instationärer Vorgang, der unmittelbar nach dem Einschalten oder nach einer Veränderung der Kathodenheizung oder der Beschleunigungsspannung erfolgt. Hier sollen nur stationäre Zustände betrachtet werden. In diesem Falle gilt für die Stromdichte Quellenfreiheit innerhalb des Lösungsgebietes.

$$\operatorname{div} \vec{J} = 0 \tag{4.37}$$

Aus der Definition der Stromdichte mit

$$\vec{J} = -en_e\vec{v} \tag{4.38}$$

wird klar, dass mit zunehmender Geschwindigkeit der Elektronen der Abstand zwischen ihnen zunimmt und damit die Dichte n_e abnimmt (s. **Bild 4.20**). Der Vergleich mit der Fahrzeugdichte in und nach einer Baustelle ist naheliegend. Da die Beschleunigung nicht gleichzeitig für alle Fahrzeuge erfolgen kann, ergibt sich nach der Baustelle eine geringere Fahrzeugdichte.
Die Raumladung Q_i in einem Gitterelement (Index i) kann aus den berechneten Bahnkurven (Durchlauf mit Index $j = 1....n$) bestimmt werden. Dazu wird die zu jedem Element (Index $i = 1....m$) und zu jedem Durchlauf (j) ermittelte Verweilzeit Δt_i^j herangezogen. Die Summe aller Verweilzeiten zu einem Element ergibt ein Maß für die Raumladung.

$$s_i = \Sigma_{j=1}^n \Delta t_i^j \tag{4.39}$$

Hier ist zu beachten, dass bei einem Durchlauf (j) nur dann zum jeweiligen Element (i) ein Beitrag addiert werden kann, wenn dieses Element auch von der Elektronenbahn (j) durchlaufen wird. Das sind im Vergleich zur Gesamtheit aller Gitterelemente sehr wenige. Die Summe der Verweilzeiten aller Elemente s wird später benötigt.

$$s = \Sigma_{i=1}^m s_i \tag{4.40}$$

Die Zeit eines Durchlaufs vom Start bis zum Aufprall auf einen Festkörper oder Erreichen des Anodenpotenzials in der Anodenbohrung ergibt sich aus den Beiträgen der durchlaufenen Elemente.

$$d_j = \Sigma_{i=1}^m \Delta t_i^j \tag{4.41}$$

Aus der mittleren Flugdauer

$$d = \frac{1}{n}\Sigma_{j=1}^n d_j \tag{4.42}$$

und dem Kathodenstrom kann die gesamte Ladung im Raum zwischen Anode und Kathode bestimmt werden.

$$Q = I_k d = J_e A_k d \tag{4.43}$$

Darin bezeichnet J_e die von der Kathode emittierte Stromdichte, die nach (4.5) oder (4.4) zwar berechnet werden kann, aber nur den idealisierten Bedingungen des Child-Langmuir'schen- oder dem Richardson-Dushman'schen-Gesetz (s. 4.1.1) entspricht. Es ist deshalb erforderlich, diese Stromdichte zunächst als Startwert einer weiteren Iteration anzunehmen. Die freie Ladung in einem Element Q_i ergibt sich aus der Verweilzeit.

$$Q_i = -I_k ds_i / s \tag{4.44}$$

Pro Volumenelement V_i (wegen der Zylindersymmetrie ein Ring) ergibt sich danach die Raumladungsdichte zu

$$\rho_i = Q_i / V_i, \tag{4.45}$$

woraus schließlich die Elektronendichte

$$n_e = Q_i / (-eV_i) \tag{4.46}$$

folgt.

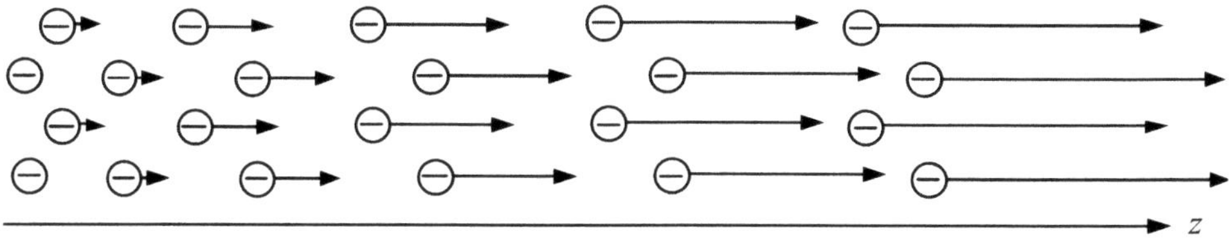

Bild 4.20: Zur Abhängigkeit der Elektronendichte von der erreichten Geschwindigkeit

Lorentz-Kräfte

Die Stromdichte ist mit (4.38) aus dem Geschwindigkeitsfeld und der Elektronendichte bestimmbar. Die darauf wirkende Lorentz-Kraft

$$\vec{f}_L = \vec{J} \times \mu_0 \vec{H} \tag{4.47}$$

wird mit dem magnetische Feld im iterativen Prozess bestimmt, indem beispielsweise mit dem Biot-Savart'schen Gesetz aus der Gesamtheit des Geschwindigkeitsfeldes bzw. des Stromdichtefeldes das magnetische Feld berechnet wird. Wegen der axialsymmetrischen Stromdichte mit r- und z-Komponenten existiert nur eine φ- Komponente der magnetische Feldstärke. Der Elektronenstrahl wird durch sein eigenes Feld komprimiert. Das entspricht dem Pinch-Effekt, der beispielsweise in der Schmelzrinne des Rinnenofens zu beobachten ist. Die Kompression ist jedoch nicht grenzenlos, denn ab einer bestimmten Elektronendichte machen sich die abstoßenden Coulomb'schen Kräfte bemerkbar. Diese wurden jedoch bei der Lösung der Poisson'schen Gleichung nach (4.14) bereits berücksichtigt.

Bilanzen

Mit Bilanzen kann eine erste Überprüfung der numerisch gewonnenen Ergebnisse erfolgen. Hier ist wiederholt anzumerken, dass die Erfüllung von Bilanzgleichungen für die Richtigkeit der Ergebnisse notwendig, aber nicht hinreichend ist.
Eine erste Bilanz ist die zur Quellenfreiheit der Stromdichte nach (4.37) und (4.38), worin sowohl n_e als auch v Funktionen von r und z sind.

$$\mathrm{div}(n_e \vec{v}) = 0 \tag{4.48}$$

Wegen der angenommenen stationären Bedingungen müssen die von der Kathode eingespeisten Elektronen gleich den abfließenden Elektronen sein. Die Bilanz wird mit den Stromdichten und deren Zählrichtungen nach **Bild 4.21** aufgeschrieben. Danach kann es Elektronenströme zur Anode (Kontur S_a), zur Isolation (Kontur S_i), zur Steuerelektrode (Kontur S_c) und in die Anodenbohrung (Radius r_b) geben.

$$\int_0^{r_k} (-J_z)\, r\, \mathrm{d}\, r = \int_{S_a, S_c} \vec{n}\vec{J}\, r\, \mathrm{d}\, S - \int_0^{r_b} \vec{e}_z \vec{J}\, r\, \mathrm{d}\, r + \int_{S_i} \vec{e}_z \vec{J}\, r\, \mathrm{d}\, S \tag{4.49}$$

Die linke Seite dieser Gleichung weist die zufließenden und die rechte Seite die abfließenden Elektronen aus. In der Normalkomponente der Stromdichte sind die Elektronen enthalten, die pro Zeit- und Flächeneinheit in die durch die Flächennormale ausgewiesene Fläche eintreten.

$$\dot{n}_a = \frac{J_n}{e} \tag{4.50}$$

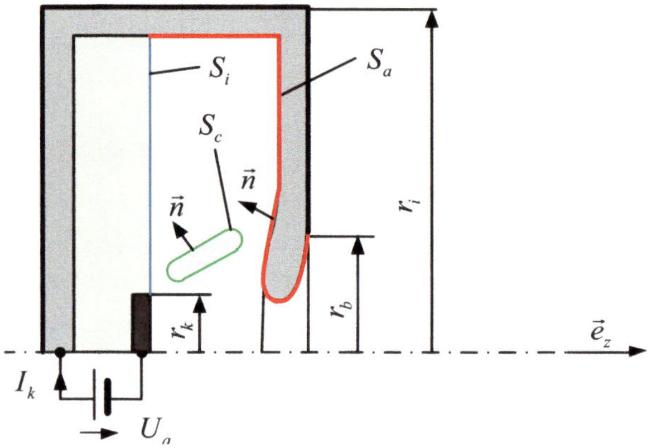

Bild 4.21: Bilanz der Ströme; im stationärem Zustand ist die Anzahl der emittierte Elektronen gleich der auf einem Festkörper auftreffenden.

Bei einer Leistungsbilanz muss das Produkt aus Beschleunigungsspannung U_b und Kathodenstrom I_k der kinetischen Energie aller Elektronen $m_e v^2/2$ entsprechen, mit der diese auf einen Festkörper aufschlagen oder in die Anodenbohrung eintreten.

$$P = U_b \int_0^{r_k} (-J_z)\, r \,\mathrm{d}\, r = U_b I_k \tag{4.51}$$

$$P = \frac{\pi m_e}{e} \left\{ \int_{S_a, S_c} \vec{n} \vec{J} v^2 \, r \,\mathrm{d}\, S - \int_0^{r_b} \vec{e}_z \vec{J} v^2 \, r \,\mathrm{d}\, r + \int_{S_i} \vec{e}_z \vec{J} v^2 \, r \,\mathrm{d}\, S \right\} \tag{4.52}$$

Vernachlässigt man die relativ geringe Startenergie, dann ist die kinetische Energie der Elektronen dem Potenzial nach (4.21) proportional.

$$P = 2\pi \left\{ \varphi_a \int_{S_a} \vec{n} \vec{J} \, r \,\mathrm{d}\, S + \varphi_c \int_{S_c} \vec{n} \vec{J} \, r \,\mathrm{d}\, S - \int_0^{r_b} \varphi \, \vec{e}_z \vec{J} \, r \,\mathrm{d}\, r + \int_{S_i} \varphi \, \vec{e}_z \vec{J} \, r \,\mathrm{d}\, S \right\} \tag{4.53}$$

Mit der Annahme, dass das Potenzial in der Bohrung konstant und gleich dem der Anode ist, ergibt sich mit $\phi_a = U_b$ eine mit (4.49) vergleichbare Bilanzgleichung, die sich lediglich durch die Verluste an der Steuerelektrode und Isolation unterscheiden.

$$P = 2\pi \left\{ U_b [\int_{S_a} \vec{n} \vec{J} \, r \,\mathrm{d}\, S - \int_0^{r_b} \vec{e}_z \vec{J} \, r \,\mathrm{d}\, r] + \varphi_c \int_{S_c} \vec{n} \vec{J} \, r \,\mathrm{d}\, S + \int_{S_i} \varphi \, \vec{e}_z \vec{J} \, r \,\mathrm{d}\, S \right\} \tag{4.54}$$

4.1.3 Strahlführung

Die Strahlführung hat die Aufgabe, den Elektronenstrahl auf einen vorgegebenen Wirkungsort mit einer vorgegebenen Leistungsdichte zu lenken. Dies bedeutet, dass der kleinste Strahldurchmesser im Strahlerzeuger d_b vermindert oder vergrößert am Wirkungsort abzubilden ist. Der Wirkungsort ist ein Punkt mit den Koordinaten x_i, y_i, z_i auf der Wirkungsebene. D. h., die Wirkungsebene mit der Koordinate z_i kann ebenfalls in der Tiefe variieren. Das ist beispielsweise dann der Fall, wenn eine dreidimensionale Schweißnaht in die Höhe (kleinere z-Werte) oder Tiefe (größere z-Werte) führt. Um den Fokus auf den Wirkungsort zu richten, wird der Strahl abgelenkt, passgenau fokussiert und/oder das Werkstück mittels eines mehrachsigen Systems bewegt. Für die Strahlführung werden hauptsächlich magnetische Gleichfelder eingesetzt, die den entscheidenden Vorteil haben, nicht in energetischer Wechselwirkung mit dem Elektronenstrahl zu treten. Für eine Ablenkung mittels des magnetischen Feldes könnten deshalb auch Permanentmagnete verwendet werden, wobei dann allerdings der magnetische Fluss hinsichtlich Intensität und Richtung nur schwer steuerbar ist. Analytische Berechnungen zu Elektronenbahnen sind beispielsweise in [2] ausführlich dargestellt.

Elektrostatische Ablenkung:

Am einfachsten ist die Ablenkung des Elektronenstrahls im elektrischen Feld zu beschreiben. Mit den Koordinaten nach **Bild 4.22** hat ein Elektron parallel zur z-Achse die konstante Geschwindigkeitskomponente

$$v_z = \sqrt{\frac{2eU_b}{m_e}}. \tag{4.55}$$

Um die Ablenkplatten mit der Länge l zu durchlaufen, benötigt dieses Elektron die Zeit

$$\Delta t = l/v_z. \tag{4.56}$$

In dieser Zeit wird es entgegen der x-Richtung bis zur Geschwindigkeit

$$v_x = \frac{(-e)E}{m_e}\frac{l}{v_z} \tag{4.57}$$

beschleunigt. Das ergibt mit (4.55) für das Verhältnis der beiden Geschwindigkeitskomponenten am Ausgang des Ablenksystems

$$\tan\beta = \frac{v_x}{v_z} = -\frac{E\,l}{2U_b}. \tag{4.58}$$

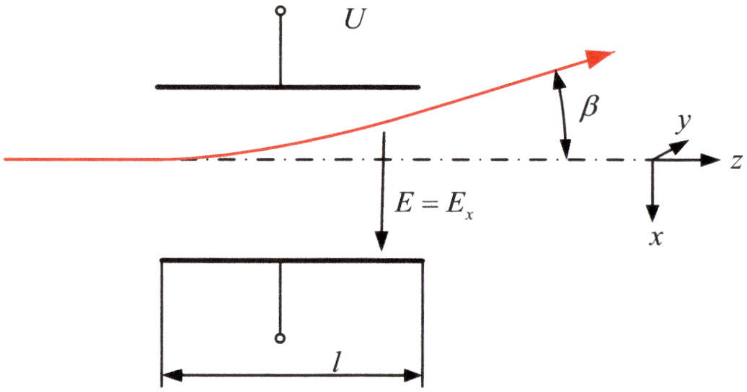

Bild 4.22: Beeinflussung des Elektronenstrahls im elektrischen Feld eines Plattenkondensators

Die zusätzliche Energieaufnahme eines Elektrons durch diese Ablenkung beträgt:

$$\Delta W_e = \frac{m_e}{2} v_x^2 = \frac{eE^2 l^2}{4U_b}\,. \tag{4.59}$$

Die Anzahl der pro Zeiteinheit zusätzlich quer beschleunigten Elektronen kann aus dem Strahlstrom zu I_k/e bestimmt werden. Damit ergibt sich die für die Ablenkung notwendige Leistung.

$$P_x = \Delta W_e \frac{I_k}{e} \tag{4.60}$$

Mit (4.58) und (4.59) ergibt sich hieraus:

$$P_x = (\tan\beta)^2\, U_b I_k\,. \tag{4.61}$$

Das sind beispielsweise bei einer Strahlablenkung mit tan 6ř $\approx 0,1$ ca. 2% der Elektronenstrahlleistung.

Magnetische Ablenkung

Die magnetische Ablenkung wirkt wie eine gekrümmte Röhre auf eine reibungslos rollende Kugel, die nur eine Änderung der Rollrichtung, aber keine Änderung des Betrages der Geschwindigkeit erfährt. Beim Elektron lautet die Bewegungsgleichung:

$$m_e \frac{\mathrm{d}\vec{v}}{\mathrm{d}t} = (-e)\vec{v} \times \vec{B}\,. \tag{4.62}$$

Für ein homogenes Magnetfeld, das senkrecht zur Geschwindigkeit gerichtet ist, kann die Bahnkrümmung R relativ einfach bestimmt werden. In **Bild 4.23** bewegt sich das Elektron in der x,z-Ebene. Das Magnetfeld zeigt in die y-Richtung. Die Differentialgleichung (4.62) wird als Differenzengleichung geschrieben.

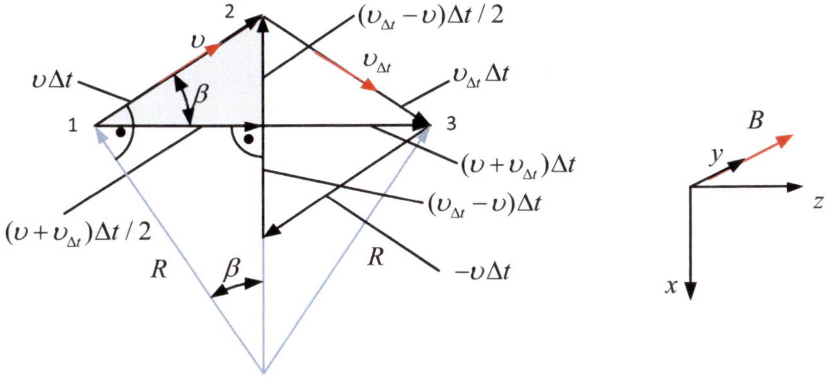

Bild 4.23: Zur Bestimmung der Bahnkrümmung R des Elektrons im homogenen Magnetfeld

$$\frac{\Delta\vec{v}}{\Delta t} \approx \frac{-e}{m_e}\vec{v}_m \times \vec{B} \tag{4.63}$$

Darin wird mit $\vec{v}_m = (\vec{v}_{\Delta t} + \vec{v})/2$ der Mittelwert der Geschwindigkeit zwischen den beiden um Δt versetzten Zeitpunkten bezeichnet. Bei der Bildung des Differenzenquotienten auf der linken Seite von (4.63) ist Vorsicht geboten. Die Differenz der Geschwindigkeiten denkt man sich besser zunächst als Differenz der vom Elektron zurückgelegten Wege. Das ist einmal die Gerade $\vec{v}\,\Delta t$ und zum anderen die Gerade $\vec{v}_{\Delta t}\,\Delta t$. D. h., der Punkt 3 in Bild 4.23 wird erst nach der Zeit $2\,\Delta t$ erreicht. Somit ergibt sich für (4.63):

$$\frac{\vec{v}_{\Delta t} - \vec{v}}{2\Delta t} \approx \frac{-e}{2m_e}(\vec{v}_{\Delta t} + \vec{v}) \times \vec{B}\,. \tag{4.64}$$

Für den speziellen Fall einer homogenen Flussdichte in y-Richtung kann diese Gleichung vereinfacht werden.

$$\frac{\vec{v}_{\Delta t} - \vec{v}}{\Delta t} \approx \frac{-eB}{m_e}(\vec{v}_{\Delta t} + \vec{v}) \times \vec{e}_y \tag{4.65}$$

Somit gilt für die Beträge der Vektoren:

$$\frac{|\vec{v}_{\Delta t} - \vec{v}|}{|\vec{v}_{\Delta t} + \vec{v}|\,\Delta t} \approx \frac{eB}{m_e}\,. \tag{4.66}$$

Mit Blick auf Bild 4.23 ergibt sich für das dunkel unterlegte Dreieck:

$$\sin\beta = \frac{|\vec{v}_{\Delta t} - \vec{v}|}{2\,|\vec{v}|}\,. \tag{4.67}$$

Das ähnliche Dreieck in Bild 4.23 (unter dem dunklen Dreieck) enthält den gesuchten Krümmungsradius R.

$$\sin\beta = \frac{|\vec{v}_{\Delta t} + \vec{v}|\,\Delta t}{2R} \tag{4.68}$$

Aus diesen beiden Gleichungen folgt

$$R = \frac{|\vec{v}_{\Delta t} + \vec{v}|\,\Delta t}{|\vec{v}_{\Delta t} - \vec{v}|}\,|\vec{v}|\,, \tag{4.69}$$

woraus sich mit (4.66) ergibt:

$$R = \frac{m_e}{eB}v\,. \tag{4.70}$$

Mit der im Strahlerzeuger aufgenommenen kinetischen Energie des Elektrons ergibt sich schließlich:

$$R = \frac{1}{B}\sqrt{\frac{2U_b m_e}{e}}\,. \tag{4.71}$$

Das ergibt beispielsweise bei einer Flussdichte $B = 1\,\mathrm{mT}$ und einer Beschleunigungsspannung $U_b = 10\,\mathrm{kV}$ einen Krümmungsradius $R = 335\,\mathrm{mm}$.

Die Differenzengleichung (4.64) ist für eine numerische Berechnung der Bahnkurve auch dann geeignet, wenn die Flussdichte vom Ort abhängt $\vec{B}(x, y, z)$. Dazu wird die Geschwindigkeit $\vec{v}_{\Delta t}$ auf die linke Seite gebracht.

$$\vec{v}_{\Delta t} + \frac{e\Delta t}{m_e}\vec{v}_{\Delta t} \times \vec{B}(x, y, z) = \vec{v} - \frac{e\Delta t}{m_e}\vec{v} \times \vec{B}(x, y, z) \tag{4.72}$$

Für die als bekannt angenommene Startgeschwindigkeit

$$\vec{v}_s = \vec{e}_x v_{1-2,x} + \vec{e}_y v_{1-2,y} + \vec{e}_z v_{1-2,z} \tag{4.73}$$

bei der Bewegung zwischen den Punkten P_1 und P_2 ergibt sich hieraus ein lineares Gleichungssystem, das aus drei Gleichungen und den drei unbekannten Geschwindigkeitskomponenten in

$$\vec{v}_{\Delta t} = \vec{e}_x v_{2-3,x} + \vec{e}_y v_{2-3,y} + \vec{e}_z v_{2-3,z} \tag{4.74}$$

besteht. Mit

$$\vec{r}_3 = \vec{r}_2 + \vec{v}_{\Delta t}\Delta t \tag{4.75}$$

folgen daraus die Koordinaten für den bisher unbestimmten Punkt P_3. In gleicher Weise wird der Weg zwischen den Punkten P_3 und dem weiteren Punkt P_4 bestimmt, weil nun alles zwischen den Punkten P_2 und P_3 bekannt ist. Das kann beliebig fortgesetzt werden. Der Zeitschritt Δt liegt bei den für Elektronenstrahlen typischen Geschwindigkeiten im ns-Bereich. Er kann mit der Gyrofrequenz nach Kapitel 3 abgeschätzt werden.

$$\Delta t << \frac{2\pi m_e}{eB} \tag{4.76}$$

Zur Überprüfung einer numerischen Rechnung mit homogenem Magnetfeld eignet sich (4.71). Außerdem kann die Energiebilanz zur Überprüfung herangezogen werden. Danach muss die kinetische Energie des Elektrons trotz Ablenkung im elektrisch freien Raum konstant bleiben.

Vielpolelemente

Bei den Vielpolelementen wird eine gerade Anzahl von magnetischen Polen symmetrisch um die z-Achse angeordnet. Die Wirkungsrichtung der magnetischen Pole auf den Elektronenstrahl ist mit $-\vec{v}\times\vec{B}$ zu bestimmen. In **Bild 4.24** ist das Schema eines Quadrupols dargestellt, mit dem der Elektronenstrahl in einer beliebigen Richtung der x,y-Ebene abgelenkt werden kann. Dazu sind die Steuerströme $I_1 ... I_4$ entsprechend einzustellen. Die gegenüberliegenden Pole haben hier stets unterschiedliche Polarität. In **Bild 4.25** ist ein Quadrupol dargestellt, mit dem Astigmatismus (Abweichung des Strahlquerschnitts von der Kreisform) in x- bzw. y-Richtung korrigiert werden kann. Die Ansteuerung erfolgt wieder mit vier Strömen, wobei die gegenüberliegenden Pole stets gleiche Polarität aufweisen müssen. Je mehr Pole vorliegen, desto feiner kann korrigiert werden. Beispielsweise kann ein geradzahliger Astigmatismus in beliebiger Richtung durch zwei Quadrupole korrigiert werden, die um 45° versetzt angeordnet sind (s. **Bild 4.26**).

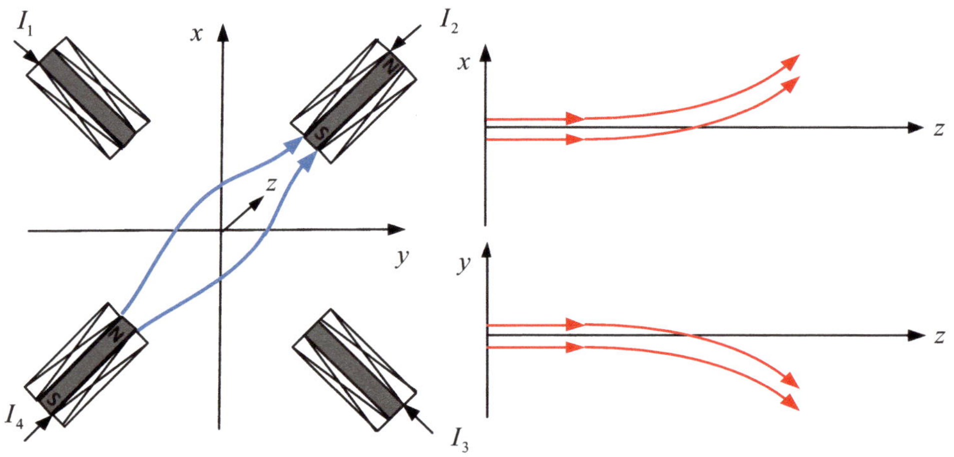

Bild 4.24: Quadrupol als Ablenker; magnetische Flusslinien gelten für den Fall $I_2 = -I_4$ und $I_1 = I_3 = 0$

Die technische Ausgestaltung der Vielpolelemente erfolgt in der Regel nicht mit einzelnen Magneten, wie das beispielsweise in den Abbildungen 4.24 und 4.26 dargestellt ist. Eine mögliche Variante mit vier Toroidspulen auf einem gemeinsamen magnetischen Rückschluss zeigt **Bild 4.27**. Zu beachten ist hier, dass sich im magnetischen Rückschluss bei hochfrequenter Umsteuerung Wirbelströme ausbilden können. Ein gewickeltes Blech wäre folglich ungeeignet.

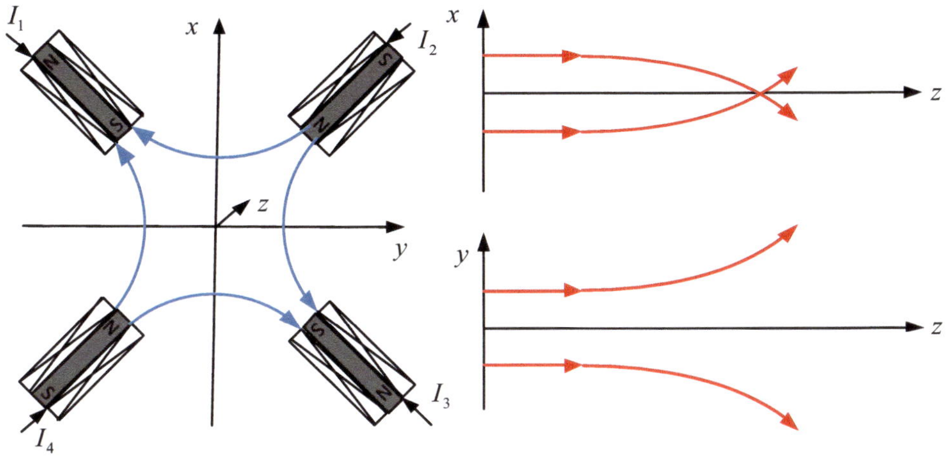

Bild 4.25: Quadrupol als Stigmator; magnetische Flusslinien gelten für den Fall $I_2 = I_4$ und $I_1 = I_3 = -I_2$

Selbstfokussierung

Der entscheidende technologische Vorteil von Elektronenstrahlen ist die hohe Flächenleistungsdichte am Wirkungsort p_a. Neben der bereits erwähnten Fokussierung durch die Lorentz-Kräfte wird noch eine weitere Selbstfokussierung bei höheren Gasdrücken beobachtet. Je höher der Gasdruck ist, desto mehr neutrale Gasteilchen befinden sich im Elektronenstrahl, was zu einer erhöhten Stoßionisation und folglich zu mehr freigesetzten positiven Ionen im Elektronenstrahl führt. Diese Ionen bewegen sich relativ langsam zur Kathode und haben deshalb eine wesentlich längere Aufenthaltsdauer im Elektronenstrahl als die Elektronen. Durch ihre Anwesenheit werden die negativen Eigenraumladungen, die wegen der abstoßenden Coulomb'schen Kräfte gegen eine Fokussierung stehen, teilweise kompensiert. Allerdings ist diese Selbstfokussierung durch höhere Gasdrücke mit Energieverlusten des Elektronenstrahls durch Teilchenstöße verbunden. Außerdem können die auf die Kathode auftreffenden Ionen zu unerwünschten Verunreinigungen dieser und somit zu einer Erhöhung der Austrittsarbeit W_a führen.
Das kann zwar durch eine Bohrung in der Kathode (Ionenfalle) teilweise verhindert werden, schmälert allerdings die verfügbare Emissionsfläche der Kathode. Auch werden bei höheren Gasdrücken Instabilitäten der Elektronenstromdichte und unerwünschte Plasmaschwingungen beobachtet.

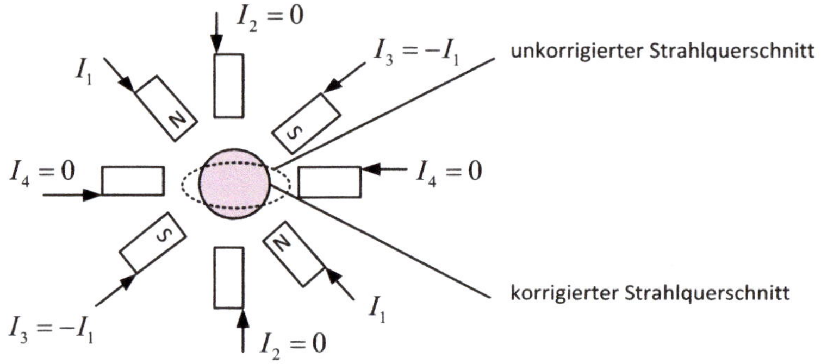

Bild 4.26: Zur Korrektur der Form des Strahlquerschnitts mit einem Stigmator, bestehend aus vier Polpaaren

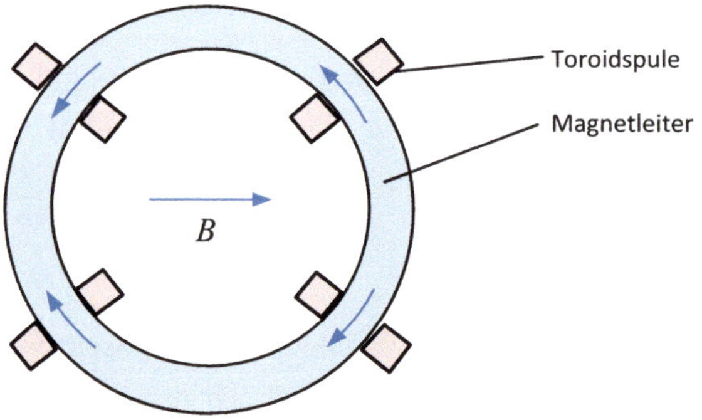

Bild 4.27: Zweckmäßige Konstruktion eines Quadrupols mit magnetischem Joch (zwei Polpaare)

Die magnetischen Linsen erlauben hohe Stromdichten im Fokus ohne die genannten Nachteile. In [21, S. 52 ff] wird unter idealisierten Annahmen die theoretisch erreichbare maximale Stromdichte im Fokus abgeschätzt.

$$J_f = \alpha_f^2 \frac{U_b J_e e}{k T_k} \tag{4.77}$$

Darin bedeutet α_f die Apertur vor dem Fokus (s. z. B. Bild 4.13). Weiter ist eine hohe Sättigungsstromdichte der Kathode J_e nach (4.4) oder (4.5) notwen-

dig. Die Kathodentemperatur T_k sollte dagegen möglichst niedrig sein, weshalb beispielsweise Lanthanhexaborid LaB_6 dem Kathodenmaterial Wolfram vorzuziehen wäre (siehe Tabelle 4.1).
Die Stromdichte enthält nach (4.38) die Anzahl der pro Flächen- und Zeiteinheit am Wirkungsort auftreffenden Elektronen. Damit ergibt sich für einen senkrecht zur Wirkungsfläche auftreffenden Elektronenstrahl die technologisch wichtige Flächenleistungsdichte am Wirkungsort zu:

$$p_a = J_f U_b \,. \tag{4.78}$$

Eine wichtige Forderung ist, dass der Fokus auch auf den richtigen Wirkungsort fällt, wozu eine präzise Anlagensteuerung notwendig ist.

Unbeabsichtigte Ablenkungen

Ein fremdes magnetisches Gleichfeld in der Nähe des Elektronenstrahls kann zu dessen unbeabsichtigter Ablenkung führen. Derartige magnetische Fremdfelder können sogar von Einbauten aus ferromagnetischem Stahl stammen. Diesbezügliche Bauteile sollten deshalb aus austenitischem Material bestehen oder bis auf Flussdichten unter 0,1 mT entmagnetisiert werden. Bei ferritischen Stählen kann der Magnetismus durch eine mechanische Bearbeitung (Bohren, Schleifen usw.) und durch intensiven mechanischen Kontakt mit magnetischen Spannmitteln oder Hebezeugen entstehen. Eine Entmagnetisierung oder Abmagnetisierung von ferritischen Bauteilen kann durch ein anfangs starkes magnetisches Wechselfeld von 50 Hz, das allmählich auf Null abklingt, erfolgen. Dazu muss die magnetische Feldstärke zu Beginn der Entmagnetisierung die Koerzitiv-Feldstärke überschreiten.
Ein wesentlicher Bestandteil der Strahlführung sind elektrostatische und magnetische Einrichtungen, zur Aufweitung und vor allem zur Fokussierung von Elektronenstrahlen. Diese Einrichtungen werden als Linsen bezeichnet, weil sie sich wie optische Linsen verhalten. Allerdings lassen sich die Brennweiten nicht so einfach über den Brechungsindex ermitteln.

4.1.4 Berechnung von Linsen

Es werden elektrostatische und magnetische Linsen betrachtet. Diese sind rotationssymmetrische Elektroden mit einer zentrischen Bohrung oder zylindrische

Spulen, die eine Ablenkung des Elektronenstrahls herbeiführen. Die nachfolgenden Ableitungen beruhen auf der Theorie der Elektronen- und Ionenoptik, wie sie beispielsweise in [2] dargestellt wird.

Annahmen

Einige Annahmen sind für die genäherte Berechnung der Brennweiten von elektrostatischen und magnetischen Linsen notwendig:
Es werden keine relativistischen Erscheinungen berücksichtigt, d. h., die Elektronengeschwindigkeit sollte deutlich unter der Lichtgeschwindigkeit liegen. Bereits bei Beschleunigungsspannungen von 100 kV weicht die klassische Elektronengeschwindigkeit von der relativistischen signifikant ab. Außerdem sollen die Schwingungen der Elektronen noch so klein sein, dass es zu keiner elektromagnetischen Abstrahlung kommt.
Wie bereits oben angenommen, ist die kinetische Energie des Elektrons proportional zum elektrischen Potenzial am momentanen Aufenthaltsort des Elektrons, d. h., die thermisch getriebene Geschwindigkeit des Elektrons beim Austritt aus der Kathode wird vernachlässigt[1].

$$W_{kin} = \frac{m_e}{2} v_e^2 = eV \tag{4.79}$$

Für die analytische Berechnung ist eine genäherte Berechnung des elektrischen und magnetischen Feldes in der näheren Umgebung der Symmetrieachse der Linsen erforderlich. Wenn man die Raumladungen, die von Elektronen und Ionen ausgehen, vernachlässigt, dann sind sowohl das elektrostatische Feld einer zylindersymmetrischen Lochblende (z. B. Anode oder Hohlkathode) als auch das stationäre Feld einer zylindrischen Spule quellenfrei. Für den kleinen Zylinder auf der Symmetrieachse der elektrostatischen Linse nach **Bild 4.28** kann dann der Gauß'sche Satz angewendet werden.

$$\int_V \operatorname{div} \vec{E} \, \mathrm{d}\, v = \oint_A \vec{E} \, \mathrm{d}\, \vec{a} \tag{4.80}$$

Für das elektrische Feld mit $\operatorname{div} \vec{E} = 0$, das hier stellvertretend auch für die magnetische Flussdichte mit $\operatorname{div} \vec{B} = 0$ steht, kann mit Zylinderkoordinaten das Oberflächenintegral ausgewertet werden. Dazu werden die E_r-Komponente

[1] Weil in diesem Abschnitt das Symbol φ eine Zylinderkoordinate darstellt, wird in diesem Abschnitt das elektrische Potenzial mit dem Symbol V bezeichnet.

auf der Mantelfläche und die E_z-Komponente auf den beiden Deckflächen des Zylinders als konstant angenommen.

$$E_r 2\pi r \Delta z + [E_z(\Delta z) - E_z(0)]\pi r^2 = 0 \tag{4.81}$$

Daraus ergibt sich für $\Delta z \to 0$ die Näherung

$$E_r = -\frac{r}{2} \lim_{\Delta z \to 0} \frac{E_z(\Delta z) - E_z(0)}{\Delta z} = -\frac{r}{2} \frac{\mathrm{d}\, E_z}{\mathrm{d}\, z}\,. \tag{4.82}$$

Analog ergibt sich für die magnetische Flussdichte

$$B_r = -\frac{r}{2} \frac{\mathrm{d}\, B_z}{\mathrm{d}\, z}\,. \tag{4.83}$$

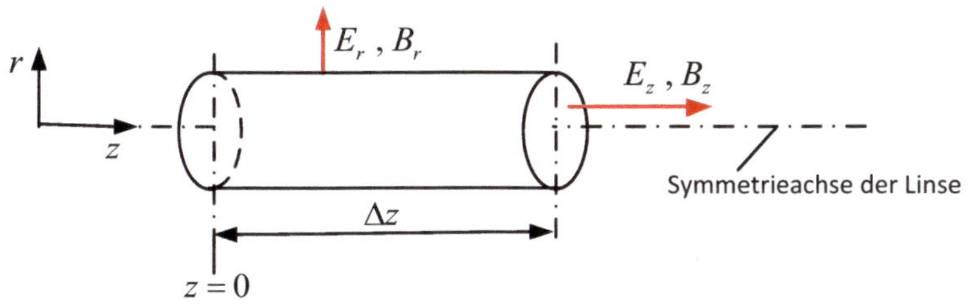

Bild 4.28: Zur genäherten Berechnung der radialen Komponenten von elektrischer Feldstärke und von magnetischer Flussdichte in Zylinderkoordinaten

Wegen der nachfolgend sehr häufig vorkommenden Orts- und Zeitableitungen wird die kompakte Strich- und Punktnotierung verwendet. Dies bedeutet am Beispiel der Funktion $y(z, t)$

$$\frac{\partial y}{\partial z} = y' \quad \text{und} \quad \frac{\partial y}{\partial t} = \dot{y}\,, \tag{4.84}$$

wobei sich die Ableitung nach dem Weg generell auf die z-Koordinate bezieht. Die Flugbahn der Elektronen wird nur in relativ kleinen Abständen r von der geometrischen Achse der Linsen untersucht (s. **Bild 4.29**). Dabei wird vorausgesetzt, dass die Elektronen parallel zur geometrischen Achse (paraxial) in die Linse einfliegen. Von außen betrachtet kann die Flugbahn wie die Spur von hintereinander fahrenden Radrennern gesehen werden, die alle nacheinander einem örtlich begrenzten, aber starken Seitenwind ausgesetzt sind. Alle Radrenner erfahren dadurch eine lokale Auslenkung, die sie korrigieren müssen, um auf der Straße zu bleiben. Von außen zeigt sich dies durch eine stationäre Delle in der Fahrspur. Dieses Bild entspricht dem von Lioville beobachteten Prinzip einer von der Zeit unabhängigen Spur oder Flugbahn. Diese Spur kann bei einem zweidimensionalen Bild mit der Funktion $r(z)$ beschrieben werden. Aus Sicht der Radrenner stellt sich die Welle als ein dynamischer Vorgang mit positiver und negativer Beschleunigung dar.

$$\dot{r}(z,t) = r'\dot{z} \tag{4.85}$$

$$\ddot{r}(z,t) = r''(\dot{z})^2 + r'\ddot{z} \tag{4.86}$$

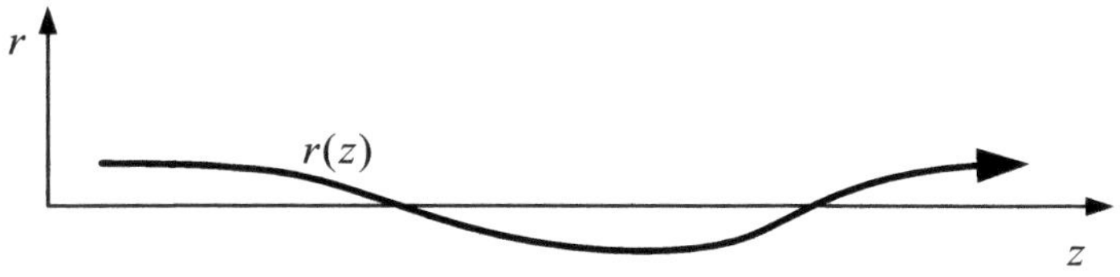

Bild 4.29: Flugbahn des Elektrons in der näheren Umgebung der Symmetrieachse einer Linse

Dagegen ist es von außen gesehen ein stationäres Problem, wenn es gelingt, die in (4.86) vorhandenen Ableitungen nach der Zeit durch örtliche Ableitungen zu ersetzen. In diesem Zusammenhang muss betont werden, dass trotz der gewählten Bezeichnung der Auslenkung mit r, die Gleichungen (4.85) und (4.86) einem zweidimensionalen kartesischen Koordinatensystem entsprechen. Die Auslenkung $r(z)$ kann folglich auch negativ werden.
Weiter soll vereinfachend angenommen werden, dass die z-Komponente der Geschwindigkeit nur vom Potenzial V abhängt, also unabhängig von der Auslenkung bzw. der r-Koordinate ist.

$$v_e(r=0,z) = \dot{z}(r,z) = \sqrt{\frac{2eV}{m_e}} \tag{4.87}$$

Das widerspricht der Erhaltung der kinetischen Energie

$$(\dot{z})^2 \neq (\dot{z})^2 + (\dot{r})^2\,, \tag{4.88}$$

die im Falle der Radrenner durch einen kurzzeitig höheren Druck auf die Pedalen ausgeglichen wird. Im Falle der Elektronen ist dies ein Fehler, der nur dann in Kauf genommen werden kann, wenn $\dot{r} << \dot{z}$ gilt, was später an einem Zahlenbeispiel gezeigt wird.

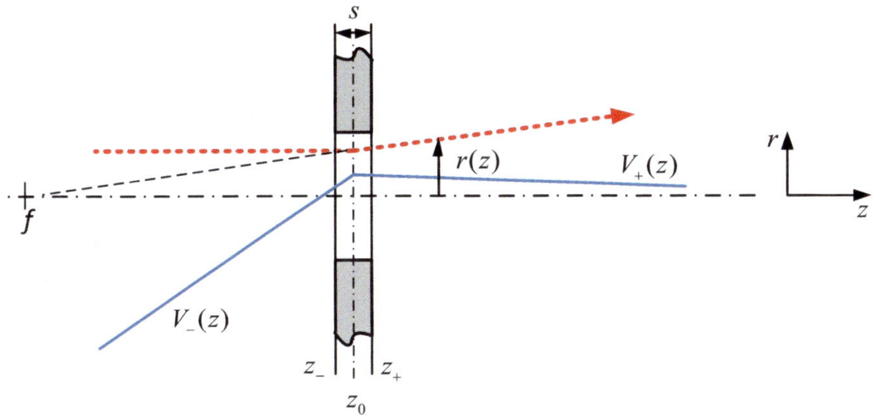

Bild 4.30: Angenommener Potenzialverlauf in der Umgebung einer elektrostatischen Linse

Elektrostatische Linse

Die elektrostatische Linse ist eine rotationssymmetrische Elektrode mit einer zentralen Bohrung (Lochblende) im Potenzialfeld des Elektronenstrahls, bei der sich die Ableitung des elektrischen Potenzials in z- Richtung V' (z-Komponente der elektrischen Feldstärke) vor und hinter der Elektrode deutlich unterscheidet (s. **Bild 4.30**).

Die axiale Beschleunigung in (4.86) kann durch

$$m_e\ddot{z} = eV' \tag{4.89}$$

ersetzt werden. Und für die radiale Beschleunigung kann mit (4.82)

$$m_e\ddot{r} = -\frac{e}{2}V''r \tag{4.90}$$

geschrieben werden. Nach Einsetzen von (4.87), (4.89) und (4.90) in (4.86) sowie Kürzen von e und m_e ergibt sich:

$$-\frac{V''}{2}r = 2r''V + r'V' \,. \tag{4.91}$$

Das ist eine Differentialgleichung zweiten Grades bezüglich $r(z)$, weil $V(z)$ als bekannt vorausgesetzt wird.

$$r'' + \frac{V'}{2V}r' + \frac{V''}{4V}r = 0 \tag{4.92}$$

Wenn man annehmen kann, dass der Ausdruck $V'r'/2V$ vernachlässigbar gegenüber den anderen beiden Ausdrücken in (4.92) ist, dann kann die Gleichung wesentlich vereinfacht werden. Die Richtigkeit dieser Annahme ist letztlich nur mit einer numerischen Auswertung feststellbar. Es ist jedoch zu bedenken, dass sowohl r'' als auch V'' nur in der näheren Umgebung von z_0 signifikant existieren und hier für den Fall verschwindender Stärke s der Elektrode unendlich werden können. Mit der genannten Annahme kann integriert werden.

$$\int_{z_-}^{z_+} r''\,\mathrm{d}\,z = -\int_{z_-}^{z_+} \frac{V''}{4V} r\,\mathrm{d}\,z \tag{4.93}$$

Bei grenzwertiger Annäherung von z_+ und z_- an z_0 können sowohl r als auch V als konstant angesehen werden.

$$\int_{z_-}^{z_+} r''\,\mathrm{d}\,z = -\frac{r}{4V}\int_{z_-}^{z_+} V''\,\mathrm{d}\,z \tag{4.94}$$

Das führt schließlich zu

$$r'(z_+) - r'(z_-) = \frac{r}{4V}[V'(z_-) - V'(z_+)]\,. \tag{4.95}$$

Daraus kann nun die Brennweite abgelesen werden. Bei optischen Linsen werden Parallel-Strahlen zu Brenn-Strahlen, womit für den einfallenden Strahl $r'(z_-) = 0$ gilt. Damit ist der Anstieg von $r'(z_+)$ als

$$r'(z_+) = \frac{\mathrm{d}\,r}{\mathrm{d}\,z} = \frac{r(z_0)}{f} = \frac{r(z_0)}{4V}[V'(z_-) - V'(z_+)] \tag{4.96}$$

und schließlich die Brennweite f bestimmbar.

$$f = \frac{4V}{V'(z_-) - V'(z_+)} \tag{4.97}$$

Positive Werte zeigen einen Anstieg von $r(z)$ nach der Linse an und führen zu einem divergierenden Strahl (konkave Linse). Weil in **Bild 4.31** die Verhältnisse an einer Anode mit starkem Anstieg des elektrischen Potenzials vor und schwachem Abfall nach der Anode dargestellt sind, bedeutet dies, dass die Anode wie eine konkave Linse auf den Strahl einwirkt und divergierend wirkt. Auch eine Hohlkathode wirkt auf die positiv geladenen Ionen wie eine elektrostatische Linse. Da das Vorzeichen der Ladung nicht in (4.97) eingeht, kann diese auch für die Ionen verwendet werden. Wenn man die z-Richtung als die positive Flugrichtung der Ionen annimmt, dann fällt das elektrische Potenzial vor der Kathode stark ab und nach der Kathode ist es praktisch gleich null. Die Brennweite wird negativ, was auf einen reellen Brennpunkt bzw. eine konvex wirkende Linse deutet.

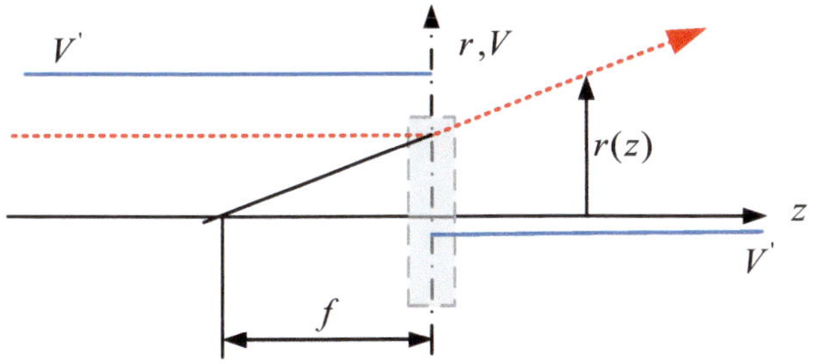

Bild 4.31: Zur Berechnung der virtuellen Brennweite einer elektrostatischen Linse

Elektrostatische Linsen werden bei der technologischen Anwendung des Elektronenstrahls selten eingesetzt, weil zu große Verluste durch die auf die Loch-Elektrode treffende Elektronen entstehen. Dagegen werden derartige Linsen häufig in der Elektronenmikroskopie verwendet.

Magnetische Linse

Magnetische Linsen sind rotationssymmetrische Spulen, die meist mit einem magnetischen Rückschluss ausgestattet sind (s. **Bild 4.32**). Sie eignen sich insbesondere dazu, den Durchmesser des Elektronenstrahls verkleinert auf die Wirkungsebene zu übertragen.
Ein Elektron, das mit der Geschwindigkeit $v_z = \dot{z}$ parallel zur Spulenachse (paraxial) in das Magnetfeld der Spule eindringt, wird durch die radiale Komponente des magnetischen Feldes in φ-Richtung abgelenkt. Die sich daraus ergebende Geschwindigkeitskomponente $v_\varphi = r\dot{\varphi}$ bewirkt zusammen mit der axialen Komponente des Magnetfeldes eine weitere Bewegung in Richtung der Spulenachse $v_r = \dot{r}$. Dies führt schließlich zu einer Verminderung des Strahldurchmessers. In Analogie zu optischen Linsen wird eine Brennweite f definiert, deren näherungsweise Berechnung nachfolgend gezeigt wird.

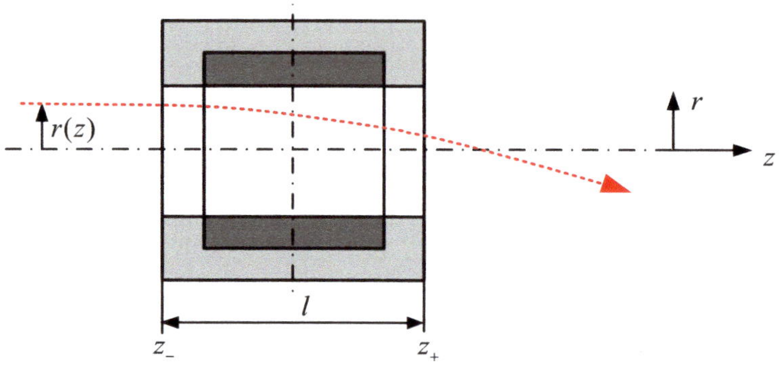

Bild 4.32: Zur Berechnung der Elektronenbahn in einer magnetischen Sammellinse

Weiterhin wird die φ-Komponente des magnetischen Feldes der Spule vernachlässigt. Dann ergeben sich aus der Lorentz-Kraft

$$\vec{F}_L = (-e)\vec{v} \times \vec{B} \tag{4.98}$$

mit den oben erwähnten Geschwindigkeiten folgende Kraftkomponenten in Zylinderkoordinaten:

$$F_r = (-e)(r\dot{\varphi}B_z) \tag{4.99}$$

$$F_\varphi = (-e)(\dot{z}B_r - \dot{r}B_z) \tag{4.100}$$

$$F_z = (-e)(-r\dot{\varphi}B_r)\,. \tag{4.101}$$

Außerdem wirkt bei Rotation des Elektrons um die z-Achse eine Zentripetalkraft in radialer Richtung auf die Elektronenmasse.

$$F_{pr} = m_e r(\dot{\varphi})^2 \tag{4.102}$$

Die genannten Kräfte bewirken Beschleunigungen und führen zu den Bewegungsgleichungen.
In radialer Richtung wird die Beschleunigung von radialer Zentripetalkraft und der ihr entgegen gerichteten Lorentz-Kraft bestimmt.

$$m_e\ddot{r} = F_{pr} + F_r = m_e r(\dot{\varphi})^2 - er\dot{\varphi}B_z \tag{4.103}$$

Nach Umordnung ergibt sich:

$$\ddot{r} - r(\dot{\varphi})^2 = -\frac{e}{m_e}r\dot{\varphi}B_z\,. \tag{4.104}$$

Die azimutale Kraftkomponente bewirkt ein Drehmoment $M = rF_\varphi$, das zu einer zeitlichen Veränderung des Drehimpulses $L = m_e r^2 \dot{\varphi}$ führt, wobei hier zu beachten ist, dass der im Drehimpuls enthaltene Radius ebenfalls von der Zeit abhängt.

$$m_e \frac{\mathrm{d}}{\mathrm{d}\,t}(r^2\dot{\varphi}) = m_e(2r\dot{r}\dot{\varphi} + r^2\ddot{\varphi}) = e\,r(\dot{r}B_z - \dot{z}B_r) \tag{4.105}$$

Nach Kürzen von r und Umstellung ergibt sich:

$$2\dot{r}\dot{\varphi} + r\ddot{\varphi} = \frac{e}{m_e}(\dot{r}B_z - \dot{z}B_r)\,. \tag{4.106}$$

Schließlich folgt aus (4.101) die axiale Beschleunigung.

$$\ddot{z} = \frac{e}{m_e} r\dot{\varphi}B_r \tag{4.107}$$

Die Gleichungen (4.104), (4.106) und (4.107) sind die Bewegungsgleichungen, die in geeigneter Weise in eine statische Projektion $r(z)$ ohne Abhängigkeit vom Drehwinkel φ umzuwandeln sind. Gegenüber der elektrostatischen Linse kommt hier erschwerend hinzu, dass neben der Auslenkung $r(z)$ noch die Drehbewegung mit $\varphi(z)$ zu bestimmen ist.
Zunächst wird die Näherung zur radialen Komponente der magnetischen Flussdichte nach (4.83) in (4.106) eingesetzt.

$$2\dot{r}\dot{\varphi} + r\ddot{\varphi} = \frac{e}{m_e}(\dot{r}B_z + \dot{z}\frac{r}{2}B'_z) \tag{4.108}$$

Die linke Seite dieser Gleichung ist aus (4.105) hervorgegangen und wird nochmals wie dort auf der linken Seite dargestellt geschrieben.

$$\frac{1}{r}\frac{\mathrm{d}}{\mathrm{d}\,t}(r^2\dot{\varphi}) = \frac{e}{m_e}(\dot{r}B_z + \frac{r}{2}B'_z\dot{z}) \tag{4.109}$$

Ebenso kann die rechte Seite mit einer Zeitableitung ausgedrückt werden, wie man sich durch Differenzieren der rechten Seite folgender Gleichung überzeugen kann. Dabei ist $\dot{B}_z = B'_z\dot{z}$ zu beachten.

$$\frac{1}{r}\frac{\mathrm{d}}{\mathrm{d}\,t}(r^2\dot{\varphi}) = \frac{e}{2rm_e}\frac{\mathrm{d}}{\mathrm{d}\,t}(r^2B_z) \tag{4.110}$$

Diese Gleichung kann nach Multiplikation mit r integriert werden.

$$r^2\dot{\varphi} = \frac{e}{2m_e}r^2B_z + C \tag{4.111}$$

Die Winkelgeschwindigkeit ist damit bis auf die Konstante C bestimmt.

$$\dot{\varphi} = \frac{e}{2m_e} B_z + C/r^2 \tag{4.112}$$

Die Konstante C muss null sein, weil für $r \to 0$ die Winkelgeschwindigkeit aus energetischer Sicht endlich bleiben muss. Weiterhin wird deshalb für die Winkelgeschwindigkeit die Beziehung

$$\dot{\varphi} = \frac{e}{2m_e} B_z(z) \tag{4.113}$$

verwendet. Die Winkelgeschwindigkeit unterscheidet sich von der Gyrofrequenz ω_c nach Kapitel 3 um den Faktor 2 ($\dot{\varphi} = \omega_c/2$), wobei letztere für ein bezüglich B_z homogenes Feld gilt. Damit ist der von z abhängige Winkel bestimmbar. Mit $\dot{\varphi} = \varphi' \dot{z}$ ergibt sich

$$\varphi' \dot{z} = \frac{e}{2m_e} B_z \,. \tag{4.114}$$

Daraus kann der von z abhängige Winkel bestimmt werden.

$$\varphi = \frac{e}{2m_e} \int_{z_-}^{z} \frac{B_z}{\dot{z}} \, \mathrm{d}\, z \tag{4.115}$$

Hier muss die untere Grenze des Integrals so bestimmt werden, damit $B_z(z_-) = 0$ gilt.

Wie bei der elektrostatischen Linse wird für $\dot{z}$ die Geschwindigkeit der Elektronen auf der Achse mit $r = 0$ eingesetzt, die mit der kinetischen Energie bzw. der Beschleunigungsspannung bestimmt ist.

$$\dot{z} = \sqrt{\frac{2eU_b}{m_e}} \tag{4.116}$$

Das ist nicht exakt, weil die mit $\dot{r}$ und $\dot{\varphi}$ verbundenen kinetischen Energien nur zu Lasten von $\dot{z}$ gehen können. Diese Näherung ist deshalb nur erlaubt, wenn gezeigt werden kann, dass

$$(\dot{z})^2 \approx (\dot{z})^2 + (\dot{r})^2 + (r\dot{\varphi})^2 \tag{4.117}$$

im Rahmen der allgemeinen Ungenauigkeit liegt, was später an einem Zahlenbeispiel gezeigt wird. Damit ergibt sich aus (4.115):

$$\varphi = \sqrt{\frac{e}{8U_b m_e}} \int_{z_-}^{z} B_z \, \mathrm{d}\, z \,. \tag{4.118}$$

Der Drehwinkel ist weitestgehend proportional zur Koordinate z, weil zumindest bei Spulen mit magnetischem Rückschluss B_z nahezu konstant ist. D. h., die Winkelgeschwindigkeit wird unmittelbar am Eingang der Spule (Linse) durch eine sehr kurze Beschleunigungsphase erzeugt und bleibt dann bis kurz vor Spulenende konstant.
Die getroffene Annahme zu den Geschwindigkeitskomponenten hat mit Blick auf (4.116) weiter zur Folge, dass gilt

$$\ddot{z} = 0\,. \tag{4.119}$$

Jetzt kann die radiale Beschleunigung nach (4.104) ohne den Winkel φ und ohne die Zeitableitungen bestimmt werden. Mit (4.113) ergibt sich:

$$\begin{aligned} \ddot{r} &= r(\dot{\varphi})^2 - \frac{e}{m_e} r\dot{\varphi}B_z && (4.120)\\ &= \frac{r}{4}(\frac{e}{m_e}B_z)^2 - \frac{r}{2}(\frac{e}{m_e}B_z)^2 && (4.121)\\ &= -\frac{r}{4}(\frac{e}{m_e})^2 B_z^2\,. && (4.122) \end{aligned}$$

Die Bahnkurve als Projektion auf die zweidimensionale kartesische rz-Ebene (r darf negativ werden) kann jetzt mit (4.85) notiert werden.

$$r''(\dot{z})^2 + r'\ddot{z} = -\frac{r}{4}(\frac{e}{m_e})^2 B_z^2 \tag{4.123}$$

Mit der Annahme nach (4.119) vereinfacht sich diese Differentialgleichung bezüglich $r(z)$ wesentlich.

$$r''(\dot{z})^2 = -(\frac{e}{2m_e})^2 B_z^2\, r \tag{4.124}$$

Mit (4.116) folgt weiter

$$r'' = -\frac{e}{8U_b m_e} B_z^2\, r\,. \tag{4.125}$$

Eine Integration kann erfolgen.

$$\int_{z_-}^{z_+} r''\,\mathrm{d}\,z = r'(z_+) - r'(z_-) = -\frac{e}{8U_b m_e}\int_{z_-}^{z_+} rB_z^2\,\mathrm{d}\,z \tag{4.126}$$

Für kurze Spulen kann mit einem Mittelwert für $r(z) = r(z_0)$ gerechnet und somit das Integral auf der rechten Seite bestimmt werden.

$$r'(z_+) - r'(z_-) = -r(z_0)\frac{e}{8U_b m_e}\int_{z_-}^{z_+} B_z^2\,\mathrm{d}\,z \tag{4.127}$$

Für eine zur z-Achse parallele Spur mit $r'(z_-) = 0$ und $r'(z_+) = -r(z_0)/f$ kann daraus die Brennweite bestimmt werden (s. **Bild 4.33**). Weil die Steigung von $r(z)$ generell negativ ist, ergibt sich ein reeller Brennpunkt und die Spule wirkt wie eine konvexe Linse.

$$\frac{1}{f} = \frac{e}{8U_b m_e} \int_{z_-}^{z_+} B_z^2 \, \mathrm{d}\, z \tag{4.128}$$

Obwohl $r(z_0)$ nicht mehr in dieser Gleichung enthalten ist, hängt die Neigung der Bahn von $r(z_0)$ ab. Dies ist die Voraussetzung dafür, dass alle paraxialen Bahnen theoretisch durch ein- und denselben Brennpunkt verlaufen. Die Integrationsgrenzen, die sich theoretisch von $-\infty$ bis $+\infty$ erstrecken, sind bei der in Bild 4.33 dargestellten Spule praktisch mit der Begrenzung des magnetischen Rückschlusses gegeben.

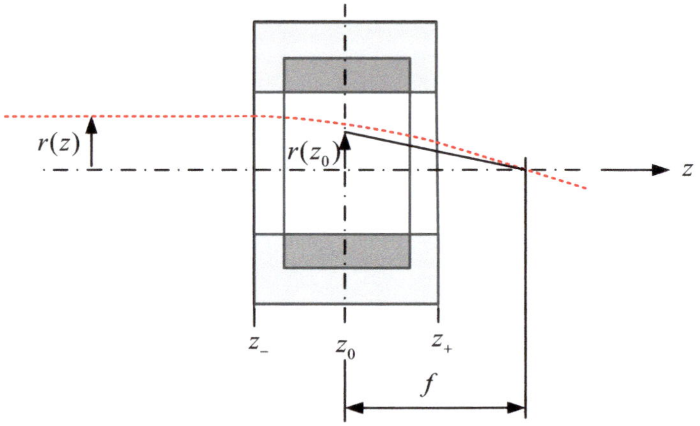

Bild 4.33: Zur Berechnung der reellen Brennweite einer magnetischen Sammellinse

Zahlenbeispiel: Um eine Vorstellung von den hier abgeleiteten physikalischen Größen zu erlangen, sollen einige davon mit charakteristischen Zahlenwerten berechnet werden.
Bei einer Beschleunigungsspannung von $U_b = 5 \cdot 10^4$ V, die einem Elektronenstrahl großer Leistung entspricht, ergibt sich mit den Werten zum Elektron von $e = 1{,}60 \cdot 10^{-19}$ A s und $m_e = 9{,}11 \cdot 10^{-31}$ kg nach (4.116) eine Elektronengeschwindigkeit am Eingang der Linse von

$$v_0 = \dot{z} = \sqrt{\frac{2eU_b}{m_e}} = 1{,}33 \cdot 10^8 \,\mathrm{m/s}\,. \tag{4.129}$$

Eine mittlere Flussdichte von 0,01 T ergibt bei einer Spulenlänge von $l = 0{,}1\,\mathrm{m}$ für das Integral in (4.128) einen Wert von $10^{-5}\,\mathrm{V^2s^2/m^3}$. Das ergibt mit (4.128) eine Brennweite von $f = 0{,}228\,\mathrm{m}$.
Die maximale Umlaufgeschwindigkeit v_φ^* des Elektrons mit einer paraxialen Bahn mit dem Radius $r_0 = 0{,}01\,\mathrm{m}$ am Eingang der Linse kann mit (4.113) bestimmt werden.

$$v_\varphi^* = r_0\dot{\varphi} = \frac{r_0 e B_z}{2m_e} = 8{,}78 \cdot 10^6\,\mathrm{m/s} \tag{4.130}$$

Die maximale radiale Geschwindigkeit v_r^* kann mit der Beschleunigung $\ddot{r}$ nach (4.121) und der Durchlaufzeit Δt abgeschätzt werden.

$$v_r^* = \ddot{r}\Delta t \tag{4.131}$$

Für die Beschleunigung ergibt sich mit dem maximalen Radius r_0 am Eingang der Linse aus (4.122)

$$(-\ddot{r}) = \frac{r_0}{4}\left(\frac{eB_z}{m_e}\right)^2 = 7{,}71 \cdot 10^{15}\,\mathrm{m/s^2}\,. \tag{4.132}$$

Die Zeit für den Durchlauf eines Elektrons auf der Achse kann aus der Länge der Linse l und der Geschwindigkeit v_0 ermittelt werden.

$$\Delta t = \frac{l}{v_o} = 7{,}52 \cdot 10^{-10}\,\mathrm{s} \tag{4.133}$$

Damit ergibt sich mit (4.131) die geschätzte radiale Geschwindigkeit von $v_r^* = 5{,}80 \cdot 10^6\,\mathrm{m/s}$.
Bei den obigen Berechnungen zur magnetischen Linse wurde mehrfach angenommen, dass $\dot{z}$ unabhängig von r ist. Der damit verursachte Fehler kann mit der normierten kinetischen Energie als Abweichung von dem Wert 1 ausgedrückt werden.

$$\left(\frac{v_0}{v_0}\right)^2 + \left(\frac{v_\varphi^*}{v_0}\right)^2 + \left(\frac{v_r^*}{v_0}\right)^2 = 1 + 0,00626 \tag{4.134}$$

Diese Abschätzung zeigt, dass die Annahme zur axialen Geschwindigkeit im Rahmen der angestrebten Näherung berechtigt war.
Numerische Bahnberechnung: Bei einer numerischen Berechnung der Flugbahnen sind die meisten der oben getroffenen Annahmen nicht notwendig. Insbesondere können Flugbahnen berechnet werden, die auch weiter von der

Linsenachse entfernt sind. Außerdem ist es möglich, zur Achse nicht parallele Flugbahnen mit $v_{0r} \neq 0$ am Eingang der Linse zu untersuchen.
Das magnetische Feld der Spule sei durch eine numerische Vorabrechnung gegeben.

$$B_r = B_r(r, z) \quad \text{und} \quad B_z = B_z(r, z) \tag{4.135}$$

Wegen der Massenträgheit des Elektrons gelten zum Zeitpunkt $t = 0$ folgende Anfangsbedingungen:

$$r = r_0 \quad \text{und} \quad v_r = \dot{r} = v_{0r} \tag{4.136}$$

$$\varphi = 0 \quad \text{und} \quad v_\varphi = r\dot{\varphi} = 0 \tag{4.137}$$

$$z = 0 \quad \text{und} \quad v_z = \dot{z} = v_{0z} \tag{4.138}$$

Die Bewegungsgleichungen nach (4.104), (4.106) und (4.107) werden so umgestellt, damit die Beschleunigungen allein auf der linken Seite verbleiben.

$$\ddot{r} = r(\dot{\varphi})^2 - \frac{e}{m_e} r\dot{\varphi}B_z \tag{4.139}$$

$$\ddot{\varphi} = \frac{e}{m_e}\frac{\dot{r}B_z}{r} - \frac{e}{m_e}\frac{\dot{z}B_r}{r} - 2\frac{\dot{r}\dot{\varphi}}{r} \tag{4.140}$$

$$\ddot{z} = \frac{e}{m_e} r\dot{\varphi}B_r \tag{4.141}$$

Eine Multiplikation der Beschleunigungen mit einem sehr kleinen Zeitschritt Δt ergibt einen Zuwachs an Geschwindigkeit. Wegen der hohen Elektronengeschwindigkeit ist es zweckmäßig, den Zeitschritt Δt vorab einzuschätzen. Beispielsweise kann mit der Anfangsgeschwindigkeit v_{0z} am Eingang der Spule und deren Länge l dieser Zeitschritt als

$$\Delta t_1 = \frac{l}{n_1 v_{0z}} \tag{4.142}$$

bestimmt werden. Hierin ist n_1 der Teiler von l. Ebenso kann mit der Gyrofrequenz (s. Kapitel 3) $\omega_c = 2\dot{\varphi}$ nach (4.113) eine Unterteilung der Kreisbahnen erfolgen.

$$\Delta t_2 = \frac{2\pi}{n_2 \omega_c} \tag{4.143}$$

Beispielsweise würde sich mit $n_2 = 100$ eine Unterteilung der Kreisbahnen mit Abschnitten zu je $\Delta\varphi = 3{,}6°$ ergeben.

Allgemein gilt für die Geschwindigkeit v, die beispielsweise von anderen Größen und Variablen in der Form $f(r, s, t)$ abhängt:

$$\Delta v = \dot{v}\Delta t = f(r, s, t)\Delta t \tag{4.144}$$

$$v(t + \Delta t) = v(t) + \Delta v\,. \tag{4.145}$$

Um eine übersichtliche Darstellung zu erreichen, soll anstelle von (4.145) die kompakte Darstellung

$$v \leftarrow v + \Delta v \tag{4.146}$$

benutzt werden. Der Linkspfeil ist somit als "'ergibt sich" zu lesen.
Mit dieser Symbolik kann mit (4.139) bis (4.141) folgende sich mit jedem weiteren Zeitschritt Δt wiederholende Berechnungsfolge notiert werden.

$$\Delta\dot{r} = [r(\dot{\varphi})^2 - \frac{e}{m_e} r\dot{\varphi}B_z]\Delta t \tag{4.147}$$

$$\dot{r} \leftarrow \dot{r} + \Delta\dot{r} \tag{4.148}$$

$$r \leftarrow r + \dot{r}\Delta t \tag{4.149}$$

$$\Delta\dot{\varphi} = [\frac{e}{m_e}\frac{\dot{r}B_z}{r} - \frac{e}{m_e}\frac{\dot{z}B_r}{r} - 2\frac{\dot{r}\dot{\varphi}}{r}]\Delta t \tag{4.150}$$

$$\dot{\varphi} \leftarrow \dot{\varphi} + \Delta\dot{\varphi} \tag{4.151}$$

$$\varphi \leftarrow \varphi + \dot{\varphi}\Delta t \tag{4.152}$$

$$\Delta\dot{z} = [\frac{e}{m_e} r\dot{\varphi}B_r]\Delta t \tag{4.153}$$

$$\dot{z} \leftarrow \dot{z} + \Delta\dot{z} \tag{4.154}$$

$$z \leftarrow z + \dot{z}\Delta t \tag{4.155}$$

Nachdem $B_r(r, z)$ und $B_z(r, z)$ mit den aktuellen Koordinaten (r, z) bestimmt sind, kann der folgende Zeitschritt berechnet werden.
Numerische Schwierigkeiten gibt es für $r \to 0$. Dies ist der Fall, wenn das Elektron die Symmetrieachse der Linse kreuzt. In diesem Fall ist $B_r = 0$ und (4.150) lautet:

$$\Delta\dot{\varphi} = \frac{\dot{r}}{r}(\frac{eB_z}{m_e} - 2\dot{\varphi})\Delta t\,. \tag{4.156}$$

Hier ist der Klammerausdruck gleich null, weil zweimal die Gyrofrequenz darin steht, wie dies aus (4.113) hervorgeht. Damit ergibt sich $\Delta\dot{\varphi} = 0$. Im Falle

sehr kleiner Radien $r < \varepsilon$ ist folglich (4.144) zu übergehen und in (4.145) ist $\Delta\dot{\varphi} = 0$ einzusetzen.
Die oben beschriebene Näherungslösung zur Brennweite einer magnetischen Linse ist für die hier skizzierte numerische Berechnung sehr wertvoll, weil zumindest für zur Achse nahe Elektronenbahnen eine Übereinstimmung von numerischer und genäherter analytischer Rechnung vorhanden sein muss.
Es sei hier angemerkt, dass es zu dem hier skizzierten einfachen Differenzenverfahren effektivere Varianten gibt, die in der Literatur zur numerischen Lösung von gewöhnlichen Differentialgleichungen ausführlich beschrieben sind [1].

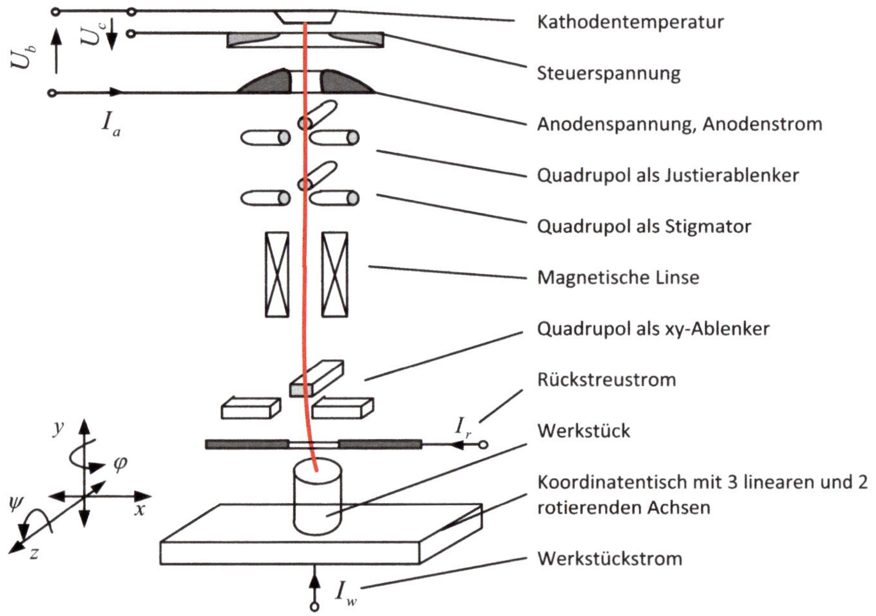

Bild 4.34: Zusammenstellung wesentlicher Stell- und Messgrößen einer Elektronenstrahlanlage

4.1.5 Anlagensteuerung

Elektronenstrahlanlagen haben eine Vielzahl von Stellgrößen (s. **Bild 4.34**), die oftmals voneinander abhängig sind. Neben den Positions- und Geschwindigkeitsachsen für den Manipulator sind vor allem die hochdynamische Ansteuerung von Strahlstrom und Ablenkung zu nennen. Die Lage des Fokus muss über

die Ansteuerung der magnetischen Linse als auch mittels Stigmator und Justierablenker erfolgen. Der Fokus lässt sich entlang von beliebigen Bahnkurven bewegen, wobei dieser Bewegung noch eine Pendelbewegung (Sinus, Sägezahn usw.) überlagert werden kann, um beispielsweise beim Schweißen eine Vor- und Nachwärmung zu erreichen. Die Messung der Kathodentemperatur ist wegen des hohen Potenzials der Kathode aufwendig (z. B. Signalübertragung mit Glasfaser). Indirekt bietet sich hier eine Temperaturbestimmung über die Heizleistung an, was eine stabile Wärmeabfuhr von der Kathode voraussetzt.
Mithilfe der Elektronenrückstreuung (siehe Abschnitt 4.1.6) kann beispielsweise der Verlauf einer Schweißfuge vor dem eigentlichen Schweißprozess aufgezeichnet werden. Dazu wird mithilfe von U_c ein schwacher Strahlstrom bei einer Beschleunigungsspannung U_b wie im geplanten Schweißprozess eingestellt und der Rückstreustrom I_r gemessen. An Stellen, wo der Rückstreustrom gering ist, befindet sich die Schweißfuge. Die betreffenden Koordinaten werden registriert. Durch viele weitere derartige Abtastungen kann schließlich der Verlauf der Schweißfuge aufgezeichnet werden.

4.1.6 Wirkungen der Elektronenstrahlen

Bei Beschleunigungsspannungen ab 100 kV nehmen die Elektronen Geschwindigkeiten an, die an die Lichtgeschwindigkeit c heranreichen. Es sind deshalb die relativistischen Effekte bei der Bestimmung der Elektronengeschwindigkeit v_e zu berücksichtigen.

$$eU_b = \frac{m_e}{2} v^2 (1 + \frac{3}{4}(\frac{v}{c})^2 + \frac{5}{8}(\frac{v}{c})^4 + \frac{7}{16}(\frac{v}{c})^8 ....) \qquad (4.157)$$

In dieser Beziehung bedeutet m_e die Ruhemasse des Elektrons. Bereits bei einer Beschleunigungsspannung von 100 kV wird eine Geschwindigkeit der Elektronen von $0,75\,c$ erreicht.
Der Beschuss eines Werkstücks (weiterhin allgemein Target genannt) mit Elektronen kann makroskopisch mit dem Aufschlagen von Tennisbällen in einem Haufen großer Steine verglichen werden. Viele Bälle kommen mit und ohne Verlust an Geschwindigkeit in unterschiedlichen Winkeln zurück, andere bleiben im Haufen stecken. Dabei wird im Steinhaufen kinetische Energie in Wärme umgewandelt. Ein wesentlicher Unterschied ist allerdings, dass das Target zusätzlich kurzwellige Röntgenstrahlung emittiert.

Wärmeentwicklung

Am Einwirkort des Elektronenstrahls wird ein großer Teil kinetischer Energie in Wärme, also Schwingungsenergie der Atomen und Molekülen des Targetmaterials, umgewandelt. Das ist für die thermischen Verfahren eine wünschenswerte Energiewandlung. Ein Teil dieser Energie geht in Form von Temperaturstrahlung und Wärmeableitung verloren. Wegen des hohen Vakuums gibt es nahezu keine konvektiven Wärmeverluste über das dünne Restgas. Jedoch kann in der Schmelze (Schweißen, Umschmelzen) Wärme durch Strömung konvektiv abgeführt werden. Hier ist insbesondere die sogenannte Marangoni-Strömung zu nennen, die auf Unterschiede in der Oberflächenspannung der Schmelze zurückzuführen ist. Die Strömung ist von der heißen Schmelze (Auftreffort des Elektronenstrahls) zur kühleren Wand des Schmelzgefäßes gerichtet und verursacht deshalb erhebliche Wärmeverluste.

Anregung von Atomen und Molekülen

Durch die hohe kinetische Energie der Elektronen können Atome und Moleküle vorübergehend in einen Anregungszustand versetzt werden. Dabei werden einzelne um den Atomkern kreisende Elektronen in eine weiter außen liegende Schale befördert. Der energetische Zustand des Atoms/Moleküls erhöht sich von E_1 auf E_2. Bei der sich anschließenden Relaxation (Nachrücken von einem Elektron einer höheren Schale (s. **Bild 4.35**) wird ein Strahlungsquant

$$h\nu = E_2 - E_1 \tag{4.158}$$

freigesetzt. Nach der Bohr'schen Frequenzbedingung ergibt dies ein Linienspektrum. Die Frequenz ν hängt von der Energiedifferenz, also der Energie des auftreffenden Elektrons, ab. Sie erstreckt sich von Infrarot über Licht und UV bis in den Bereich der Röntgenstrahlung, auf die nachfolgend ausführlicher eingegangen wird.

Röntgenstrahlung

Die Röntgenstrahlung entsteht sowohl durch das Abbremsen der Elektronen beim Aufprall, die dann als Bremsstrahlung bezeichnet wird, als auch durch das Anheben von Elektronen aus inneren Schalen zu weiter außen liegenden Schalen der Atomhüllen, wie dies oben besprochen wurde. Letzterer Anteil an der Röntgenstrahlung ist im Vergleich zur Bremsstrahlung gering. Die Bremsstrahlung generiert ein Frequenzspektrum (Frequenzband). Die ihr zuzuordnende maximale Quantenenergie beträgt

$$h\nu_{max} = eU_b. \tag{4.159}$$

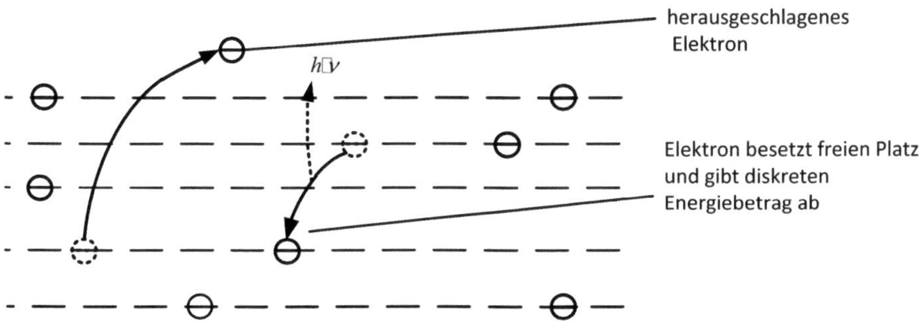

Bild 4.35: Zur Entstehung von Röntgenstrahlung durch Elektronenaufprall (Bremsung)

Die auf die Röntgenstrahlung zurückzuführenden energetischen Verluste sind gering und betragen ca. 1%. Jedoch ist die Röntgenstrahlung biologisch wirksam und ab einer bestimmten Intensität für den Menschen gefährlich. Die Röntgenstrahlung entsteht immer dann, aber auch nur dann, wenn ein Strahlstrom fließt. Das **Bild 4.36** gibt die Dosisleistung (Dosis pro Zeiteinheit) in Abhängigkeit von der Beschleunigungsspannung und von dem Strahlstrom an. Für nicht überwachte Personen (z. B. Bediener mit dauerhafter Belastung) beträgt die maximale Dosisleistung 0,1 µSv/h. Das ist ein Wert, der weit unter denen in Bild 4.36 aufgeführten liegt. Es sind folglich Abschirmungen zur Vermeidung von Strahlenkrankheiten zwingend notwendig. Die Strahlendosis selbst ist eine Energie pro Masse, in der sie umgesetzt wird, und wird als bewertete Dosis (z. B. Organdosis oder Ganzkörperdosis) in Sievert 1 Sv=1 J/kg oder unbewertet in Gray 1 Gy=1 (J/kg) angegeben.
Die Dosisleistung ist bis zu einer Beschleunigungsspannung von 500 kV kugelsymmetrisch und nimmt quadratisch mit der Entfernung ($1/r^2$) vom Einwirkort bzw. Ort der Entstehung ab. Die Wirksamkeit von Abschirmungen werden mit der Halbwertsdicke d_h bewertet, die einer Intensitätsschwächung um den Faktor

2 entspricht (s. **Tabelle 4.2**). Sie ist von der Frequenz der Röntgenstrahlung und damit nach (4.159) von der Beschleunigungsspannung abhängig.

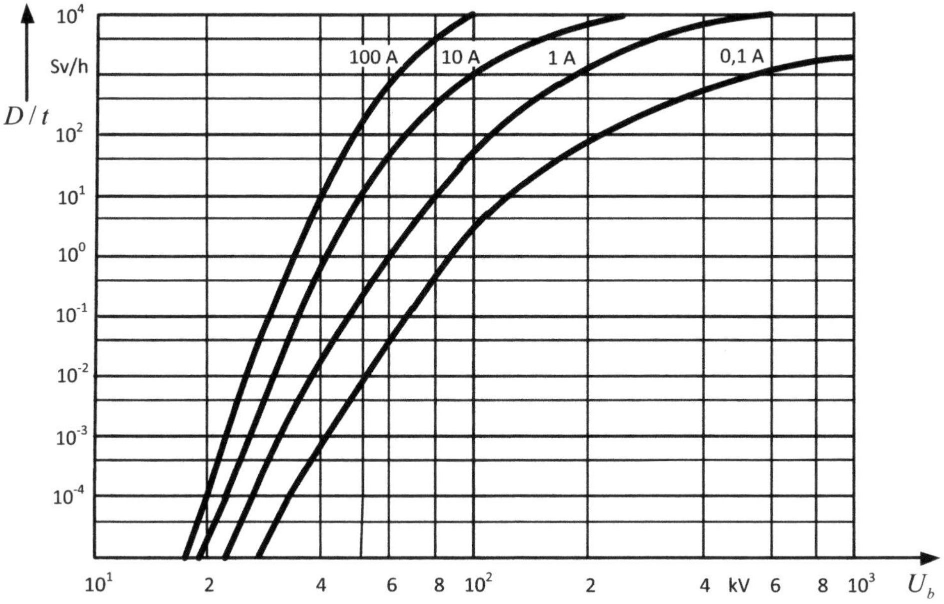

Bild 4.36: Dosisleistung in 1 m Abstand vom Auftreffort des Strahls auf ein Wolfram-Target mit dem Strahlstrom als Parameter nach [21]

Tabelle 4.2: Abschirmende Wirkung verschiedener Materialien in Form der Halbwertsdicke h_d/mm

Material	U_b/kV=	200	400	600	800	1000
Beton			35	40	43	45
Stahl		6	9	12	13	15
Blei		1	2	5	6	8

Bei Anlagen mit $U_b < 60\,\mathrm{kV}$ genügt oftmals der Stahlmantel von Arbeitskammer und Elektronenstrahler mit einer Dicke von bis zu 16 mm als Abschirmung. Wegen der sehr kleinen Wellenlänge der Röntgenstrahlung muss auf Leckagen durch konstruktiv notwendige Spalte geachtet werden, wenn diese mit nichtmetallischen Dichtmaterial ausgefüllt sind. Bei Anlagen mit $U_b < 300\,\mathrm{kV}$ wird der notwendige Strahlenschutz durch zusätzliche Abschirmungen mit Bleiblech mit Dicken bis zu 10 mm erreicht. Dabei ist zu beachten, dass der Materialaufwand für die Abschirmung um so geringer ist, je dichter die Abschirmung die Strahlungsquelle umschließt. Für Anlagen mit $U_b > 300\,\mathrm{kV}$ wird aus wirtschaftlichen Gründen auf eine Bleiabschirmung verzichtet. Stattdessen wird die Anlage in einem Betonbunker untergebracht und fernbedient. Die Strahlenbelastung des Bedienpersonals wird mit einem kalibrierten Dosimeter kontrolliert. Zur Kontrolle der Sicherheit von Elektronenstrahlanlagen wird ein diffuser (defokussierter) Strahlstrom auf einen massiven Wolframklotz gerichtet. Bei den Maximalwerten von Strahlstrom I_k und Spannung U_b wird mit einem Dosimeter die Dosis D bzw. deren Mittelwert bezogen auf die Zeitdauer D/t als Dosisleistung bestimmt. Die Strahlenschutznorm EN-ISO 14744 Teil 1 bis 6 ist anzuwenden.

Emission thermischer und Sekundär-Elektronen

Weiterhin können durch den Einschlag von Elektronen mit hoher kinetischer Energie Elektronen aus dem Targetmaterial ganz herausgeschlagen werden. Diese Elektronen werden Sekundärelektronen genannt. Andererseits emittiert das heiße Target Elektronen, deren Stromdichte das Richardson-Dushman'sche-Gesetz beschreibt. Die energetischen Verluste durch Emission thermischer und Sekundär-Elektronen sind sehr gering und betragen ca. 1/1000 der Elektronenstrahlleistung.

Reflexion von Elektronen

Die Elektronenrückstreuung hängt vom Einfallswinkel und vom Targetmaterial, genauer dessen Ordnungszahl ab. Bei Materialien mit einer hohen Ordnungszahl, wie Pt, Bi, W, Ta, kann der Anteil der Rückstreuung von bis zu 40 % betragen. Die Rückstreuung nimmt mit der Abweichung des Einstrahlwinkels von der Senkrechten (Flächennormalen des Targets) zu. Die energetischen Verluste sind erheblich. Sie betragen beispielsweise bei Eisen 25 % und bei Wolfram 38 %. Die Elektronenrückstreuung ist ein wesentlicher verfahrenstechnischer bzw. energetischer Nachteil. Genutzt wird der messbare Strom der rückgestreuten Elektronen zur Prozesskontrolle. Z. B. ergibt eine Abweichung des Fokus vom Spalt zu verschweißender Teile eine höhere Rückstreuung. Mit stark vermindertem Elektronenstrom kann so beispielsweise ein Bild von der Schweißfuge gescannt werden (siehe auch Abschnitt 4.1.5).

Eindringtiefe der Elektronen

Die Abhängigkeit der Eindringtiefe von der Dichte ρ des Targetmaterials und der Beschleunigungsspannung U_b ist in **Bild 4.37** dargestellt. Sie ist einerseits relativ klein und beträgt beispielsweise für Eisen bei $U_b = 200\,\text{kV}$ lediglich 60 µm. Andererseits entspricht dies mehreren 1000 Atomlagen, an denen das Elektron vorbeifliegt und/oder anstößt.

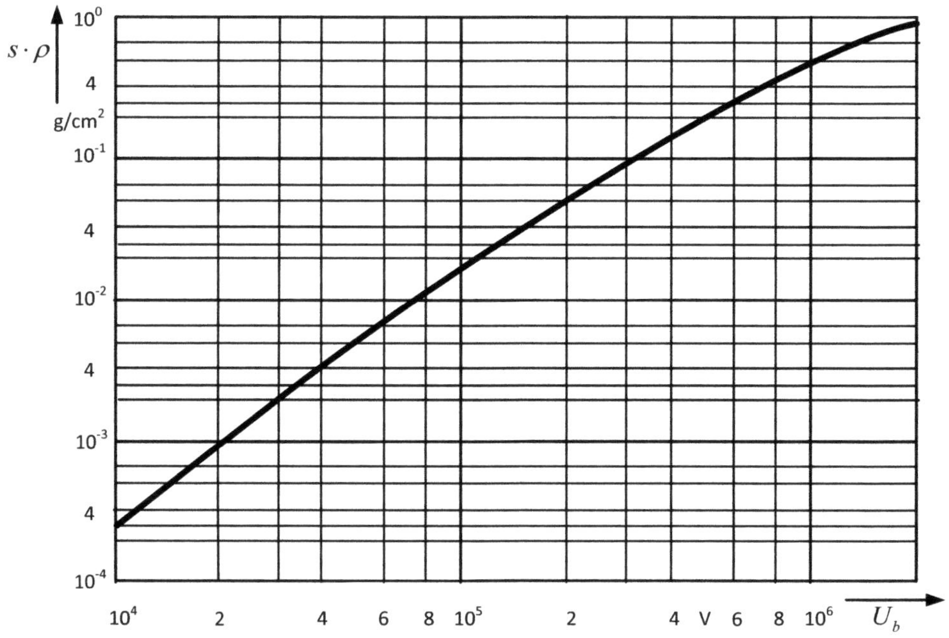

Bild 4.37: Produkt aus Elektroneneindringtiefe und Dichte in Abhängigkeit von der Beschleunigungsspannung

4.1.7 Anwendungen

Kenngrößen

Wichtige Kenngrößen für technologische Anwendungen des Elektronenstrahls sind die Beschleunigungsspannung U_b, die Leistung des Elektronenstrahls

$$P = U_b I_k \tag{4.160}$$

und der Fokus-Durchmesser am Einwirkort d_f und die Flächenleistungsdichte

$$p_a = \frac{U_b I_b 4}{d_f^2 \pi} = U_b J_f. \tag{4.161}$$

Das **Bild 4.38** zeigt Zahlenwerte zu diesen Kenngrößen in Verbindung mit den wichtigsten Anwendungsgebieten.

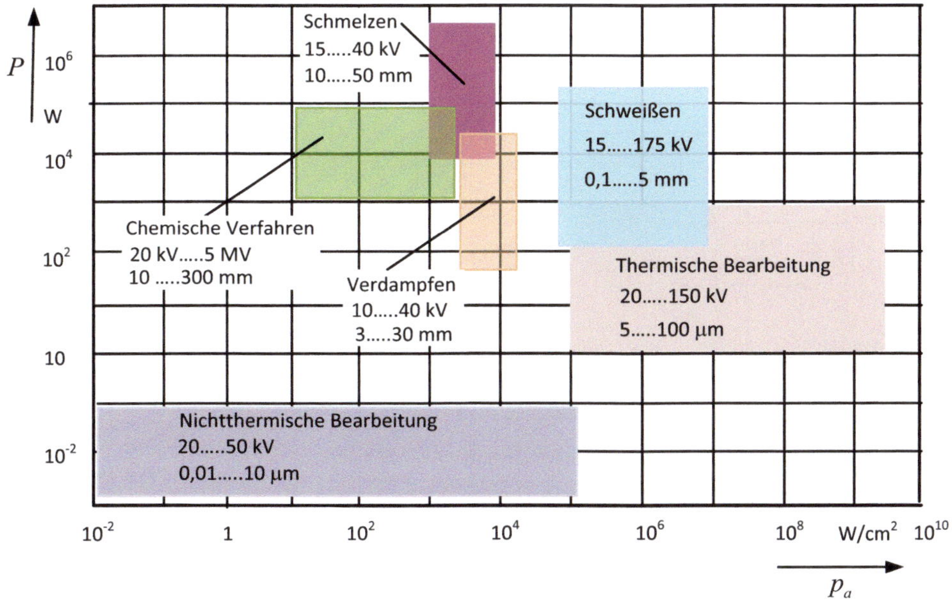

Bild 4.38: Elektronenstrahltechnologien mit ihren wichtigsten Kenngrößen (Beschleunigungsspannung U_b und der Fokusdurchmesser d_f) nach [21]

Verdampfen

Bei hoher Leistungsdichte des auftreffenden Elektronenstrahls wird sofort Material verdampft. Der Dampf kondensiert auf temperierten Flächen (beheizt oder gekühlt) innerhalb des Rezipienten.

Bedampfen: In **Bild 4.39** ist das Prinzip einer Bedampfung gezeigt. Gegenüber einer konventionellen Beheizung (z. B. induktive Beheizung) des Tiegels bleibt die Tiegelwand nahezu kalt, weshalb es keine unerwünschten Reaktionen gibt. Damit wird eine Verunreinigung der kondensierten Schicht durch Tiegelreaktionen ausgeschlossen. Gegenüber der Beschichtung im Niederdruck-Plasma (Sputtern) werden höhere Beschichtungsraten erzielt. Im Druckbereich von 0,1 Pa können Beschichtungsraten mit Aluminium von 0,7 mm/min erzielt werden. Der Leistungsbereich der Anlagen erstreckt sich von einigen 100 W bis zu einigen 100 kW. Bekannte Beschichtungs-Materialien sind:
$Ni, Cu, Fe, Cr, Mo, Al, Au, SiO$.

Es ist auch möglich, Legierungen, wie $FeNi$ oder Ti_6Al_4V, abzuscheiden. Die Materialien befinden sich dazu in separaten Tiegeln, die abwechselnd mit dem Elektronenstrahl angesteuert werden. Mit der Aufenthaltsdauer des Strahls in den verschiedenen Tiegeln kann die stöchiometrische Zusammensetzung des Dampfes beeinflusst werden.

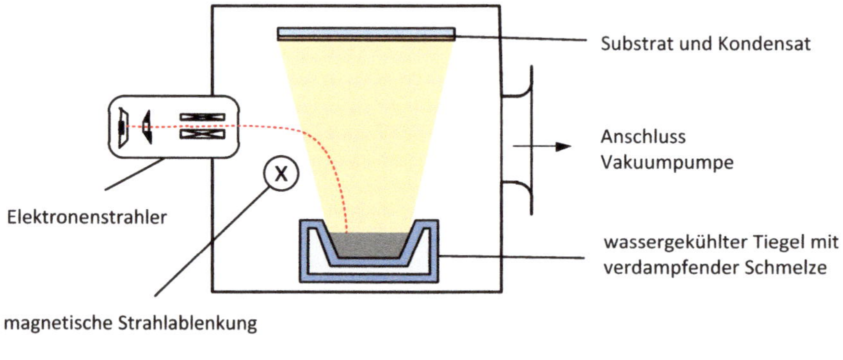

Bild 4.39: Bedampfen durch Aufschmelzen und Verdampfen mit dem Elektronenstrahl

Ionenplattieren: Verbesserte Schichteigenschaften können durch eine Kombination von Glimmentladung (s. Teil 1 dieses Buches) und Elektronenstrahl-Verdampfen erzielt werden. Das **Bild 4.40** zeigt das Prinzip. Die Kondensa-

tion des Dampfes erfolgt unter Einwirkung von Ionen eines Trägergases oder von Ionen des Dampfes selbst. Folgende Eigenschaften der Schicht können verbessert werden: Haftfestigkeit, elektrische Leitfähigkeit, Abriebfestigkeit und Duktilität. Außerdem ist es möglich, unlösliche Elemente, wie Helium, in eine Goldschicht oder Lithium in eine Zinkschicht einzubinden. Beispielsweise kann mit Methan als Trägergas folgende Schicht erzeugt werden:
$2Ti$ (Dampf) + C_2H_2 (Gas) → $2TiC$ (Schicht) + H_2 (Gas)

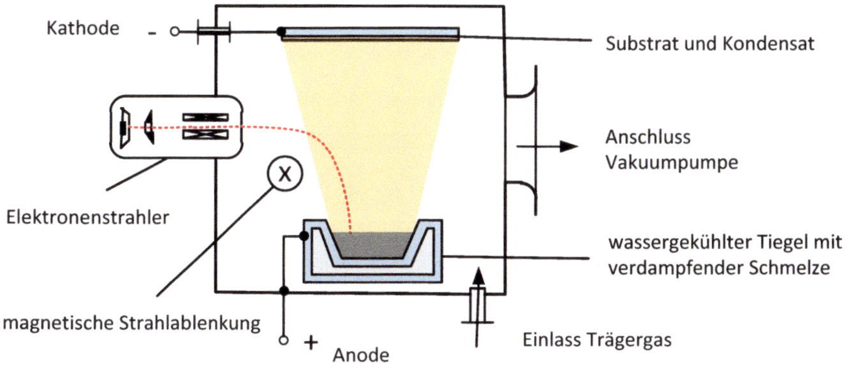

Bild 4.40: Ionenplattieren durch Kombination mit einem Niederdruckplasma

Umschmelzen

Besonders hochschmelzende und stark reaktive Materialien können durch das Umschmelzen im Elektronenstrahl gereinigt werden. Das Prinzip des Umschmelzens im Elektronenstrahl zeigt **Bild 4.41**. Die wesentlichen Effekte werden durch das hohe Vakuum (0,001 bis 1 Pa) und den wassergekühlten Kristallisator erzielt. Wegen der relativ niedrigen Temperaturen am Berührungspunkt von Kristallisator und Schmelze finden hier nahezu keine unerwünschten chemischen Reaktionen statt. Wegen der extrem unterschiedlichen Oberflächenspannungen, die am Auftreffpunkt des Elektronenstrahls sehr klein und am Kristallisator sehr groß sind, entsteht eine relativ hohe Strömung auf der Oberfläche (Marangoni-Strömung) in Richtung des Kristallisators, wodurch die Wärmebilanz wesentlich beeinflusst wird.
Verunreinigungen wie H_2, CO, N_2, Metalloxide und Metalle mit höherem Dampfdruck als das zu reinigende Metall gehen in die Dampfphase über und

werden abgesaugt. Andere Metalloxide verbleiben in der auf der Schmelze schwimmenden Schlackeschicht. Es werden Blöcke mit einer Masse bis zu 20 t erschmolzen. Die Anlagenleistungen reichen von 200 kW bis in den MW-Bereich. Die Beschleunigungsspannungen betragen 30 bis 50 kV. Wegen der relativ großen baulichen Abmessungen der Prozesskammer müssen die Elektronen Weglängen von 1 bis 2 m überwinden und dabei Restgas und Metalldämpfe durchdringen.

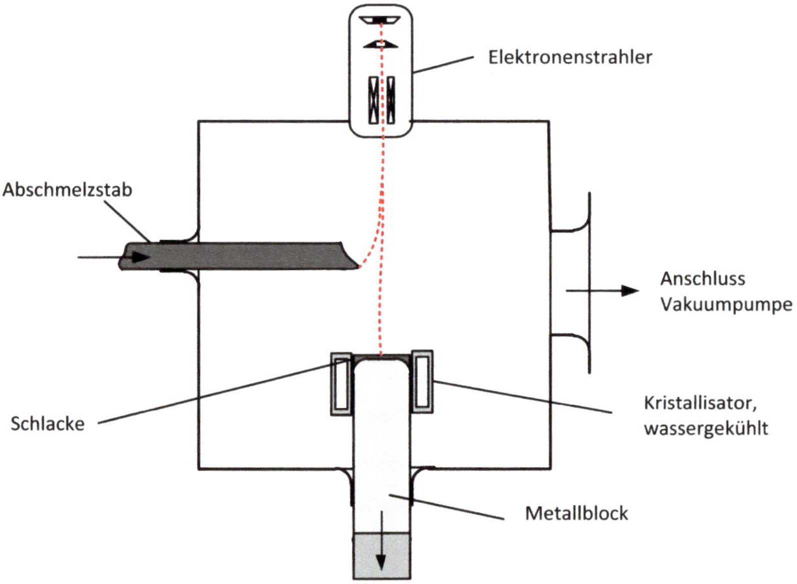

Bild 4.41: Prinzip einer Elektronenstrahlanlage zum Umschmelzen von Metallen

Das Umschmelzen von Metall mit Unterdruck ist eine bereits mehrfach erwähnte Technologie der Elektroprozesstechnik. Deshalb werden die Verfahren mit ihrem Druckbereich und den maximalen Blockmassen hier nochmals zusammengestellt:

- Induktives Umschmelzen: 0,01 bis 10 Pa, 60 t
- Lichtbogen-Umschmelzen: 1 bis 100 Pa, 50 t
- Elektronenstrahl-Umschmelzen: 0,001 bis 1 Pa, 20 t.

Schweißen

Mit dem Elektronenstrahlschweißen werden durch die hohe Flächenleistungsdichte und das Vakuum hervorragende Qualitäten erzielt. Das Elektronenstrahlschweißen ist beispielsweise in [22] und [21] ausführlich dargestellt.
Fügen: Der Tiefschweißeffekt ist in **Bild 4.42** dargestellt. Falls die Leistungsdichte im Fokus einen Wert von $100\,\mathrm{kW/cm^2}$ übersteigt, verdampft das Material. Es bildet sich eine Dampfblase (Kapillare) aus, die der Elektronenstrahl noch durchdringt und weiter auf festes Material trifft. Man denke sich den Vorgang in der Bildtiefe von Teilbild c fortgesetzt, wo kurz hinter dem Elektronenstrahl die Schmelze erstarrt und Teilbild d entsteht. Es wird ein Aspektverhältnis von $t/s = 50$ erzielt. Die von oben sichtbare Schmelzfläche beträgt nur wenige $\mathrm{mm^2}$. Sie ist beim Laserschweißen doppelt so groß. Es können Kleinteile ebenso wie große Triebwerksteile verschweißt werden. Die Prozesskammer hat dann ein Volumen bis zu $20\,\mathrm{m^3}$. Übliche Materialien, wie Stahl, Kupfer und Aluminium, werden bei Drücken von ca. 1 Pa verschweißt. Bei reaktiven Werkstoffe, wie Titan, Zirkonium oder Niob, erfolgt die Verschweißung bei noch niedrigeren Drücken im Bereich von ca. 0,01 Pa.

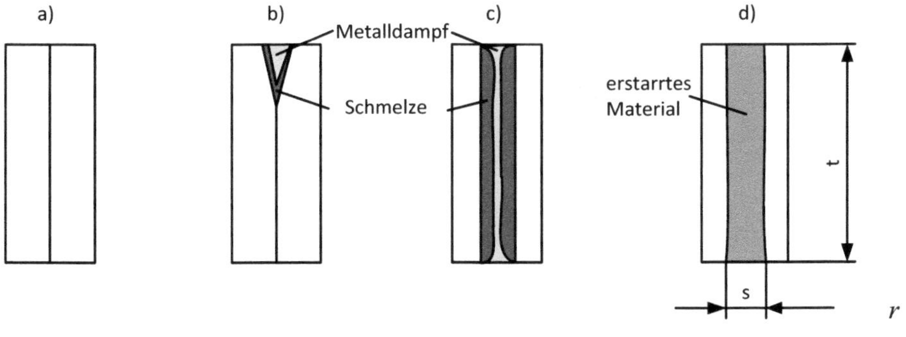

Bild 4.42: Entwicklungsschritte des Tiefschweißens (Tiefschweißeffekt) mit dem Elektronenstrahl

Auftragsschweißen: Das vom Schmelzschweißen mit dem Lichtbogen bekannte Auftragsschweißen kann ebenso mit dem Elektronenstrahlschweißen erfolgen. Das aufzuschmelzende Material wird als Draht oder Pulver zugeführt (s. **Bild 4.43**). Der erhöhte Aufwand ist natürlich nur dann gerechtfertigt, wenn es sich um hochschmelzende Materialien und komplizierte Mischverbindungen (z. B. Wolfram mit Kupfer) handelt, die den Einsatz von Vakuum und die hohe Leistungsdichte erfordern.

3D-Metalldruck: Auch das Drucken von dreidimensionalen Strukturen, wie dies für Bauteile aus Kunststoff bekannt ist, kann durch punktweises Aufschmelzen erfolgen. Dabei müssen sich die einzelnen Schweißpunkte mit dem bereits aufgebrachten Substrat und untereinander durch erneutes Aufschmelzen innig verbinden. Die Qualität hängt folglich von der Feinheit der einzelnen Schweißpunkte ab. Das Material wird ebenfalls als Draht oder Pulver dem Fokus zugeführt. Der Elektronenstrahl ist in der Regel starr und die Schweißzone wird in drei Richtungen bewegt. Eine genügend feine, numerisch gesteuerte Bewegung des Arbeitstisches ermöglicht die Herstellung komplizierter Formen auch aus hochschmelzenden Materialien. Beispielsweise werden auf diese Weise filigrane Hohlprofil-Induktoren zum induktiven Oberflächenhärten gefertigt. Es wird dabei eine relative Materialdichte gegenüber gegossenem Kupfer von 99,9 % erreicht.

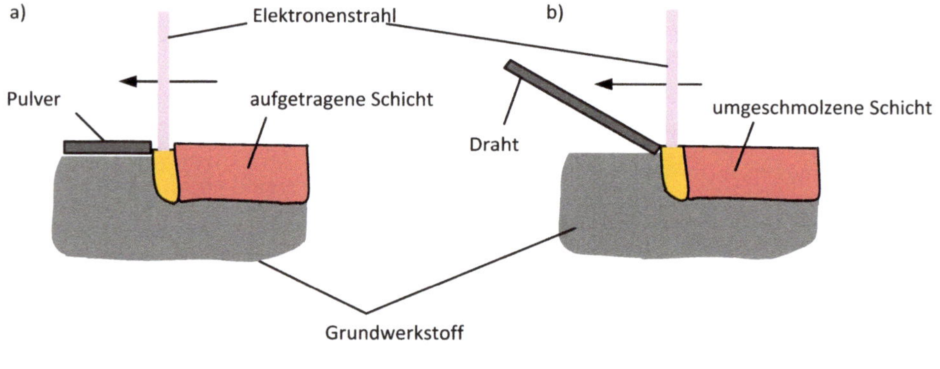

Bild 4.43: Zwei Möglichkeiten zum Auftragsschweißen und Drucken mit dem Elektronenstrahl

Thermisches Bearbeiten

Es handelt sich hier in der Regel um eine Bearbeitung mit kleinsten Abmessungen im µm-Bereich, bei dem die thermischen Wirkungen der auftreffenden Elektronen genutzt werden. Folgende Anwendungen sind möglich:

- Härten, Glühen und Umschmelzen kleinster Flächen

- Bohren in Diamant zur Herstellung von Ziehsteinen
- Perforieren von Metallen, Keramik und Quarzglas für die Verdampfungs-Kühlung von Brennkammern und Turbinenschaufeln
- Gravieren, z. B. von Gallium-Arsenid für optoelektronische Anzeigeelemente, von Gleitpaarungen zur Unterbindung von Mischreibung
- Fräsen in Metall, Glas und Keramik für Spinn- und Extruder-Düsen
- Schmelzritzen zum Trennen großflächiger Substrate in Einzelelemente für elektronische Bauelemente.

Nichtthermisches Bearbeiten

Beim Auftreffen von Elektronen auf den Wirkungsort können sich durch chemische und/oder physikalische Wirkungen stoffliche und strukturelle Veränderungen im Sinne einer technologischen Nutzung ergeben. Oftmals zeigen sich die gewünschten Effekte erst im Zusammenspiel mit einer weiteren Prozessstufe.

Stoßeffekte: In einem kristallinen Festkörper sind die Atome in Gittern fixiert. Wenn die kinetische Energie des aufschlagenden Elektrons einen Wert besitzt, der größer als die Bindungsenergie der Gitteratome ist, dann kann ein Atom seinen bisherigen Gitterplatz verlassen. Das ursprüngliche Gitter hat dadurch einen Defekt in Form eines nichtbesetzten und eines irregulär besetzten Gitterplatzes. Da von der Gitterstruktur die Bindungszustände der Valenzelektronen abhängen, können sich die elektrischen und optischen Eigenschaften des Festkörpers ändern.

Ladungseffekte: Wenn ein Elektronenstrahl auf eine elektrisch nichtleitende Oberfläche trifft, so verbleiben die Elektronen eine gewisse Zeit in der Nähe der Auftreffstelle. Durch systematische Ablenkung des Elektronenstrahls kann so eine Kontur, bestehend aus einer dünnen Schicht negativer Ladungen, auf der Oberfläche erzeugt werden. Wird die so vorbereitete Kontur nachfolgend bis zu ihrer Erweichung erwärmt und mit einem elektrostatischen Feld beaufschlagt, so kann mittels der elektrostatischen Kräfte eine Verformung hervorgerufen werden. Die Verformung bleibt bei Abkühlung unter der Krafteinwirkung erhalten. Auf diese Weise kann man beispielsweise einen bleibenden mikroskopisch kleinen Schriftzug auf die Oberfläche schreiben.

Strahlenchemische Effekte: Durch die Einwirkung energiereicher Elektronen auf chemische Verbindungen werden unter bestimmten Umständen Wechselwirkungen ausgelöst, die zur Anregung oder Ionisation von Molekülen führen. Die Folge können Reaktionen sein, die zu veränderten chemischen Verbindungen führen. Der bestrahlte Werkstoff kann neue oder quantitativ veränderte chemisch-physikalische Eigenschaften erhalten. Einige Beispiele sind:

- Depolymerisation, z. B. von Zellulose
- Sterilisation der Oberfläche von Medizinprodukten, Obst und Getreide
- Behandlung von Klärschlamm
- Polymerisation von Fasern aus Polyethylen, Polyamid, Polyester und Polyester-Baumwoll-Mischgewebe
- Härten von Lacken aus Polyester-, Urethan-, Epoxid- und Acrylharzen
- Vulkanisieren von synthetischem Kautschuk.

4.2 Ionenstrahler

Eine spezielle Ausgestaltung zum Ionenstrahler setzt sich aus einer Niederdruck-Glimmentladung zur Erzeugung von Ionen, einer oder mehreren Beschleunigungsstufen mit magnetischen Strahlführungen und einem Separator zum Aussondern unerwünschter Ionen zusammen.

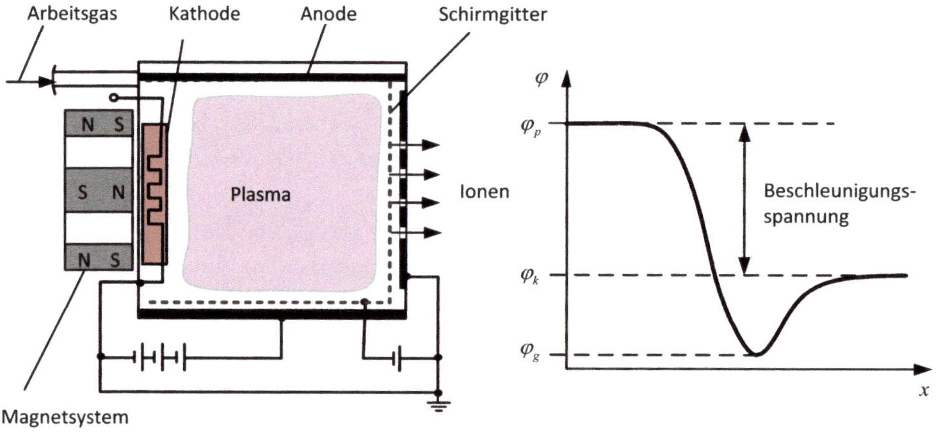

Bild 4.44: Zur Erzeugung und Ausleitung von Ionen mit Hilfe eines Niederdruckplasmas

Eine typische Ionenquelle zeigt **Bild 4.44**. Sie besteht aus einem Hohlzylinder, der die Anode bildet. Die beiden Teile der zweigeteilten Kathode befinden sich an den Stirnseiten des Hohlzylinders. Der beheizte Teil der Kathode dient zur thermischen Emission von Elektronen. Am kalten, durchbrochenen Teil der Kathode werden die Ionen extrahiert. Mit einem inneren Schirmgitter vor der Anode mit dem Potenzial φ_g werden die Elektronen abgebremst und halten sich dadurch in diesem Gebiet länger auf. Dagegen bewirkt das Schirmgitter vor der kalten Kathode ein Ausdünnen an Elektronen. Durch ein mittels Permanentmagnete erzeugtes radiales Magnetfeld werden die Elektronen auf eine Kreisbahn gedrängt und verlassen das Gebiet vor der Kathode spiralförmig (s. auch Kapitel 3). Dadurch halten sie sich auch hier länger auf. Die genannten Effekte führen dazu, dass zum einen die Elektronen außerhalb der positiven Plasmawolke konzentriert bzw. eingeschlossen werden und zum anderen aus dem Weg der Ionen zur Kathode geräumt werden. Damit kann die mittlere freie Weglänge der Ionen erhöht und eine Aufweitung des Ionenstrahls durch Zusammenstöße vermindert werden. Eine positive Plasmawolke entsteht, weil sie von den schnellen Elektronen rasch verlassen wird und sich die langsamen Ionen länger darin aufhalten. Die Prozessparameter Arbeitsdruck im Bereich von 0,01 bis 0,1 Pa und Anodenspannung im Bereich von 50 bis 200 V werden so gewählt, dass die Atome des Arbeitsgases (z. B. Argon und Xenon) nicht mehrfach ionisiert werden. Dagegen sollen Restgas-Atome oder die von der Kathode ausgeschlagenen Atome durch die Wahl der vorstehend genannten Arbeitsbereiche möglichst nicht ionisiert werden. Die Ionen entstehen in der positiven Raumladung mit dem Plasmapotenzial φ_p. Sie werden auf dem Weg zur kalten Kathode hin zunächst zum Gitter (Potenzial φ_g) beschleunigt und danach auf dem Weg zur kalten Kathode (Potenzial φ_k) abgebremst (siehe Diagramm in Bild 4.44). Am Ausgang der Ionenquelle haben sie schließlich die kinetische Energie

$$W_i = e(\varphi_p - \varphi_k). \tag{4.162}$$

Eine nachträgliche Beschleunigung und Fokussierung der Ionen ist mehrstufig möglich, wie Teilchenbeschleuniger in der Forschung zur Teilchenphysik zeigen. Die Aussagen zu Fokussierung und Ablenkung von Elektronen in Abschnitt 4.1.3 gelten hier ebenfalls, wenn in die Gleichung für den Krümmungsradius (4.71) anstelle der Elektronenmasse m_e die Masse der betreffenden Ionen eingesetzt wird. Wegen der viel größeren Ionenmasse ($m_i > 1800 \cdot m_e$) sind die notwendigen Abmessungen der Einrichtungen viel größer. Die magnetische Ablenkung wird im Separator nach **Bild 4.45** genutzt. Schwerere Ionen werden aus der idealen Bahnkurve getragen. Leichtere sind übersteuert und landen ebenfalls auf der Blende. Ebenso können mehrfach geladene Ionen des Arbeitsgases aussortiert werden. Die Coulomb-Abstoßung zwischen den Ionen des Ionenstrahls führt zu einer Aufweitung dessen. Wenn es auf hohe Präzision ankommt, dann wird im Bereich des Ionenstrahls ein Glühdraht angeordnet. Die von dem Draht emittierten Elektronen schwächen die Coulomb-Kräfte. Die dabei beobachteten Hemmnisse zur Neutralisation der Ionen sind auf die Notwendigkeit der Dreierstoßrekombination (siehe Kapitel 3) zurückzuführen.

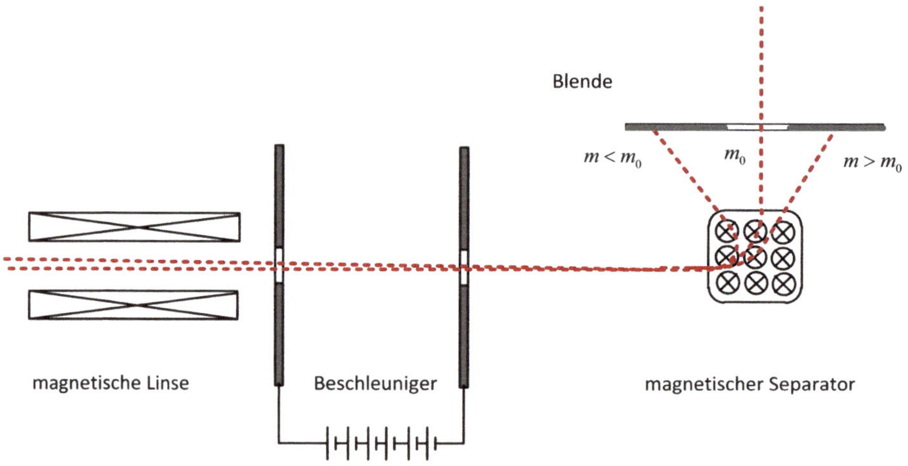

Bild 4.45: Zur Fokussierung, Beschleunigung und Separation eines Ionenstrahls

Anwendungen

Die technologischen Anwendungen der Ionenstrahlen sind hauptsächlich in der Mikro- und Nano-Elektronik/Mechanik zu finden:

- Implantation mit einer Tiefe bis zu einigen µm, wie zum Beispiel von Al, C, Ga, Ge, P, F, B zur Halbleiterfertigung
- Ionenstrahl-Lithographie, Vorbereitung eines Films zur genauen partiellen Ablösung ohne Maske
- Ionenstrahl-Sputtern, zum Bedampfen und zur Gewinnung von Atomen zur Implantation

- Ionenstrahl-Ätzen, zum partiellen Abtragen.

Wesentliche Vorteile gegenüber alternativen Verfahren sind die erreichbare Genauigkeit bis in den nm-Bereich und die relativ niedrigen Temperaturen von ca. 100 °C, bei denen Strukturen bearbeitet werden können. Außerhalb der Elektroprozesstechnik liegende Anwendungen sind in der Kern- und Teilchenphysik, der Massenspektroskopie und der Medizin zur Krebsbehandlung zu finden.

5 Elektromagnetische Strahlung

Im Teil 1 des Buches wurde im Kapitel „Mikrowellenerwärmung“, die elektromagnetische Strahlung als Antennenstrahlung betrachtet, die in Bezug auf das gesamte elektromagnetische Spektrum relativ langwellig ($> 1\,\mathrm{mm}$) ist. Im Bereich viel kürzerer Wellenlängen sind schwingende Elektronen die Quellen elektromagnetischer Strahlung. Das Elektron kann sich nicht plastisch verformen, weshalb es seine kinetische Energie nur durch Stöße auf andere Teilchen übertragen oder selbst abstrahlen kann. Die Abstrahlung kann man sich naiv wie eine Oszillation seiner Ladung um einen ruhenden Punkt vorstellen. Das entspricht dem denkbar einfachsten Dipol, bei dem ein Elektron den zeitlich veränderlichen Strom im Stab der Antenne verkörpert. Diese winzigen Elektronen-Dipole ergeben durch ihre riesige Anzahl hohe Strahlungsleistungen. Sie strahlen ihre Energie mit verschiedensten Frequenzen, Phasenwinkeln und Polarisationsebenen ab. Dabei ist die „Sendezeit“ eines Elektronen-Dipols mit $10^{-8}\,\mathrm{s}$ sehr kurz. Die Strahlung ist nicht mehr kontinuierlich, sondern eine diskrete Folge elementarer Emissionen (Ausstrahlung) bzw. Absorptionen (Empfang). Diese skizzierten Eigenschaften sollen zeigen, dass eine Darstellung mithilfe der Maxwell'schen Gleichungen nicht mehr durchgängig möglich ist. Für ein freies Elektron kann die Strahlung noch mit der klassischen Elektrodynamik beschrieben werden. Für ein im Atom gebundenes Elektron geht das nicht mehr, es sind die Mittel und Methoden der Quantenfeldtheorie in Verbindung mit der Relativitätstheorie notwendig.

5.1 Natur der Strahlung

Der duale Charakter der elektromagnetischen Strahlung besteht aus einem Wellen- und einem Korpuskel-Teil, wobei das Korpuskel als Photon bezeichnet wird. Die Photonen einer elektromagnetischen Welle bewegen sich geradlinig und gleichförmig über große Strecken. Sie transportieren dabei Energie

$$W = h\nu \tag{5.1}$$

und Impuls

$$\vec{p} = \vec{k}\frac{h}{2\pi} \quad \text{mit dem Betrag des Wellenvektors} \quad \left|\vec{k}\right| = \frac{2\pi}{\lambda}. \tag{5.2}$$

Der Impulscharakter wird beispielsweise beim Photoeffekt deutlich. Dieser zeigt, dass ein Photon mit der Energie $h\nu$ ein Leitungselektron aus einem Festkörper auslösen kann. Unter Abzug der Auslösearbeit (Potenzialtopf) W_a erhält man die kinetische Energie des Elektrons

$$W_{kin} = \frac{m_e}{2}v_e^2 = kT_e = h\nu - W_a, \tag{5.3}$$

mit dem es gegen das elektrische Feld eines Kondensators läuft und diesen aufladen kann. Dies bedeutet, dass elektromagnetische Wellen in Quanten mit der Energie $h\nu$ absorbiert und ebenso emittiert werden. Allerdings kann der Teilchencharakter nur dann experimentell (z. B. mittels Photoeffekt) nachgewiesen werden, wenn

$$h\nu = ch/\lambda >> kT \tag{5.4}$$

gilt. Das ist die Seite der kürzeren Wellenlängen ab dem Maximum der Intensitätsverteilung nach **Bild 5.1**. Anderenfalls verlieren sich die Quantenstufen in thermischen Schwankungen und die Photonen sind nur noch schwer nachweisbar. Das Planck'sche Strahlungsgesetz gibt die spektrale Emission eines schwarzen Körpers[1] mit der Temperatur T an.

$$e_b(\lambda, T) = \frac{2\pi c^2 h}{\lambda^5[\exp(\frac{ch}{\lambda kT}) - 1]} \tag{5.5}$$

Darin bedeuten:

λ Wellenlänge

c Lichtgeschwindigkeit

h Planck'sches Wirkungsquantum

k Boltzmann'sche Konstante

T absolute Temperatur.

Das Planck'sche Gesetz ist hier mit der Wellenlänge dargestellt. Es kann ebenso mit der Frequenz ν aufgeschrieben werden. Dies geht allerdings nicht einfach,

[1]Index b steht für (engl. *black*)

indem λ durch c/ν in (5.5) ersetzt wird. Hier ist zu beachten, dass e_b ein Differentialquotient ist.
Die Planck'sche Strahlung resultiert aus der Abstrahlung durch Elektronen, die durch Stöße mit in thermischer Bewegung befindlichen Atomen und Molekülen angeregt wurden. Das ergibt eine spektrale Emission, die sich kontinuierlich über das gesamte Spektrum erstreckt und ein Maximum in Abhängigkeit von der Temperatur aufweist. Das Wien'sche Verschiebungsgesetz zeigt dieses Maximum an.

$$\frac{\mathrm{d}\, e_b(\lambda, T)}{\mathrm{d}\,\lambda} = 0 \quad \text{bei} \quad \lambda_{max} \cdot T = 2{,}9 \cdot 10^{-3}\,\mathrm{m\,K} \tag{5.6}$$

Da auch in einer Gasentladung näherungsweise ein thermodynamisches Gleichgewicht herrscht, ist selbst das hohe spektrale Emissionsvermögen im Bereich der diskreten atomaren Spektrallinien kleiner als das spektrale Emissionsvermögen des schwarzen Strahlers bei gleicher Temperatur.
Aus Sicht der Quantentheorie kann man die spektrale Emission auch auffassen als die Anzahl n_{ph} von Photonen, die mit einem Energiequantum pro Zeit und Volumen emittiert werden.

$$e_b(\lambda, T) = n_{ph} \frac{ch}{\lambda} \cdot \frac{1}{Vt} \tag{5.7}$$

Elektronen können auch nicht-thermisch auf eine höhere Energiestufe gebracht werden. Dies ist z. B. der Fall, wenn das Elektron mit seiner negativen Ladung $(-e)$ ein Potenzialfeld in Richtung wachsenden Potenzials durchläuft. Es nimmt dann die Energie

$$\Delta E = \frac{m_e}{2} v_e^2 = (-e) \cdot \Delta\varphi \tag{5.8}$$

bei $v_e = 0$ am Start auf. Beim Aufprall auf eine Wand oder ein Atom bzw. Molekül wird es abgebremst. Seine kinetische Energie kann es dabei entweder durch Stöße mit anderen Teilchen oder durch eigene Abstrahlung (z. B. Bremsstrahlung) abgeben. Diese Bremsstrahlung liegt im sehr kurzwelligen Bereich und ist ebenfalls wie die Temperaturstrahlung eine kontinuierliche Strahlung mit einer relativ breiten Verteilung über der Wellenlänge. Bezüglich der Energieübertragung auf andere Elektronen sind die Elektronen in gebundene und freie zu unterteilen. Die gebundenen Elektronen sind in Atomen und Molekülen eingebaut und umkreisen auf verschiedenen Bahnen die Atomkerne. Ihnen kann stets eine konkrete Energiestufe $E_1, E_2, ...E_n$ zugeordnet werden.

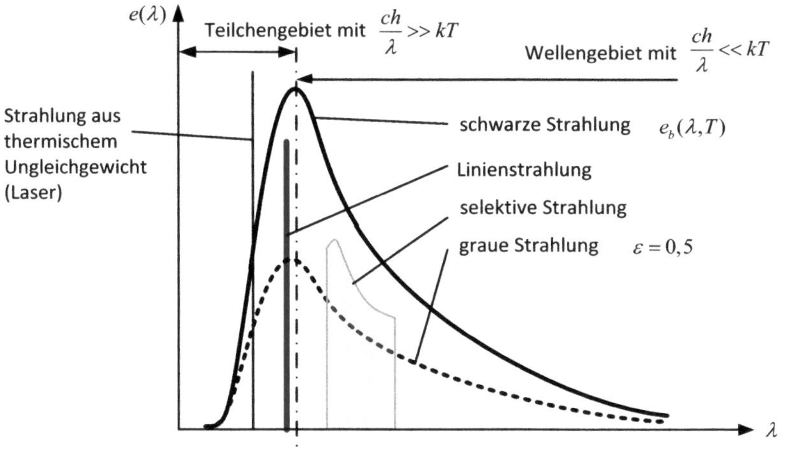

Bild 5.1: Spektrale Emission des schwarzen Körpers (schwarze Strahlung) als oberer Grenzwert aller anderen Strahlungsarten

Wenn die Elektronen von einer Stufe zu einer anderen springen, können sie nur diskrete Energiebeträge abgeben oder aufnehmen. Das ergibt bei der Abstrahlung einen sehr engen Frequenzbereich bzw. ein Linienspektrum.

$$\Delta E = E_2 - E_1 = h\nu \tag{5.9}$$

Die freien Elektronen im Leitungsband können dagegen jedes beliebige Quantum an Energie aufnehmen bzw. abgeben (abstrahlen). Leider ist die Abstrahlung der freien und gebundenen Elektronen nach einem Zustandswechsel quantitativ nicht so übersichtlich wie mit dem Planck'schen Strahlungsgesetz auszudrücken. Das liegt nicht zuletzt auch an der Vielfalt der Stoßprozesse und deren Einflussgrößen (umgebende Materie und ihr Zustand) und führt schließlich bis zur Quantenfeldtheorie verbunden mit der Einstein'schen Relativitätstheorie und der Heisenberg'schen Unschärferelation.
Das elektromagnetische Spektrum kann nach der Frequenz bzw. Wellenlänge unterteilt werden:

- Röntgen-Strahlung
- UV-Strahlung
- Lichtstrahlung
- Infrarotstrahlung
- Antennenstrahlung.

Die Röntgenstrahlung ist bekanntlich eine ionisierende Strahlung, die hier nicht behandelt wird, weil sie weniger für technologische als vielmehr für diagnostische Zwecke (Medizin, Materialprüfung usw.) verwendet wird. Die Antennen- und Mikrowellenstrahlung wurde bereits in Teil 1 des Buches betrachtet. Im Weiteren soll nach der oben skizzierten Entstehung der elektromagnetischen Strahlung gegliedert werden. Das ist einmal die thermische Anregung der Elektronen, was durch die Bezeichnung thermische Strahlung oder Temperaturstrahlung (engl. *thermal radiation*) zum Ausdruck kommt. Sie deckt den Wellenlängenbereich von 0,1 bis 100 µm ab. Zum anderen ist dies die Anregung durch Stoßprozesse, wie dies bei der Gasentladung beobachtet wird. Aus der gestuften Anregung und Abregung von Elektronen (Linienstrahlung) ergibt sich unter bestimmten Voraussetzung die stimulierte Emission, die mit der Laserstrahlung eine große technologische Bedeutung gewonnen hat.

5.2 Temperaturstrahlung

5.2.1 Gesetze

Stefan-Boltzmann-Gesetz

Die Integration der spektralen Emission über die Wellenlänge liefert das Stefan-Boltzmann-Gesetz.

$$E_b = \int_0^\infty e_b(\lambda, T)\, d\lambda = \sigma T^4 \tag{5.10}$$

Das ist die Emission (engl. *radiated power*) des schwarzen Strahlers in W/m^2. Schwarze Strahler (Flächen) existieren eigentlich nur in Form speziell präparierter Hohlräume mit identischen Wandtemperaturen, wie dies beispielsweise das **Bild 5.2** zeigt. Bei der Berechnung des Strahlungsaustausches geht man sowohl von Flächen aus, die Hohlräume nach Bild 5.2 a überspannen, als auch von Oberflächen von Festkörpern nach Bild 5.2 b. Das Stefan-Boltzmann'sche Gesetz gilt im zuletzt genannten Fall nicht mehr uneingeschränkt, weshalb diese Emission zunächst einfach als E (ohne Index b) bezeichnet wird.

Strahlungsgrößen

Nachfolgend werden einige Strahlungsgrößen definiert, die sich auf eine strahlende Fläche A beziehen, welche isotrop ist und eine homogene Temperatur T

besitzt. Isotrop bedeutet hier, dass die Strahlungseigenschaften nicht von der Drehung um die Flächennormale abhängen. Es werden Flächen betrachtet, die einmal als schwarz strahlend (schwarze Fläche) nach Bild 5.2 a und einmal als beliebig strahlend nach Bild 5.2 b angenommen werden.

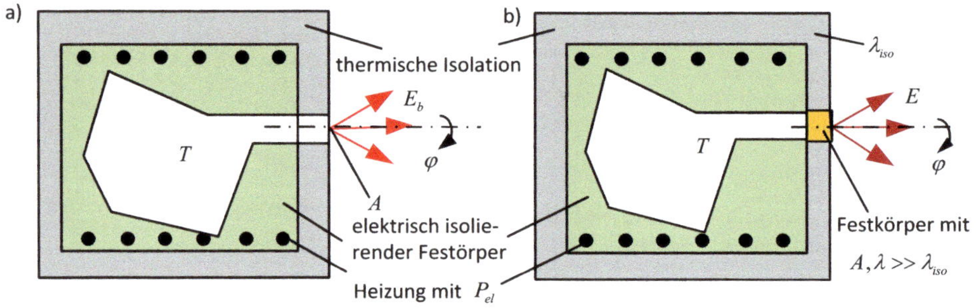

Bild 5.2: Schwarzer Strahler und die Bezugsfläche: a) Konstruktion eines schwarzen Strahlers, b) beliebiger Strahler

Von der betrachteten Fläche A geht der Strahlungsfluss R in den darüber aufgespannten Halbraum aus. Auf die Fläche bezogen ist das die bereits erwähnte Emission.

$$E = \frac{R}{A} \,. \tag{5.11}$$

Die spektrale Emission ist die auf die Wellenlänge bezogene Emission

$$e(\lambda) = \frac{\mathrm{d}\,E}{\mathrm{d}\,\lambda} \,, \tag{5.12}$$

die im Falle des schwarzen Strahlers dem Planck'schen Gesetz nach (5.5) entspricht.

Die Strahlstärke I ist der in eine bestimmte Richtung (Winkel zur Flächennormalen ϑ) abgegebene Strahlungsfluss pro Raumwinkel Ω.

$$I(\vartheta) = \frac{\mathrm{d}\,R(\vartheta)}{\mathrm{d}\,\Omega} \tag{5.13}$$

Der Raumwinkel ist als Quotient vom Teil einer Kugeloberfläche zu deren Radius im Quadrat definiert und somit eine dimensionslose Größe mit $[sr] = 1$. Deshalb ist die Maßeinheit der Strahlstärke $[I] = \mathrm{W}$. Hier kommt die oben

getroffene Annahme isotroper Flächen zur Geltung, wegen der die Strahlstärke bei Drehung um den Winkel φ (Polarkoordinaten) gleich bleibt (s. hierzu auch **Bild 5.3**). Einige Oberflächen geschichteter Körper (z. B. Blechpakete) erfüllen die genannte Bedingung nicht.
Zur Strahlstärke gehört die spektrale Strahlstärke.

$$i(\vartheta, \lambda) = \frac{\mathrm{d}^2 R(\vartheta, \lambda)}{\mathrm{d}\,\Omega\,\mathrm{d}\,\lambda} \tag{5.14}$$

Die Strahldichte (engl. *intensity*) ist der Strahlungsfluss bezogen auf den Raumwinkel und bezogen auf die aus Sicht von ϑ sichtbare Fläche von A.

$$L(\vartheta) = \frac{1}{A\cos\vartheta}\frac{\mathrm{d}\,R(\vartheta)}{\mathrm{d}\,\Omega} \tag{5.15}$$

Der Betrag der aus dem Blickwinkel ϑ sichtbaren Fläche $A\cos\vartheta$ ist als Vollkreis in Bild 5.3 dargestellt. Die Strahldichte entspricht im sichtbaren Bereich der Leuchtdichte. Sie hat die Maßeinheit $[L] = \mathrm{W/m^2}$.
Die spektrale Strahldichte ist als

$$l(\vartheta, \lambda) = \frac{1}{A\cos\vartheta}\frac{\mathrm{d}^2 R(\vartheta, \lambda)}{\mathrm{d}\,\Omega\,\mathrm{d}\,\lambda} \tag{5.16}$$

definiert.

Lambert'sches Kosinus-Gesetz

Der schwarze Strahler nach Bild 5.2 a strahlt diffus. Diese Eigenschaft trifft für viele technische Oberflächen nur selten zu, wird aber gern angenommen, weil sich die Berechnung mit dieser Annahme wesentlich vereinfacht. Für den schwarzen Strahler gilt, dass die Strahldichte unabhängig vom Betrachtungswinkel ist.

$$L(\vartheta) = L_b = \text{const.} \tag{5.17}$$

Das ist der Kern des Lambert'schen Kosinus-Gesetzes, denn aus (5.13) und (5.15) folgt für den schwarzen Strahler

$$I_b(\vartheta) = L_b A\cos\vartheta\,. \tag{5.18}$$

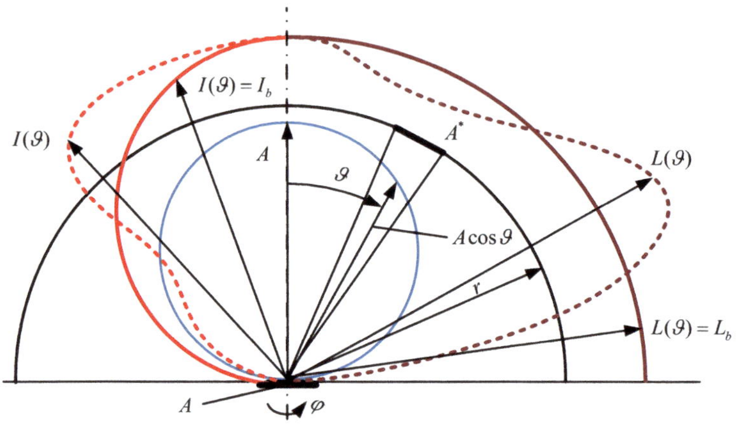

Bild 5.3: Beispiele zur Verteilung von Strahldichte und Strahlstärke; blauer Vollkreis entspricht der von ϑ aus sichtbaren Fläche von A

In Bild 5.3 entspricht dies den Volllinien zu I_b und L_b.
Die spektrale Form für das Lambert'sche Kosinus-Gesetz lautet:

$$i_b(\vartheta, \lambda) = l_b(\lambda) A \cos\vartheta\,. \tag{5.19}$$

Mit dem Raumwinkel in Kugelkoordinaten nach **Bild 5.4**

$$\mathrm{d}\,\Omega = r \sin\vartheta \,\mathrm{d}\,\varphi\, r\, \mathrm{d}\,\vartheta / r^2 = \sin\vartheta \;\mathrm{d}\,\varphi \;\mathrm{d}\,\vartheta \tag{5.20}$$

kann mithilfe von (5.13) und (5.18) der von der schwarzen Fläche A abgegebene Strahlungsfluss berechnet werden.

$$R_b = A \int_{\varphi=0}^{2\pi} \int_{\vartheta=0}^{\pi/2} L_b \cos\vartheta \sin\vartheta \,\mathrm{d}\,\varphi \,\mathrm{d}\,\vartheta \tag{5.21}$$

$$= A L_b 2\pi \int_{\vartheta=0}^{\pi/2} \cos\vartheta \sin\vartheta \,\mathrm{d}\,\vartheta \tag{5.22}$$

$$= A\, L_b\, \pi \tag{5.23}$$

Mit (5.11) folgt daraus der wichtige Zusammenhang

$$L_b = \frac{E_b}{\pi}\,, \tag{5.24}$$

der für die spektrale Intensität lautet:

$$l_b(\lambda) = \frac{e_b(\lambda)}{\pi}\,. \tag{5.25}$$

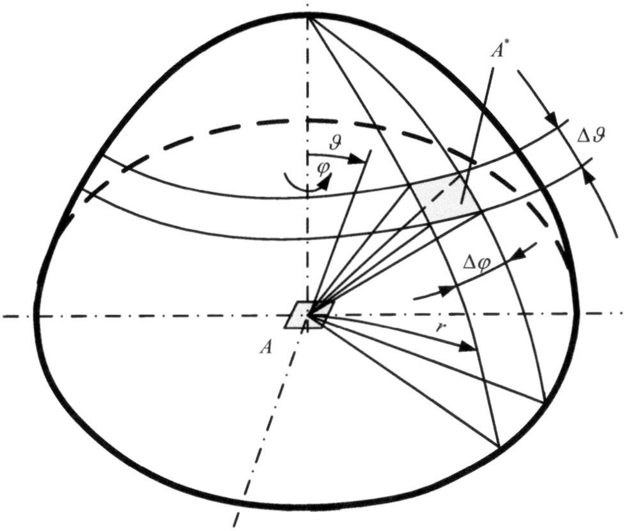

Bild 5.4: Raumwinkel in Kugelkoordinaten; Halbkugel entspricht einem Raumwinkel von 2π

5.2.2 Emissionsgrade

Die meisten technischen Oberflächen weichen hinsichtlich ihrer Strahlungseigenschaften von denen des schwarzen Strahlers ab. Mit dem Emissionsgrad und seinen Spezifikationen werden die Abweichungen vom schwarzen Strahler beschrieben. Der Emissionsgrad (engl. *emissivity*) ist somit das Korrektiv zu den Strahlungseigenschaften einer beliebigen Oberfläche mit Bezug zum schwarzen Strahler. Die Emissionsgrade sind für viele Materialoberflächen in der einschlägigen Fachliteratur dokumentiert [20]. Wie bereits oben erwähnt, werden nachfolgend nur isotrope Oberflächen betrachtet. Das sind in der Regel fein geschliffene Oberflächen mit einer Rauhigkeit, die kleiner als die kürzeste Wellenlänge der Temperaturstrahlung ist. Deshalb existiert keine Abhängigkeit von φ (s. Bild 5.3). Dies bedeutet andererseits, dass z. B. grob in einer Richtung bearbeitete Oberflächen mit Rillen und Riefen hier ebenso nicht dazu gehören wie Oberflächen von geschichteten Körpern, bei denen die Schichten sichtbar sind (Blechpakete, Holz).

Spektrale Strahlstärke

Die Abweichung der spektralen Strahlstärke von der des schwarzen Strahlers ist mit dem winkelabhängigen spektralen Emissionsgrad definiert.

$$\varepsilon_{\vartheta,\lambda} = \frac{i(\vartheta,\lambda)}{i_b(\vartheta,\lambda)} \tag{5.26}$$

Darin bedeutet i_b die winkelabhängige spektrale Strahlstärke des schwarzen Strahlers, wofür mit (5.19) und (5.25) gilt:

$$i_b(\vartheta,\lambda) = l_b(\lambda) A \cos\vartheta = \frac{e_b(\lambda)}{\pi} A \cos\vartheta\,. \tag{5.27}$$

Damit ergibt sich:

$$\varepsilon_{\vartheta,\lambda} = \frac{\pi\, i(\vartheta,\lambda)}{e_b(\lambda) A \cos\vartheta}\,. \tag{5.28}$$

Der winkelabhängige spektrale Emissionsgrad $\varepsilon_{\vartheta,\lambda}$ beschreibt die Strahlungseigenschaften einer isotropen Oberfläche umfassend. Wie nachfolgend gezeigt wird, können alle anderen Varianten des Emissionsgrades hieraus bestimmt werden. Allerdings ist der messtechnische Aufwand zur Bestimmung des winkelabhängigen spektralen Emissionsgrades erheblich (s. Abschnitt 5.2.3).

Spektrale Emission

Dieser Emissionsgrad bezieht sich auf die spektrale Emission in den Halbraum (Zeichen: $\cap$) und ist daher nicht von der Richtung ϑ abhängig. Er ist als

$$\varepsilon_{\lambda} = \frac{e(\lambda)}{e_b(\lambda)} = \frac{\int_\cap i(\vartheta,\lambda)\,\mathrm{d}\,\Omega}{A e_b(\lambda)} \tag{5.29}$$

definiert und kann mit (5.28) ausgedrückt werden.

$$\varepsilon_{\lambda} = \frac{\int_\cap \varepsilon_{\vartheta,\lambda}\, e_b(\lambda) \cos\vartheta/\pi \;\mathrm{d}\,\Omega}{e_b(\lambda)} = \frac{1}{\pi}\int_\cap \varepsilon_{\vartheta,\lambda} \cos\vartheta\,\mathrm{d}\,\Omega \tag{5.30}$$

Eine wichtige Aussage von (5.30) ist, dass bei Verfügbarkeit von $\varepsilon_{\vartheta,\lambda}$ nicht einfach der Mittelwert über ϑ verwendet werden darf, weil tatsächlich eine Wichtung mit $\cos\vartheta$ erfolgt. Auch sollte ε_λ nicht mit $\varepsilon_{n,\lambda}$ verwechselt werden, denn beide Größen sind nicht identisch.

Eine Idealisierung ist der sogenannte graue Strahler (graue Fläche), der für den gesamten Spektralbereich einen konstanten Emissionsgrad hat.

$$\varepsilon_\lambda = \frac{e(\lambda)}{e_b(\lambda)} = \text{const.}\ \forall\, \lambda \tag{5.31}$$

Strahlstärke

Der Emissionsgrad zur Strahlstärke gibt die Abweichung zum Lambert'schen Kosinus-Gesetz an.

$$\varepsilon_\vartheta = \frac{I(\vartheta)}{I_b(\vartheta)} \tag{5.32}$$

Zunächst wird $I(\vartheta)$ durch das Integral der spektralen Strahlstärke und $I_b(\vartheta)$ durch (5.18) und (5.24) ersetzt.

$$\varepsilon_\vartheta = \frac{\pi \int_0^\infty i(\vartheta, \lambda)\,\mathrm{d}\,\lambda}{A E_b \cos\vartheta} \tag{5.33}$$

Mit (5.10) und (5.28) kann weiter ersetzt werden.

$$\varepsilon_\vartheta = \frac{\int_0^\infty \varepsilon_{\vartheta,\lambda}\, e_b(\lambda) \cos\vartheta\,\mathrm{d}\,\lambda}{E_b \cos\vartheta} = \frac{\int_0^\infty \varepsilon_{\vartheta,\lambda}\, e_b(\lambda)\,\mathrm{d}\,\lambda}{\sigma T^4} \tag{5.34}$$

Emission

Dieser Emissionsgrad wird am häufigsten verwendet.

$$\varepsilon = \frac{E}{E_b} = \frac{\int_0^\infty \varepsilon_\lambda e_b(\lambda)\,\mathrm{d}\,\lambda}{\sigma T^4} \tag{5.35}$$

Die Definition zeigt, dass der spektrale Emissionsgrad mit der spektralen Emission des schwarzen Strahlers gewichtet wird. Das führt folglich zu unterschiedlichen Emissionsgraden bei verschiedenen Temperaturen.
Mit (5.30) kann wieder eine Rückführung in der Form

$$\varepsilon = \frac{\int_0^\infty \int_\cap \varepsilon_{\vartheta,\lambda} \cos\vartheta\,\mathrm{d}\,\Omega e_b(\lambda)\,\mathrm{d}\,\lambda}{\pi\sigma T^4} = \frac{\int_\cap \int_0^\infty \varepsilon_{\vartheta,\lambda} e_b(\lambda)\,\mathrm{d}\,\lambda \cos\vartheta\,\mathrm{d}\,\Omega}{\pi\sigma T^4} \tag{5.36}$$

erfolgen, woraus sich mit (5.34) schließlich ergibt:

$$\varepsilon = \frac{1}{\pi} \int_\cap \varepsilon_\vartheta \cos\vartheta\,\mathrm{d}\,\Omega\,. \tag{5.37}$$

5.2.3 Messung

Um die in der einschlägigen Fachliteratur angegebenen Emissionsgrade richtig anzuwenden, sollte die prinzipielle messtechnische Bestimmung bekannt sein.

Messtechnik

Die hier vorgestellte Messtechnik in Form eines Bolometers nach **Bild 5.5** ist primitiv, aber zur Erläuterung des Messprinzips gut geeignet. Grundsätzlich ist zu beachten, dass tatsächlich nur die Emissionen der auszumessenden Oberfläche, also der Strahlungsfluss R, und nicht auch Rückstrahlungen aus deren Umgebung erfasst werden dürfen. D. h., es muss gesichert sein, dass keine Bestrahlung auf die auszumessende Fläche A aus der Umgebung trifft. Diese spezielle Umgebung sollte daher idealerweise „schwarz“ sein (nichts reflektieren) und die Temperatur $T_s = 0$ aufweisen (nichts emittieren). Letzteres ist nur annähernd mit $T >> T_s$ realisierbar, was auf die Schwierigkeiten bezüglich der Emissionsgrade für Bereiche kleiner der Raumtemperatur ($< 300\,\text{K}$) aufzeigt.

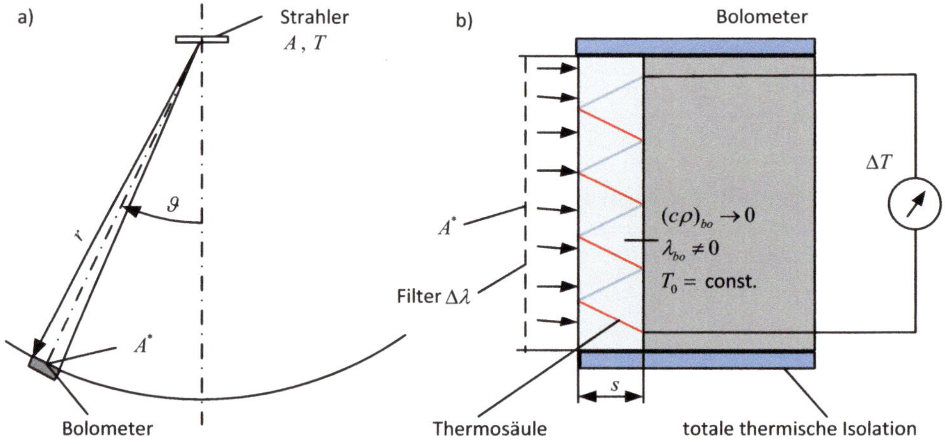

Bild 5.5: Filter für einen bestimmten Wellenlängenbereich (z. B. sichtbares Licht) zur Messung der selektiven Strahlung in einem definierten Raumwinkel

Schließlich soll die auszumessende Fläche A eine homogene Temperatur T haben und isotrop bezüglich des Winkels φ sein. Letzteres bedeutet jedoch nicht, dass es keine Abweichungen vom Lambert'schen Kosinus-Gesetz geben darf.

Ein ideales Bolometer hat viele unterschiedliche Filter, die das gesamte Spektrum abdecken und jeweils nur Strahlen eines engen Wellenlängenbereiches $\Delta\lambda = \lambda_2 - \lambda_1$ durchlassen. Die wärmeleitende Schicht mit der Dicke s habe die Wärmeleitfähigkeit λ_{bo} und eine vernachlässigbare Wärmekapazität. Hinter dieser Schicht ist ein Gebiet mit guter Wärmeleitung und hoher Wärmekapazität oder mit künstlich konstant gehaltener Temperatur angeordnet. Mit der Thermoelementkette wird die Temperaturdifferenz ΔT über der Schicht gemessen, woraus sich mit dem Wärmeleitwiderstand $[s/(A^*\lambda)]_{bo}$ der Wärmestrom $\dot{Q}$ bestimmen lässt.

$$\dot{Q}(\vartheta, \Delta\lambda) = \frac{\Delta T}{[s/(A^*\lambda)]_{bo}} \tag{5.38}$$

Dieser Messwert ist gleich der vom Bolometer aufgenommenen Strahlung im Wellenlängenbereich $\Delta\lambda$, die das Filter durchlässt. Er entspricht dem Produkt aus Bestrahlungsstärke B und Fensterfläche A^*.

$$\dot{Q}(\vartheta, \Delta\lambda) = B(\vartheta, \Delta\lambda)A^* \tag{5.39}$$

Die Verfügbarkeit eines geeigneten Filters ist für die hier betrachtete Messeinrichtung das größte Problem, denn dieses soll erstens perfekt sein und zweitens nur jeweils einen sehr kleinen Bereich $\Delta\lambda$ erfassen. Der erhebliche Aufwand wird klar, wenn der gesamte Wellenlängenbereich mit genügend kleinen $\Delta\lambda$ abzudecken ist. Normalglas wäre z. B. mit einer Durchlässigkeit im Wellenlängenbereich von 0,3 bis 3,3 µm ein sehr grobes Filter.
Ohne Filter wird die Gesamtemission in einen von ϑ abhängigen Raumwinkel erfasst, weshalb dann (5.39) ohne die Variable $\Delta\lambda$ geschrieben wird.

$$\dot{Q}(\vartheta) = B(\vartheta)A^* \tag{5.40}$$

Der vom Bolometer erfasste Raumwinkel wird mit der Fläche A^* und dem Abstand zur auszumessenden Strahlungsquelle r bestimmt (s. **Bild 5.6**).

$$\Delta\Omega = \frac{A^*}{r^2} \tag{5.41}$$

Der Einfachheit halber wird die Aufnahmefläche A^* des Bolometers als quadratisch angenommen. Damit kann ein einfacher Zusammenhang zwischen der Winkeldifferenz $\Delta\vartheta$ und der Seitenlänge des Fensters $\sqrt{A^*}$ bei lückenlosem Versatz erfolgen. Für kleine Winkel gilt die Näherung

$$\tan(\Delta\vartheta/2) = \frac{\sqrt{A^*}/2}{r} \approx \Delta\vartheta/2, \tag{5.42}$$

woraus

$$\Delta\vartheta = \sqrt{A^*}/r \tag{5.43}$$

folgt.

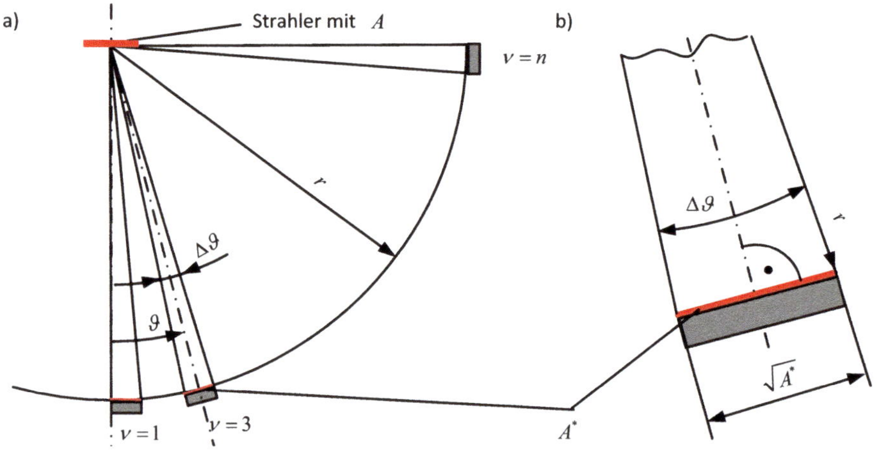

Bild 5.6: Schwenkbarer Strahlungsaufnehmer (Bolometer) zur Bestimmung der Strahlstärkenverteilung

Emissionsgrad zur spektralen Strahlstärke

Nach der Definitionsgleichung (5.28) für den Emissionsgrad zur spektralen Strahlstärke ist letztere messtechnisch zu erfassen. Die Messung entspricht einer Umwandlung von (5.14) in einen Differenzenquotienten.

$$i(\vartheta, \lambda) \approx \tilde{i}(\vartheta, \lambda) = \frac{B(\vartheta, \Delta\lambda)A^*}{\Delta\Omega\Delta\lambda} \tag{5.44}$$

Mit dem Raumwinkel nach (5.41) und den Messwert nach (5.39) ergibt sich

$$\tilde{i}(\vartheta, \lambda) = \frac{r^2}{A^*\,\Delta\lambda}\dot{Q}(\vartheta, \Delta\lambda)\,. \tag{5.45}$$

Die Wellenlänge liegt innerhalb des Bereiches von $\Delta\lambda$ und die Fläche A^* spannt einen Winkelbereich auf, in dem ϑ liegt.

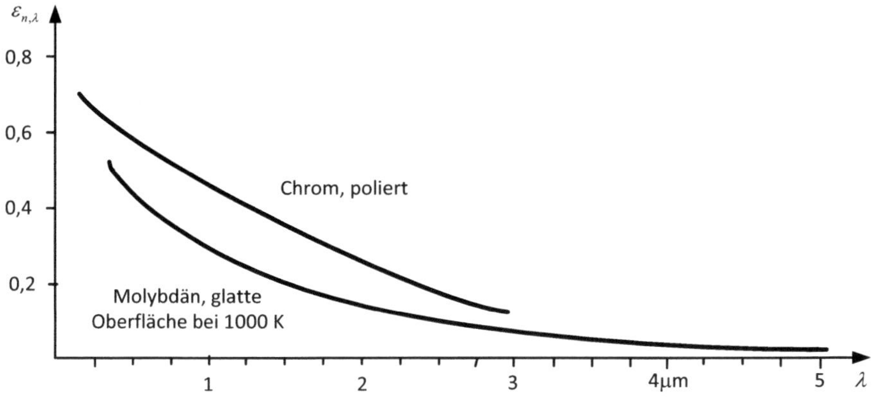

Bild 5.7: Spektraler Emissionsgrad in Richtung der Flächennormalen glatter Oberflächen

In der einschlägigen Fachliteratur findet man die meisten Daten zu dem speziellen Fall mit $\vartheta = 0$, d. h. in Richtung der Flächennormalen [20, S.124 bis 165].

$$\varepsilon_{0,\lambda} = \varepsilon_{n,\lambda} = \frac{\pi\, i(n,\lambda)}{e_b(\lambda) A} \tag{5.46}$$

Das **Bild 5.7** zeigt zwei Beispiele.

Emissionsgrad zur spektralen Emission

Der Emissionsgrad zur spektrale Emission ist mit (5.29) definiert. Der Nenner in dieser Beziehung ist die spektrale Emission einer schwarzen Fläche nach dem Planck'schen Gesetz entsprechend (5.5). Die spektrale Emission im Zähler entspricht der Integration der spektralen Strahlstärke über den Halbraum mit Bezug zur strahlenden Fläche A.

$$e(\lambda) = \frac{1}{A} \int_{\cap} i(\vartheta, \lambda)\, \mathrm{d}\,\Omega\,. \tag{5.47}$$

Unter Berücksichtigung der angenommenen Isotropie der Strahlung kann die Integration über φ (entspricht einem Kreisring mit der Fläche $2\pi r \sin\vartheta\; r\,\mathrm{d}\,\vartheta$) sofort ausgeführt werden (s. Bild 5.4).

$$e(\lambda) = \frac{2\pi}{A} \int_0^{\pi/2} i(\vartheta, \lambda)\, \sin\vartheta\; \mathrm{d}\,\vartheta \tag{5.48}$$

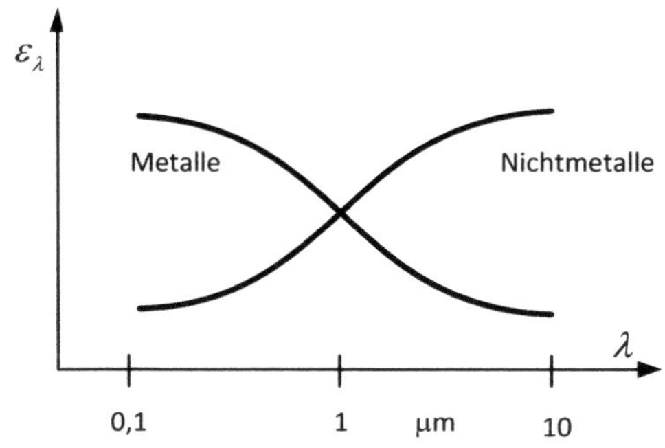

Bild 5.8: Spektraler Emissionsgrad für die Strahlung in den Halbraum von Metallen und Nichtmetallen

Das Integral kann nun näherungsweise als Summe über die Winkeldifferenzen nach (5.43) geschrieben werden.

$$\tilde{e}(\lambda) = \frac{2\pi}{A} \sum_{\nu=1}^{n} \tilde{i}(\vartheta_\nu, \lambda)\, \sin\vartheta_\nu \sqrt{A^*}/r \tag{5.49}$$

Darin markiert der Index ν die einzelnen Messpunkte zur spektralen Strahlstärke, für die (5.45) eingesetzt wird. Die dazu notwendige schrittweise Versetzung des Bolometers zeigt Bild 5.6.

$$\tilde{e}(\lambda) = \frac{2\pi r}{A\sqrt{A^*}\Delta\lambda} \sum_{\nu=1}^{n} \dot{Q}(\vartheta_\nu, \Delta\lambda)\, \sin\vartheta_\nu \tag{5.50}$$

Der charakteristische Unterschied des spektralen Emissionsgrades im kurz- und langwelligen Bereich von Metallen und Nichtmetallen ist in **Bild 5.8** aufgezeigt.

Emissionsgrad zur Strahlstärke

Zur messtechnischen Bestimmung von ε_ϑ wird von der Definition (5.32) ausgegangen. Die darin enthaltene Strahlstärke des schwarzen Strahlers I_b kann mit (5.18) und (5.24) sowie mit (5.10) auf die Temperatur T der Strahlungsquelle zurückgeführt werden.

$$I_b(\vartheta) = \frac{1}{\pi} A\sigma T^4 \cos\vartheta \tag{5.51}$$

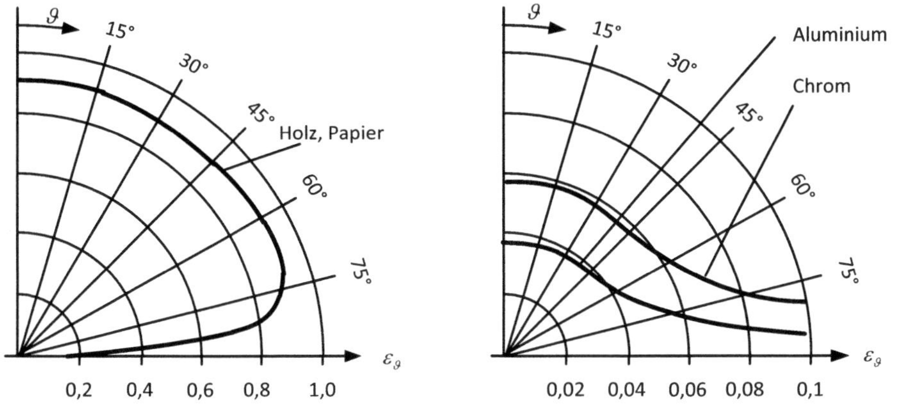

Bild 5.9: Emissionsgrad zur totalen Strahlstärke in Abhängigkeit vom Winkel zur Flächennormalen der abstrahlenden Fläche

Die Strahlstärke $I(\vartheta)$ im Zähler von (5.32) ist mit (5.13) definiert. Sie kann mit dem Bolometer ohne Filter direkt gemessen werden. Dieses erfasst mit dem Raumwinkel $\Delta\Omega = A^*/r^2$ die nach (5.40) als Wärmestrom $\dot{Q}$ gemessene Strahlung.

$$\tilde{I}(\vartheta) = \frac{\dot{Q}(\vartheta)}{A^*/r^2} \tag{5.52}$$

Damit ist der Emissionsgrad zur Strahlstärke aus dem experimentell gewonnenen Wärmestrom $\dot{Q}(\vartheta)$ bestimmbar.

$$\varepsilon_\vartheta = \frac{\dot{Q}(\vartheta) r^2 \pi}{A A^* \sigma T^4 \cos\vartheta} \tag{5.53}$$

Beispiele zum Emissionsgrad der Strahlstärke zeigen die **Bilder 5.9** und **5.10**, die den charakteristische Unterschied von Metallen und Nichtmetallen deutlich machen.
Für den speziellen Fall $\vartheta = 0$ folgt aus (5.32), (5.53) und(5.52):

$$\varepsilon_{\vartheta=0} = \varepsilon_n = \frac{\dot{Q}(0) r^2 \pi}{A A^* \sigma T^4}\,. \tag{5.54}$$

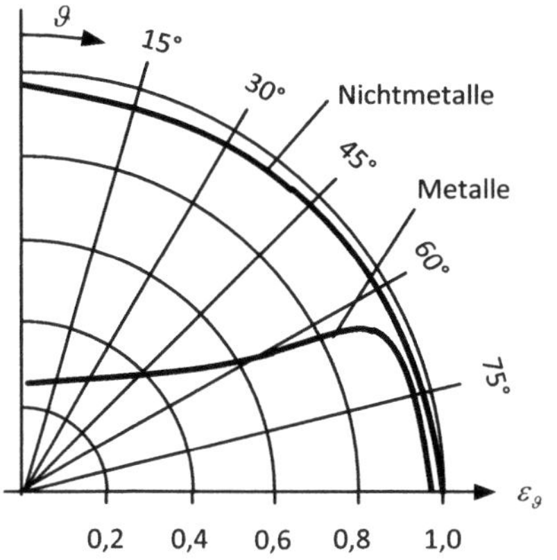

Bild 5.10: Vergleich von Metallen und Nichtmetallen zum winkelabhängigen Emissionsgrad der totalen Strahlstärke

Die experimentelle Bestimmung des Emissionsgrades zur Strahlstärke in Richtung der Flächennormalen ist am einfachsten, weshalb dazu in der Literatur die häufigsten Angaben zu finden sind (z. B. [20, S. 61 bis 124]). **Bild 5.11** zeigt diesbezügliche Messkurven.

Emissionsgrad zur gesamten Emission

Dieser Emissionsgrad ist mit (5.35) definiert.

$$\varepsilon = \frac{E}{\sigma T^4} = \frac{R}{A \sigma T^4} \tag{5.55}$$

Die gesamte Ausstrahlung in den über der Fläche A aufgespannten Halbraum

$$R = \int_\cap \mathrm{d}\, R \tag{5.56}$$

kann mit einem Bolometer punktweise mit dem Wärmestrom $\dot{Q}(\vartheta_\nu)$ bzw. der Wärmestromdichte $\dot{Q}(\vartheta_\nu)/A^*$ ausgemessen werden. Dieser Messwert muss auf die zu ν gehörige Ringfläche $(\sin \vartheta_\nu 2\pi r \sqrt{A^*})$ erweitert werden (isotrop strahlende Fläche angenommen). Die Summation über die lückenlosen Lagen des Bolometers nach Bild 5.6 ergibt dann die Gesamtemission.

$$\tilde{R} = \frac{2\pi r}{\sqrt{A^*}} \sum_{\nu=1}^{n} \dot{Q}(\vartheta_\nu) \, \sin \vartheta_\nu \tag{5.57}$$

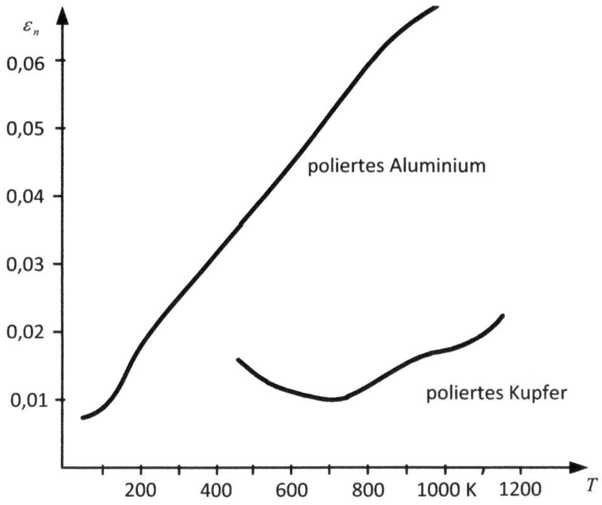

Bild 5.11: Emissionsgrad zur Strahlstärke in Richtung der Flächennormalen polierter Oberflächen

Der von der Fläche A ausgehende Strahlungsfluss entspricht der ihr zugeführten Leistung, die hier als elektrische Leistung P_{el} abzüglich möglicher Wärmeabgaben durch Konvektion und/oder Leitung P_{los} angenommen wird.

$$P = P_{el} - P_{los}(T) \tag{5.58}$$

Hier ist wesentlich, dass sowohl der Strahlungsfluss als auch die Wärmeabgaben von ein und derselben Temperatur T abhängen. Mit dieser Bilanz können die möglichen Messfehler in (5.57) abgeschätzt werden. Denn es sollte

$$P \approx \tilde{R} \tag{5.59}$$

gelten.

Andererseits ist es möglich, die Bestimmung des Emissionsgrades auf eine reine Leistungsmessung zurückzuführen. Dazu ist es allerdings erforderlich, den Strahler auch als schwarzen Strahler mit identischen Wärmeabgaben zu betreiben. Dieser schwarze Strahler hat dann die Leistungsaufnahme P_b.

$$\varepsilon = \frac{P}{P_b} \quad \text{für} \quad T = \text{const.} \tag{5.60}$$

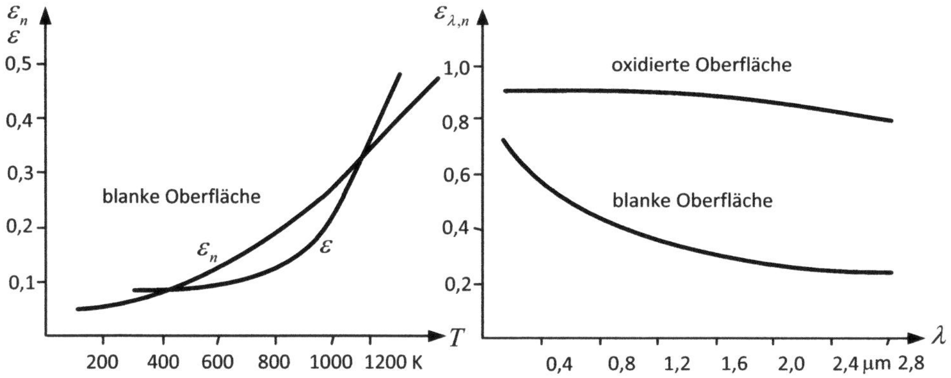

Bild 5.12: Emissionsgrade von CrNi-Stahl für die totale und spektrale Emission in Normalenrichtung nach [20]

Um eine gleiche Temperatur T für beide Strahler zu erreichen, muss eine höhere Leistung beim schwarzen Strahler P_b als beim auszumessenden P eingestellt werden. Es ist offensichtlich, dass zur Minderung von Messfehlern die sonstige Wärmeabgabe $P_{con}(T)$ durch gute Isolation (geringe Wärmeableitung) und minimale Konvektion (z. B. durch Vakuum) minimiert werden muss.
Beschaffenheit von Oberflächen: Das **Bild 5.12** zeigt die unterschiedlichen Emissionsgrade für ein und dasselbe Material bei unterschiedlicher Beschaffenheit seiner Oberflächen. Damit wird deutlich, welchen Einfluss eine meist nicht eindeutig zuordenbare Oberflächenbeschaffenheit hat.

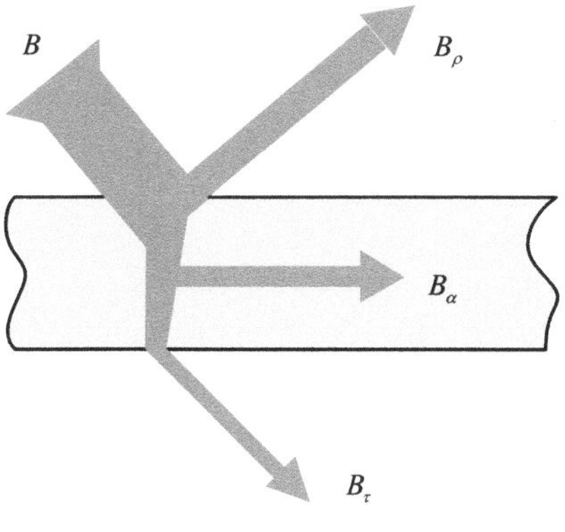

Bild 5.13: Strahlungsbilanz an einem Medium mit anderen Stoffeigenschaften als das Vakuum: Durchlässigkeit, Reflexion und Absorption

5.2.4 Strahlungsaustausch

Bestrahlung

Wenn Material, gleich welchen Aggregatzustandes, einer Temperaturstrahlung, die mit der Bestrahlungsstärke B messbar ist, ausgesetzt wird, dann erfolgt i. d. R. eine Aufteilung in absorbierte α, reflektierte ρ und durchgelassene τ Strahlung (s. **Bild 5.13**).

$$\frac{B_\alpha}{B} + \frac{B_\rho}{B} + \frac{B_\tau}{B} = \alpha + \rho + \tau = 1 \qquad (5.61)$$

Spezielle Materialien bzw. Oberflächen sind:

schwarzer Strahler mit: $\alpha = 1,\ \rho = 0,\ \tau = 0$

idealer Spiegel mit: $\alpha = 0,\ \rho = 1,\ \tau = 0$

diathermes Medium mit: $\alpha = 0,\ \rho = 0,\ \tau = 1$

opakes Medium mit: $\alpha < 1,\ \rho < 1,\ \tau = 0$

Der schwarze Körper wird nach **Bild 5.14** am besten durch einen Hohlraum mit solchen Innenwände realisiert, die unregelmäßige Brechungsflächen und einen hohen Absorptionsgrad aufweisen. Ein eindringender Strahl wird dadurch mehrfach absorbiert und somit stark geschwächt, bevor er wieder zur Öffnung gelangt.

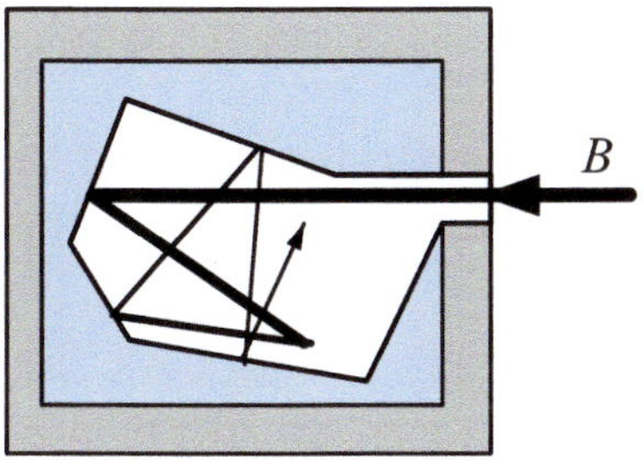

Bild 5.14: Absorption mit einem Hohlraum; Innenwände idealerweise mit hohem Absorptionsgrad über das gesamte Spektrum

Bei vielen Medien (Festkörper, Flüssigkeiten und Gase) wird eine spektrale Abhängigkeit des Reflexionsgrades (engl. *reflectivity*), des Absorptionsgrades (engl. *absorptivity*) und des Transmissionsgrades (engl. *transmittivity*) beobachtet (s. Bild 5.15) .

Es gilt dann die spektrale Bilanz

$$\alpha_\lambda + \rho_\lambda + \tau_\lambda = 1\,. \tag{5.62}$$

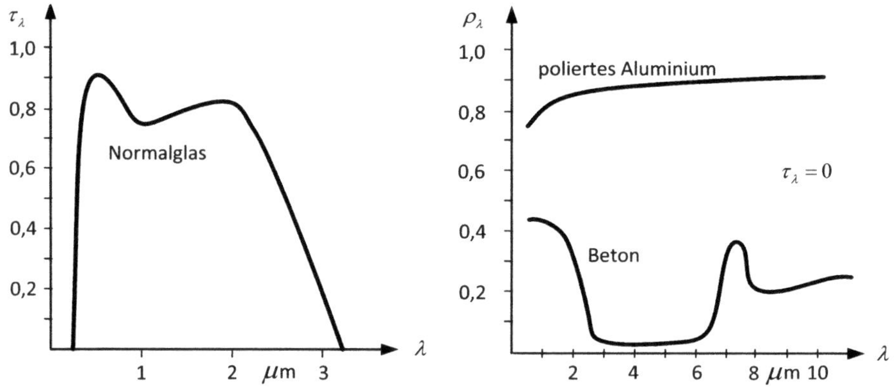

Bild 5.15: Spektraler Transmissionsgrad und spektraler Reflexionsgrad einiger Stoffe

Die Aufteilung der Strahlung in den absorbierten, reflektierten und transmittierten Anteil erfolgt nicht nur an der Oberfläche, sondern auch in der Tiefe. Die Buger'sche Formel beschreibt näherungsweise die Durchlässigkeit mithilfe des Dämpfungskoeffizienten d eines Stoffes.

$$B(x) \approx B_0(1 - \varrho)\,\mathrm{e}^{-dx} \tag{5.63}$$

Bild 5.16 zeigt die Durchlässigkeit einiger Stoffe. Wie die Größen α, β und τ ist auch die Durchlässigkeit bzw. deren Dämpfung von der Wellenlänge abhängig und wird mit d_λ bezeichnet.

Kirchhoff'sches Gesetz

Emission und Absorption sind zwei unterschiedliche physikalische Erscheinungen, zu denen mit dem Kirchhoff'schen Gesetz ein Zusammenhang aufgezeigt werden kann. Die Herleitung dieses Gesetzes ist etwas aufwendig, macht aber das Wesen des Strahlungsaustausches zwischen festen Körpern deutlich.
Es wird der Strahlungsaustausch zwischen zwei Flächen $A_1 = A_2 = A$ mit jeweils unendlicher Ausdehnung und vernachlässigbarer Transmission $\tau = 0$

betrachtet. Bei einem endlichen Abstand a zwischen den beiden Flächen kann wegen der angenommenen unendlichen Ausdehnung davon ausgegangen werden, dass die Ausstrahlung einer der beiden Flächen vollkommen die andere trifft (s. **Bild 5.17**). Zunächst wird die Temperatur der zweiten Fläche A_2 zu null angenommen und die Ausstrahlung pro Flächeneinheit S_1 des Körpers 1 bestimmt.

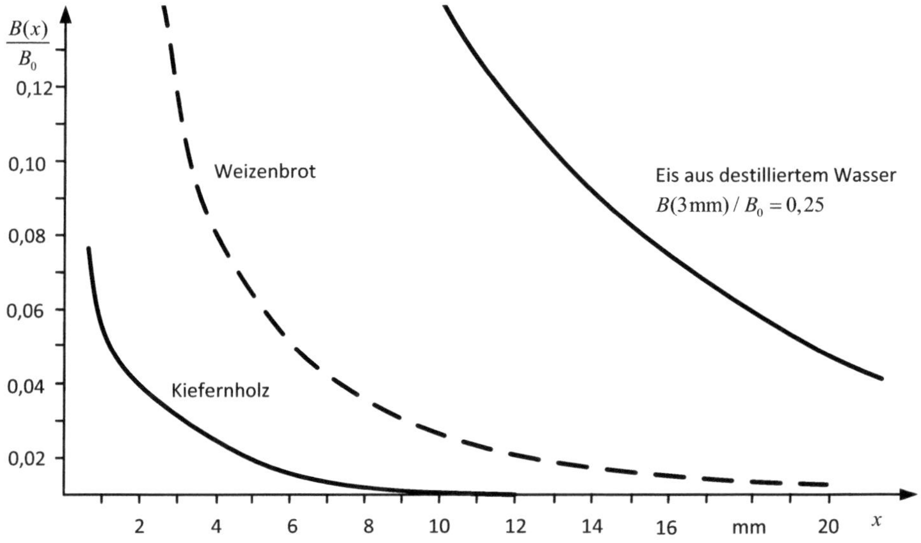

Bild 5.16: Durchlässigkeit einiger Stoffe bei Bestrahlung mit Hell-Strahlern (Glühlampen) in Abhängigkeit der Schichtdicke nach [4]

Die Ausstrahlung (engl. *radiosity*) setzt sich folglich aus der Emission von A_1 und der von A_2 verursachten Reflexionen (engl. *irradiation*) zusammen.

$$S_1 = \varepsilon_1 \sigma T_1^4 (1 - \rho_2) \quad \text{mit} \quad T_2 = 0. \tag{5.64}$$

Darin sind mit dem Symbol ρ_2 die gegenseitigen Reflexionen zusammengefasst, die sich aus unendlich vielen Zyklen von Reflexion und Gegenreflexion zusammensetzen.
Von der originären Emission wird zunächst der Anteil $(1 - \alpha_2)$ von der Fläche 2 zurückgestrahlt und von diesem der Anteil $(1 - \alpha_1)$ wieder von der Fläche 1 zurückgeschickt usw. Von dieser unendlichen Folge werden nachfolgend zunächst nur drei Wechsel mit je einem Wechsel pro Zeile notiert.

$$\begin{aligned}\rho_2 =&(1-\alpha_2) - (1-\alpha_2)(1-\alpha_1) + \\ &(1-\alpha_2)^2(1-\alpha_1) - (1-\alpha_2)^2(1-\alpha_1)(1-\alpha_1) + \\ &(1-\alpha_2)^3(1-\alpha_1)^2 - (1-\alpha_2)^3(1-\alpha_1)^2(1-\alpha_1) + \\ &\ldots.\end{aligned}$$

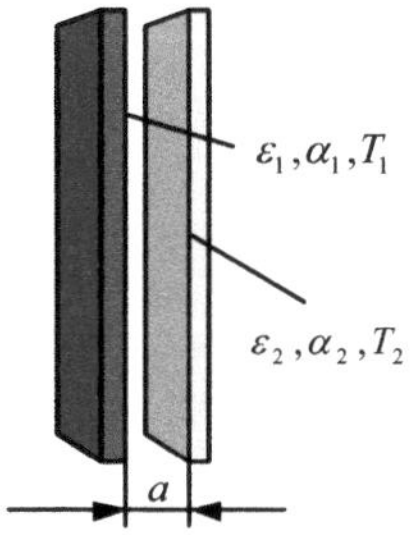

Bild 5.17: Strahlungsaustausch zwischen zwei unendlich ausgedehnten Flächen

Man erkennt, dass sich in jeder Zeile des obenstehenden Ausdrucks der Subtrahend vollkommen aufhebt, weshalb verbleibt:

$$\rho_2 = \alpha_1[(1-\alpha_2) + (1-\alpha_2)^2(1-\alpha_1) + (1-\alpha_2)^3(1-\alpha_1)^2 + \ldots.] \qquad (5.65)$$

$$= \alpha_1(1-\alpha_2)[1 + (1-\alpha_2)(1-\alpha_1) + (1-\alpha_2)^2(1-\alpha_1)^2 + \ldots.]\,. \qquad (5.66)$$

Die Summe in den eckigen Klammern von (5.66) kann mit $(1-\alpha_2)(1-\alpha_1) = \xi < 1$ als Potenzreihe der Form

$$\sum_{\nu=0}^{\infty} \xi^{\nu} = \frac{1}{1-\xi} = \frac{1}{1-(1-\alpha_2)(1-\alpha_1)} \qquad (5.67)$$

zusammengefasst werden. Damit ergibt sich

$$\rho_2 = \frac{\alpha_1(1-\alpha_2)}{1-(1-\alpha_2)(1-\alpha_1)} = \frac{\alpha_1(1-\alpha_2)}{\alpha_1+\alpha_2-\alpha_1\alpha_2}. \qquad (5.68)$$

Mit diesem Ausdruck beschreibt (5.64) die vom Körper 1 ausgehende Ausstrahlung bei $T_2 = 0$, bestehend aus Emission und Rückstrahlung.

$$S_1 = \varepsilon_1 \sigma T_1^4 (1 - \frac{\alpha_1(1-\alpha_2)}{\alpha_1 + \alpha_2 - \alpha_1\alpha_2}) \tag{5.69}$$

$$= \varepsilon_1 \sigma T_1^4 \frac{\alpha_2}{\alpha_1 + \alpha_2 - \alpha_1\alpha_2} \tag{5.70}$$

Durch Tausch der Indizes kann sofort die Ausstrahlung der Fläche 2 für den Fall $T_1 = 0$ und $T_2 > 0$ notiert werden:

$$S_2 = \varepsilon_2 \sigma T_2^4 \frac{\alpha_1}{\alpha_1 + \alpha_2 - \alpha_1\alpha_2} \, . \tag{5.71}$$

Der resultierende Strahlungsfluss ergibt sich mit der Annahme $T_1 > T_2$ zu:

$$S_{1\rightleftharpoons 2} = S_1 - S_2 = \frac{\varepsilon_1 \sigma T_1^4 \alpha_2 - \varepsilon_2 \sigma T_2^4 \alpha_1}{\alpha_1 + \alpha_2 - \alpha_1\alpha_2} \, . \tag{5.72}$$

Im Falle $T_1 = T_2$ ist aus energetischen Gründen der resultierende Strahlungsfluss gleich null. Das bedeutet

$$\varepsilon_1 \alpha_2 = \varepsilon_2 \alpha_1 , \tag{5.73}$$

was dem Kirchhoff'schen Gesetz entspricht und wörtlich lautet:
Das Verhältnis von Emissionskoeffizienten zum Absorptionskoeffizienten ist bei allen Körpern gleich und nur eine Funktion der Temperatur.

$$\frac{\varepsilon_1}{\alpha_1} = \frac{\varepsilon_2}{\alpha_2} = f(T) \tag{5.74}$$

Die obige Rechnung hätte ebenso nur für eine konkrete Wellenlänge mit den spektralen Ausstrahlungen s_1 und s_2 erfolgen können.

$$\frac{\varepsilon_{\lambda,1}}{\alpha_{\lambda,1}} = \frac{\varepsilon_{\lambda,2}}{\alpha_{\lambda,2}} = f(\lambda, T) \tag{5.75}$$

Aus der speziellen Konstellation, dass der Körper 1 ein schwarzer Körper mit $\varepsilon_1 = \alpha_1 = 1$ ist, kann verallgemeinernd aus (5.74) auf

$$\varepsilon = \alpha \tag{5.76}$$

geschlussfolgert werden, was ebenso für die spektrale Strahlung gilt:

$$\varepsilon_\nu = \alpha_\nu \quad \text{mit} \quad \nu = 1, 2, 3....n. \tag{5.77}$$

Die Bedingung für diese Aussage war, dass einer der im Strahlungsaustausch stehenden Körper ein schwarzer Strahler sein muss. Deswegen wird in der einschlägigen Fachliteratur oft als Bedingungen für die Gültigkeit von (5.76) bzw. (5.77) genannt, dass bei im Strahlungsaustausch stehenden Flächen mindestens eine schwarze Fläche beteiligt sein muss (z. B. die Umgebung). In der Ingenieurpraxis wird dies allerdings kaum beachtet.

Einstrahlzahlen

Hier wird grundsätzlich davon ausgegangen, dass die im Strahlungsaustausch befindlichen Körper diffuse, graue Strahler mit opaken Eigenschaften ($\tau = 0$) sind. Das Medium zwischen den im Strahlungsaustausch befindlichen Körpern (Luft, Vakuum oder Schutzgas) sei vollkommen transparent mit $\tau = 1$ (z. B. kein Wasserdampf enthalten).

Die Ausstrahlung S einer Fläche setzt sich aus der Emission E und der reflektierten Bestrahlung ρB zusammen.

$$S = E + \rho B = E + (1 - \varepsilon)B \tag{5.78}$$

Ein wichtiges Hilfsmittel zur Berechnung des Strahlungsaustausches ist die dimensionslose Einstrahlzahl $\Phi_{i,k}$ (engl. *view factor*). Sie gibt an, welcher Strahlungsanteil von der ausstrahlenden Fläche A_i auf der von ihr bestrahlten Fläche A_k ankommt. Für die nachfolgenden Berechnungen von $\Phi_{i,k}$ sind einige vereinfachende Annahmen notwendig. Es wird angenommen, dass von der Fläche A_k keine Ausstrahlung (weder Emission noch Reflexion) ausgeht, was gleichbedeutend mit $T_k = 0$ und $\varepsilon_k = 1$ ist. Außerdem wird angenommen, dass A_i eine graue Fläche sei, auf der S_i konstant ist (homogene Temperatur).

Damit gilt das Lambert'sche Kosinus-Gesetz für die strahlende Fläche A_i und es kann in (5.18) und (5.24) die Emission des schwarzen Strahlers E_b durch die Ausstrahlung S_i ersetzt werden. Damit ergibt sich für die Strahlstärke in Richtung des Winkels ϑ_i

$$I(\vartheta_i) = \frac{S_i}{\pi} \cos\vartheta_i \,\mathrm{d}\, A_i \,. \tag{5.79}$$

Der Teil des Flächenelements $\mathrm{d}\, A_k$, welcher vom Flächenelement $\mathrm{d}\, A_i$ aus sichtbar ist, spannt den Raumwinkel

$$\mathrm{d}\,\Omega_i = \frac{\cos\vartheta_k \,\mathrm{d}\, A_k}{r^2} \tag{5.80}$$

auf (s. Bild **5.18**). Mit diesem Raumwinkel ist der Anteil der von $\mathrm{d}\,A_i$ ausgehenden Ausstrahlung, der $\mathrm{d}\,A_k$ erreicht, bestimmbar.

$$\mathrm{d}\,R_{i,k} = I(\vartheta_i)\,\mathrm{d}\,\Omega_i = \frac{S_i}{\pi}\cos\vartheta_i\,\mathrm{d}\,A_i\frac{\cos\vartheta_k\,\mathrm{d}\,A_k}{r^2} \tag{5.81}$$

Die Integration über beide Flächen ergibt den Strahlungsfluss von der Fläche A_i zu Fläche A_k, wobei die über A_i konstante Ausstrahlung S_i vor das Integral gezogen werden kann.

$$R_{i,k} = \frac{S_i}{\pi}\int_{A_i}\int_{A_k}\frac{\cos\vartheta_i\cos\vartheta_k}{r^2}\,\mathrm{d}\,A_k\,\mathrm{d}\,A_i \tag{5.82}$$

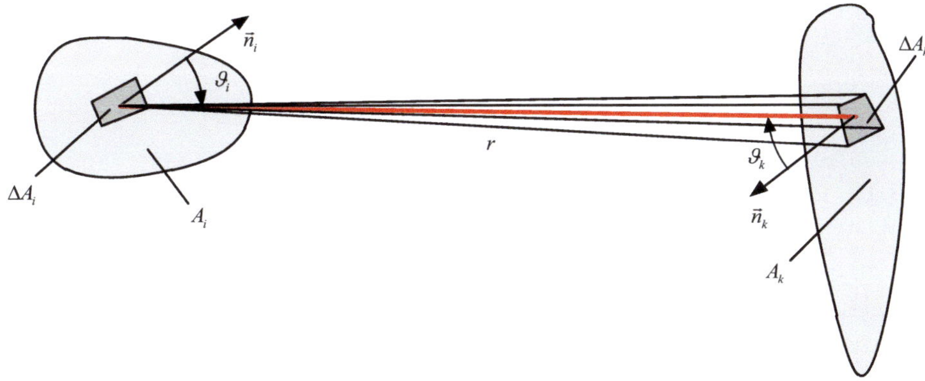

Bild 5.18: Zur Berechnung des Raumwinkels $\Delta\Omega_i$ mit dem von ΔA_i aus sichtbaren Teil von ΔA_k

Die gewünschte dimensionslose Einstrahlzahl erhält man durch Erweiterung mit A_i in der Form

$$\Phi_{i,k} = \frac{1}{\pi A_i}\int_{A_i}\int_{A_k}\frac{\cos\vartheta_i\cos\vartheta_k}{r^2}\,\mathrm{d}\,A_k\,\mathrm{d}\,A_i\,. \tag{5.83}$$

Damit kann (5.82) kompakt geschrieben werden.

$$R_{i,k} = S_i A_i \Phi_{i,k} \tag{5.84}$$

Mit Hilfe der Einstrahlzahl kann folglich bestimmt werden, welcher Teil der von der Fläche A_i ausgehenden Strahlungsflusses $A_i S_i$ auf der Fläche A_k als

Bestrahlung in Form von $A_k B_k$ ankommt. Umgekehrt ergibt sich für den von A_k ausgehenden Strahlungsfluss der Anteil, welcher A_i erreicht:

$$R_{k,i} = S_k A_k \Phi_{k,i} \,. \tag{5.85}$$

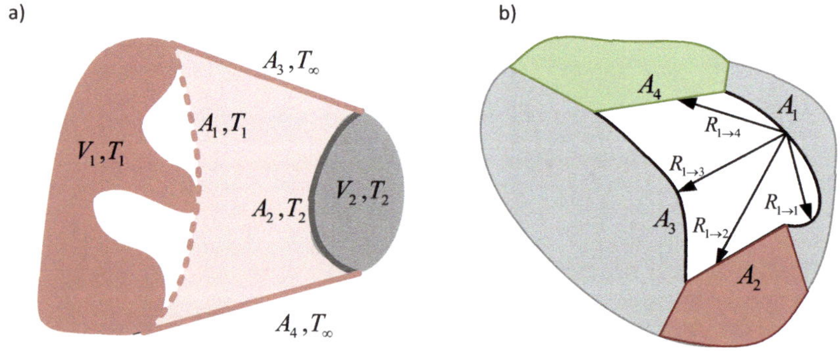

Bild 5.19: Zur Berechnung der Einstrahlzahlen mit konkaven und konvexen Flächen

Nachfolgend werden wichtige Eigenschaften der Einstrahlzahlen zusammengefasst und am **Bild 5.19** erläutert.
1. Es gilt die Umkehrrelation

$$A_i \Phi_{i,k} = A_k \Phi_{k,i}. \tag{5.86}$$

2. Nur Flächenelemente mit „Sichtkontakt" stehen im Strahlungsaustausch. D. h., der Strahlungsaustausch der beiden Körper V_1 und V_2 nach Bild 5.19 a erfolgt nur im markiertem Gebiet.
3. Konkave Flächen homogener Temperatur können mit einer Ersatzfläche „überspannt " werden, (s. Fläche A_1 in Bild 5.19 a).
4. Es existiert eine Einstrahlzahl einer (konkaven) Fläche A_i von sich selbst $\Phi_{i,i}$ (s. Fläche A_1 in Bild 5.19 b). Für die Einstrahlzahl einer ebenen oder konvexen Fläche von sich selbst gilt $A_{i,i} = 0$ (s. Flächen A_2, A_3 und A_4 in Bild 5.19 a).
6. Die Summe der Einstrahlzahlen eines geschlossenen Systems ist gleich 1.

$$\sum_{k=1}^{n} \Phi_{i,k} = 1 \tag{5.87}$$

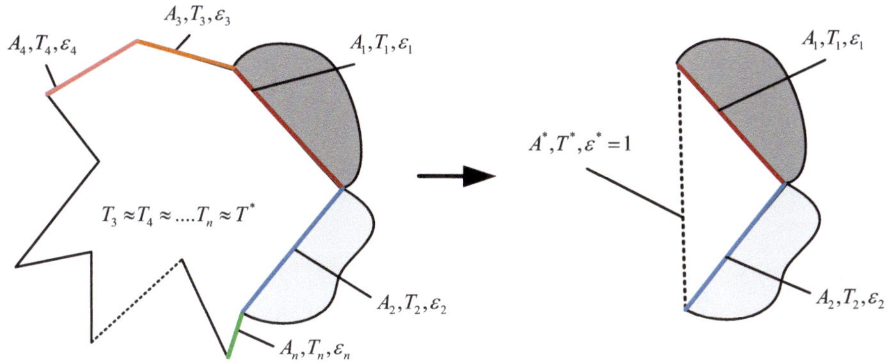

Bild 5.20: Ersatz eines Hohlraumes mit nahezu homogener Temperatur durch eine ebene Fläche

In **Bild 5.20** ist gezeigt, dass der „überspannte" Hohlraum auch das Umfeld (z. B. der Laborraum) eines Strahlungssystems sein kann. Wichtig ist, dass die Temperaturen im jeweiligen Hohlraum als homogen angenommen werden können. In der Regel wird bei tiefen Hohlräumen mit unregelmäßiger Kontur wegen der mehrfachen Reflexionen der einzelnen Teilflächen untereinander ein Emissionsgrad von $\varepsilon = 1$ angenommen.

Ob der Bereich hinter einer Ersatzfläche als homogen bezüglich der Temperatur aufgefasst werden kann, hängt auch von der Entfernung ab, von der aus dies zu beurteilen ist. Die vom Reflektor eines Infrarotstrahlers aufgespannte Fläche eignet sich nicht als Ersatzfläche, wenn der nicht diffuse Strahlungsaustausch am Reflektor selbst berechnet werden soll, weil die Temperaturen von Heizwendel und Reflektor extrem unterschiedlich sind. Wird dagegen dieser Strahler in genügend großem Abstand von außerhalb betrachtet, so kann die den Reflektor überspannende Fläche als effektive Ersatzfläche A_e aufgefasst werden (s. **Bild 5.21**). Es gilt dann im Falle einer vernachlässigbaren Bestrahlung (z. B. von einem benachbarten Strahler)

$$P = R = A_e S \,, \tag{5.88}$$

worin P die dem Strahler zugeführte (elektrische) Leistung abzüglich etwaiger Verluste durch Wärmeableitung, Konvektion oder Rückstrahlung bedeutet.

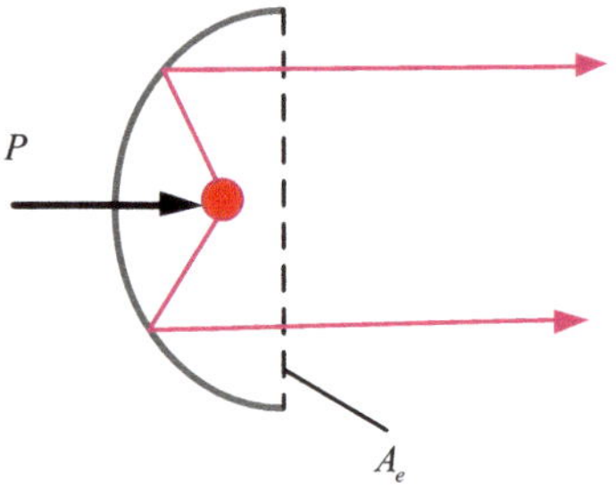

Bild 5.21: Zur Bestimmung der wirksamen Strahlungsfläche eines konkaven Strahlers mit Reflektor

Bilanzgleichungen

Das **Bild 5.22** definiert die positive Zählrichtung einiger Strahlungsgrößen eines Festkörpers mit der Strahlungsfläche A. Die Leistung P kann das Vorzeichen wechseln. Es bedeutet beispielsweise $P = P_{el} - P_{los}$ eine Zuführung elektrischer Heizenergie abzüglich möglicher Verluste und $P = \mp\dot{Q}$ die Ab- oder Zuleitung von Wärme.

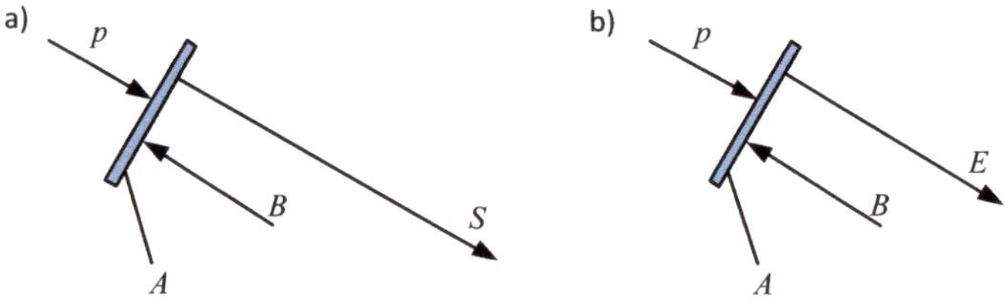

Bild 5.22: Zur Definition einiger Strahlungsgrößen und deren positiven Zählrichtung

Die Energie- bzw. Leistungsbilanz für die als masselos (keine Speicherwärme) angenommene Fläche A kann sowohl mit der Ausstrahlung S in Bild 5.22 a als auch mit der Emission E in Bild 5.22 b aufgestellt werden.

$$P = Ap = A(S - B) \tag{5.89}$$

Hier ist zu beachten, dass die Ausstrahlung S Emission und Rückstrahlung (Reflexion) aus der Bestrahlung B enthält. Dagegen ist die Emission nur von der Temperatur T und dem Emissionsgrad ε der Fläche A abhängig, weshalb die Reflexion nicht in die Bilanz eingeht.

$$P = Ap = A(E - \varepsilon B) = \varepsilon A(E_b - B) \tag{5.90}$$

Da stets mehrere Flächen im Strahlungsaustausch stehen, setzt sich die Bestrahlung B aus der Summe aller strahlenden Flächen zusammen. Speziell setzt sich die Bestrahlung der Fläche A_i aus der Summe der Ausstrahlungen aller im Strahlungsaustausch stehenden Flächen (auch der eignen) $A_1, A_2, ...A_n$ zusammen. Aus (5.89) ergibt sich mit (5.85):

$$P_i = A_i(S_i - B_i) = A_i S_i - \sum_{k=1}^{n} S_k A_k \Phi_{k,i}. \tag{5.91}$$

Mit Hilfe von (5.86) kann umgeformt und weiter zusammengefasst werden.

$$P_i = A_i S_i - \sum_{k=1}^{n} S_k A_i \Phi_{i,k} \tag{5.92}$$

$$= A_i(S_i - \sum_{k=1}^{n} \Phi_{i,k} S_k) \tag{5.93}$$

Ein Vergleich mit (5.89) zeigt, dass der Subtrahend im obigen Klammerausdruck gleich der Bestrahlung B ist. Dieser Ausdruck kann deshalb auch für die Bestrahlung in (5.90) eingesetzt werden, womit sich ergibt:

$$P_i = A_i \varepsilon_i (E_{bi} - \sum_{k=1}^{n} \Phi_{i,k} S_k)\,. \tag{5.94}$$

Aus den beiden letzten Gleichungen (5.93) und (5.94) kann eine weitere Gleichung erhalten werden, indem die Bestrahlung B eliminiert wird.

$$P_i = \frac{A_i \varepsilon_i}{1 - \varepsilon_i}(E_{bi} - S_i) \tag{5.95}$$

Ein besonderer Zustand einer strahlenden Fläche A_i ist bei $P_i = 0$ gegeben:

$$E_{bi} = S_i. \tag{5.96}$$

Dies bedeutet, dass für eine im Strahlungsaustausch stehende Fläche eines ansonsten total isolierten Körpers (ohne Zu- und Abfuhr von Energie) die Ausstrahlung S_i gleich einer schwarzen Fläche ist, obwohl sie einen Emissionsgrad $\varepsilon_i < 1$ haben kann. Aus der Gleichheit der linken Seite von (5.93) und (5.94) ergibt sich schließlich:

$$A_i \varepsilon_i (E_{bi} - \sum_{k=1}^{n} \Phi_{i,k} S_k) = A_i (S_i - \sum_{k=1}^{n} \Phi_{i,k} S_k) \tag{5.97}$$

Nach Kürzung von A_i ergibt eine weitere Zusammenfassung:

$$S_i - (1 - \varepsilon_i) \sum_{k=1}^{n} \Phi_{i,k} S_k = \varepsilon_i E_{bi} = \varepsilon_i \sigma T_i^4 \,. \tag{5.98}$$

Die Gleichungen (5.95) und (5.98) sind die Basis zur Berechnung des Strahlungsaustausches zwischen grauen und diffusen Flächen unterschiedlichster Konstellationen. Die Gleichung (5.98) muss für jede im Strahlungsaustausch stehende Fläche A_i mit $i = 1....n$ aufgestellt werden, um die unbekannten Ausstrahlungen S_i zu berechnen. Da die Temperaturen zu den einzelnen Flächen i. d. R. nicht alle bekannt sind, müssen zusätzliche Bilanzgleichungen mit (5.95) aufgestellt werden, um die unbekannten Emissionen E_{bi} bzw. Temperaturen T_i bestimmen zu können. Alle Gleichungen können in üblicher Weise zu einer Matrixgleichung zusammengefasst werden.

Planparallele Flächen

Die Anordnung der planparallelen Flächen mit geringem Abstand nach Bild 5.17 wurde bereits in Abschnitt 5.2.4 behandelt. Für jede der beiden Flächen mit den Indizes 1 und 2 kann die Gleichung (5.98) aufgeschrieben werden. Die Einstrahlzahlen sind unter der Annahme einer unendlichen Ausdehnung gleich und eins ($\Phi_{1,2} = \Phi_{2,1} = 1$). Und die Einstrahlzahlen auf sich selbst sind bei ebenen Flächen jeweils null.

$$S_1 - (1 - \varepsilon_1) S_2 = \varepsilon_1 E_{b1} \tag{5.99}$$
$$S_2 - (1 - \varepsilon_2) S_1 = \varepsilon_2 E_{b2}. \tag{5.100}$$

Bei vorgegebenen Temperaturen T_1 und T_2 sind E_{b1} und E_{b2} bekannt. Mit den beiden Gleichungen können S_1 und S_2 bestimmt werden. Meist interessiert die transportierte Leistung. Da die Bestrahlung von A_1 gleich der Ausstrahlung von A_2 ist, ergibt sich mit **Bild 5.23**

$$S_{1\rightleftharpoons 2} = S_1 - S_2 = -S_{2\rightleftharpoons 1}\,. \tag{5.101}$$

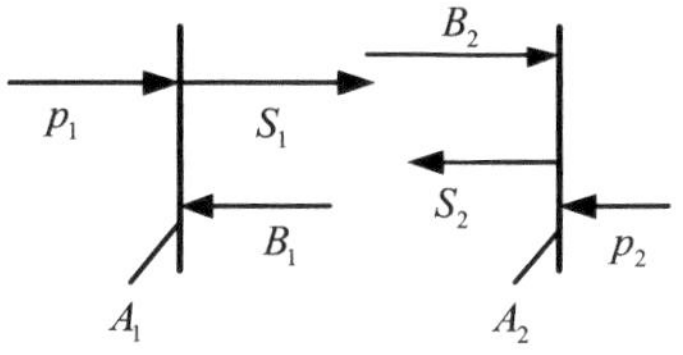

Bild 5.23: Zur Bilanz des Strahlungsaustausches zweier planparalleler Flächen

Beide Gleichungen können nach S_1 und S_2 aufgelöst werden.

$$(\varepsilon_1 + \varepsilon_2 - \varepsilon_1\varepsilon_2)S_1 = \varepsilon_1 E_{b1} + \varepsilon_2(1 - \varepsilon_1)E_{b2} \tag{5.102}$$

$$(\varepsilon_1 + \varepsilon_2 - \varepsilon_1\varepsilon_2)S_2 = \varepsilon_2 E_{b2} + \varepsilon_1(1 - \varepsilon_2)E_{b1} \tag{5.103}$$

Daraus kann leicht

$$S_{1\rightleftharpoons 2} = S_1 - S_2 = \frac{1}{\frac{1}{\varepsilon_1} + \frac{1}{\varepsilon_2} - 1}\sigma(T_1^4 - T_2^4) \tag{5.104}$$

gewonnen und die Identität mit (5.72) für $\varepsilon_1 = \alpha_1$ und $\varepsilon_2 = \alpha_2$ festgestellt werden. Die speziellen Fälle einer schwarzen Fläche mit $\varepsilon_1 = 1$ oder $\varepsilon_2 = 1$ sind leicht abzulesen. Ebenso ist gut zu erkennen, dass bei sehr hohem Reflexionsgrad mit $\varepsilon \to 0$ der Strahlungsfluss gegen null geht. Schirmungen, die aus mehreren Schirmen nach **Bild 5.24** bestehen, sind bei hohen Temperaturunterschieden sehr wirkungsvoll. Hier gilt für die thermische Reihenschaltung $S_{1\rightleftharpoons 2} = S_{2\rightleftharpoons 3} = \ldots.S_{n-1\rightleftharpoons n}$. Mit der Annahme gleicher Eigenschaften $\varepsilon_1 = \varepsilon_1 = \ldots\varepsilon_n = \varepsilon$ erhält man daraus:

$$S_{1\rightleftharpoons n} = \frac{\sigma}{(n-1)(2/\varepsilon - 1)}(T_1^4 - T_n^4) \tag{5.105}$$

Diese Beziehung zeigt, dass selbst wenn alle Schirme nicht reflektieren, also $\varepsilon = 1$ gilt, sich immer noch eine Schirmwirkung einstellt.

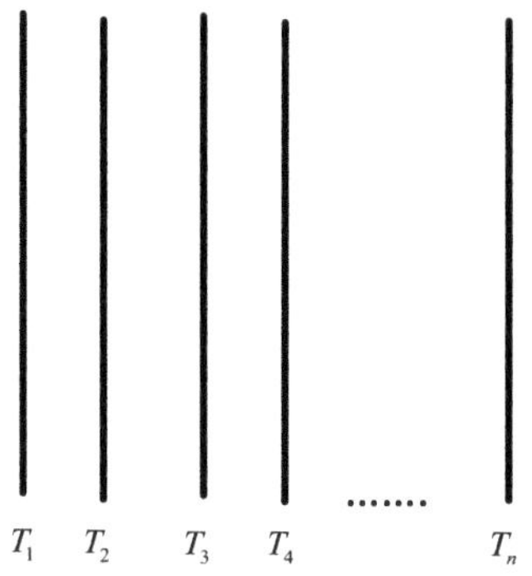

Bild 5.24: Mehrlagigen Schirmung ergibt Abschirmwirkung umgekehrt proportional zur Anzahl der Schirme

Vereinfachte Umhüllung

Das **Bild 5.25** zeigt einen gestreckten Körper mit der Oberfläche A_2 (Draht, Band, Rohr), der sich in einer strahlenden Umhüllung mit der Oberfläche A_2 befindet. Das könnte ein Muffelofen sein, mit dem beim Durchzug der auf einem Rohr anhaftender Lack getrocknet und/oder eingebrannt wird. Die Anordnung sei relativ lang, weshalb der Strahlungsaustausch an den Stirnflächen vernachlässigt werden kann. Es werden zunächst die Einstrahlzahlen mit den Gesetzen nach Abschnitt 5.2.4 bestimmt:

- $\Phi_{2,2} = 0$, weil konvex
- $\Phi_{2,1} = 1$, weil A_1 als geschlossen angenommen
- $A_2\Phi_{2,1} = A_1\Phi_{1,2}$, ergibt $\Phi_{12} = A_2/A_1$
- $\Phi_{1,1} + \Phi_{1,2} = 1$, ergibt $\Phi_{1,1} = 1 - A_2/A_1$.

Mithilfe von (5.98) ergibt sich:

$$S_1 - (1 - \varepsilon_1)[(1 - A_2/A_1)S_1 + (A_2/A_1)S_2] = \varepsilon_1 E_{b1} \tag{5.106}$$

$$S_2 - (1 - \varepsilon_2)S_1 = \varepsilon_2 E_{b2} \tag{5.107}$$

Auch hier können durch gegenseitiges Einsetzen zwei Gleichungen gewonnen werden, die jeweils nur S_1 bzw. S_2 enthalten.

$$S_1 = \frac{\varepsilon_1 E_{b1} + (1 - \varepsilon_1)\varepsilon_2(A_2/A_1)E_{b2}}{\varepsilon_1 + \varepsilon_2 A_2/A_1 - \varepsilon_1\varepsilon_2 A_2/A_1} \tag{5.108}$$

$$S_2 = \frac{(1-\varepsilon_2)\varepsilon_1 E_{b1} + (\varepsilon_1 + (1-\varepsilon_2)A_2/A_1)\varepsilon_2 E_{b2}}{\varepsilon_1 + \varepsilon_2 A_2/A_1 - \varepsilon_1\varepsilon_2 A_2/A_1} \tag{5.109}$$

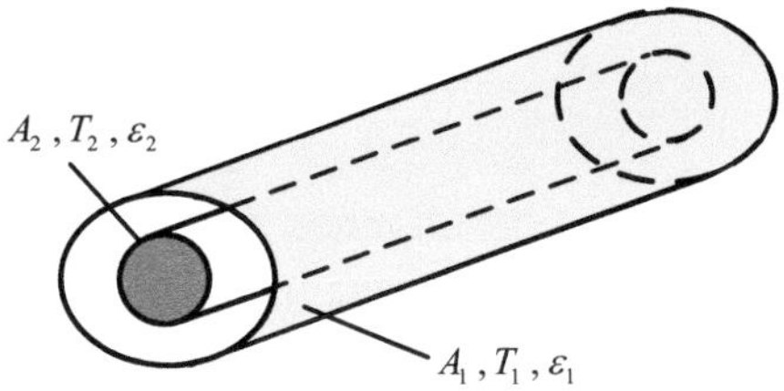

Bild 5.25: Strahlungsaustausch eines Körpers mit dessen Umhüllung; vollständige Umhüllung bei Verhältnis Länge zu Durchmesser gegen unendlich

Um bei vorgegebenen Temperaturen (also Vorgabe von E_{b1} und E_{b2}) die notwendige Leistung zu bestimmen, kann mit (5.93) die Bilanz für jede Fläche notiert werden.

$$P_1 = A_1(S_1 - S_1\Phi_{1,1} - S_2\Phi_{1,2}) = A_1[S_1 - S_1(1-\frac{A_2}{A_1}) - S_2\frac{A_2}{A_1}] \tag{5.110}$$

$$= A_2(S_1 - S_2) \tag{5.111}$$

$$P_2 = A_2(S_2 - S_1\Phi_{2,1} - S_2\Phi_{2,2}) = A_2(S_2 - S_1) \tag{5.112}$$

Mit (5.111) und (5.108) sowie (5.109) ergibt sich die elektrische Leistung P_1 bzw. die auf das Werkstück (Draht) übertragene Wärmeleistung $\dot{Q}_2 = -P_2$ zu

$$\dot{Q}_2 = A_2 \frac{E_{b1} - E_{b2}}{\frac{1}{\varepsilon_2} + \frac{A_2}{A_1}(\frac{1}{\varepsilon_1} - 1)} = A_2 \frac{\sigma(T_1^4 - T_2^4)}{\frac{1}{\varepsilon_2} + \frac{A_2}{A_1}(\frac{1}{\varepsilon_1} - 1)}. \tag{5.113}$$

Die dargestellte Berechnung von $\dot{Q}_2$ könnte beispielsweise dazu dienen, die notwendige Länge eines Muffelofens bei einem vorgegebenen Durchsatz, das entspricht der Durchzugsgeschwindigkeit, abzuschätzen. Man kann dazu die Endtemperatur, die das Werkstück nach dem Durchlauf erreicht haben soll, in Abschnitte unterteilen, um eine mittlere Temperatur pro Abschnitt zu erhalten, die der Temperatur T_2 in (5.113) entspricht. Die Wärmekapazität und eventuell die Wärmeleitungsvorgänge im Werkstück bestimmen dann die Länge des jeweiligen Abschnittes, bei dem die mittlere Oberflächentemperatur T_2 erreicht wird. Bei dünnwandigen Werkstücken ist das kein Problem. Bei dickwandigen ist dagegen die Wärmeableitung ins Innere des Werkstückes näherungsweise zu berechnen. Da die Strahlungsleistung mit zunehmender Temperatur T_2 abnimmt, werden die einzelnen Abschnitte immer länger.

Geschlossene Umhüllung

Bei der Anordnung nach Bild 5.25 sollen die beiden Stirnflächen berücksichtigt werden. Der Einsatz sei genau so lang wie die Umhüllung (Muffelofen). Die beiden Stirnflächen sind Kreisringe mit den Flächen A_3 und A_4, die ideal thermisch isoliert sind. Vom Muffelofen bildet die zylindrische Heizfläche die Fläche A_1 und vom Einsatz die Mantelfläche A_2. Praktisch könnte dies eine Anordnung zur getakteten Erwärmung durch Strahlung im Vakuum sein. Zunächst sind die 16 Einstrahlzahlen zu bestimmen. Die Einstrahlzahlen Φ^*_{11} und Φ^*_{12} sind bekannt (Tabellenwerte bei Zylindersymmetrie oder mit (5.83) berechnet).

1. $\Phi_{1,1} = \Phi^*_{1,1} \quad \Phi_{1,2} = \Phi^*_{1,2} \quad \Phi_{1,3} = (1 - \Phi_{1,1} - \Phi_{1,2})/2 \quad \Phi_{1,4} = \Phi_{1,3}$
2. $\Phi_{2,1} = \Phi_{1,2}A_1/A_2 \quad \Phi_{2,2} = 0 \quad \Phi_{2,3} = (1 - \Phi_{2,1})/2 \quad \Phi_{2,4} = \Phi_{2,3}$
3. $\Phi_{3,1} = \Phi_{1,3}A_1/A_3 \quad \Phi_{3,2} = \Phi_{2,3}A_2/A_3 \quad \Phi_{3,3} = 0 \quad \Phi_{3,4} = 1 - \Phi_{3,1} - \Phi_{3,2}$
4. $\Phi_{4,1} = \Phi_{3,1} \quad \Phi_{4,2} = \Phi_{3,2} \quad \Phi_{4,3} = \Phi_{3,4} \quad \Phi_{4,4} = 0$

Damit können mit Hilfe von (5.98) vier Gleichungen aufgeschrieben werden. Dabei ist die Temperatur T_1 gegeben (geregelte Temperatur). Die Temperatur T_2 kann wie im Abschnitt 5.2.4 sukzessive berechnet werden. Die beiden Flächen A_3 und A_4 sind Schirme, deren Temperatur nicht bekannt ist. Sie werden als thermisch isoliert betrachtet, weshalb mit (5.96) $E_{b3} = S_3$ und $E_{b4} = S_4$ gilt.

Randbedingungen

Die rechten Seiten von (5.98) in der Form $\varepsilon_i E_{bi}$ mit $i = 1 \ldots n$ sind mit Blick auf das gesamte Strahlungsfeld Randbedingungen, weil sie die Ergebnisse einer Berechnung entscheidend bestimmen. Mit den bisherigen Beispielen wurden bereits relativ einfache Randbedingungen verwendet. Hier sollen am Beispiel eines idealisierten Haubenofens nach **Bild 5.26** weitere Randbedingungen betrachtet werden.

Die zylindrische Haube mit einer Strahlungsheizung auf der inneren Mantelfläche wird auf den Einsatz, z. B. ein aufgerolltes Metallband (Bandwickel), gestülpt. Die Temperatur der Strahlungsheizung wird auf einen konstanten Wert T_1 gehalten (geregelt).

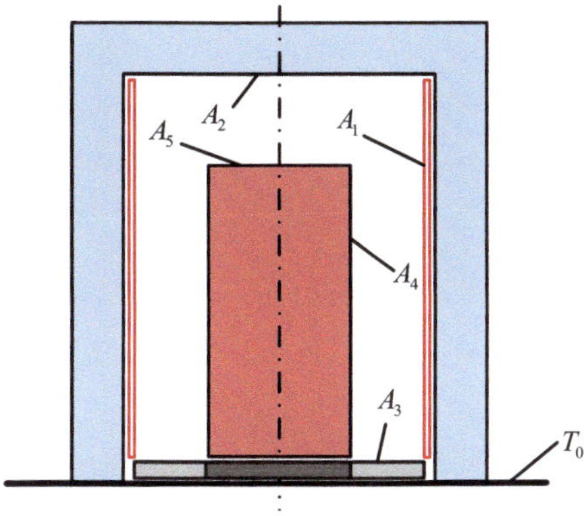

Bild 5.26: Randbedingungen für den Strahlungsaustausch am Beispiel eines Haubenofens

Wegen dieser Temperaturregelung ist die erste Randbedingung gegeben. Die erste Gleichung zu den unbekannten Ausstrahlungen S_i lautet:

$$S_1 - (1-\varepsilon_1)[\Phi_{1,1}S_1 + \Phi_{1,2}S_2 + \Phi_{1,3}S_3 + \Phi_{1,4}S_4 + \Phi_{1,5}S_5] = \varepsilon_1 \sigma T_1^4\,. \quad (5.114)$$

Wegen der konkaven Form von A_1 ist hier die Einstrahlzahl auf sich selbst zu berücksichtigen. Sobald nach Lösung des Gleichungssystems S_1 feststeht, kann mit (5.95) die notwendige Heizleistung (ohne Berücksichtigung etwaiger Verluste) bestimmt werden.

$$P_1 = \frac{A_1\varepsilon_1}{1-\varepsilon_1}(\sigma T_1^4 - S_1) \quad (5.115)$$

Die kreisförmige Innenfläche der Haubendecke A_2 habe eine ideale Isolation. Es gilt folglich $E_{b2} = S_2$, womit sich für die zweite Gleichung ergibt.

$$(1-\varepsilon_2)S_2 - (1-\varepsilon_2)[\Phi_{2,1}S_1 + \Phi_{2,3}S_3 + \Phi_{2,4}S_4 + \Phi_{2,5}S_5] = 0 \quad (5.116)$$

Wegen der besseren Nachverfolgung wurden (5.114) und (5.116) nicht weiter zusammengefasst. Mit dem Gleichungssystem und (5.95) kann die Temperatur der Fläche A_2 bestimmt werden:

$$T_2 = \sqrt[4]{\frac{S_2}{\sigma}}\,. \quad (5.117)$$

Die Kreisringfläche am Boden A_3 ist über Wärmeleitung mit dem Hallenboden verbunden. Der Wärmestrom zum Hallenboden mit der Temperatur T_0 bestimmt sich zu

$$\dot{Q}_3 = \frac{T_3 - T_0}{s/(\lambda A_3)} . \tag{5.118}$$

Weil zunächst E_{b3} nicht bekannt ist, muss eine sechste nichtlineare Gleichung in das Gleichungssystem eingefügt werden. Nach Einsetzen von (5.118) in (5.95) und Kürzen von A_3 erhält man dafür:

$$\frac{\varepsilon_3}{1-\varepsilon_3}(E_{b3} - S_3) + \frac{\lambda}{s}\sqrt[4]{E_{b3}/\sigma} = \frac{\lambda}{s} T_0 . \tag{5.119}$$

Damit ist E_{b3} bzw. T_3 bestimmbar. Im Bandwickel erfolgt ein instationärer Wärmeausgleichsprozess, sobald seine freien Flächen A_4 und A_5 mit der Temperaturstrahlung beaufschlagt werden. Im Gegensatz zum instationären Ausgleichsprozess im Bandwickel ist die Temperaturstrahlung selbst stationär, d. h., sie stellt sich bei vorgegebenen Randbedingungen ohne zeitliche Verzögerung sprunghaft ein. Eine wesentliche Voraussetzung dafür ist, dass die Ausgleichsvorgänge in der Haube mit der Temperatur T_1 abgeschlossen sind. Die zweidimensionale instationäre Wärmeleitung im Bandwickel kann numerisch, z. B. mit der Finite-Elemente-Methode (s. Band 1 des Buches, Kapitel „Induktionserwärmung"), in Zeitschrittweiten Δt berechnet werden. An diese Berechnung ist die Berechnung des Strahlungsaustausches zu koppeln. Der Einfachheit halber wird hier angenommen, dass die Flächen A_4 und A_5 sowohl jeweils homogene Temperaturen T_4 und T_5 als auch homoge Wärmestromdichten in der Form $\dot{Q}_4 = \dot{q}_4 A_4$ und $\dot{Q}_5 = \dot{q}_5 A_5$ haben. Eine höhere Genauigkeit würde eine weitere Flächenunterteilung erforderlich machen. Das Gleichungssystem für $S_1 ... S_5$ ist nun mit den Bilanzgleichungen nach (5.95) zu ergänzen. D. h., die Emissionen E_{b4} und E_{b5} sind dann weitere (siebte und achte) Unbekannte.

$$\frac{\varepsilon_i}{1-\varepsilon_i}(S_i - E_{bi}) = \dot{q}_i \quad \text{mit} \quad i = 4, 5 \tag{5.120}$$

Die Werte für $\dot{q}_4$ und $\dot{q}_5$ können aus einer wechselseitigen Berechnung vom instationären Temperaturfeld für den Vollzylinder mit dem Strahlungsfeld erfolgen. Eine von mehreren Kopplungsmöglichkeiten wäre: Zum Zeitpunkt $t = 0$ werden $\dot{q}_4 = 0$ und $\dot{q}_5 = 0$ gesetzt. Das Strahlungsfeld wird berechnet und somit werden die Temperaturen T_4 und T_5 bestimmt. Aus der Berechnung der instationären

Wärmeleitung mit angenommenem sprunghaften Anstieg der Temperaturen um $(T_4 - T_0)$ und $(T_5 - T_0)$ folgen die mittleren (Mittel über Zeitschritt Δt und gegebenenfalls über die Flächen A_4 und A_5) Wärmestromdichten $\dot{q}_4$ und $\dot{q}_5$, mit denen das Strahlungsfeld erneut berechnet werden kann. Dieser sukzessive Prozess setzt sich mit dem nächsten Zeitschritt fort. Prüfkriterien, wie z. B. eine globale Energiebilanz, sind bei solchen iterativen Prozessen unbedingt notwendig. Die globale Energiebilanz muss z. B. zeigen, dass die elektrisch zugeführte Leistung P (ohne die Verluste am Heizregister) mit der Zeit auf den Wert der Wärmeverluste über A_3 abfällt.

Ersatzschaltung

Wegen der vielfachen Verkoppelung des Strahlungsaustausches kann es zur besseren Übersicht vorteilhaft sein, ein Ersatzschaltbild in Analogie zu einem elektrischen Widerstandsnetzwerk zu erstellen. Die Gleichung (5.95) kann man analog zum Ohm'schen Gesetz aufschreiben, wobei die Potenzialdifferenz durch die schwarze Emission E_{bi} und die Ausstrahlung S_i gebildet wird.

$$R_i = \frac{E_{bi} - S_i}{\frac{1-\varepsilon_i}{A_i \varepsilon_i}} = \frac{E_{bi} - S_i}{Z_i} \tag{5.121}$$

Der resultierende Strahlungsfluss $R_{i \rightleftharpoons k}$ zwischen zwei Flächen A_i und A_k kann mithilfe der Einstrahlzahlen notiert werden.

$$R_{i \rightleftharpoons k} = R_{i,k} - R_{k,i} = S_i A_i \Phi_{i,k} - S_k A_k \Phi_{k,i} \tag{5.122}$$

Woraus mit der Identität

$$A_i \Phi_{i,k} = A_k \Phi_{k,i} \tag{5.123}$$

ebenso eine Form des Ohm'schen Gesetzes folgt.

$$R_{i \rightleftharpoons k} = \frac{S_i - S_k}{\frac{1}{A_i \Phi_{ik}}} = \frac{S_i - S_k}{Z_{i,k}} \tag{5.124}$$

Damit ergibt sich für den Knotenpunkt i die in **Bild 5.27** dargestellte Ersatzschaltung. Würde man aus der Ersatzschaltung die Knotenpunktgleichungen zur Berechnung des Strahlungsaustausches notieren, so stellt man beim Vergleich mit (5.98) fest, dass eine Einstrahlung auf sich selbst in der Form $\Phi_{i,i}$ nicht vorkommt. Dafür sind im Gegensatz zu (5.98) alle Einstrahlungen von der

Fläche A_i auf alle anderen mit $S_i \sum_k \Phi_{i,k}$ mit $i \neq k$ enthalten. Mit (5.86) und der Regel (5.87) zu den Einstrahlzahlen kann man zeigen, dass sich die Knotenpunktgleichungen der Ersatzschaltung in (5.98) überführen lassen. Für den Haubenofen nach Bild 5.26 ergibt sich die Ersatzschaltung nach **Bild 5.28**. Eine höhere Genauigkeit durch weitere Unterteilungen, insbesondere der Oberfläche des Vollzylinders, ist möglich. Die oben behandelten Randbedingungen bilden sich in den Randknoten ab. Außer einer kompakten Übersicht erbringt die Ersatzschaltung keine wesentlichen Vorteile.

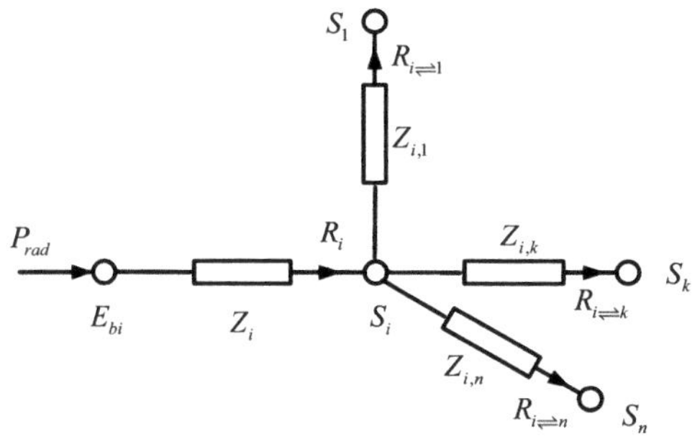

Bild 5.27: Ersatzschaltung mit: Potenzialen E und S, Strahlungsflüssen R sowie Strahlungsimpedanzen Z

5.2.5 Einrichtungen

Das Frequenzspektrum der Temperaturstrahlung ist sehr breit und reicht von der UV-Strahlung mit $\lambda = 10$ bis 400 nm über die Lichtstrahlung mit $\lambda = 0{,}4$ bis 0,8 µm bis in den Infrarot-Bereich mit $\lambda = 0{,}8$ bis 800 µm. Bei den konkreten Anwendungen und Einrichtungen liegen die Maxima der spektralen Emission $e_b(\lambda_{max})$ jedoch im Infrarotbereich, weshalb die Temperaturstrahlung auch als Infrarotstrahlung bezeichnet wird. Die Temperaturstrahlung kann entweder mit Strahlungsöfen oder mittels spezieller Infrarotstrahler technologisch umgesetzt werden. Als Strahlungsöfen werden elektrische Widerstandsöfen bezeichnet, bei denen die Energieübertragung auf das Gut vorwiegend durch Strahlung und weniger durch thermische Konvektion erfolgt. Bereits ab einer Temperatur von mehr als 400 °C wird im Umluftofen mehr Energie durch Strahlung als durch Konvektion übertragen. In Vakuumöfen erfolgt die Energieübertragung nahezu ausschließlich durch Strahlung.

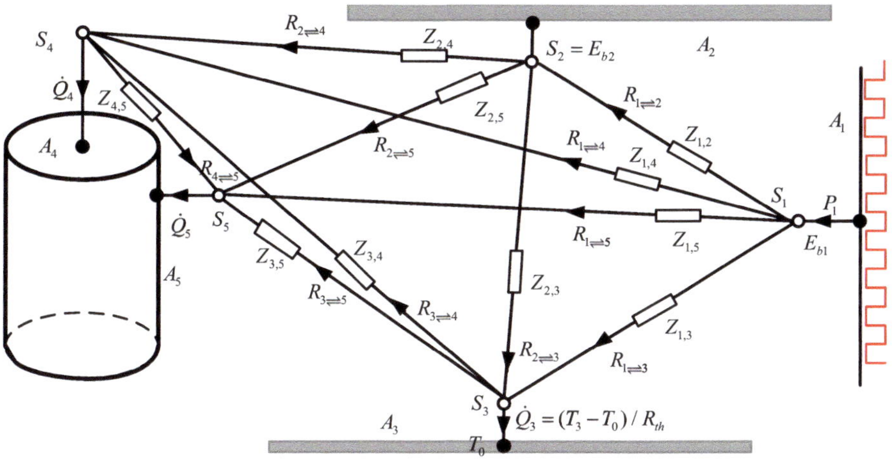

Bild 5.28: Ersatzschaltung für das Beispiel des Haubenofens nach Bild 5.26

Strahlungsöfen

Strahlungsöfen sind Hochtemperaturöfen, die in einem Temperaturbereich von $1200\,°C < \vartheta < 1700\,°C$ arbeiten. Dies entspricht einer Wellenlänge der maximalen spektralen Emission von 1,45 bis 1,95 µm, die dem kurzwelligen Bereich der Infrarotstrahlung zuzuordnen ist. Die Öfen sind neben einer keramischen Isolation (z. B. aus Aluminiumoxid Al_2O_3, Magnesiumoxid MgO, Siliziumcarbid SiC) mit Strahlungsschutzblechen (z. B. aus Wolfram W oder Tantal Ta) ausgestattet. Als Heizleiter dienen reine Metalle, wie Wolfram W, Tantal Ta, Platin Pt und Molybdän Mo, mit denen nur in einer speziellen Atmosphäre (Vakuum, Schutzgas, reduzierende Atmosphäre) Arbeitstemperaturen (Heizleitertemperatur) von maximal 1700 °C erreicht werden. Diese Metalle werden als Drähte oder Bänder gefertigt und als Spiralen oder Mäander in Nuten der Böden, Wände und Decken der Strahlungsöfen eingelegt (s. **Bild 5.29**).

In oxidierender Atmosphäre, also auch Luft, können Heizleiter aus Molybdändisilicid ($MoSi_2$) mit Arbeitstemperaturen bis zu 1700 °C eingesetzt werden. Diese Heizelemente werden zu einer U-Form gebogen und hängend an der Ofendecke angeordnet (s. **Bild 5.30**). Die zulässigen Arbeitstemperaturen aller genannten Heizleitermaterialien sind wegen möglicher chemischer Reaktionen mit der Ofenraum-Atmosphäre und mit den Ofenbaustoffen bzw. Einbettmassen weiter eingegrenzt. Genaueres dazu findet man beispielsweise in [16, S. 434 ff].

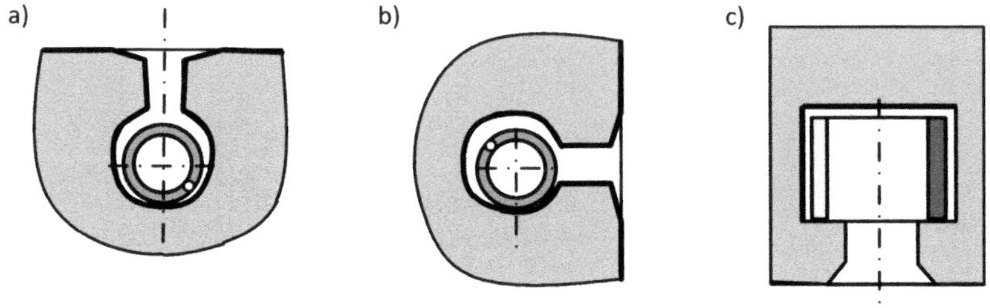

Bild 5.29: Einbau von Heizelementen: a) Spirale im Ofenboden, b) Spirale in Ofenwand, c) Mäander in Ofendecke

Strahlungsöfen werden als Kammer-, Hauben- und Tunnelöfen gebaut. Für spezielle Anwendungen im Vakuum wurden Strahlungsöfen mit Oberflächentemperaturen der Heizelemente bis zu 2500 °C und vielschichtigen Abschirmblechen gebaut.

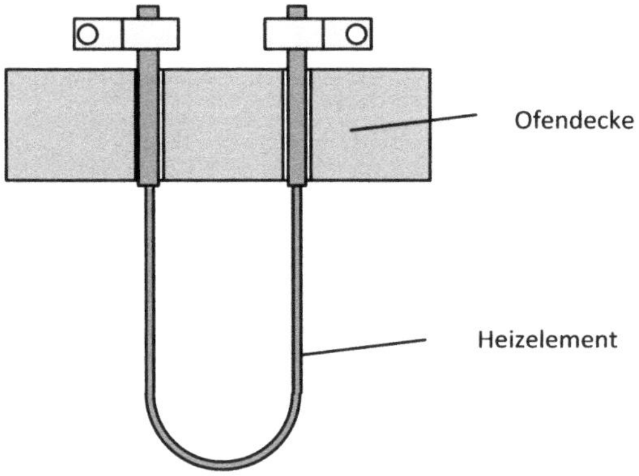

Bild 5.30: Heizelement aus Molybdändisilizid; hängend eingebaut wegen geringer Zugfestigkeit bei Betriebstemperatur

Bei der oben behandelten Berechnung des Strahlungsaustausches nach Abschnitt 5.2.4 wurden strahlende Flächen homogener Temperatur betrachtet. Eine mit den Heizelementen nach den Bildern 5.29 und 5.30 ausgestattete Fläche (Wand, Decke oder Boden) hat streng genommen keine homogene Temperatur. Andererseits würde eine Auflösung nach homogenen Flächenabschnitten bis zu den Abmessungen der Heizleiter den Rechenaufwand extrem erhöhen. Deshalb wird eine überspannende Fläche A_i mit der Heizleistung P_i ausgewiesen, für die mit der vorgestellten Berechnung eine Ersatztemperatur T_i bestimmt werden kann. Umgekehrt könnte mit einer integrierten Temperaturmessung (z. B. mehrere Thermoelemente) diese Ersatztemperatur gemessen und als E_{bi} in die Rechnung eingehen.

Infrarotstrahler

Infrarotstrahler sind relativ leicht und erlauben deshalb eine Bestrahlung ohne die massereichen Ofenkonstruktionen. Dadurch wird auch viel schneller die Betriebstemperatur erreicht.
Der Strahlungsfluss des Infrarotstrahlers R ist mit der elektrischen Anschlussleistung P_{el} und dem Wirkungsgrad (auch Strahlungsausbeute genannt) η verknüpft, wobei i. d. R. angenommen wird, dass die Rückstrahlungen, hervorgerufen durch benachbarte Strahler, vernachlässigt werden können.

$$R = P_{el} - P_{los} = \eta P_{el} \tag{5.125}$$

Der Wirkungsgrad berücksichtigt Verluste durch Konvektion, Wärmeableitung, z. B. über die elektrischen Anschlüsse, und Absorptionen des Reflektors und daraus resultierende Rückstrahlungen.
Die Strahlungscharakteristik eines Infrarotstrahlers wird mit der Strahlstärke I beschrieben

$$I(\vartheta) = \mathrm{d}\,R(\vartheta)/\,\mathrm{d}\,\Omega \tag{5.126}$$

In **Bild 5.31** ist ein Strahlungsepigramm dargestellt, mit dem die Verteilung der Bestrahlungsstärke B einer bestrahlten Fläche A bestimmt werden kann. Das Diagramm rechts im Bild 5.31 gilt für eine ebenen Fläche unter dem Strahler. Die vom Strahler aus sichtbaren Flächenelemente sind mit dem $\cos\vartheta$ verknüpft.

$$\mathrm{d}\,\Omega = \frac{\mathrm{d}(A\cos\vartheta)}{r^2} \tag{5.127}$$

$$B = \frac{\mathrm{d}\,R}{\mathrm{d}\,A} = I(\vartheta)\frac{\mathrm{d}\,\Omega}{\mathrm{d}\,A} = I(\vartheta)\frac{\cos\vartheta}{r^2} = I(\vartheta)\frac{\cos\vartheta}{h^2+x^2} \tag{5.128}$$

Der Vorteil des Epigramms besteht darin, dass nur ein Parameter ϑ (anstelle von h und Mittenabstand x) notwendig ist.

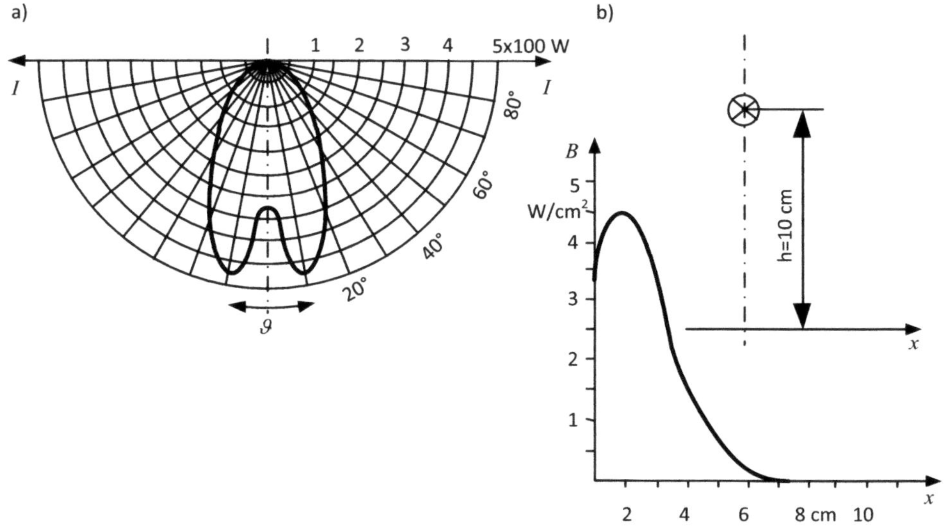

Bild 5.31: Beispiel eines Strahlungsepigramms für eine Anschlussleistung von 1550 W nach [4]

Die Strahlungscharakteristik wird wesentlich durch die Form des Reflektors bestimmt (s. **Bild 5.32**).

Infrarotstrahler können nach der Wellenlänge im Strahlungsmaximum oder nach der Strahlungstemperatur unterteilt werden.
Kurzwellige Infrarotstrahler: Bei kurzwelligen Infrarotstrahlern liegt die Wellenlänge der maximalen spektralen Emission im Bereich von 0,96 bis 1,9 µm. Das entspricht einem Temperaturbereich von 1200 bis 2700 °C. Ein typischer Vertreter ist die Glühlampe mit einer teilweisen Verspiegelung des Glaskolbens nach **Bild 5.33**. Die Heizwendel besteht meist aus Wolfram. Der Glaskolben besteht aus Quarzglas, weshalb auch ein emittierter UV-Anteil durchgelassen wird, was bezüglich des Gesundheitsschutzes beachtet werden muss. Das Schutzgas im Kolben besteht aus einer Argon-Stickstoff-Mischung. Durch Zusatz von Halogenen (Jod) bildet sich zusammen mit dem Restsauerstoff eine wolframhaltige Atmosphäre. Es schlägt sich Wolfram bevorzugt an den kälteren Stellen der Wendel nieder, wodurch sich Wolframkristalle auf der Wendel ausbilden, die allerdings nicht die lokale Verminderung des Drahtquerschnitts verhindern. Dennoch wird durch den reversiblen Prozess die Lebensdauer verlängert bzw. die mögliche Betriebstemperatur erhöht und, was sehr wesentlich ist, das Beschlagen des Glaskolbens vermindert.

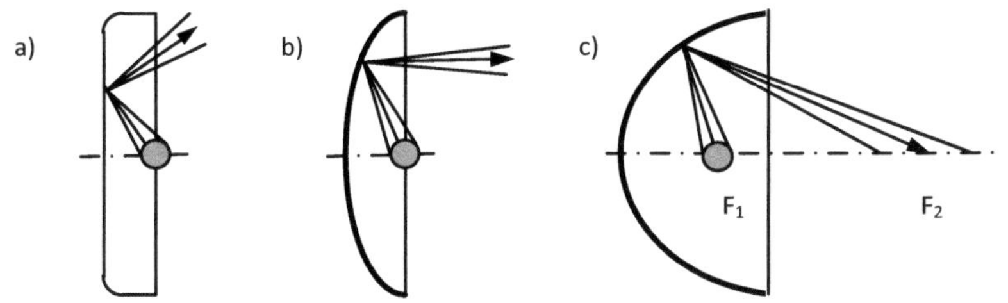

Bild 5.32: Form von Reflektoren (eben, parabolisch, elliptisch) bestimmt Strahlungsverteilung am Gut

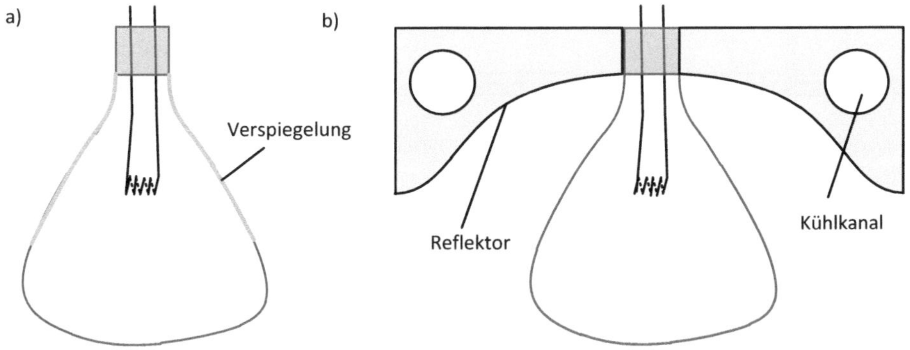

Bild 5.33: Kurzwellige Infrarotstrahler; hohe Temperaturen erfordern intensive Kühlung.

Deshalb sollen Halogenstrahler stets mit der vorgegebenen Betriebsspannung betrieben werden, weil ansonsten der Wolfram-Kreislauf gestört wird und ein Beschlagen einsetzt. Die Heizwendel erreicht Temperaturen von über 2000 °C. Durch eine Verspiegelung des Glaskolbens mit Gold oder Aluminium oder einem parabolischen Außenreflektor werden Reflexionsgrade von über 95 % erreicht. Die Zeitkonstante, bei der 63 % der stationären Strahlungsleistung erreicht wird, ist relativ klein und beträgt wenige Sekunden. Um die Strahlungsleistung zu erhöhen, werden oftmals die elektrischen Anschlüsse (Sockel) und der Reflektor gekühlt. Einzelne Infrarotstrahler der geschilderten Bauart haben Anschlussleistungen von mehr als 5 kW. Oftmals werden einzelne Strahler zu einem Strahlerfeld zusammengefasst. Es werden damit Flächenleistungen von 100 kW/m^2 erzielt. Mit luft- oder wassergekühlten Reflektoren und Anschlusssockeln werden Flächenleistungen von bis zu 400 kW/m^2 erreicht. Die erwärmte Kühlluft wird meist in den technologischen Prozess mit eingebunden (konvektives Vorwärmen oder zeitgleich Konvektion und Strahlung nach **Bild 5.34**). Beim Impulsbetrieb zur Thermoschockbehandlung erreichen die Flächenleistungen Werte bis zu 1000 kW/m^2.

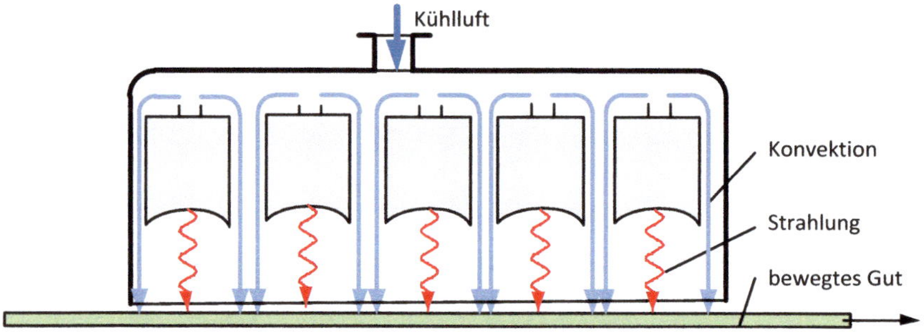

Bild 5.34: Kombination von Strahlung und konvektiver Wärmeübertragung

Mittelwellige Infrarotstrahler: Die maximale spektrale Emission liegt im Wellenlängenbereich von 1,9 bis 4 µm. Das entspricht einen Temperaturbereich von 400 bis 1200 °C. Zwei mittelwellige Infrarotstrahler zeigt **Bild 5.35**. Auch diese Strahler können zu einem Strahlerfeld verbunden werden, wobei Flächenleistungen von bis zu 40 kW/m^2 erreicht werden. Die Zeit bis zum Erreichen von 63 % der stationären Strahlungsleistung liegt unter einer Minute.
Langwellige Infrarotstrahler: Die Wellenlänge der maximalen spektralen Emission liegt im Bereich von 4 bis 9,5 µm. Das entspricht einem Temperaturbereich von 100 bis 400 °C. Einen langwelligen Infrarotstrahler zeigt **Bild 5.36**. Mit diesem können im Verbund zu einem Strahlungsfeld Flächenleistungen von bis zu 90 kW/m^2 erreicht werden. Die relativ hohe Flächenleistung trotz niedrigerer Temperatur wird möglich, weil diese Strahler wesentlich dichter gepackt werden können. Die Zeitkonstanten dieser Strahler mit Mischkeramik sind relativ hoch und betragen mehrere Minuten. Ein behutsames Hochfahren dieser Strahler ist notwendig, damit die auftretenden thermischen Spannungen in der Keramik nicht zu hoch werden.

5.2.6 Weitere Anwendungen

Wesentliche Kriterien für die Anwendung von Strahlungsöfen und Infrarotstrahlern im Verbund zu Strahlungsfeldern sind die erreichbare Flächenleistung, die Wellenlänge des Maximums der spektralen Emission und die Zeitkonstante bis zum Erreichen des 63 %-Wertes der stationären Strahlungsleistung. Zur Erwärmung von großflächigen und dünnwandigen Materialien ist die thermische Strahlung oftmals vorteilhaft einzusetzen. Da eine konvektive Wärmeübertragung in Vakuumöfen nicht möglich ist, bleibt nur die Wärmeübertragung durch Strahlung. Geringe Einwärmtiefen bei relativ hoher Temperatur erfordern hohe Leistungsdichten und kurze Einwirkzeiten z. B. bei der Thermoschockbehandlung, weshalb kurzwellige Strahler zum Einsatz kommen.

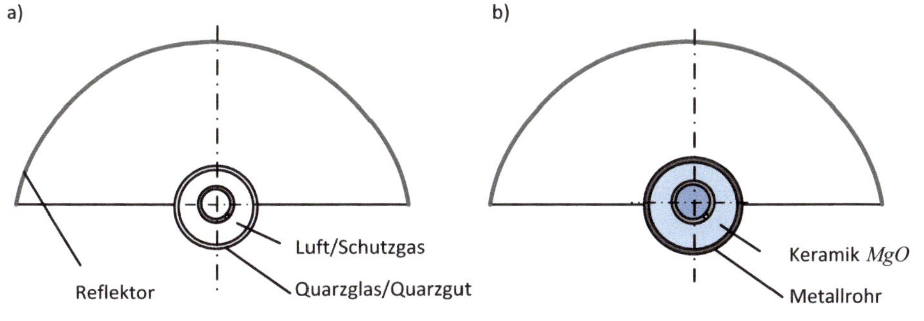

Bild 5.35: Langgestreckte Infrarotstrahler: a) mit Glasrohr, b) mit metallischem Rohr

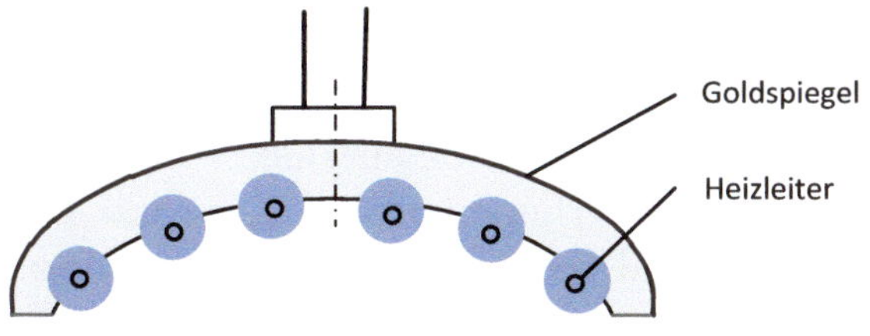

Bild 5.36: Keramischer Infrarotstrahler; Beispiel für langwellige Strahler mit großer Strahlungsfläche

Bei der Lacktrocknung (Polymerisation) kommt es dagegen darauf an, dass der Lack vom Untergrund her aushärtet, damit austretende Lösungsmittel keine Bläschen im ausgehärteten Lack hinterlassen. Hier muss folglich das Maximum der spektralen Emission in einem Bereich liegen, in dem der spektrale Transmissionsgrad τ_λ bzw. die Durchlässigkeit des noch nicht ausgehärteten Lackes hoch ist. Es ist daher eine anspruchsvolle Aufgabe, die Lacksorte und die spektrale Emission sowie die Leistungsdichte so abzustimmen, dass eine hohe Qualität bei ansprechender Produktivität erreicht wird.

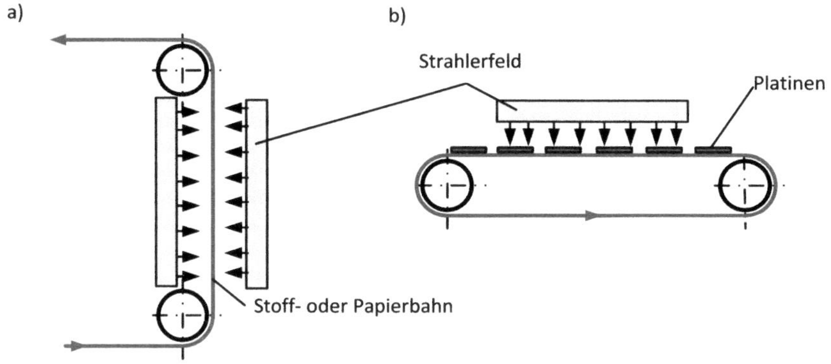

Bild 5.37: Erwärmung im Infrarot-Strahlerfeld: a) Trocknung von Papier- und Stoffbahnen, b) Einlöten von elektronischen Bauelementen

Die Wärmeübertragung kann eine bestimmende Größe für die Produktivität eines Prozesses sein. Ab einer Temperatur der Infrarotstrahler von 400 °C ist die Wärmeübertragung durch Strahlung höher als bei der konvektiven Erwärmung in einem Umluftofen. Zum anderen ist nicht immer eine intensive konvektive Erwärmung möglich. Z. B. kann Mehl nicht in einem starken Luftstrom getrocknet werden. Die Bestrahlungsstärke wird allerdings auch von der maximal zulässigen Oberflächentemperatur des Gutes begrenzt.
Im Zuge der Umstellung auf regenerative Energien, ist eine stärkere Abhängigkeit des Arbeitspreises für Elektroenergie von der momentanen Verfügbarkeit an Primärenergie (Wind, Solar) zu erwarten. Hier haben Anlagen mit geringer Speicherwärme wesentliche Vorteile, weil dann der Prozess (Strombezug) an Zeiten mit niedrigem Tarif leichter angepasst werden kann. Strahlungsöfen und Infrarot-Strahlungsanlagen gehören wegen ihrer schnellen Inbetriebnahme und geringen Speicherverlusten zweifelsfrei dazu.
Typische Anwendungsgebiete sind:

- Trocknen von Stoff- und Papierbahnen, s. **Bild 5.37**
- Trocknen und Polymerisieren von Farben und Lacken, s. **Bild 5.38**
- Behandlung von Lebensmitteln (Trocknen, Anbraten, Grillen, Backen)
- Aufschmelzen von Pulverlackbeschichtungen
- Verkleben von Blechtafeln zu Bimetallen, s. **Bild 5.39**

- Erwärmen von Kunststoffplatten bei der Umformung mit Vakuum, s. Bild 5.39
- Auflöten von Bauelementen auf Platinen, s. Bild 5.37

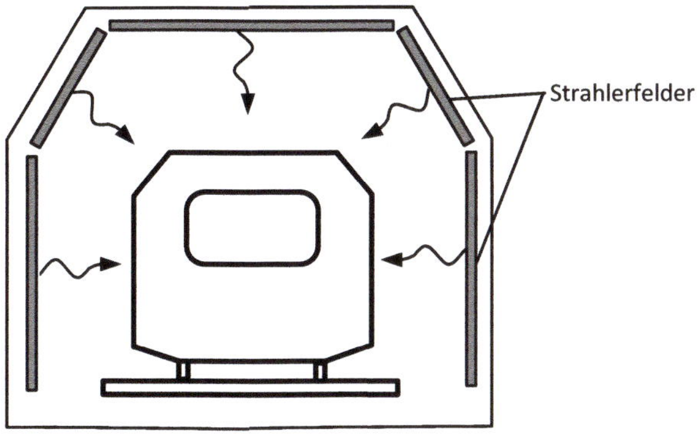

Bild 5.38: Infrarotstrahlung zur Lacktrocknung und Polymerisation im Automobilbau

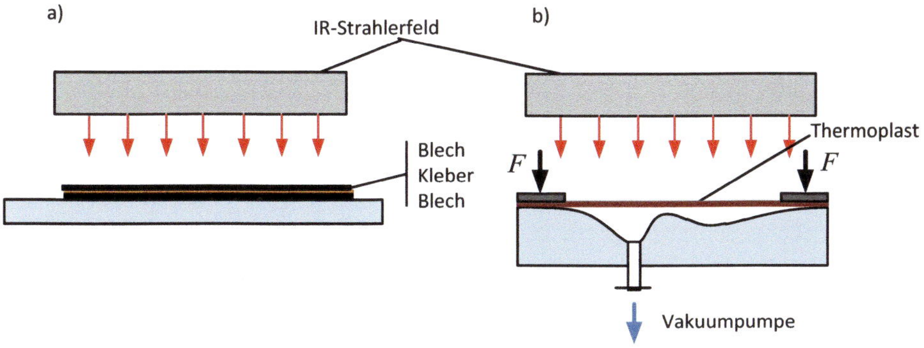

Bild 5.39: Erwärmung im Infrarot-Strahlerfeld: a) zum Aushärten von Kleber, b) Umformung mit Vakuum

5.3 Selektive Strahlung

5.3.1 Thermisch selektive Strahlung

Die spektrale Emission $e(\lambda, T)$ kann durch das abstrahlende Material sowie den Einsatz spezieller Filter selektiv werden und stark vom schwarzen Strahler mit $e_b(\lambda, T)$ nach (5.5) abweichen. Erhitzte Gase strahlen von Natur aus selektiv. Festkörpern und Gasen ist gemeinsam, dass ihre Strahlungs-Bänder die Planck'sche Intensitätsverteilung nicht übersteigen können (s. Bild 5.1). Technologisch hat die thermisch selektive Strahlung eine geringe Bedeutung, weil es energetisch unwirtschaftlich ist, einen größeren Strahlungsanteil auszusondern bzw. nicht zu nutzen.

5.3.2 Linienstrahlung

Die Linienstrahlung entsteht durch Relaxation (Abregung) angeregter Teilchen $(T^{+z})^*$ in Form von Molekülen, Atomen und Ionen mit $(z > 0)$ einer Gasentladung durch spontane Emission.

$$(T^{+z})^* -> T^{+z} + h\nu \tag{5.129}$$

Das Teilchen strahlt dabei den diskreten Energiebetrag $h\nu$ in Form eines Photons ab. Das in der Atomhülle gebundene Elektron bewegt sich dabei von einer Bahn höherer Energie auf eine Bahn niederer Energie $E_2 \rightarrow E_1$. Der diskrete Energiebetrag $h\nu = E_2 - E_1$ entspricht einer ganz bestimmten Frequenz, weshalb das Spektrum nur aus einer Linie besteht. Die Lichtquanten (Photonen) haben zwar die gleiche Frequenz ν, aber eine unterschiedliche Phase und Polarisation. Die Dauer eines solchen Wellenzuges nennt man Kohärenzdauer. Sie beträgt maximal $\Delta t = 10^{-8}$ s. Die Länge des dazugehörigen Wellenzuges ergibt sich aus der Lichtgeschwindigkeit im jeweiligen Medium, sie wird Kohärenzlänge $c\Delta t$ genannt und beträgt nur wenige Meter. Die Überlagerung all dieser Einzelwellen ist wieder eine Welle derselben Frequenz, die aber in Zeitabständen Δt ständig ihre Phase und Polarisierung ändert. Die Wellenlänge ist für die angeregten Moleküle, Atome oder Ionen charakteristisch (Linienspektrum). Die Linienstrahlung wird in der einschlägigen Literatur als Strahlstärke nach (5.13) pro Volumeneinheit angegeben und ist vom Winkel ϑ unabhängig.

$$\epsilon = \frac{\Delta I}{\Delta V} = \frac{h\nu}{4\pi}\dot{n}_{ph} \tag{5.130}$$

Hierin ist 4π der Raumwinkel einer Kugel und $\dot{n}_{ph}$ bezeichnet die Anzahl der pro Volumen und Zeit emittierten Photonen. Zur Bestimmung von $\dot{n}_{ph}$ ist ein tieferes Verständnis der statistischen Teilchenphysik notwendig, weshalb hier lediglich die Einflussgrößen genannt werden.
Eine wichtige Größe ist die Verweilzeit τ des Elektrons im höheren Energieniveau E_{n+1}, die mit steigendem Energieniveau abnimmt. Weiter ist wesentlich, ob während der Verweilzeit bereits ein weiterer Stoß erfolgt. Wenn dies der Fall ist, so hat dieser Stoß keine Emission eines Photons zur Folge, sondern das Teilchen gibt seine Anregungsenergie an ein weiteres Elektron ab (Stoß zweiter Art). Deshalb wird bezüglich der Bestimmung von $\dot{n}_{ph}$ zwischen niedrigen und hohen Stoßraten unterschieden.
Bei niedrigen Stoßraten mit $p < 100\,\mathrm{Pa}$ und $J < 100\,\mathrm{mA/cm^2}$, wie sie für Niederdruckplasmen typisch sind, führt jeder Anregungsstoß zur Emission eines Photons. Es besteht Proportionalität zur Elektronendichte n_e und zur Teilchendichte n der anderen Teilchen, weshalb $\dot{n}_{ph} \propto n_e n$ gilt. Bei hohen Stoßraten ist die Verweilzeit τ entscheidend, weil die angeregten Teilchen dann bereits wieder gestoßen werden, bevor sie Photonen emittiert haben. Außerdem muss n noch mit der Boltzmann'schen Energieverteilung $\exp(-E_{ex}/(kT_e))$ der Elektronen korrigiert werden, die von der notwendigen Anregungsenergie $E_{ex} \geq E_{n+1} - E_n$ und der kinetischen Elektronenenergie kT_e abhängt. Daraus ergibt sich die Proportionalität $\dot{n}_{ph} \propto \dfrac{n}{\tau} \exp(-E_{ex}/(kT_e))$.

Die Spektrallinien sind nicht unendlich schmal, sondern durch verschiedene Effekte verbreitert:
Natürliche Linienbreite: Durch die Verweilzeit des Elektrons im oberen Energiezustand τ wird nach der Heisenberg'schen Unschärferelation (für Ortsunschärfe Δx und Impulsunschärfe Δp gilt $\Delta x \Delta p > \frac{h}{4\pi}$) die Energie des Elektrons (sein Impuls) in kleinen Grenzen unbestimmt. Das wirkt sich auf Frequenzschwankungen des Photons in $h\nu$ aus.
Doppler-Verbreiterung: Durch die thermischen Bewegungen des abstrahlenden Teilchens kommt es zur Frequenzänderung, wenn sich das Teilchen zum Beobachter hin (höhere Frequenz) oder von ihm weg (geringere Frequenz) bewegt.
Druckverbreiterung: Eine von mehreren Erklärungen ist, dass ein ausstrahlendes Teilchen bereits während der Ausstrahlung einen weiteren Stoß erfährt. Durch diesen Stoß ergibt sich im Wellenzug eine Phasenänderung. Aus einer Fourier-Entwicklung eines auf diese Weise gestörten Wellenzuges folgen zusätzliche Frequenzen, die sich in einer Linienverbreiterung zeigen.

Gasentladungen sind Volumenstrahlungen, die aus unterschiedlichen Tiefen des Raumes entspringen. Um daraus auf eine Flächenstrahlung mit der spektralen Emission $e(\lambda)$ zu schließen, muss die Volumenstrahlung aus den unterschiedlichen Raumtiefen überlagert werden. Dabei ist zu beachten, dass die Strahlung auf ihrem Weg nach außen zum Teil wieder absorbiert wird. Es werden zwei Grenzfälle unterschieden:

Optisch dünne Plasmen: Die spektrale Emission $e(\lambda)$ ist proportional zur Dicke des Plasmas.

Optisch dichte Plasmen: Die spektrale Emission entspricht einem schwarzen Strahler $e_b(\lambda)$.

Auch für die Linienstrahlung ist das Planck'sche Strahlungsgesetz gültig. Deshalb kann die spektrale Emission $e(\lambda)$ nie größer als die spektrale Emission des schwarzen Strahlers $e_b(\lambda)$ mit der Temperatur T sein, wobei T die Temperatur der Atome, Ionen und Moleküle und nicht der Elektronen ist.

Der verbreitetste Linienstrahler steckt in der Leuchtstofflampe. Diese ist bis zu einem Druck von einigen 100 Pa mit einem Edelgas (meist Ar) und mit wenigen mg Quecksilber gefüllt, welches bei dem geringen Druck als Dampf vorliegt. Die Zündung wird durch stromdurchflossene Wolframelektroden (thermische Elektronenemission) eingeleitet. Wegen der niedrigen Anregungs- und Ionisierungsenergien des Quecksilbers ionisieren und strahlen praktisch nur die Hg-Atome. Es stellen sich die für Quecksilber typischen Linienstrahlungen von 185,0 nm und 253,7 nm im UV-Bereich ein. Bei der Leuchtstofflampe wird diese UV-Strahlung durch einen Leuchtstoff in sichtbare Strahlung (Licht) umgewandelt. Weil Normalglas die UV-Strahlung absorbiert, muss bei einer technologischen Anwendung der UV-Strahlung das Normalglas durch Quarzglas ersetzt werden.

Anwendungen: Die Wärmewirkung der Linienstrahlung ist sehr gering, was die hohen Wirkungsgrade von Leuchtmitteln dieser Art begründet. Beispiele für monochromatische Strahler sind z. B. die Hg-Hochdrucklampe und die Na-Spektrallampe. Technologisch ist der UV-Strahler interessant. Kurzwellige UV-Strahlung (UVB und UVC) spaltet Moleküle, tötet Bakterien und bei längerer Einwirkung alle lebenden Zellen. Es kann daher zur Reinigung von Wasser (z. B. in Schwimmbädern), aber auch dazu verwendet werden, gezielt chemische Reaktionen durch Molekül-Spaltung auszulösen (Anwendung in Chemie und Medizin).

5.4 Laserstrahlung

Laser steht für die Abkürzung von Lichtverstärkung durch stimulierte Strahlungsemission (engl. *Light amplification by stimulated emission of radiation*). Leistungsstarke Laser sind ein wichtiges Werkzeug zur Bearbeitung von Materialien aller Art geworden, weshalb die Lasertechnik auch ein Teil der Elektroprozesstechnik ist.

5.4.1 Stimulierte Emission

Atome bzw. Moleküle können elektromagnetische Strahlung (z. B. Licht) nur als Energiequanten aufnehmen (absorbieren) oder abgeben (emittieren). Die Elektronenbahnen der Atomhülle lassen sich gruppenweise nach konkreten Energiestufen $E_1, E_2, ...E_n$ ordnen. Kommt ein Photon in die Nähe einer Elektronenbahn mit der Energiestufe E_m, dann kann bei passender Frequenz $h\nu$ des Photons dieses absorbiert werden. Das Elektron gelangt dadurch auf eine Bahn mit der höheren Energiestufe E_{m+1} und es gilt $E_{m+1} - E_m = h\nu$. Das Atom befindet sich danach in einem angeregten Zustand. Der umgekehrte Vorgang einer Abregung oder Relaxation ist ebenfalls möglich, wobei dann das Photon mit der Energie bzw. Frequenz $h\nu = E_{m+1} - E_m$ abgestrahlt wird.
Das alles findet in atomaren Dimensionen also in pm-Bereichen statt, die man sich nur schwerlich vorstellen kann. Daher kann es hilfreich sein, sich den Atomkern als einen Kirschkern auf dem Anstoßpunkt eines großen Fußballstadions vorzustellen. Dann befinden sich die innersten Elektronenbahnen (unterste Energiestufen) etwa auf den äußersten Tribünenplätzen. Weiter sollte man sich die Elektronen nicht wie kompakte Flugobjekte, sondern besser als Wolken um das o.g. Stadion herum vorstellen (Teilchen-Welle-Dualismus, Schrödinger-Gleichung, Wellenfunktion).
Der genannte Quantenübergang findet auch an Atomen statt, die sich in einem Metall befinden, dass beispielsweise durch Stromdurchgang (Joule'sche Wärme) erhitzt wird. Die Anregung erfolgt hier durch unterschiedlich starke Stöße (Brown'sche Bewegung). Deshalb ist die An- und Abregung mit einer Vielzahl von Energiestufen verknüpft. Es stellt sich das typische Frequenzspektrum ein, das im Planck'schen Strahlungsgesetz nach (5.5) zum Ausdruck kommt.
Bei der Laserstrahlung gibt es dagegen einen ausgezeichneten Quantensprung zwischen zwei Energieniveaus, der als stimulierte Emission bezeichnet wird und sich durch einige Besonderheiten auszeichnet. Diesem Quantensprung sollen weiterhin vereinfachend die Energieniveaus $E_2 > E_1$ zugeordnet werden. Alle

von diesem Quantensprung ausgehenden Photonen haben die gleiche Energie (Frequenz) und die elektromagnetischen Wellen der Photonen befinden sich in Phase. Außerdem können die abgehenden Photonen andere angeregte Atom dazu bewegen, sich abzuregen, ohne dass sie selbst absorbiert werden (s. **Bild 5.40**). Die stimulierte Emission erfolgt also, wenn angeregte Elektronen von Photonen passender Frequenz ν getroffen werden. Dabei bleibt das anregende Photon erhalten und es wird gleichzeitig ein zweites Photon abgestrahlt. D. h., aus einem Photon werden zwei, aus zwei Photonen werden vier usw. Die Folge ist eine Verstärkung der ursprünglichen (induzierenden) Strahlung. Die Photonen haben vollkommen identischen Eigenschaften, also gleiche Frequenz, Phase und Polarisation. Dieser mit den geschilderten Eigenschaften ausgezeichnete Energieübergang von E_2 nach E_1 wird Laserübergang genannt. Damit sich dieser lawinenartig einstellt, müssen folgende Bedingungen erfüllt sein:

1. Es befinden sich ausreichend viele Elektronen auf dem höheren Energieniveau E_2 (deshalb Anregung mit äußerer Energiequelle).
2. Diese Elektronen müssen sich deutlich länger dort mit der Zeit τ_2 aufhalten als bei den anderen Energieniveaus (laseraktives Material notwendig)
3. Die querenden (stimulierenden) Photonen müssen der Energie des Laserübergangs entsprechen (deshalb Rückführung nur dieser Photonen mit einem Spiegel-Resonator).
4. Im unteren Energieniveau E_1 müssen genügend viele Plätze frei sein (deshalb Anregung mit äußerer Energiequelle).

Neben der stimulierten Emission finden weiterhin spontane Emission und Absorption statt, die zu Lasten der erwünschten stimulierten Emission gehen. Als besonders geeignete Materialien für Laser gelten daher solche, die eine Anregungsstufe E_2 mit einer deutlich längeren natürlichen Lebensdauer bzw. Zeitkonstante τ_2 als die anderen Anregungsstufen besitzen. Solche langlebigen Anregungszustände finden sich z. B. in speziellen Plasmen, dotierten Einkristallen und Halbleiterübergängen. Materialien bzw. Medien mit dieser Eigenschaft werden allgemein als laseraktive Materialien bezeichnet.

Die Wahrscheinlichkeiten von Absorption w_{abs} und stimulierter Emission w_{sti} sind proportional zur spektralen Intensität $l(\nu)$, welche der Amplitude der elektrischen Feldstärke der elektromagnetischen Welle mit der Frequenz ν im Resonator entspricht.

$$w_{abs} \propto l(\nu) \quad \text{und} \quad w_{sti} \propto l(\nu) \tag{5.131}$$

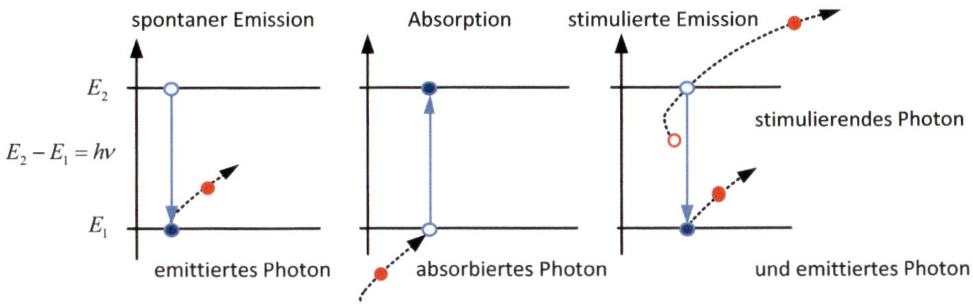

Bild 5.40: Stimulierte Emission mit zusätzlichem Photon im Vergleich zur spontanen Emission ohne zweites Photon

Dagegen ist die Wahrscheinlichkeit der spontanen Emission umgekehrt proportional zur natürlichen Lebensdauer der jeweiligen Anregungsstufe.

$$w_{spo} \propto 1/\tau \tag{5.132}$$

Durch geeignete Materialauswahl mit hohem τ_2 und einer hohen spektralen Intensität $l(\nu)$ kann folglich die spontane Emission unterdrückt werden.
Die stimulierte Emission steht jedoch noch in Konkurrenz zur Absorption, für die, wie oben gezeigt, eine nahezu gleiche Wahrscheinlichkeit wie für die stimulierte Emission vorliegt. Daher muss die Anzahl n_2 der Teilchen mit angeregten Elektronen im höheren Energieniveau E_2 größer sein als die Anzahl der Teilchen n_1 mit Elektronen im tieferen Energieniveau E_1. Diese Forderung läuft auf eine Umkehrung der Besetzungsverteilung hinaus und wird Besetzungsinversion genannt. Denn im thermodynamischen Gleichgewicht (z. B. bei einer Anregung durch hohe Temperaturen) stellt sich diese Forderung gerade nicht ein. Nach dem Boltzmann-Faktor ist die Wahrscheinlichkeit $w(E_n)$, mit der eine Energiestufe besetzt ist, gerade so verteilt, dass sie mit der Höhe der Energiestufe abnimmt (s. **Bild 5.41**).

$$w(E_n) \propto \exp(-E_n/(kT)) \tag{5.133}$$

Daraus ergibt sich der Quotient der Teilchenzahlen als

$$\frac{n_2}{n_1} = \exp(-\frac{E_2 - E_1)}{kT}) \,. \tag{5.134}$$

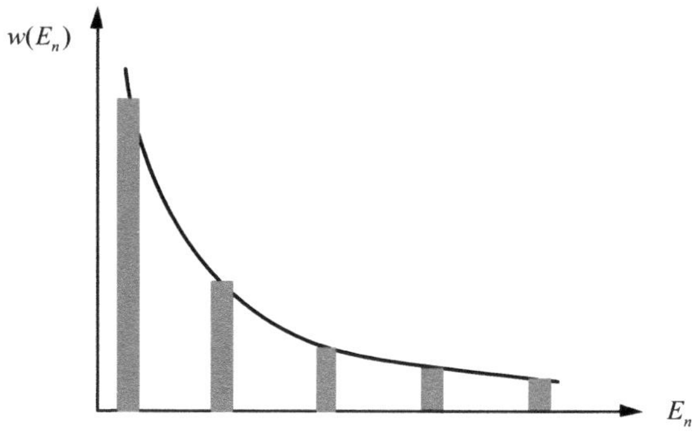

Bild 5.41: Wahrscheinlichkeit der Energiestufen im thermodynamischen Gleichgewicht

Das laseraktive Material muss folglich in einen Zustand des thermodynamischen Ungleichgewichts versetzt werden, um (5.133) zu überwinden, denn die höhere Zeitkonstante $\tau_2 >> \tau_1$ im Anregungszustand E_2 reicht allein nicht aus. Es ist daher eine zusätzliche intensive Energiezufuhr erforderlich, um eine Besetzungsinversion mit $n_2 >> n_1$ zu erreichen. Wie das bewerkstelligt werden kann, wird in den nachfolgenden Abschnitten beispielhaft gezeigt.

5.4.2 Optisches Pumpen

Zunächst muss durch eine hohe spektrale Intensität $l(\nu)$ dafür gesorgt werden, dass die Wahrscheinlichkeit der spontanen Emission genügend klein bleibt. Dies erfolgt durch optische Rückkopplung der spektralen Strahlung mit der Frequenz des Laserüberganges. Dabei wird die Strahlung zwischen zwei Spiegeln hin und her reflektiert und so eine hohe spektrale Intensität erreicht. Das Bild 5.44 zeigt das Prinzip eines Laser-Resonators. Die Spiegel müssen dazu im Abstand $L = n\lambda$ mit $n = 1, 2...$ angeordnet sein, was bei der Wellenlänge im µm-Bereich eine präzise Justage erfordert. In der Praxis wird diese Justage durch minimale Dehnung oder Biegung des Resonators im Startzustand bis zum Einsetzen der Zündung realisiert. Die Spiegel sind so ausgebildet, dass ca. 99 % der Strahlung in das laseraktive Material zurück gekoppelt und nur etwa 1 % an einem der beiden Spiegel ausgekoppelt wird. Im Resonator bildet sich eine stehende elektromagnetische Welle hoher Amplitude $\hat{E}$ aus. Mit der Amplitude steigt die spektrale Intensität $l(\nu)$ und damit die Wahrscheinlichkeit der stimulierten

Emission, aber auch die der Absorption, weshalb noch die Besetzungsinversion herbeizuführen ist.

5.4.3 Besetzungsinversion

Die Besetzungsinversion stellt ein extremes Nichtgleichgewicht dar. Sie wird durch massive Energiezufuhr in das laseraktive Medien erreicht:

- Stoßanregung in einer Gasentladung
- Stromfluss in dotierten Einkristallen
- Stromfluss am pn-Übergang von Halbleitern
- exotherme chemische Reaktionen
- Kernspaltung.

Nachfolgend sollen nur zwei der genannten Möglichkeiten zur Besetzungsinversion näher betrachtet werden.
Gasentladung: Im He-Ne-Gaslaser befindet sich ein Gemisch aus Helium und Neon bei einem Druck von 100 Pa. Die Heliumatome werden durch im elektrischen Feld beschleunigte Elektronen einer Gasentladung angeregt. Da bei der Anregung durch Elektronenstöße abgeschlossene (sehr stabile) Elektronenschalen des Edelgases Helium aufgebrochen werden müssen, liegen die tiefsten Energieniveaus fast 20 eV über dem Grundzustand (s. **Bild 5.42**). Diese untersten Energieniveaus der Edelgase sind metastabil, was bedeutet, dass sich diese Atome nicht durch Abstrahlung, sondern nur durch Stöße mit anderen Teilchen abregen können. Hier sind es die Neonatome, die die Anregungsenergie der Helium-Atome aufnehmen. Sie erfahren eine Anregung, die deutlich über ihren untersten Energieniveaus liegt. In diesem hohen Anregungszustand sind die Neonatome nicht mehr metastabil und können ihre Energie in Form von Strahlungsquanten mit den Spektrallinien $\lambda_1 = 633\,\text{nm}$ und $\lambda_2 = 1150\,\text{nm}$ abgeben. Von den zwei möglichen Laserübergängen wird durch die vom Abstand der Spiegel abhängige Resonanzfrequenz nur einer wirksam. Eine permanente Erzeugung von angeregten Heliumatomen, die ihre Anregungsenergie nur durch Stöße mit den Neonatomen abgeben können, erzeugt die gewünschte Besetzungsinversion.

Laserdioden: In der Grenzschicht eines pn-Überganges entsteht beim Anlegen einer Spannung in Durchlassrichtung eine Besetzungsumkehr, denn die zum p-Halbleiter gezogenen Leitungselektronen verbleiben eine gewisse Zeit (Zeitkonstante τ_2) im Leitungsband, ehe sie in das Valenzband übergehen. Die

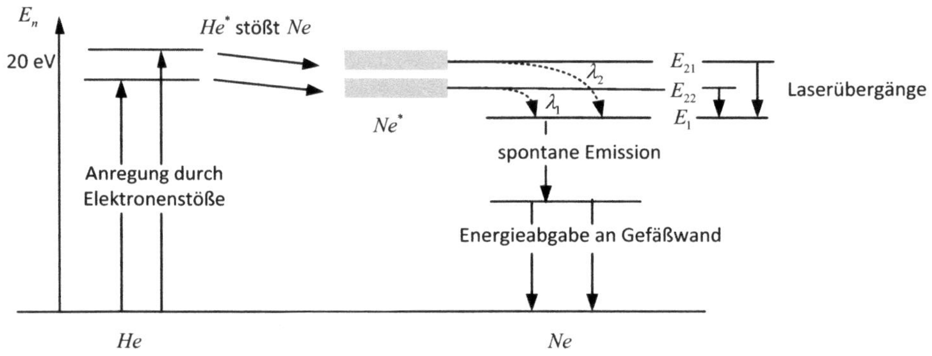

Bild 5.42: Termschema von Helium und Neon; unterste Anregungsenergien der Neonatome weit unter denen der Heliumatome

freiwerdende Energie bei der Rekombination mit den Löchern (Defektelektronen) ist Strahlungsenergie in Form von Photonen (s. **Bild 5.43**). Bei genügend großer Bandlücke $E_2 - E_1 > 1{,}7\,\mathrm{eV}$ und starker Dotierung wird daher eine Lichtemission beobachtet (engl. *LED = Light Emitting Diode*). Diese skizzierte Besetzungsumkehr in der Grenzschicht einer in Durchlassrichtung betriebenen Diode entspricht dem Prinzip der stimulierten Emission und ist die Grundlage von Laserdioden. Bei Erhöhung des Diodenstromes über einen Schwellenwert (Pumpen) geht in geeignet konstruierten Dioden die Lichtemission in induzierte Emission über. Die Kristalloberflächen wirken dabei als Resonator-Spiegel und bewirken eine hohe spektrale Intensität $l(\nu)$. Das Frequenzspektrum reicht vom UV- bis in den IR-Bereich. Der Wirkungsgrad liegt über 60 %.

5.4.4 Eigenschaften

Bei der stimulierten Emission passt sich das induzierte Photon vollständig mit Ausbreitungsrichtung, Frequenz, Phase und Polarisation an das induzierende Photon an. Daraus ergeben sich außergewöhnliche Eigenschaften des Laserstrahls:

- Hohe spektrale Intensität l und hohe Gesamtintensität L
- Extrem monochromatisch: Die Linienhalbwertsbreite beträgt 1 kHz. Die natürliche Linienbreite von Neon beträgt zum Vergleich 800 kHz.

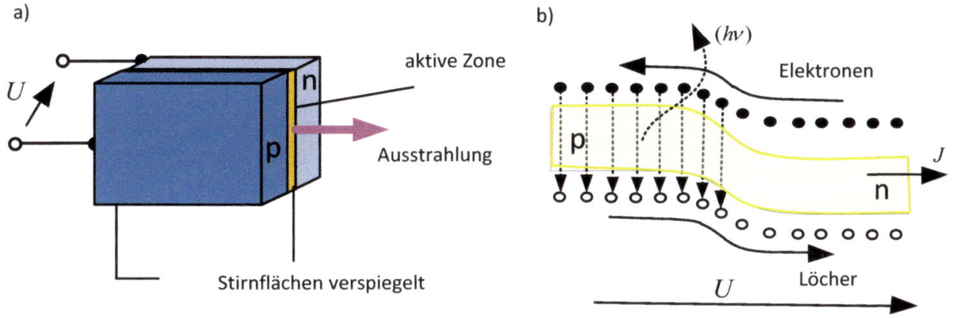

Bild 5.43: Induzierte Emission mit einer Laserdiode mit Diodenstrom größer als Schwellenwert

- Große Kohärenzbreite: Falls der Resonator nur eine stehende Welle hat (Monomode), dann hat der Strahl über seinen Querschnitt die gleiche Phase (Kohärenz).
- Große Kohärenzlänge: Alle Wellenzüge sind in gleicher Phase. Im Idealfall sind die Wellenzüge unendlich lang und ungestört (real ca. 300 km).
- Geringe Divergenz: Die Divergenz ist lediglich durch die Austrittsblende (Linse) begrenzt. Der Laserstrahl weitet sich nur wenige Bogenminuten (eine Bogenminute $= 1/60°$) auf.
- Extrem kurze Impulsdauer: Es können Impulse erzeugt werden, die nur wenige Schwingungsperioden $1/\nu$ betragen, d. h. einige Femtosekunden (10^{-15} s) dauern.
- Hohe Leistungsdichte: Durch die monochromatische Strahlung mit geringer Divergenz kann mittels Linsen ein Fokus mit einem Durchmesser bis zu 0,1 mm erzielt werden. Das entspricht einer Flächenleistungsdichte bis zu 1000 kW/mm^2 (Induktionserwärmung: 0,1 kW/mm^2). Bei Pulsbetrieb können sogar 10^5 kW/mm^2 erzielt werden.

5.4.5 Bauarten

Für die industrielle Fertigung werden vorzugsweise Gaslaser und Festkörperlaser auf Basis von Halbleitern verwendet.

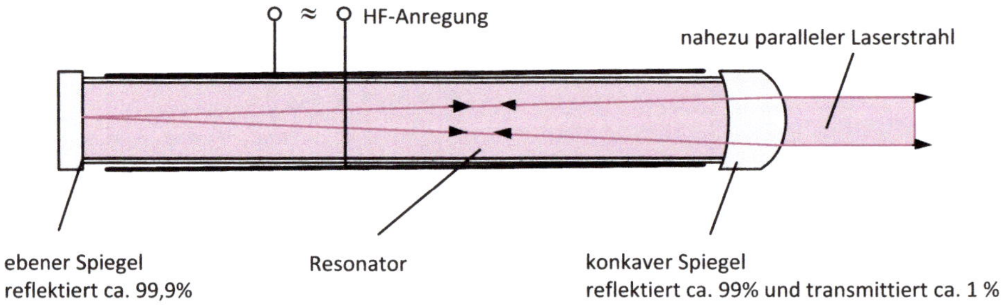

Bild 5.44: Prinzipieller Aufbau eines Gaslasers; Dauerleistungen im 100 kW-Bereich möglich

Gaslaser

Einer der ersten Laser war der He-Ne-Laser (s. oben). Der wichtigste Vertreter für Anwendungen mit hohem Energieumsatz ist der CO_2-Laser nach **Bild 5.44**. Die Anregung erfolgt durch Hochfrequenz (dielektrische Erwärmung) oder über Elektroden im Gasraum. Die Wellenlänge beträgt 10,6 µm. Die kontinuierliche Leistung für handelsübliche Geräte reicht bis 50 kW. Der Wirkungsgrad ist vergleichsweise gering und erreicht maximal 15 %.

Festkörperlaser

Für industrielle Anwendungen im kW-Bereich haben sich wegen der besseren Wirkungsgrade Festkörperlasern etabliert. Dazu gehören Scheiben-, Faser- und Diodenlaser. Diesen ist gemeinsam, dass sie die Pumpenergie aus optisch angekoppelten Laserdioden beziehen.
Diodenlaser bestehen aus einem Bündel von Laserdioden, die sich hauptsächlich durch die Art der optischen Kopplung unterscheiden. Es werden Diodenlaser mit kontinuierlichen Leistungen bis 10 kW gebaut, wobei der Wirkungsgrad 55 % erreicht.
Scheibenlaser bestehen aus einer sehr dünnen Kristallscheibe, die mit Laserdioden gepumpt wird (**Bild 5.45**). Das laseraktive Material der Scheibe bildet zusammen mit den teilverspiegelten Deckflächen den Resonator und erzeugt den Laserstrahl bei einer Wellenlänge von 1 µm. Die Scheibe wird auf einer

Seite intensiv gekühlt. Das Laserlicht wird auf der anderen Seite der Scheibe mit einem Glasfaserkabel zur Anwendung geleitet. Es wird ein sehr homogenes Leistungs- bzw. Temperaturprofil über den Radius des Laserstrahls erreicht. Es werden Scheibenlaser mit kontinuierlichen Leistungen bis 20 kW gebaut.

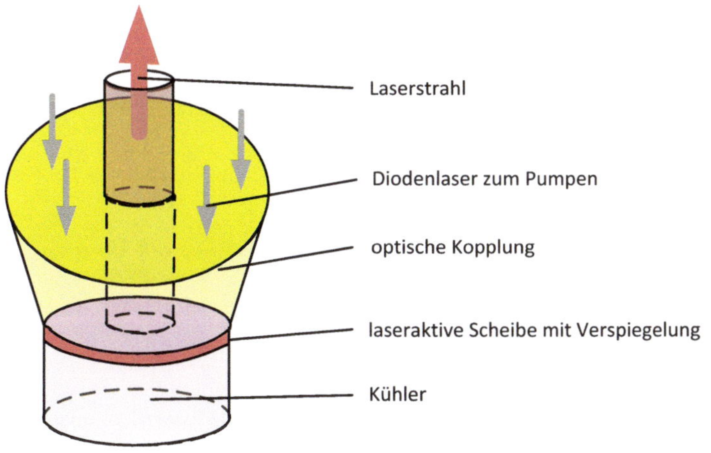

Bild 5.45: Scheibenlaser mit gezielter Strahlführung zum Wirkungsort durch Glasfaser

Faserlaser besitzen statt der Scheibe eine dotierte Glasfaser, die die von Laserdioden erzeugte Pumpenergie eingekoppelt. Die Glasfaser besteht (wie üblich) aus mehreren Schichten, wobei der laseraktive Kern aus dotiertem Quarzglas lediglich einen Durchmesser von 10 µm hat. Die Glasfaser mit den teilverspiegelten Enden bildet den Resonator. Mehrere dieser Fasern werden zu einem Bündel verbunden. Die Qualität des Laserstrahls ist geringer als beim Gaslaser. Es werden Faserlaser mit kontinuierlichen Leistungen bis 30 kW gebaut.

5.4.6 Leistung

Die im Resonator gespeicherte Energie W einer stehenden elektromagnetischen Welle kann aus der Integration der spezifischen Energie $E^2\varepsilon/2$ des elektrischen Feldes bestimmt werden. Mit dem Querschnitt der laseraktiven Zone A und der Länge L als ganzes Vielfaches n der Wellenlänge λ ergibt sich:

$$W = An \int_0^\lambda \frac{\varepsilon}{2} E^2 \, \mathrm{d}\, x \,. \tag{5.135}$$

Mit

$$E = \hat{E} \sin(2\pi x/\lambda) \tag{5.136}$$

ergibt sich

$$W = \frac{1}{2} \varepsilon \hat{E}^2 An \int_0^\lambda \sin^2(2\pi x/\lambda) \, \mathrm{d}\, x = \frac{1}{4} \varepsilon \hat{E}^2 An\lambda \,. \tag{5.137}$$

Zur Ausleitung dieser Energie wird ein Hin- und Rücklauf benötigt, woraus sich die Zeit

$$\Delta t = 2L/c = 2n\lambda/c \tag{5.138}$$

ergibt. Der Transmissionsgrad τ_{mir} begrenzt die verfügbare Leistung P.

$$P = \frac{\tau_{mir} W}{\Delta t} = \frac{1}{8} \varepsilon \hat{E}^2 Ac \tag{5.139}$$

Die verfügbare Laserleistung ist folglich nicht von der Länge der laseraktiven Zone abhängig, was für die Funktion des Scheibenlasers spricht. Beispielgebend soll für eine Faser die Leistung mit folgenden Werten abgeschätzt werden.

- Transmissionsgrad des Auslassspiegels $\tau_{mir} = 0{,}01$
- Permittivität gleich elektrischer Feldkonstante $\varepsilon = \varepsilon_0 = 8{,}85 \cdot 10^{-12}\,\mathrm{As/Vm}$
- Feldstärke gleich Durchbruchfeldstärke $\hat{E} = E_d = 30\,\mathrm{kV/cm} = 3 \cdot 10^6\,\mathrm{V/m}$
- Durchmesser des laseraktiven Kerns der Glasfaser $d = 10\,\mathrm{\mu m} = 10^{-5}\,\mathrm{m}$ ergibt $A = \frac{\pi}{4}\, 10^{-10}\,\mathrm{m}^2$
- Lichtgeschwindigkeit $c = 3 \cdot 10^8\,\mathrm{m/s}$

Das ergibt eine Leistung von rund 2 mW.

5.4.7 Wirkungsgrad

Die Wandlung von elektrischer Energie in die Strahlungsenergie das Lasers, die vom Werkstück aufgenommen wird, ist mit erheblichen Verlusten verbunden. Die Verluste der elektrisch-optischen Wandlung im Laser betragen ca.

50 %. Neben dem eigentlichen Laser ist noch ein optisches System zur Strahl-Führung und zur Fokussierung des Strahls auf das Werkstück erforderlich. Hier sind nochmals ca. 20 % Verluste zu kalkulieren. Schließlich wird vom Werkstück noch ein Teil der Strahlung reflektiert. Der Gesamtwirkungsgrad liegt damit deutlich unter 30 %. Deshalb ist die Laserstrahlung meist nur dann gerechtfertigt, wenn ein extrem fokussierter Energieeintrag technologisch entscheidende Vorteile erbringt. Eine großflächige Erwärmung von Bauteilen, die auch in einem Strahlungsofen (s. Abschnitt 5.2) erfolgen kann, verbietet sich daher in der Regel.

5.4.8 Anwendungen

Die Hauptanwendungsgebiete findet man in der Fertigungstechnik.
Trennen: Viele Materialien, insbesondere Stahl, können numerisch gesteuert dreidimensional geschnitten werden. Mit dem Scheibenlaser sind Schnitttiefen bis 20 mm und mit dem CO_2-Laser bis 40 mm in guter Qualität möglich. Das Bohren oder Perforieren erfolgt mit Impulsen. Mit Einzelimpulsen werden Durchmesser von maximal 0,25 mm bei Tiefen bis 2 mm erreicht. Mit Mehrfachimpulsen sind Durchmesser bis 1 mm bei Tiefen bis 10 mm möglich.
Fügen: Der entscheidende Vorteil gegenüber dem Elektronenstrahl-Schweißen ist, dass kein Vakuum benötigt wird. Nachteilig ist das geringere Aspektverhältnis von Schweißtiefe zu Spaltbreite. Es werden Schweißtiefen bis 5 mm mit dem Scheibenlaser und 15 mm mit dem CO_2-Lasers erzielt. Auch das Löten ist mit dem Laserstrahl möglich.
Oberflächenbehandlung: Insbesondere beim Oberflächen-Härten kleinster Abschnitte kommen die Vorteile der Lasertechnologie zum Tragen. Beispielsweise unterliegen Ziehstempel und Schnittwerkzeuge an ihren konvexen Radien und Schnittkanten einem hohen Verschleiß. Durch partielle Oberflächen-Härtung kann deren Lebensdauer erheblich verlängert werden. Der Laserstrahl mit einer rechteckförmigen Wirkungsfläche wird numerisch gesteuert über das Werkstück geführt. Mittels einer 6-Achsen-Programmierung können Kanten und mehrdimensionale Flächen erreicht werden. Neben dem Härten kann auch durch Umschmelzen und Legieren der oberflächennahen Schichten eine lokale Verbesserung der Werkstoff-Eigenschaft erzielt werden.
Reparieren: Bei manchen Bauteilen ist es wirtschaftlich, vorhandenen Verschleiß (Abrieb) durch Auftragsschweißen auszubessern. Das aufzutragende Material wird in Verbindung mit einem Edelgasstrom in die Schmelzzone des Laserstrahls gebracht.

3D-Druck: Der 3D-Druck ist eine sogenannte additive Fertigung, denn es können Bauteile auch mit Hohlräumen in einem Arbeitsgang hergestellt werden. Zwei Druckverfahren werden derzeit angewandt:
Beim selektiven Laserschmelzen wird eine Pulverschicht mit einer Dicke bis zu 0,1 mm auf eine Trägerplatte aufgetragen. Ein numerisch gesteuerter Laserstrahl schmilzt das Pulver partiell auf und erzeugt eine feste Schicht. Die Trägerplatte wird danach um maximal 0,1 mm abgesenkt und es wird erneut Pulver verteilt. Der Vorgang wiederholt sich mit bis zu mehreren tausend Schichten. Die einzelnen Schichten sind so fein miteinander verschmolzen, dass sie im fertigen Produkt mit bloßem Auge nicht zu erkennen sind.
Das zweite Druckverfahren ist mit dem Laser-Auftragsschweißen zu vergleichen. Hier wird zusammen mit dem fokussierten Laserstrahl Metallpulver mittels einer Röhre und getrieben durch ein Edelgas punktgenau zugeführt. Auf der Oberfläche bildet sich ein kleines Schmelzbad, das sofort erstarrt, sobald der Laserstrahl verlischt oder sich entfernt. Der Vorgang des punktförmigen Auftrages setzt sich numerisch gesteuert fort. Dieses Druckverfahren ist rationeller, erreicht jedoch nicht die Qualitäten des selektiven Laserschmelzens.
Abdampfen: Mittels gesteuerter lokaler Bestrahlung können auf vielen Materialien Beschriftungen oder Dekormuster aufgebracht werden. Auch das Abisolieren von elektrischen Leitungsenden oder das Kalibrieren, z. B. von flächenhaften Widerstandsthermometern, ist möglich.
Kombinationen von Laserstrahl und induktiver Erwärmung: Beispiele für zweckmäßige Verfahrenskombinationen sind: induktiv gestütztes Laserhärten, induktiv gestütztes Laserschweißen und Laserschweißen in Verbindung mit dem induktiven Härten.

5.4.9 Arbeitsschutz

Insbesondere die nicht sichtbare Strahlung im IR- und UV-Bereich ist gefährlich, weil das Auge diese zunächst nicht wahrnimmt, falls sie ungehindert durch die Pupille eindringt. Bereits bei Laserleistungen von 1 mW sind deshalb spezi-elle Schutzbrillen zu tragen, die selektiv die Laserstrahlung nahezu vollständig absorbieren.

6 Kraftwirkungen

Die technologisch nutzbaren Kräfte elektromagnetischer Felder ergeben sich aus elektrischen Ladungen, die sich entweder im ruhenden oder bewegten Zustand befinden. Sie werden beispielsweise zum Sortieren von geschreddertem Elektronikschrott oder zum berührungslosen Mischen von aggressiven Schmelzen verwendet. Da die stoffgebundenen Ladungen bis auf atomare Strukturen zurückgehen, müssen geeignete Stofffeigenschaften, wie Permittivität und Permeabilität, eingeführt werden.

6.1 Elektrisches Feld

Es werden die Kräfte in elektrostatischen Feldern betrachtet. Auf einen Körper, der sich im elektrischen Feld befindet, wirken aufgrund der in ihm vorhandenen atomaren Ladungen Coulomb-Kräfte. Diese führen zu einer riesigen Zahl von elektrischen Dipolen. Die materialabhängige Permittivität ε gibt den Zusammenhang von Verschiebungsdichte und elektrischer Feldstärke an.

$$\vec{D} = \varepsilon \vec{E} = \varepsilon_0 \varepsilon_r \vec{E} \tag{6.1}$$

Mit Hilfe der Permittivität werden die im Einzelnen nicht erfassbaren Dipole in ihrer Wirkung durch den Materialkoeffizienten ε ersetzt. Man muss sich folglich nicht um die mikroskopischen und makroskopischen Dipole, z. B. von Molekülen und an Grenzflächen, kümmern. Lediglich Überschussladungen, die zu einer resultierenden positiven oder negativen Aufladung des Körpers führen, sind separat zu berücksichtigen. Bei einem schnellen Wechsel des elektrischen Feldes sind Verzögerungen und Hemmnisse bei den Ladungsverschiebungen zu beachten, die sich in der Hysterese nach **Bild 6.1** zeigen. Diese Erscheinungen werden hier vernachlässigt.

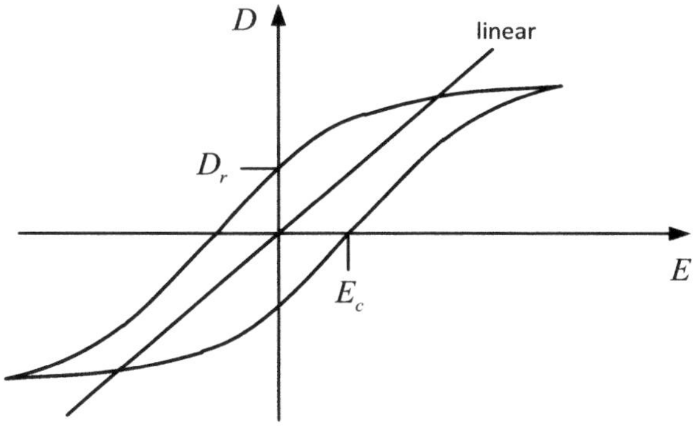

Bild 6.1: Hysteresekurve von Stoffen mit nichtlinearer Abhängigkeit der Polarisation von der elektrischen Feldstärke

6.1.1 Kraftberechnung

Energiewandlung

Es wird ein Körper mit dem Volumen ΔV betrachtet, der seine Position im elektrischen Feld um $\Delta\vec{r}$ ändert (s. **Bild 6.2**). Die mit diesem Körper verbundene Raumladungsdichte ρ und die Permittivität ε können ortsabhängig sein. Es soll jedoch keine Abhängigkeit von der elektrischen Feldstärke angenommen werden, was einem linearen Verhalten (s. Bild 6.1) entspricht.

Es wird die elektrische Energie des gesamten Systems mit dem Volumen V (z. B. Kugel-Platte-Anordnung) nach der Verschiebung W_e und vor der Verschiebung W_e' des Körpers mit dem Volumen ΔV (z. B. Stück Dielektrikum) bestimmt. Bei einer Differenz muss eine mechanische Kraft $\vec{F}$ während der Verschiebung des Körpers entlang des Weges $\Delta\vec{r}$ gewirkt haben.

$$\vec{F}\Delta\vec{r} = -\Delta W_e = -(W_e - W_e') \tag{6.2}$$

Falls $W_e' > W_e$ gilt, dann wird mechanische Arbeit geleistet (Körper wird z. B. gegen die Schwerkraft angehoben) und die elektrische Energie des Feldes vermindert. Umgekehrt wird Energie von außen zugeführt und dadurch die elektrische Feldenergie vergrößert. Im statischen Gleichgewicht, wenn der Körper fixiert ist, kompensieren sich mechanische und elektrischen Feldkraft.

Anhand der einfachen Anordnung nach **Bild 6.3** soll die Kraft auf ein verschiebbares Dielektrikum bestimmt werden. Der nicht maßstäblich dargestellte

Kondensator habe eine vernachlässigbare Streuung, weil $a, b >> s$ gelten soll. Mit einer einfachen Rechnung kann man zeigen, dass sich seine Kapazität um ΔC vergrößert, falls eine Verschiebung des Dielektrikums um Δx erfolgt.

$$\Delta C = \frac{\varepsilon_0 b}{s}(\varepsilon_r - 1)\Delta x \tag{6.3}$$

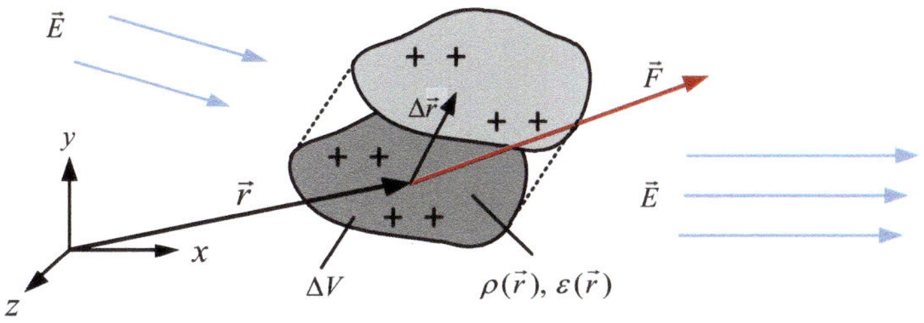

Bild 6.2: Änderung der elektrischen Feldenergie bei Verschiebung eines Körpers mit anderer Permittivität als die seiner Umgebung

Zwei gedankliche Experimente sollen diskutiert werden.
Fall 1: Die Spannung U soll durch eine geeignete Quelle während der Verschiebung konstant gehalten werden. Die Energiebilanz erfordert, dass die von der Quelle zugeführte Energie ΔW_s gleich der Änderung von gespeicherter Feldenergie ΔW_e und der mittels mechanischer Arbeit abgeführten Energie $F_x \Delta x$ ist.

$$\Delta W_s = \Delta W_e + F_x \Delta x \tag{6.4}$$

Die zugeführte Energie ergibt sich aus der zugeführten Ladung bei Änderung der Kapazität und konstanter Spannung.

$$\Delta W_s = \Delta Q U = \Delta C\, U^2 \tag{6.5}$$

Die gespeicherte Energie wächst mit der Kapazität, weil die Spannung konstant bleibt.

$$\Delta W_e = \frac{1}{2}\Delta C\, U^2 \tag{6.6}$$

Aus (6.3) und (6.4) folgt für die mittlere Kraft:

$$\bar{F}_x = \frac{1}{\Delta x}(\Delta C\, U^2 - \frac{1}{2}\Delta C\, U^2) = \frac{U^2}{2}\frac{\Delta C}{\Delta x} = \frac{U^2}{2}\frac{\varepsilon_0 b}{s}(\varepsilon_r - 1) \tag{6.7}$$

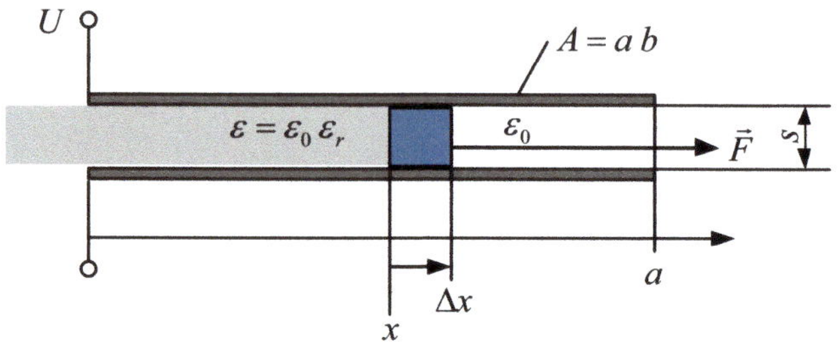

Bild 6.3: Kraftwirkung auf ein Band mit $\varepsilon > \varepsilon_0$ im inhomogenen Feld eines Plattenkondensators

Fall 2: Der Kondensator ist von der Gleichspannungsquelle getrennt, weshalb seine Ladung auch bei Verschiebung des Dielektrikums konstant bleibt.

$$Q = CU = (C + \Delta C)(U + \Delta U) = \text{const} \tag{6.8}$$

Die im Feld gespeicherte Energie vor der Verschiebung beträgt:

$$W_e' = \frac{1}{2}CU^2 = \frac{1}{2}\frac{Q^2}{C} \tag{6.9}$$

Und die Energie nach der Verschiebung beträgt:

$$W_e = \frac{1}{2}\frac{Q^2}{C + \Delta C}. \tag{6.10}$$

Damit ergibt sich eine Energieänderung durch die Verschiebung bei konstanter Ladung zu:

$$\Delta W_e = W_e - W_e' = -\frac{Q^2}{2}\frac{\Delta C}{C(C + \Delta C)}. \tag{6.11}$$

Dies entspricht einer mittleren Kraft entlang des Weges Δx von

$$\bar{F}_x = -\frac{\Delta W_e}{\Delta x} = \frac{Q^2}{2C(C + \Delta C)}\ \frac{\Delta C}{\Delta x}. \tag{6.12}$$

Beide Fälle zeigen, dass die Kraft null wird, sobald der Körper ΔV mit seiner gesamten Länge vollständig eingetaucht ist (keine Streuung an den Rändern der beiden Platten). Der Unterschied von (6.7) zu (6.12) macht die eingangs getroffene Festlegung deutlich, dass man auf die äußeren Bedingungen hinsichtlich konstanter Spannung oder Ladung achten muss. Das gilt aber nur, wenn die Energiewandlung und die dazugehörige mittlere Kraft über einen längeren Weg zu bestimmen sind. Bei infiniter Verschiebung mit $\Delta x \to 0$ sind die beiden Kräfte gleich. Man kann daraus folgern, dass dann nur die Ableitung der Lage des Körpers mit ΔV zu betrachten ist, weil das Feld im übrigen Raum durch diese virtuelle Verschiebung nicht verändert wird. Obwohl dies kein verallgemeinerungsfähiger Beweis ist, soll bei der nachfolgenden Kraftberechnung von dessen Richtigkeit ausgegangen werden.

Umformung des Energiegradienten

Bei Variation von $\Delta\vec{r}$ nach Bild 6.2 zeigt sich, dass es eine maximale Energieänderung für eine bestimmte Richtung gibt. Die Kraft zeigt folglich in diese Richtung der maximalen Energieänderung.

$$\vec{F} = -\lim_{\Delta r \to 0} \frac{\Delta W_e}{\Delta r} \left(\frac{\vec{\Delta} r}{\Delta r}\right)_{max} = -\operatorname{grad} W_e \tag{6.13}$$

Hier bedeutet W_e die elektrische Energie des gesamten Systems, wie z.B. die der Kondensatoranordnung nach Bild 6.3. Ohne eine strenge Beweisführung wird weiterhin davon ausgegangen, dass es bei einer infiniten Verschiebung mit $\Delta r \to 0$ genügt, nur die Energieänderung im verschobenen Volumen ΔV statt im Gesamtvolumen V zu betrachten.

$$\vec{F} = -\operatorname{grad} \Delta W_e = -\operatorname{grad} \int_{\Delta V} w_e \,\mathrm{d}V \tag{6.14}$$

Hierin ist w_e die auf die Volumeneinheit bezogene spezifischen Energie. Der Gradient darf unter das Integral verschoben werden.

$$\vec{F} = -\int_{\Delta V} \operatorname{grad} w_e \,\mathrm{d}V \tag{6.15}$$

Wegen der angenommenen linearen Verhältnisse kann ein einfacher Ausdruck für die spezifische Energie w_e eingesetzt werden.

$$\vec{F} = -\frac{1}{2} \int_{\Delta V} \operatorname{grad}(\varepsilon E^2) \,\mathrm{d}V \tag{6.16}$$

Mit den Regeln der Differentialrechnung wird der Integrand umgeformt.

$$\operatorname{grad}(\varepsilon E^2) = \varepsilon \operatorname{grad} E^2 + E^2 \operatorname{grad} \varepsilon \tag{6.17}$$

Da im elektrostatischen Feld $\operatorname{rot}\vec{E} = 0$ gilt, kann $\operatorname{grad} E^2$ als Vektorgradient geschrieben werden.

$$\operatorname{grad} E^2 = \operatorname{grad}(\vec{E}\vec{E}) = 2(\vec{E}\operatorname{grad})\vec{E} \tag{6.18}$$

Damit und mit $\vec{D} = \varepsilon\vec{E}$ erhält man für (6.17):

$$\operatorname{grad}(\varepsilon E^2) = 2(\vec{D}\operatorname{grad})\vec{E} + E^2 \operatorname{grad}\varepsilon \tag{6.19}$$

Die Kraft nach (6.16) kann damit in zwei physikalisch deutbare Teilkräfte aufgespalten werden.

$$\vec{F} = \vec{F}_g + \vec{F}_c = -\frac{1}{2}\int_{\Delta V} E^2 \operatorname{grad}\varepsilon \,\mathrm{d}\,V - \int_{\Delta V} (\vec{D}\operatorname{grad})\vec{E}\,\mathrm{d}\,V. \tag{6.20}$$

Die Kraft $\vec{F}_g$ wird als Gradientenkraft bezeichnet und zeigt in Richtung abfallender Permittivität.

$$\vec{F}_g = -\frac{1}{2}\int_{\Delta V} E^2 \operatorname{grad}\varepsilon \,\mathrm{d}\,V. \tag{6.21}$$

Dagegen ist das Integral zur Kraft $\vec{F}_c$ mit dem Vektorgradienten in der vorliegenden Form nicht so offensichtlich als Coulomb-Kraft zu deuten. Gemäß der Definition des Vektorgradienten nach [1] wird dieser zunächst in Komponenten geschrieben.

$$\vec{F}_c = -\int_{\Delta V} \vec{D}\operatorname{grad} E_x \,\mathrm{d}\,V\vec{e}_x - \int_{\Delta V} \vec{D}\operatorname{grad} E_y \,\mathrm{d}\,V\vec{e}_y - \int_{\Delta V} \vec{D}\operatorname{grad} E_z \,\mathrm{d}\,V\vec{e}_z \tag{6.22}$$

Mit der Formel $\operatorname{div}(\varphi\vec{V}) = \varphi\operatorname{div}\vec{V} + \vec{V}\operatorname{grad}\varphi$ kann jedes der drei Integrale umgeformt werden, was beispielgebend für das erste Integral zur x-Komponente gezeigt wird:

$$\int_{\Delta V} \vec{D}\operatorname{grad} E_x \,\mathrm{d}\,V = \int_{\Delta V} \operatorname{div}(E_x\vec{D})\,\mathrm{d}\,V - \int_{\Delta V} E_x \operatorname{div}\vec{D}\,\mathrm{d}\,V \tag{6.23}$$

Nach dem zweiten Integralsatz von Gauß kann das erste Integral auf der rechten Seite in ein Oberflächenintegral umgewandelt werden.

$$\int_{\Delta V} \operatorname{div}(E_x\vec{D})\,\mathrm{d}\,V = \oint_A E_x\vec{D}\,\mathrm{d}\,\vec{A} = 0 \tag{6.24}$$

Darin bedeutet A eine kugelförmige Hüllfläche von ΔV, die mit dem Radius r beliebig weit, also auch bis ins Unendliche, aufgespannt werden kann. Da mit wachsenden Abstand r von den Quellen des Feldes die Hüllfläche mit r^2 anwächst, aber der Ausdruck $E_x\vec{D}$ wesentlich stärker als $1/r^2$ abfällt, verschwindet dieses Integral. In (6.23) verbleibt somit nur das zweite Integral, was ebenso für die y- und z-Komponente gilt. Damit ergibt sich für (6.22):

$$\vec{F}_c = \int_{\Delta V} E_x \operatorname{div} \vec{D} \,\mathrm{d}\, V \vec{e}_x + \int_{\Delta V} E_y \operatorname{div} \vec{D} \,\mathrm{d}\, V \vec{e}_y + \int_{\Delta V} E_z \operatorname{div} \vec{D} \,\mathrm{d}\, V \vec{e}_z . \quad (6.25)$$

Eine Zusammenfassung der ausgewiesenen Komponenten ergibt zusammen mit der Definition zur Raumladungsdichte

$$\operatorname{div} \vec{D} = \rho \quad (6.26)$$

folgende kompakte Form für die Coulomb Kraft:

$$\vec{F}_c = \int_{\Delta V} \vec{E} \operatorname{div} \vec{D} \,\mathrm{d}\, V = \int_{\Delta V} \vec{E} \rho \,\mathrm{d}\, V . \quad (6.27)$$

Damit hat (6.20) die endgültige und physikalisch einleuchtende Form[1].

$$\vec{F} = \vec{F}_g + \vec{F}_c = \int_V (-\frac{1}{2} E^2 \operatorname{grad} \varepsilon + \vec{E}\rho) \,\mathrm{d}\, V \quad (6.28)$$

Die auf das Volumen bezogene Form hierzu ergibt eine Kraftdichte.

$$\vec{f} = \vec{f}_g + \vec{f}_c = \frac{\mathrm{d}\vec{F}}{\mathrm{d}\, V} = -\frac{1}{2} E^2 \operatorname{grad} \varepsilon + \vec{E}\rho \quad (6.29)$$

Nachfolgend werden die beiden Kräfte getrennt betrachtet. Im Abschnitt 6.1.1 wird schließlich gezeigt, wie $\operatorname{grad} \varepsilon$ bei einem unstetigen Übergang der Permittivität an Grenzflächen ausgewertet werden kann.

Coulomb-Kraft

Im allgemeinen Fall sind die Raumladungsdichte ρ und die elektrische Feldstärke $\vec{E}$ vom Ort im Körper mit dem Volumen ΔV abhängig.

$$\vec{F}_c = \int_{\Delta V} \rho(\vec{r}) \vec{E}(\vec{r}) \,\mathrm{d}\, V. \quad (6.30)$$

[1] In [25, S.217-219] wird eine andere Herleitung dieser Gleichung angegeben.

Dabei handelt es sich bei der Raumladungsdichte um freie Ladungen, die nicht Teil von an Dipolen gebundenen Ladungen sind. I. d. R. kennt man die Verteilung der Raumladungen nicht. Und insbesondere bei einem relativ kleinen Volumen kann davon ausgegangen werden, dass die Feldstärke über dem Volumen konstant ist, woraus die einfachere Beziehung für die Kraft folgt.

$$\vec{F} = \vec{E} \int_{\Delta V} \rho \,\mathrm{d}\,V = \vec{E}Q \tag{6.31}$$

Die Aufladung kleiner Teilchen (Tropfen, Fasern, Staubkorn) kann durch rasches Trennen dieser von einer Elektrode oder durch Anlagerung freier elektrischer Ladungen, wie z. B. in einer Koronaentladung (s. Teil 1 des Buches), erfolgen.

Coulomb-Kräfte wirken auch auf eine Ladung Q^+, ohne dass eine entgegengesetzte Ladung Q^- vorhanden ist. Das ist beispielsweise der Fall, wenn das elektrische Feld durch ein Dielektrikum oder einen elektrischen Leiter ($\varepsilon \to \infty$) verzerrt wird. In **Bild 6.4** ist der Fall einer Ladung Q vor dem elektrisch unendlich gut leitenden Halbraum mit $\kappa \to \infty$ dargestellt. Es kommt hier zu einer Verdichtung der elektrischen Potenziallinien zwischen Ladung und Leiter (s. Bild 6.4 a). Das Feld entspricht der Anordnung einer gespiegelten Ladung mit umgekehrten Vorzeichen (s. Bild 6.4 b). Die Kraft ist leicht aus der Überlagerung der beiden koaxialen Felder zu bestimmen.

$$F = \frac{Q^2}{16\pi a^2 \varepsilon} \tag{6.32}$$

Gradientenkraft

Die Gradientenkraft nach (6.28) enthält den Gradienten der Permittivität, der i. d. R. nur als unstetiger Sprung an Grenzflächen mit dem Übergang von einer Permittivität ε_1 zur anderen ε_2 auftritt. In Anlehnung an [25, S. 219] wird ausgehend von (6.28) die Kraft an Grenzflächen bestimmt.

Man betrachtet ein kleines Volumenelement $\Delta V = \Delta A \Delta s$, in dem ein stetiger Übergang der Permittivität von ε_1 nach ε_2 erfolgt (s. **Bild 6.5**).

$$\vec{F}_g = -\frac{1}{2} \int_{\Delta V} E^2 \,\mathrm{grad}\,\varepsilon \,\mathrm{d}\,V \tag{6.33}$$

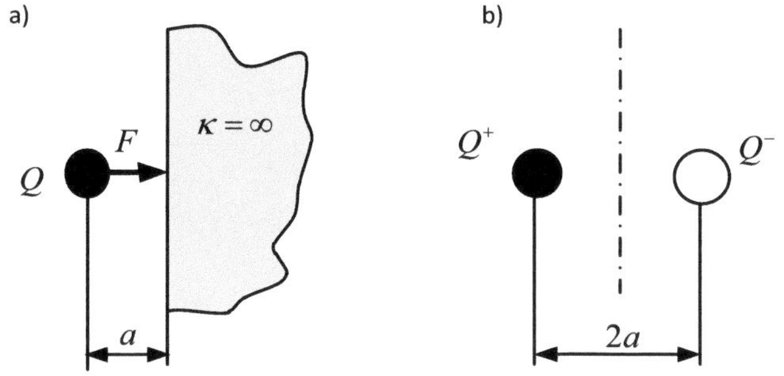

Bild 6.4: Kraftwirkung durch Feldverzerrung mit identischem (linken) Feldbild durch Spiegelladung

Da der Gradient in Richtung der Flächennormalen zeigt und Konstanz über die kleine Fläche ΔA angenommen wird, kann vereinfacht werden.

$$\vec{f}_a = \frac{\vec{F}_g}{\Delta A} = -\frac{1}{2}\vec{n}_{12} \int_{s_1}^{s_2} E^2 \frac{\mathrm{d}\,\varepsilon}{\mathrm{d}\,s}\,\mathrm{d}\,s \tag{6.34}$$

Mit der Vereinbarung, dass die Gradientenkraft stets senkrecht auf der Grenzfläche steht, kann die vektorielle Schreibweise verlassen werden.

$$f_a = -\frac{1}{2} \int_{s_1}^{s_2} E^2 \frac{\mathrm{d}\,\varepsilon}{\mathrm{d}\,s} \quad \mathrm{d}\,s \tag{6.35}$$

Die tangentiale Komponente der elektrischen Feldstärke und die Normalenkomponente der Verschiebungsdichte gehen an der Grenzfläche stetig über. Dies bedeutet, dass sowohl E_t als auch D_n über Δs konstant sind. Mit

$$E^2 = E_t^2 + (D_n/\varepsilon)^2 \tag{6.36}$$

ergibt sich.

$$f_a = -\frac{1}{2} \int_{s_1}^{s_2} [E_t^2 + (D_n/\varepsilon)^2] \frac{\mathrm{d}\,\varepsilon}{\mathrm{d}\,s} \quad \mathrm{d}\,s \tag{6.37}$$

Durch Substitution der Integrationsgrenzen ergibt sich:

$$f_a = -\frac{1}{2}\int_{\varepsilon_1}^{\varepsilon_2} [E_t^2 + (D_n/\varepsilon)^2] \quad \mathrm{d}\,\varepsilon \tag{6.38}$$

$$= -\frac{1}{2}[E_t^2(\varepsilon_2 - \varepsilon_1) - D_n^2(1/\varepsilon_2 - 1/\varepsilon_1)] \tag{6.39}$$

$$= \frac{1}{2}[E_t^2(\varepsilon_1 - \varepsilon_2) + D_n^2(1/\varepsilon_2 - 1/\varepsilon_1)]\,. \tag{6.40}$$

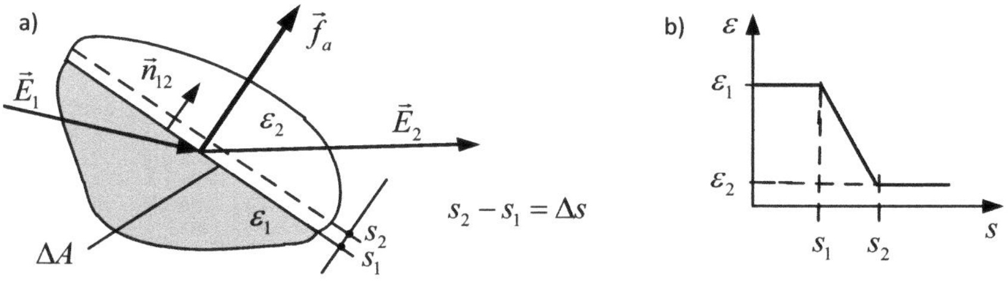

Bild 6.5: Zur Berechnung der Gradientenkraft bei stetigem Übergang der Permittivität

Mit der Annahme $\varepsilon_1 > \varepsilon_2$ und der Festlegung $E_n = E_{n2}$ (z. B. in Luft) erhält man durch Umordnung der Permittivitäten die übersichtliche Beziehung:

$$f_a = \frac{1}{2}E_t^2(\varepsilon_1 - \varepsilon_2) + \frac{1}{2}E_n^2\frac{\varepsilon_2}{\varepsilon_1}(\varepsilon_1 - \varepsilon_2). \tag{6.41}$$

Die Gradientenkraft weist in Richtung des Gebietes mit der kleineren Permittivität. Sie übt auf das Gebiet mit der größeren Permittivität einen Zug und auf das Gebiet mit der kleineren Permittivität einen Druck aus.
Am Beispiel eines kugelförmigen Tropfens (z. B. Farbtropfen mit einer höheren Permittivität als die umgebende Luft) in einem homogenen elektrischen Feld soll das demonstriert werden. In der Anordnung nach **Bild 6.6** mit kartesischen Koordinaten wirken in den Punkten $(r_0, 0)$ und $(0, r_0)$ Zugkräfte. Im Punkt $(r_0, 0)$ existiert nur die Normalkomponente der elektrischen Feldstärke.

$$f_{ax} = \frac{1}{2}E_n^2\frac{\varepsilon_2}{\varepsilon_1}(\varepsilon_1 - \varepsilon_2) \tag{6.42}$$

Im Punkt $(0, r_0)$ wirkt nur die Tangentialkomponente der elektrischen Feldstärke.

$$f_{ay} = \frac{1}{2}E_t^2(\varepsilon_1 - \varepsilon_2) \tag{6.43}$$

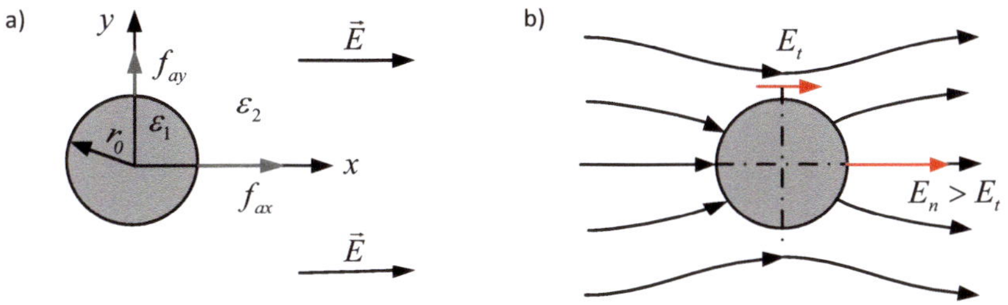

Bild 6.6: Grenzflächenkräfte auf einer Kugel mit Wirkrichtung wie Vektor der elektrischen Feldstärke

Auf den ersten Blick scheint wegen $\varepsilon_1 > \varepsilon_2$ die Kraft in y-Richtung größer zu sein. Hier ist allerdings zu bedenken, dass das homogene elektrische Feld durch die Anwesenheit der Kugel mit $\varepsilon_1 > \varepsilon_2 = \varepsilon_0$ verzerrt wird. Die skizzierten Feldlinien in Bild 6.6 b weisen deutlich $E_n > E_t$ aus, was i. d. R. zu einer Verformung der Kugel in x-Richtung führt. Beispielsweise wird ein Wassertropfen mit einer höheren Permittivität als die seiner Umgebung in Richtung der elektrischen Feldlinien gedehnt, sobald die Oberflächenspannung (vom Krümmungsradius abhängig) an mindestens einer Stelle seiner Oberfläche kleiner als die auf ihn einwirkende Flächenkraft ist. Das ist ein instabiler Vorgang, denn mit der Streckung des Tropfens steigt der Krümmungsradius, was eine Minderung der lokalen Oberflächenspannung bedeutet. Dies führt zu einem Zerfall des Tropfens in kleinere, bis der Krümmungsradius so klein ist, dass die Oberflächenspannung überall größer als die Flächenkraft ist. Beim Farbspritzen ist diese Aufteilung großer Tropfen ein gewünschter Effekt. Feste längliche Körper, wie Fasern, Fäden, Haare und auch dünne Drähte werden in Richtung der Feldstärke gestreckt und ausgerichtet (s. **Bild 6.7**).

Ein Sonderfall ist der Übergang vom elektrischen Leiter zum Nichtleiter. Weil in einem elektrischen Leiter, den man in ein elektrisches Feld bringt (z. B. metallische Kugel im Luftkondensator), eine Ladungstrennung erfolgt, obwohl die elektrische Feldstärke nahezu verschwindet, weist man diesem formell eine unendliche Permittivität zu. In Bild 6.6 b mit $\varepsilon_1 \to \infty$ für die Kugel und mit $\varepsilon_2 = \varepsilon$ für deren Umgebung ergibt sich somit aus (6.41), dass die Gradientenkraft eine Zugkraft auf der Kugeloberfläche ausübt.

Aus der Gradientenkraft geht nicht unmittelbar hervor, dass auf einen Körper mit einer höheren Permittivität als die seiner Umgebung eine resultierende Kraft wirkt, wenn sich dieser in einem inhomogenen elektrischen Feld befindet.

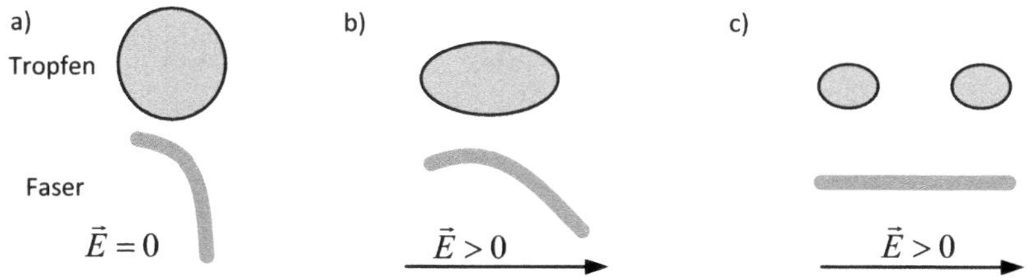

Bild 6.7: Wirkung der Gradientenkraft auf einen Tropfen und eine Faser: a) kein äußeres elektrisches Feld, b) und c) Verformung mit der Zeit bei Einwirkung des elektrischen Feldes

Wegen der endlichen Ausdehnung dieses Körpers mit dem Volumen ΔV wirken jedoch unterschiedliche Feldstärken und damit unterschiedliche Kräfte auf seine Oberfläche ein (s. **Bild 6.8**). Die resultierend Kraft

$$\vec{F}_g = \oint_{\Delta A} \vec{f}_a \,\mathrm{d}\, A \tag{6.44}$$

zeigt in Richtung höherer Feldstärke. Umgekehrt zeigt die resultierende Kraft in Richtung geringerer Feldstärke, falls die Permittivität kleiner als die der Umgebung ist.
Es müssen nicht starke Gradienten oder große Abmessungen (Dicken) des Dielektrikums in Richtung des Gradienten vorhanden sein, um eine wirksame resultierende Kraft zu erzeugen. Beispielsweise wird eine dünne ungeladene Folie aus Kunststoff oder Metall von einem geladenen Körper angezogen (s. **Bild 6.9**), was bei der industriellen Verpackung genutzt werden kann.

6.1.2 Anwendungen

Abscheidung von Staub

Mit einer positiven und negativen Koronaentladung an einer Elektrode mit kleinem Krümmungsradius können beispielsweise Staubteilchen elektrisch aufgeladen werden. Mittels der Coulomb-Kraft können diese dann in einem elektrischen Feld vom Gasstrom abgesondert werden (s. **Bild 6.10**). Welche Polarität für die Drahtelektroden gewählt wird, hängt von der Staubart ab. Bei einer Reihenschaltung mehrerer Filter kann die Polarität auch wechseln. Je dünner der Draht, desto höher wird die elektrische Feldstärke und damit der Korona-Effekt an seiner Oberfläche.

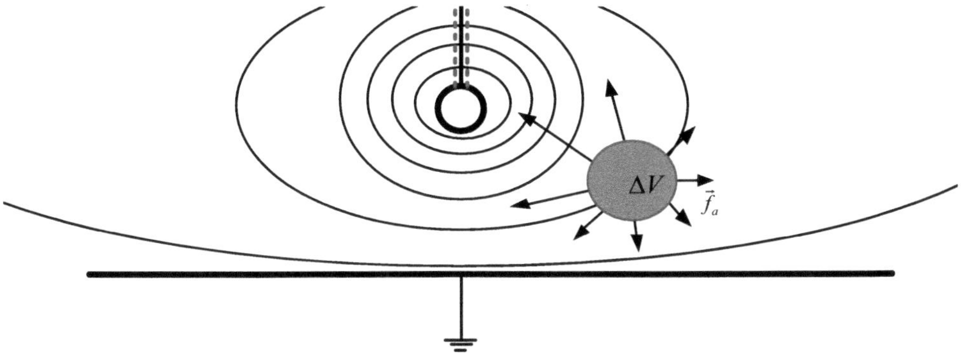

Bild 6.8: Kraftverteilung auf der Oberfläche eines Körpers im inhomogenen elektrischen Feld

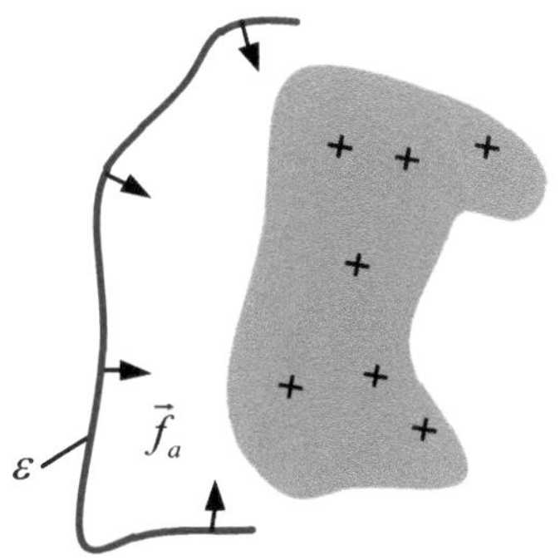

Bild 6.9: Kraftwirkung auf elektrisch ungeladene Folie durch elektrisch geladenen Körper

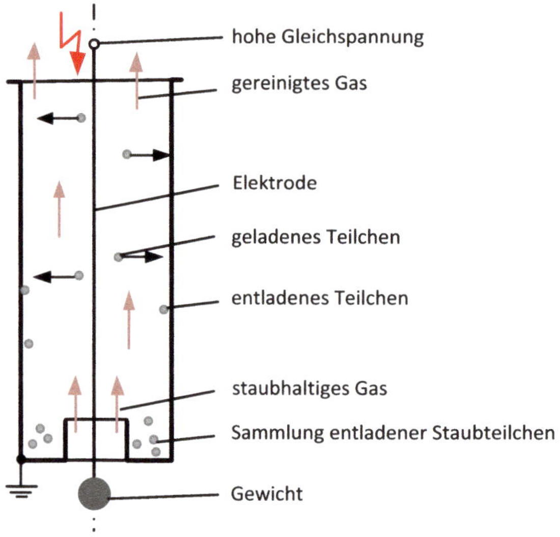

Bild 6.10: Aufladung von Staubteilchen durch Koronaentladung und Entladung der geladenen Staubteilchen an der Gegenelektrode

Sammlung von Nanopulver

Statt wertlosen Staub abzuscheiden, kann auch wertvolles Pulver, bestehend aus Metallen (Au, Ag, Co, Cu, Zn, Ni und Fe) oder Metalloxiden (TiO_2, ZnO, Al_2O_3, RuO_2) oder Verbundmaterialien ($CuNi$, $FeCo$, $NiCo$, Au/TiO_2, $C/LiFePO_4$), gewonnen werden. Derartige Pulver mit Abmessungen der Partikel im nm-Bereich werden beispielsweise mittels der Ultraschall-Sprühpyrolyse erzeugt. Sie befinden sich dann in einem Gasstrom, aus dem sie elektrostatisch ausgesondert werden müssen.

Farbspritzen

Farbe und pastöse Stoffe, bestehend aus Bindemittel, Farbpigmenten und Additiven, können verlustarm im elektrischen Feld aufgetragen werden (s. **Bild 6.11**). Besonders vorteilhaft ist dies bei durchbrochenen Körpern (z. B. Gitter, Rahmen). Wie bereits in Abschnitt 6.1.1 dargestellt, können dabei unter bestimmten Bedingungen größere Tropfen in kleinere aufgesprengt werden. Wegen der Polarisierung werden die Tropfen je nach ihrer Viskosität mehr oder weniger stark in Richtung der elektrischen Feldstärke auseinandergezogen (Fadenbildung) oder in kleinere geteilt. Die Tropfen bzw. Fäden folgen den elektrischen Feldlinien, was dazu führt, dass auch Flächenelemente erreicht werden, die dem Sprühkopf (hier rotierende Scheibe) abgewandt sind.

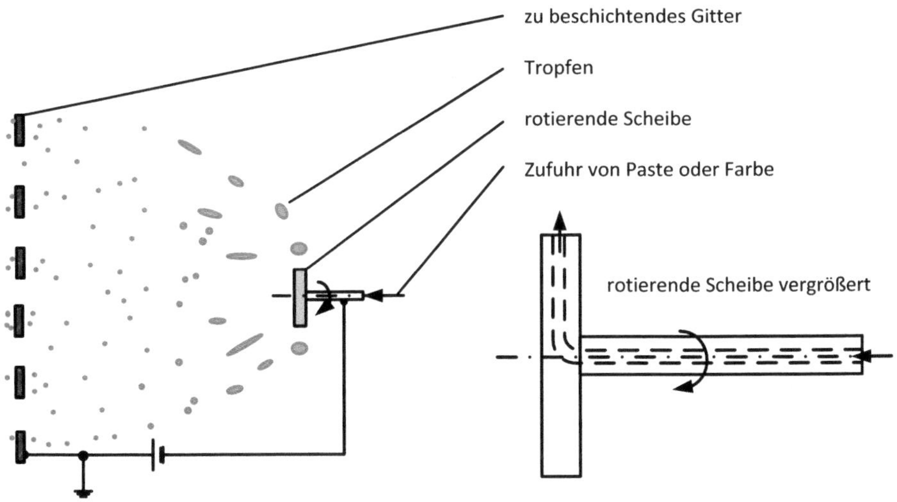

Bild 6.11: Elektrostatisches Farbspritzen; Zerfall großer geladener Tropfen im elektrischen Feld

Beschichten

Statt Farbe kann auch rieselfähiges Pulver (Korngröße 20 bis 80 µm) aufgetragen werden. So wie die Farbtropfen gelangen die Pulverpartikel auf das zu beschichtende Werkstück und werden dort entladen. Wenn dafür gesorgt wird, dass die elektrische Feldstärke in Richtung des zu beschichtenden Werkstücks zunimmt, dann fallen die Pulverpartikel auch bei Entladung nicht ab, sondern werden mittels der Gradientenkraft (s. Abschnitt 6.1.1) festgehalten. Anschließend wird das Werkstück auf eine Temperatur von bis zu 300 °C erwärmt, wodurch die Pulverpartikel in Schichten von bis zu 500 µm verschmolzen werden. Vorteilhaft ist der Entfall von Lösungsmitteln und die Wiederverwendung von Partikeln, die ihr Ziel nicht erreicht haben.

Sortierung nach elektrischer Leitfähigkeit

Das Recycling von Werkstoffen gewinnt wegen der Endlichkeit natürlicher Rohstoffe eine immer größere Bedeutung. Beispielsweise kann Elektronikschrott in Schredder-Anlagen, die mit Überschallgeschwindigkeiten arbeiten, so zerkleinert werden, dass nahezu nur noch sehr kleine, aber in sich homogene Teilchen und keine Verbunde übrigbleiben. Auch Schlacke, die bei metallurgischen Prozessen anfällt, enthält inhomogen verteiltes Metall. Auch hier kann durch eine ausreichend feine Zerkleinerung erreicht werden, dass Körner mit mehr oder weniger großem Metallgehalt vorliegen.
In den nachfolgenden Abschnitten werden unterschiedliche Kraftwirkungen beschrieben, mit deren Hilfe dieses zerkleinerte Material nach den unterschiedlichen Stoffeigenschaften, wie elektrische Leitfähigkeit und Permittivität, sortiert werden kann. Dieses Material soll deshalb weiterhin als körniges Gemenge verschiedener Metalle, Kunststoffe, Keramiken usw. bezeichnet werden.
Im elektrischen Feld kann das körnige Gemenge beispielsweise nach der elektrischen Leitfähigkeit sortiert werden. Mittels der Koronaentladung werden die Teilchen aufgeladen (s. **Bild 6.12**). Die aufgeprägte Feldstärke und die Trommeldrehzahl sind sorgfältig auf die Teilchengröße abzustimmen. Die elektrisch gut leitenden Teilchen können ihre Ladungen rasch an die rotierende, elektrisch leitende Trommel abgeben und fallen sofort von ihr ab. Dies gelingt den elektrisch nicht oder wenig leitenden Teilchen nicht so schnell und sie bleiben länger an der Trommel haften.
Mit den geschilderten Verfahren kann prinzipiell Metall von Nichtmetall getrennt werden. Damit ist auch eine Trennung ferromagnetischer Materialien (Eisen, Nickel, Cobalt) von ferritischen Materialien möglich, weil Ferrite keramisch und folglich elektrisch nichtleitende Stoffe sind. Die skizzierte Sortierung setzt allerdings voraus, dass die metallischen Körner nicht mit einer isolierenden Schicht (z. B. Oxid) überzogen sind, womit die Grenzen des Verfahrens angedeutet sind.
Eine weitere Auflademöglichkeit ist durch Kontaktierung gegeben. Der Aufgabetrichter müsste dann mit einem Pol der Gleichspannungsquelle verbunden werden. Die schlecht leitenden Teilchen können dann beim Verlassen des Trichters ihre positiven Ladungen nicht schnell genug loswerden und bleiben relativ lange an der negativ geladenen Trommel haften. Ein möglicher Vorteil ist, dass nicht so hohe Gleichspannungen wie bei der Koronaentladung erforderlich sind.

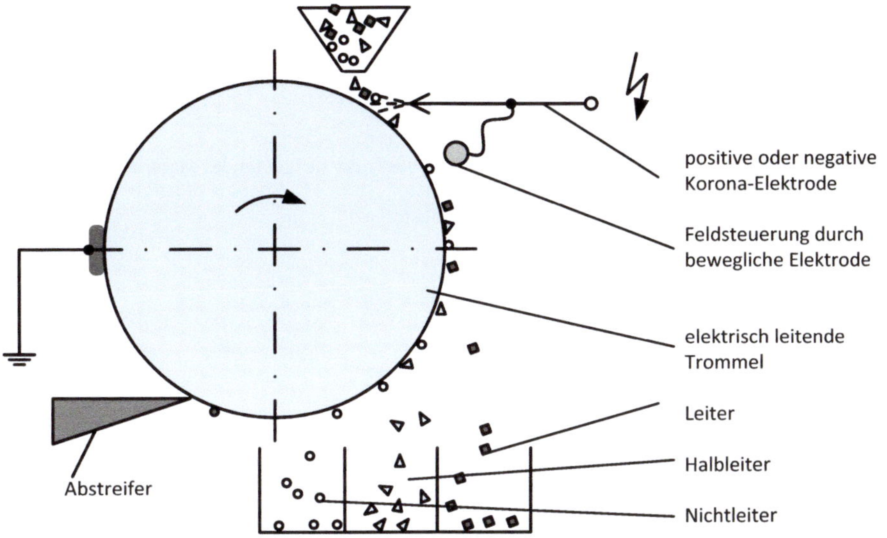

Bild 6.12: Korona-Abscheider; äußere Elektrode als dünner in axialer Richtung aufgespannter Draht

Beflockung

Das **Bild 6.13** zeigt eine Möglichkeit, wie Fasern geordnet auf einer mit Klebstoff vorbereiteten Fläche angeklebt (beflockt) werden könnten. Die aufgeladenen Fasern mit Längen von 0,3 bis 10 mm richten sich wegen der Polarisierung nach den elektrischen Feldlinien aus, was auch nach dem Aufkleben beibehalten wird.

Sortierung nach Permittivität

Die bisher vorgestellten Sortierverfahren unterscheiden sich nach der elektrischen Leitfähigkeit. Es ist aber auch denkbar, dass nach der unterschiedlichen Permittivität unterschieden wird, womit eine weitere, feinere Sortierung möglich wird. Man muss dazu lediglich ein inhomogenes elektrisches Feld erzeugen. Auf Teilchen mit einer großen Permittivität wirkt dann auch eine größere Kraft in Richtung des stärkeren elektrischen Feldes. Das **Bild 6.14** zeigt eine mögliche Variante. Nachteilig ist, dass auch die Dichte der einzelnen Teilchen deren Flugbahn mit bestimmt.

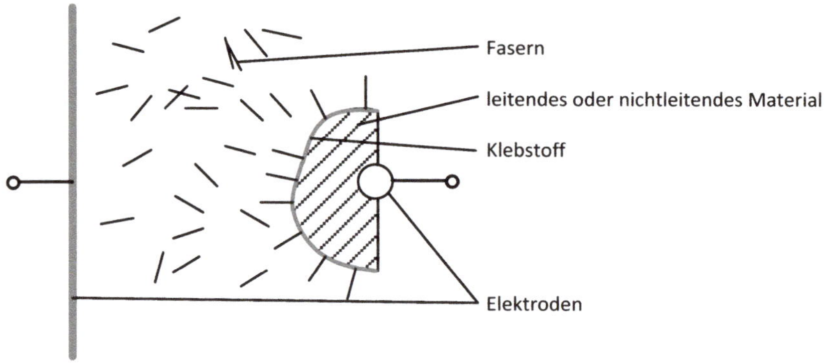

Bild 6.13: Fasern mit Ausrichtung in Richtung des Vektors der elektrischen Feldstärke

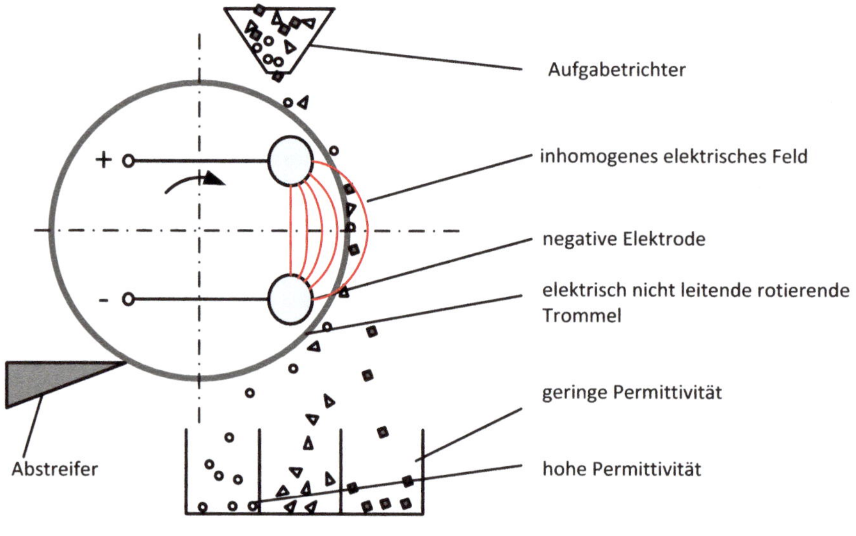

Bild 6.14: Sortierung nach dielektrischen Eigenschaften; Teilchen aus Glas mit $\varepsilon_r = 7$ in den linken und solche aus Kunstharz mit $\varepsilon_r = 2$ in den rechten Behälter

6.2 Magnetisches Feld

Die um den Atomkern kreisenden Elektronen können als Kreisströme aufgefasst werden, von denen ein magnetisches Feld ausgeht. Auch von den Elektronen selbst geht ein magnetisches Feld aus, das man sich ersatzweise durch Eigenrotation (Spin) der Elektronen erzeugt vorstellen kann. Die meisten Atome und Moleküle sind jedoch so „konstruiert“, dass sich die magnetischen Felder der einzelnen Kreisströme kompensieren. Aber es gibt Ausnahmen, die sich in Form von ferromagnetischen, paramagnetischen und diamagnetischen Stoffen äußern und trotz Brown'scher Bewegungen lange Zeit ihre durch ein äußeres Feld hervorgerufene Magnetisierung beibehalten.

Eine Elementarladung Q, mit $\dot{n}$ Umläufen pro Zeiteinheit, entspricht einem Ringstrom mit der Stromstärke I.

$$I = \dot{n}Q \tag{6.45}$$

Mit der vom Ringstrom umschlossenen Fläche ΔA ergibt sich ein magnetisches Moment $\vec{m}$.

$$\vec{m} = \dot{n}Q\Delta A\vec{n}_a \tag{6.46}$$

Hier ist $\vec{n}_a$ ein Normalenvektor zur Fläche ΔA, der mit dem Ringstrom ein Rechtssystem bildet (s. **Bild 6.15**).

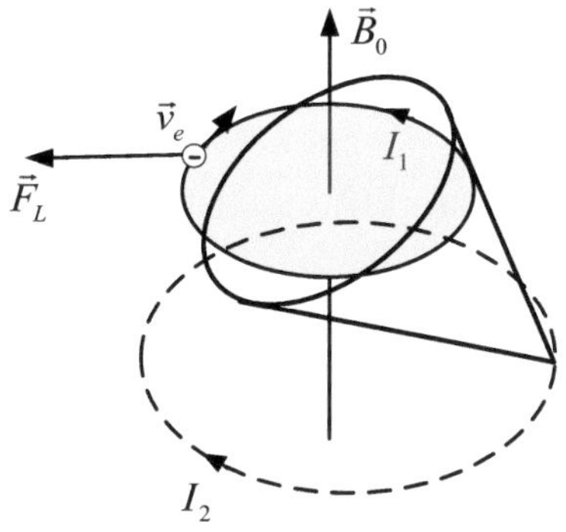

Bild 6.15: Modellvorstellung zum magnetischen Dipol; aus Präzessionsbewegung des Ringstroms I_1 folgt zweiter Ringstrom I_2

Man unterscheidet drei Formen von Ringströmen, die von den Kreisbewegungen und dem Spin der Elektronen mit der Ladung $Q^- = -e$ ausgehen.

Das um den Atomkern rotierende Elektron bildet den Ringstrom I_1 und verstärkt das vorhandene magnetische Feld B_0, was zum Paramagnetismus führt. Auf dieses kreisende Elektron wirkt eine Lorentz-Kraft F_L, die zu einer Präzessionsbewegung der vom Elektron umlaufenen Kreisfläche führt. Zur besseren Vorstellung denkt man sich die genannte Kreisfläche zu einem Kegel (Kreisel) erweitert. Die Spitze des Kegels beschreibt dann die Bahn eines weiteren Ringstromes I_2, der dem äußeren Feld entgegen gerichtet ist. Das ist die Ursache für den Diamagnetismus. Schließlich führt der Spin der Elektronen zu einem weiteren elementaren Ringstrom mit einem magnetischen Moment. Das ergibt den Ferromagnetismus. Die Summe aller von den Ringströmen hervorgerufenen magnetischen Momente ergibt die Magnetisierung.

$$\vec{M} = \lim_{\Delta V \to 0} \frac{\sum_\nu \vec{m}_\nu}{\Delta V} \tag{6.47}$$

Von einigen Ausnahmen abgesehen kann die Magnetisierung als proportional zur magnetischen Feldstärke angenommen werden.

$$\vec{M} = \chi \vec{H} \tag{6.48}$$

Der Proportionalitätsfaktor χ wird magnetische Suszeptibilität genannt. Mit seiner Einführung ist es möglich, die Wirkung der einzelnen nicht erfassbaren atomaren Ringströme durch einen Materialkoeffizienten zu ersetzen.

Die magnetische Flussdichte setzt sich aus der von äußeren Strömen erzeugten und den vom Material ausgehenden Ringströmen zusammen.

$$\vec{B} = \mu_0(\vec{H} + \vec{M}) = \mu_0(1 + \chi)\vec{H} \tag{6.49}$$

Die relative magnetische Permeabilität μ_r ist die um die Zahl 1 erweiterte magnetische Suszeptibilität.

$$\mu = \mu_0(1 + \chi) = \mu_0 \mu_r \tag{6.50}$$

Mit der magnetischen Suszeptibilität werden magnetische Stoffeigenschaften beschrieben, die eine relative Permeabilität von ca. 1 haben. Bei paramagnetischen Stoffen ist $\chi > 0$ und bei diamagnetischen Stoffen ist $\chi < 0$ (s. **Tabelle 6.1**). Wie bereits angedeutet, gilt die Proportionalität zwischen magnetischer Feldstärke und Magnetisierung nach (6.49) nicht ausnahmslos. Einige Stoffe verharren in der durch das äußere Feld hervorgerufenen Ausrichtung der Kreisströme bzw. benötigen Zeit und eventuell zusätzliche Feldstärke, um diesen Zustand zu überwinden.

Tabelle 6.1: Magnetische Suszeptibilität einiger Stoffe nach [17]

Diamagnetische Stoffe	$\chi\cdot 10^6$	Paramagnetische Stoffe	$\chi\cdot 10^6$
Gold	-35	Aluminium	+22
Kupfer	-10	Luft	+0,4
Quecksilber	-19	Palladium	+690
Silber	-25	Platin	+330
Wasser	-9	Sauerstoff	+1,8
Wismut	-170		
Zink	-12		

Das äußert sich in der bekannten Hysterese nach **Bild 6.16**. Bei magnetischen Wechselfeldern kann die Vernachlässigung dieser Erscheinungen zu erheblichen Fehlern führen, was bei der Bewertung der nachfolgend vorgestellten Berechnungen unbedingt zu berücksichtigen ist.

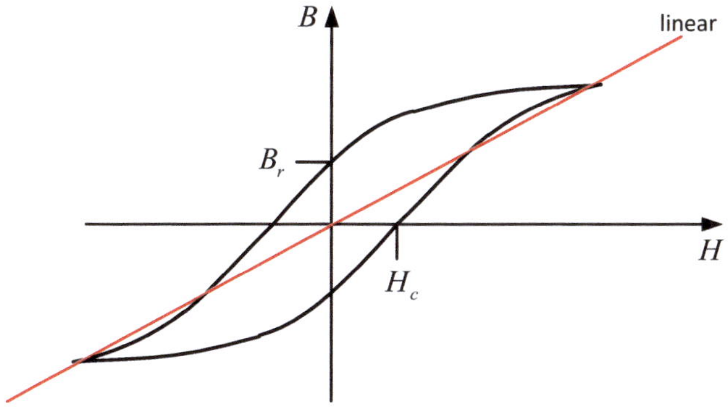

Bild 6.16: Hysteresekurve von Stoffen mit nichtlinearer Abhängigkeit der Magnetisierung von der magnetischen Feldstärke

6.2.1 Kraftberechnung

Energiewandlung

Es wird ein Körper mit dem Volumen ΔV betrachtet, der seine Position im magnetischen Feld um $\Delta\vec{r}$ ändert (s. **Bild 6.17**).

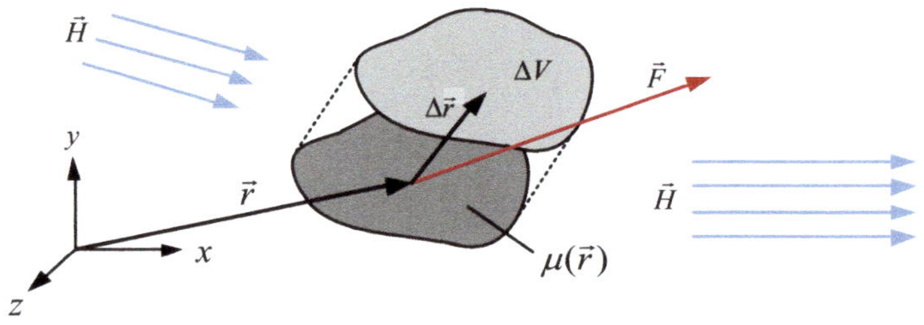

Bild 6.17: Änderung der magnetischen Feldenergie bei Verschiebung eines Körpers anderer Permeabilität als die seiner Umgebung

Die Permeabilität μ in diesem Körper kann ortsabhängig sein. Es wird die magnetische Energie des gesamten Feldes mit dem Volumen V (z. B. Luftspule) nach der Verschiebung mit W_m und vor der Verschiebung mit W'_m bestimmt. Der verschiebbare Körper habe das Volumen ΔV und ist beispielsweise ein Stück Eisen. Bei einer Differenz der gespeicherten Energien muss eine mechanische Kraft $\vec{F}$ während der Verschiebung des Körpers entlang des Weges $\Delta\vec{r}$ gewirkt haben.

$$\vec{F}\Delta\vec{r} = -\Delta W_m = -(W_m - W'_m) \tag{6.51}$$

Falls $W'_m > W_m$ gilt, dann wird mechanische Arbeit geleistet (Körper wird z. B. gegen die Schwerkraft angehoben) und die magnetische Energie des Feldes vermindert. Umgekehrt wird Energie von außen zugeführt und dadurch die Feldenergie vergrößert. Im statischen Gleichgewicht mit einem starren und befestigten Körper, kompensieren sich mechanische und elektrische Feldkraft.

Anhand der idealisierten Anordnung nach **Bild 6.18** soll die Kraft auf einen verschiebbaren Kern konstanter Permeabilität bestimmt werden. Die Spule soll eine vernachlässigbare Streuung haben, was z. B. durch ein magnetisches Material hoher Permeabiltät im Außenraum der Spule erreicht werden kann (nicht dargestellt). Die Induktivität der Spule mit der Windungszahl N und dem

Luftquerschnitt A hängt damit in einfacher Weise von der Eintauchtiefe x des Kerns ab.

$$L(x) = \frac{N^2}{x/(\mu A) + (h-x)/(A\mu_0)} = \frac{N^2 A\mu_0}{x/\mu_r + h - x} \tag{6.52}$$

Bei einer Verschiebung des Kerns um Δx erhöht sich die Induktivität um:

$$\Delta L = N^2 A\mu_0 \frac{(1-1/\mu_r)\Delta x}{[(x+\Delta x)/\mu_r + h - x - \Delta x][x/\mu_r + h - x]}. \tag{6.53}$$

Falls die Verschiebung infinit ist, dann ergibt sich daraus die später benötigte Ableitung der Induktivität nach dem Weg zu:

$$\mathrm{d}L/\mathrm{d}x = N^2 A\mu_0 \frac{(1-1/\mu_r)}{[x/\mu_r + h - x]^2} = L^2(x)\frac{(1-1/\mu_r)}{N^2 A\mu_0}. \tag{6.54}$$

Nachfolgend sollen zwei Fälle diskutiert werden.

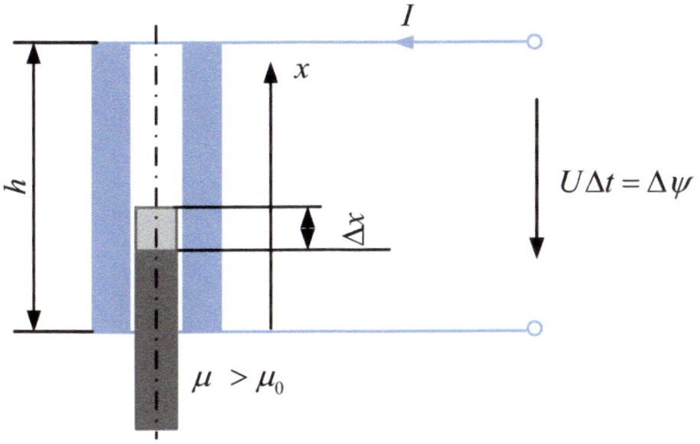

Bild 6.18: Energiewandlung bei Verschiebung des magnetischen Kerns im Feld einer Spule

Fall 1: Der Strom I soll durch eine geeignete Quelle während der Verschiebung des Kerns konstant gehalten werden. Bei einer Verschiebung in x-Richtung wird nach (6.53) die Induktivität vergrößert. Damit der Strom konstant gehalten werden kann, muss wegen $\psi = L\,I$ der verkettete Fluss ψ durch die Quelle mit einem Spannungsimpuls $U\Delta t$ vergrößert werden. Die Energiebilanz erfordert, dass die von der Quelle zugeführte Energie ΔW_s gleich der Änderung von gespeicherter ΔW_m und der mittels mechanischer Arbeit abgeführten Energie $F_x\Delta x$ ist.

$$\Delta W_s = \Delta W_m + F_x\Delta x \tag{6.55}$$

Die von der Quelle zugeführte Energie ergibt sich aus dem Spannungsimpuls.

$$\Delta W_q = IU\Delta t = I\Delta\psi = \Delta L I^2 \tag{6.56}$$

Bei der vereinbarten Stromkonstanz wächst die gespeicherte Energie mit der Induktivität.

$$\Delta W_m = \frac{1}{2}\Delta L\, I^2 \tag{6.57}$$

Aus (6.55) folgt für die mittlere Kraft:

$$\bar{F}_x = \frac{1}{\Delta x}(\Delta L\, I^2 - \frac{1}{2}\Delta L\, I^2) = \frac{I^2}{2}\,\frac{\Delta L}{\Delta x} \tag{6.58}$$

Fall 2: Der verkettete magnetische Fluss ψ soll trotz einer Verschiebung konstant bleiben. Das ist bei einer kurzgeschlossenen verlustfreien Spule gegeben.[2] Die gespeicherte magnetische Energie wird als Funktion des verketteten Flusses notiert.

$$W_m = \frac{1}{2}LI^2 = \frac{1}{2}(LI)^2/L = \frac{1}{2}\psi^2/L \tag{6.59}$$

Damit können W_m und W'_m berechnet und aus der Differenz die Änderung der gespeicherten Energie bestimmt werden.

$$\Delta W_m = \frac{\psi^2}{2}(\frac{1}{L+\Delta L} - \frac{1}{L}) = \frac{\psi^2}{2}\,\frac{-\Delta L}{(L+\Delta L)L} \tag{6.60}$$

Die mittlere Kraft ergibt sich aus der Energiebilanz nach (6.55), wobei die von der Quelle zugeführte Energie null ist.

$$\bar{F}_x = -\frac{\Delta W_m}{\Delta x} = \frac{\psi^2}{2\,L(L+\Delta L)}\,\frac{\Delta L}{\Delta x}. \tag{6.61}$$

Der Unterschied von (6.58) zu (6.61) macht deutlich, dass man auf die äußeren Bedingungen hinsichtlich eines konstanten Stromes oder Flusses achten muss. Nur bei infiniter Verschiebung mit $\Delta x \to 0$ bzw. $\Delta L \to 0$ gleichen sich die beiden Kräfte an. Mit $\Delta L = 0$ im Nenner von (6.61) und $\psi = LI$ ergibt sich aus (6.55)

$$F_x = \frac{I^2}{2}\frac{\mathrm{d}\,L}{\mathrm{d}\,x}, \tag{6.62}$$

[2] Praktisch ist der ohmsche Spannungsabfall an den Eingangsklemmen zu kompensieren.

was mit (6.58) übereinstimmt. Die Schlussfolgerung aus beiden Fällen ist, dass bei einer infiniten Verschiebung die Kraft nur aus der Änderung der geometrischen Lage hervorgeht und nicht, wie aus (6.51) gefolgert werden könnte, aus der Energieänderung im gesamten System mit dem Volumen V.

Gradientenkraft

Die nachfolgende Ableitung der Gradientenkraft erfolgt auf gleichem Wege wie im Falle des elektrischen Feldes (s. Abschnitt 6.1.1), weshalb die nachfolgenden Ausführungen gestrafft sind. Bei Variation von $\Delta\vec{r}$ in Bild 6.17 zeigt sich, dass es eine maximale Energieänderung in eine bestimmte Richtung gibt. Danach kann die Kraft wie folgt beschrieben werden:

$$\vec{F} = -\lim_{\Delta r \to 0} \frac{\Delta W_m}{\Delta r}\left(\frac{\vec{\Delta} r}{\Delta r}\right)_{max} = -\operatorname{grad} W_m\,. \tag{6.63}$$

Hierin bedeutet W_m die gesamte magnetische Energie des betrachteten Systems, wie zum Beispiel die der Spule nach Bild 6.18. Auch hier wird so wie beim elektrischen Feld davon ausgegangen, dass es bei einer infiniten Verschiebung mit $\Delta r \to 0$ genügt, nur die Änderung der magnetischen Energie im verschobenen Körper mit dem Volumen ΔV zu betrachten.

$$\vec{F} = -\operatorname{grad} \Delta W_m = -\operatorname{grad} \int_{\Delta V} w_m \,\mathrm{d}\,V \tag{6.64}$$

Hier wurde mit w_m die auf die Volumeneinheit bezogene spezifischen magnetischen Energie bezeichnet. Die Bildung des Gradienten darf unter das Integral gezogen werden.

$$\vec{F} = -\int_{\Delta V} \operatorname{grad} w_m \,\mathrm{d}\,V \tag{6.65}$$

Wegen der angenommenen linearen Verhältnisse wird ein einfacher Ausdruck für die spezifische Energie eingesetzt.

$$\vec{F} = -\frac{1}{2}\int_{\Delta V} \operatorname{grad}(\mu H^2)\,\mathrm{d}\,V \tag{6.66}$$

Der Ausdruck μH^2 wird nach der Produktregel differenziert.

$$\operatorname{grad}(\mu H^2) = \mu \operatorname{grad} H^2 + H^2 \operatorname{grad} \mu \tag{6.67}$$

Dies führt mit (6.66) zu den zwei Integralen:

$$\vec{F}_g = \vec{F}_1 + \vec{F}_2 = -\frac{1}{2}\int_{\Delta V} H^2 \operatorname{grad}\mu \,\mathrm{d}\,V - \frac{1}{2}\int_{\Delta V} \mu \operatorname{grad} H^2 \,\mathrm{d}\,V. \qquad (6.68)$$

Mit den Regeln der Vektorrechnung erfolgt eine weitere Umwandlung des zweiten Ausdrucks zu $\vec{F}_2$. Da das magnetische Feld als wirbelfrei angenommen wird, gilt $\operatorname{rot}\vec{H} = 0$ und es sind folgende Umformungen des Integranden möglich:

$$\vec{F}_2 = -\frac{1}{2}\int_{\Delta V} \mu \operatorname{grad} H^2 \,\mathrm{d}\,V \qquad (6.69)$$

$$= -\frac{1}{2}\int_{\Delta V} \mu \operatorname{grad}(\vec{H}\vec{H}) \,\mathrm{d}\,V \qquad (6.70)$$

$$= -\int_{\Delta V} \mu(\vec{H} \operatorname{grad})\vec{H} \,\mathrm{d}\,V \qquad (6.71)$$

$$= -\int_{\Delta V} (\vec{B} \operatorname{grad})\vec{H} \,\mathrm{d}\,V\,. \qquad (6.72)$$

Der Integrand ist ein Vektorgradient und wird in Komponenten aufgeschrieben.

$$\vec{F}_2 = -\int_{\Delta V} \vec{B} \operatorname{grad} H_x \,\mathrm{d}\,V \vec{e}_x - \int_{\Delta V} \vec{B} \operatorname{grad} H_y \,\mathrm{d}\,V \vec{e}_y - \int_{\Delta V} \vec{B} \operatorname{grad} H_z \,\mathrm{d}\,V \vec{e}_z \qquad (6.73)$$

Die x-Komponente wird stellvertretend für alle drei Komponenten mit der allgemeinen Formel $\operatorname{div}(\varphi\vec{V}) = \varphi \operatorname{div}\vec{V} + \vec{V} \operatorname{grad}\varphi$ umgeformt.

$$F_{2x} = -\int_{\Delta V} \vec{B} \operatorname{grad} H_x \,\mathrm{d}\,V \qquad (6.74)$$

$$= \int_{\Delta V} [H_x \operatorname{div}\vec{B} - \operatorname{div}(H_x\vec{B})] \,\mathrm{d}\,V \qquad (6.75)$$

Hier erkennt man bereits, dass die Kraftkomponente F_{2x} und damit die beiden anderen Komponenten F_{2y} und F_{2z} verschwinden. Erstens gilt $\operatorname{div}\vec{B} = 0$ und zweitens kann nach dem zweiten Integralsatz von Gauß das Volumenintegral über $\operatorname{div}(H_x\vec{B})$ in ein Oberflächenintegral mit einer beliebig großen Hüllfläche A umgewandelt werden. Da mit zunehmender Entfernung von den Quellen des magnetischen Feldes der Vektor $H_x\vec{B}$ schneller verschwindet als A wächst, gilt folgende Beziehung:

$$\int_{\Delta V} \operatorname{div}(H_x\vec{B}) \,\mathrm{d}\,V = \oint_A H_x\vec{B} \,\mathrm{d}\,A = 0. \qquad (6.76)$$

Mit diesem Nachweis zum Verschwinden von $\vec{F}_2$ ergibt sich die magnetische Gradientenkraft.

$$\vec{F}_g = \vec{F}_1 = -\frac{1}{2}\int_{\Delta V} H^2 \operatorname{grad}\mu \,\mathrm{d}V. \tag{6.77}$$

Die Kraftdichte hierzu lautet:

$$\vec{f}_g = \frac{\mathrm{d}\vec{F}_g}{\mathrm{d}V} = -\frac{1}{2}H^2 \operatorname{grad}\mu. \tag{6.78}$$

Da in der Praxis nur der Gradient zur magnetischen Permeabilität an Grenzflächen unterschiedlicher Stoffe interessiert, aber hier einen unendlich großen Wert annimmt, kann (6.77) nicht direkt angewendet werden. Es wird nachfolgend so wie bei der Bestimmung der Gradientenkraft des elektrischen Feldes vorgegangen (s. Abschnitt 6.1.1), weshalb die nachfolgenden Ausführungen ebenfalls gestrafft werden.

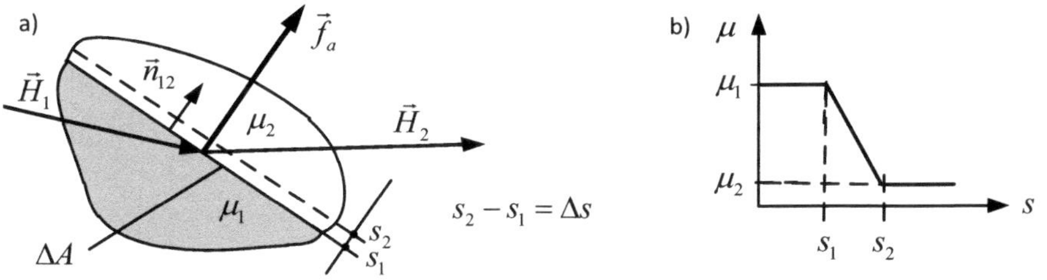

Bild 6.19: Zur Berechnung der magnetischen Gradientenkraft an Grenzflächen mit stetigem Übergang der Permeabilität

Man betrachtet ein kleines Volumenelement $\Delta V = \Delta A \Delta s$, in dem zunächst ein stetiger Übergang der Permeabilität von μ_1 nach μ_2 angenommen wird (s. **Bild 6.19**). Da der Gradient in Richtung der Flächennormalen zeigt und es keine Änderungen über ΔA geben soll, kann vereinfacht werden.

$$\vec{f}_a = \frac{\vec{F}}{\Delta A} = -\frac{1}{2}\vec{n}_{12}\int_{s_1}^{s_2} H^2 \frac{\mathrm{d}\mu}{\mathrm{d}s}\,\mathrm{d}s \tag{6.79}$$

Mit der Vereinbarung, dass die Gradientenkraft stets senkrecht auf der Grenzfläche steht, kann die vektorielle Schreibweise verlassen werden.

$$f_a = -\frac{1}{2}\int_{s_1}^{s_2} H^2 \frac{\mathrm{d}\mu}{\mathrm{d}s}\quad\mathrm{d}s \tag{6.80}$$

Die tangentiale Komponente der magnetischen Feldstärke und die Normalkomponente der Flussdichte gehen an einer Grenzfläche stetig über. Dies bedeutet, dass sowohl H_t als auch B_n über Δs konstant sind.

$$H^2 = H_t^2 + (B_n/\mu)^2 \tag{6.81}$$

Damit ergibt sich:

$$f_a = -\frac{1}{2}\int_{s_1}^{s_2} [H_t^2 + (B_n/\mu)^2]\frac{\mathrm{d}\,\mu}{\mathrm{d}\,s} \quad \mathrm{d}\,s. \tag{6.82}$$

Da der Integrand mit $\mu(s)$ nur noch von der Variablen s abhängt, kann substituiert werden.

$$\begin{aligned} f_a &= -\frac{1}{2}\int_{\mu_1}^{\mu_2} [H_t^2 + (B_n/\mu)^2] \quad \mathrm{d}\,\mu & (6.83)\\ &= -\frac{1}{2}[H_t^2(\mu_2 - \mu_1) - B_n^2(1/\mu_2 - 1/\mu_1)] & (6.84)\\ &= \frac{1}{2}[H_t^2(\mu_1 - \mu_2) + B_n^2(1/\mu_2 - 1/\mu_1)] & (6.85)\end{aligned}$$

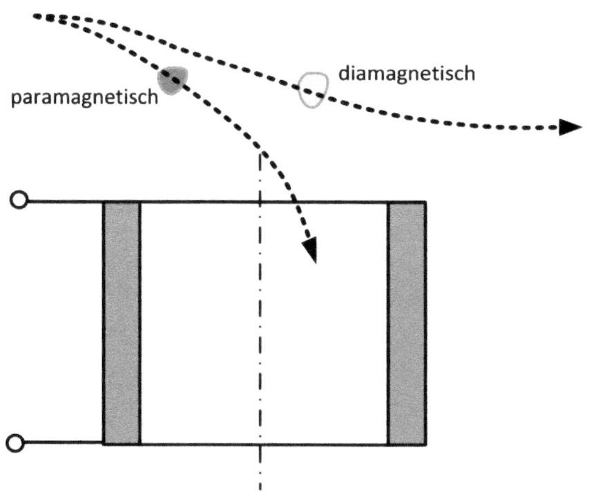

Bild 6.20: Flugbahnen von dia- und paramagnetischen Teilchen im Außenfeld eines Hochfeldmagneten mit einer Flussdichte von 5 T

Mit der Vereinbarung, dass H_n die Normalkomponente der magnetischen Feldstärke auf der Seite 2 ist, also $H_n = B_n/\mu_2$ gilt, ergibt sich die Gradientenkraft an Grenzflächen zu

$$f_a = \frac{1}{2}[H_t^2(\mu_1 - \mu_2) + H_n^2 \frac{\mu_2}{\mu_1}(\mu_1 - \mu_2)]. \qquad (6.86)$$

Im Falle $\mu_1 > \mu_2$ übt diese Kraft auf den Körper mit der höheren Permeabilität eine Zugkraft aus. In einem inhomogenen Magnetfeld führt dies wegen der endlichen Ausdehnung des Körpers dazu, dass dieser in das Gebiet höherer Feldstärke gezogen wird. Umgekehrt, bei einem diamagnetischen Körper in Luft, wird dieser in ein Gebiet geringerer Feldstärke geschoben (s. **Bild 6.20**).

6.2.2 Anwendungen

Transport

Die bekannteste Anwendung magnetischer Feldkräfte ist das Anheben und Transportieren von ferromagnetischem Material, wie z. B. der Transport von Stahlschrott vom Lager in den Lichtbogenofen (Chargieren).

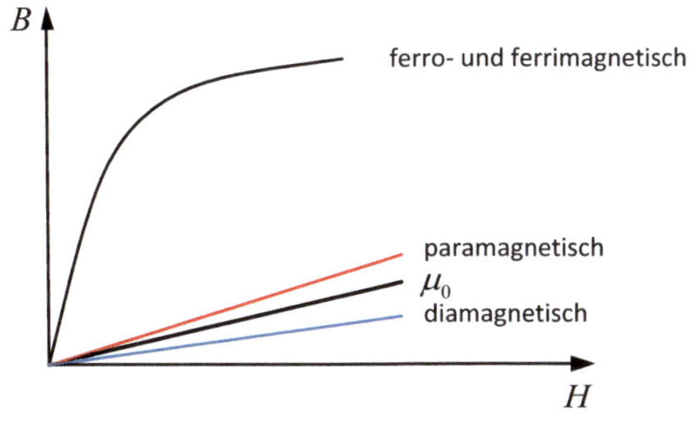

Bild 6.21: Charakteristische Abhängigkeit der magnetischen Flussdichte von der Feldstärke

Sortierung

Wie bereits in Abschnitt 6.1.2 vermerkt, kann körniges Gemenge nach den magnetischen Eigenschaften der einzelnen Körner sortiert werden (s. **Bild 6.21**).

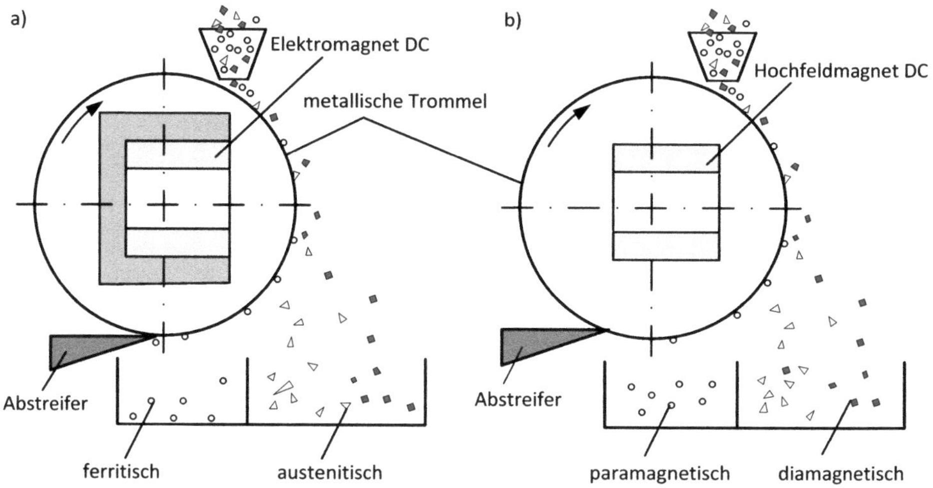

Bild 6.22: Trennung von körnigem Gemenge nach den magnetischen Eigenschaften

Ein mögliches Funktionsprinzip von Magnetscheidern zeigt **Bild 6.22**. Prinzipiell kann die Selektivität mittels einer Kaskade derartiger Magnetscheider unterschiedlicher Einstellungen (Trommeldrehzahl, Intensität des magnetischen Feldes usw.) gesteigert werden. Mit einem relativ schwachen Magneten sind ferritische (Eisen, Cobalt, Nickel und keramische Ferrite) von nichtferritischen (dia- und paramagnetischen) Teilchen zu trennen. Ein starker Hochfeldmagnet ist dagegen zur Trennung von nichtferritischen Teilchen notwendig. Paramagnetische Teilchen, wie z. B. aus Platin mit $\chi = 330 \cdot 10^{-6}$, können von diamagnetischen, wie z. B. aus Kupfer mit $\chi = -10 \cdot 10^{-6}$, getrennt werden. Dazu sind starke Magnetfelder erforderlich, die mittels supraleitenden Magnetspulen erzeugt werden können. Bei magnetischen Feldstärken im Tesla-Bereich wirken auf para- und diamagnetische Teilchen Kräfte in der Größenordnung der Schwerkraft. Voraussetzung zur Erzielung einer hohen Reinheit (Homogenität) ist, dass das Material genügend fein aufgespalten wurde, damit die einzelnen Körner in sich homogen sind. Dann ist es auch möglich, innerhalb von para-, dia- sowie ferri- und ferromagnetischen Materialien durch eine geeignete Einstellung des magnetischen Feldes zu sortieren. In Flüssigkeiten vermindert sich der Einfluss der Schwerkraft, weshalb dann eine Separation feinster Partikel bis zur Größe von Ionen erreicht werden kann (siehe Prinzip nach **Bild 6.23**).

Das Problem solcher Technologien besteht darin, die magnetischen Kräfte gegenüber anderen Kräften dominant zu machen. Eine gewünschte Separation kann beispielsweise durch folgende Erscheinungen gestört werden: Diffusion (Konzentrationsunterschiede), Coulomb'sche Kraft bei geladenen Teilchen und die natürliche Konvektion (Dichteunterschiede der Partikel).

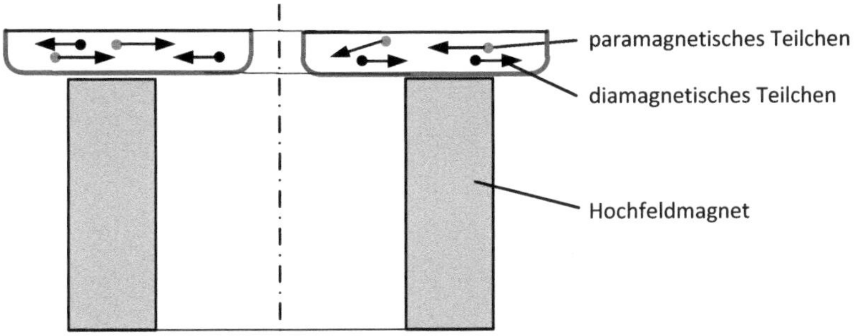

Bild 6.23: Trennung kleinster Teilchen in Fluiden durch ein starkes magnetisches Feld

6.3 Elektromagnetisches Feld

Die Lorentz-Kraft ist definiert als die Kraft, die auf eine mit der Geschwindigkeit $\vec{v}$ bewegte elektrische Ladung Q mittels der magnetischen Flussdichte $\vec{B}$ einwirkt.

$$\vec{F}_L = Q\,\vec{v} \times \vec{B} \tag{6.87}$$

Die beiden Größen, bewegte Ladung $Q\vec{v}$ und magnetische Flussdichte $\vec{B}$, können, müssen aber nicht in irgendeiner Abhängigkeit zueinander stehen. So kann z. B. die bewegte Ladung ein Ion im Ionenstrahl sein, während das magnetische Feld von einem Permanentmagnet herrühert. Die durch die Lorentz-Kraft hervorgerufene Arbeit $\mathrm{d}W = \vec{F}\,\mathrm{d}\vec{s}$ kommt allein aus dem elektrischen Feld, während das magnetisch Feld nur die Bahn ändert, wie man das von einer rollenden Kugel in einer gekrümmten Rinne kennt.

Um das Wesen der Lorentz-Kraft besser zu verstehen, soll zunächst ihr relativistischer Zusammenhang mit der Coulomb-Kraft diskutiert werden.

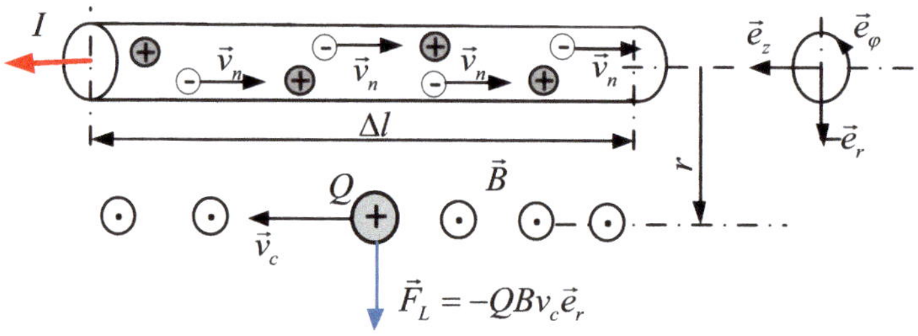

Bild 6.24: Durch das magnetische Feld eines elektrischen Stromes hervorgerufene Lorentz-Kraft

6.3.1 Relativistische Coulomb-Kraft

In [14] wird dies eindrucksvoll an einem geraden elektrischen Leiter demonstriert (s. **Bild 6.24**). Der Strom I im Leiter entspricht negativen Ladungen (Elektronen im Leitungsband), die sich entgegen der technisch positiven Zählrichtung der Stromdichte mit der Driftgeschwindigkeit $\vec{v}_n$ bewegen. Auf die mit der Geschwindigkeit $\vec{v}_c$ bewegte positive Ladung Q wirkt gemäß (6.87) die Lorentz-Kraft

$$\vec{F}_L = -Qv_cB\vec{e}_r. \tag{6.88}$$

Der Drahtdurchmesser sei im Vergleich zum Abstandsradius r sehr klein, weshalb das magnetische Feld ziemlich genau zu

$$\vec{B} = B\vec{e}_\varphi = \frac{\mu_0 I}{2\pi r}\vec{e}_\varphi \tag{6.89}$$

bestimmt werden kann. Der elektrische Strom kann auch mit vorzeichenbehafteten Ladungen beschrieben werden, die pro Zeiteinheit durch die Querschnittsfläche des Drahtes treten. Hier werden die negativen Ladungen ΣQ^- gezählt, die sich mit v_n bewegen. Mit der Gesamtheit der negativen Ladungen ΣQ^- im Leitungsabschnitt Δl ergibt sich.

$$I = -\frac{\Delta Q^-}{\Delta t} = -\frac{\Sigma Q^-}{\Delta l}\frac{\Delta l}{\Delta t} \tag{6.90}$$

Darin ist das negative Vorzeichen der technischen Zählrichtung des Stromes mit positiven Ladungen geschuldet.

Der erste Quotient entspricht einer negativen Linienladungsdichte.

$$q_n = \frac{\Sigma Q^-}{\Delta l} \tag{6.91}$$

Im zweiten Quotienten steckt die Driftgeschwindigkeit der Elektronen.

$$v_n = \frac{\Delta l}{\Delta t} \tag{6.92}$$

Ganz analog ist die positive Linienladungsdichte definiert.

$$q_p = \frac{\Sigma Q^+}{\Delta l} \tag{6.93}$$

Das Leitungsstück ist insgesamt neutral, weshalb

$$\Sigma Q^+ + \Sigma Q^- = 0 \tag{6.94}$$

gilt und sich mit (6.91) und (6.93)

$$q_p + q_n = 0 \tag{6.95}$$

ergibt. Draus folgt schließlich für den Strom

$$I = -q_n v_n = q_p v_n. \tag{6.96}$$

Einstein hat bereits 1905 mitgeteilt, dass die Lorentz-Kraft lediglich eine relativistische Korrektur der Coulomb-Kraft ist. Die Elektronendrift v_n in einem elektrischen Leiter ist zwar mit einigen mm/s sehr klein, aber die große Anzahl von bewegten Elektronen des Leitungsbandes mit der Dichte $10^{11}\,1/\text{mm}^3$ ergibt einen relativistisch signifikanten Term.

Man denkt sich die Ladung Q in Bild 6.24 in Ruhe und dafür den Leiter in die entgegengesetzte Richtung mit $\vec{v} = -v_c\vec{e}_z$ bewegt (s. **Bild 6.25**). Das ergibt für die positiven und negativen Ladungen im Leiter folgende Geschwindigkeiten:

$$\vec{v}_p = -v_c\vec{e}_z \tag{6.97}$$

$$\vec{v}_n = -(v_c + v_n)\vec{e}_z. \tag{6.98}$$

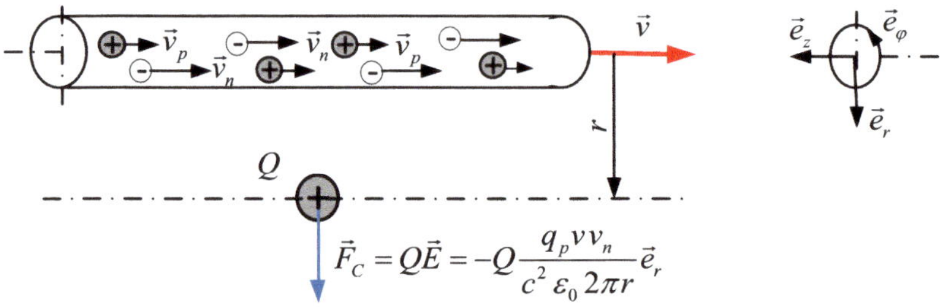

Bild 6.25: Durch das elektrische Feld eines bewegten stromdurchflossenen Leiters hervorgerufene Coulomb-Kraft

Das relativistische Phänomen der Längenkontraktion definiert, dass die Länge eines Objekts, das in Ruhe mit l_0 vermessen wird, in einem zum Ruhesystem relativ mit v bewegten System vom Ruhesystem aus kürzer mit $l < l_0$ vermessen wird.

$$l = l_0\sqrt{1-(v/c)^2} \tag{6.99}$$

Dies bedeutet im konkreten Fall, dass sich die positiven und negativen Ladungen auf unterschiedliche Längen verteilen. Die Linienladungen nach (6.91) und (6.93) müssen folglich mit (6.99) korrigiert werden.

$$q_p' = \frac{q_p}{\sqrt{1-(v_c/c)^2}} \tag{6.100}$$

$$q_n' = \frac{q_n}{\sqrt{1-(v_c+v_n)^2/c^2}} \tag{6.101}$$

Mit (6.95) ergibt sich daraus die resultierende und insgesamt negative Linienladung

$$q' = q_p\left[\frac{1}{\sqrt{1-(v_c/c)^2}} - \frac{1}{\sqrt{1-(v_c+v_n)^2/c^2}}\right]. \tag{6.102}$$

Mit der Näherungsformel $(1-x)^{-1/2} \approx 1+\frac{1}{2}x$ für $x << 1$ kann diese Gleichung vereinfacht werden.

$$q' = q_p\left[1+\frac{1}{2}\left(\frac{v_c}{c}\right)^2 - 1 - \frac{1}{2}\left(\frac{v_c+v_n}{c}\right)^2\right] \tag{6.103}$$

$$q' = q_p\left[-\frac{v_c v_n}{c^2} - \frac{1}{2}\left(\frac{v_n}{c}\right)^2\right] \tag{6.104}$$

Wegen der vergleichsweise kleinen Driftgeschwindigkeit v_n im Vergleich zur Geschwindigkeit der bewegten Ladung v_c wird $v_n^2 << v_n v_c$ angenommen, weshalb der Term mit dem Quadrat der Driftgeschwindigkeit ebenfalls vernachlässigt wird.

$$q' = -q_p \frac{v_c v_n}{c^2} \tag{6.105}$$

Diese Linienladung kann als eine Verschiebung D auf einem Zylindermantel mit dem Radius r abgebildet werden.

$$q' \Delta l = D 2\pi r \Delta l \tag{6.106}$$

Mit $D = \varepsilon_0 E$ und (6.105) ergibt sich eine elektrische Feldstärke.

$$E = -q_p \frac{v_c v_n}{c^2} \frac{1}{\varepsilon_0 2\pi r} \tag{6.107}$$

Mit dem Quadrat der Lichtgeschwindigkeit $c^2 = 1/(\mu_0 \varepsilon_0)$ und (6.96) wird schließlich

$$E = -v_c \frac{\mu_0 I}{2\pi r} = -v_c B \tag{6.108}$$

erhalten. Ein Vergleich mit (6.88) zeigt, dass diese messbare elektrische Feldstärke auf die ruhende Ladung Q in gleicher Weise einwirkt wie die Lorentz-Kraft auf die bewegte Ladung.

$$\vec{F}_C = Q\vec{E} = -Q v_c B \vec{e}_r \tag{6.109}$$

Man kann folglich die Kraft auf eine bewegte Ladung auch ohne magnetische Feldgrößen bestimmen. Allerdings wäre dies für die hier anstehenden Aufgaben sehr umständlich.

6.3.2 Lorentz-Kraftdichte

Anstelle einer einzelnen Ladung sollen alle bewegten Ladungen in einem Volumenelement ΔV nach **Bild 6.26** betrachtet werden. Alle positiven Einzelladungen Q^+ bewegen sich im Volumenelement mit der Geschwindigkeit $\vec{v}$ (technisch positive Stromrichtung). Die Summe der Kräfte führt zu einer Kraft, die auf das Volumenelement ΔV wirkt.

$$\vec{F}_L = \Sigma Q^+ (\vec{v} \times \vec{B}) \tag{6.110}$$

Die elektrische Stromstärke gibt an, wie viele Ladungen pro Zeiteinheit transportiert werden. Bei der Geschwindigkeit $v\,\vec{e}_z = \Delta x/\Delta t\,\vec{e}_z$ werden somit alle Ladungen ΣQ^+ des Volumenelements in der Zeit Δt ausgetauscht. Dabei ist $\Delta t << T$ viel kleiner als die Periode bei Wechselstrom zu wählen.

$$\vec{F}_L = \Sigma Q^+ (\frac{\Delta x}{\Delta t}\vec{e}_z \times \vec{B}) = \frac{\Sigma Q^+}{\Delta t}(\Delta x \vec{e}_z \times \vec{B}) = I(\Delta x \vec{e}_z \times \vec{B}) \tag{6.111}$$

Der Strom kann als Skalarprodukt von Stromdichte und gerichteter Fläche als $I = \vec{J}\Delta A \vec{e}_z$ geschrieben werden.

$$\vec{F}_L = \vec{J}\Delta A \vec{e}_z(\Delta x \vec{e}_z \times \vec{B}) = \Delta A \vec{e}_z \Delta x \vec{e}_z(\vec{J} \times \vec{B}) = (\vec{J} \times \vec{B})\Delta V. \tag{6.112}$$

Daraus folgt die Kraftdichte als die auf das Volumenelement bezogene Kraft.

$$\vec{f}_L = \vec{J} \times \vec{B} \tag{6.113}$$

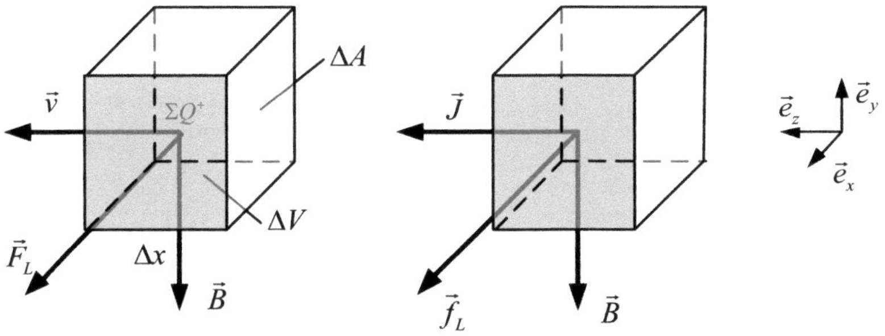

Bild 6.26: Zur Ableitung der Lorentz-Kraftdichte aus einer Summe bewegter Ladungen

Im Gegensatz zum Poynting-Vektor, bei dem die beiden Vektoren $\vec{E}$ und $\vec{H}$ von ein und derselben Quelle (z. B. Antenne) stammen müssen, können bei der Lorentz-Kraft $\vec{J}$ und $\vec{B}$ einen vollkommen unterschiedlichen Ursprung haben. Beispielsweise kann die Stromdichte $\vec{J}$ einem über Elektroden eingeprägten Wechselstrom entsprechen und die Flussdichte $\vec{B}$ kann von einem Permanentmagneten stammen. Allerdings haben Frequenz und Phasenlage der beiden Größen $\vec{J}$ und $\vec{B}$ einen entscheidenden Einfluss auf den zeitlichen Mittelwert der Kraft. Wenn sich die beiden Größen zeitlich sinusförmig ändern, aber unterschiedliche Frequenzen haben, dann ist der zeitliche Mittelwert der Kraft stets null. Falls jedoch die beiden Größen sich mit identischer Frequenz ändern, dann kann der zeitliche Mittelwert in komplexer Schreibweise analog wie bei der Wirkleistung bestimmt werden.

$$\vec{f}_L = \mathsf{Re}\{\underline{\vec{J}} \times \underline{\vec{B}}^*\} \tag{6.114}$$

Dem Mittelwert Kraft ist eine mit doppelter Frequenz wechselnde Kraft überlagert. Bei Netzfrequenz wird dies als Brummen mit 100 Hz wahrgenommen. Diese dem Mittelwert überlagerten Schwingungen werden zur Anregung von Druckschwankungen in Flüssigkeiten technologisch genutzt, um beispielsweise Gegenstände mit Ultraschall zu reinigen. Um die Amplitude dieser Kraft zu bestimmen, wird die Kraftdichte im Zeitbereich für eine Komponente aufgeschrieben. Die drei zeitabhängigen Größen j, b und f stehen in diesem Fall räumlich jeweils senkrecht aufeinander.

$$j = \sqrt{2}J\sin(\omega t) \tag{6.115}$$

$$b = \sqrt{2}B\sin(\omega t + \varphi) \tag{6.116}$$

Hierin bezeichnen J und B jeweils Effektivwerte. Die Dichte der Lorentz-Kraft ergibt sich damit zu:

$$f = jb = \sqrt{2}J\sin(\omega t)\,\sqrt{2}B\sin(\omega t + \varphi) \tag{6.117}$$

$$= JB\cos\varphi - JB\cos(2\omega t + \varphi). \tag{6.118}$$

Der erste Summand entspricht der oben erwähnten mittleren Kraftdichte

$$f_d = \mathsf{Re}\{\underline{J} \times \underline{B}^*\} \tag{6.119}$$

und ist für jeweils eine Raumkomponente mit (6.114) identisch. Der zweite Summand ist die gesuchte Wechselkraft mit der Amplitude aus dem Produkt der Effektivwerte von Strom- und Flussdichte.

$$f_a = JB\cos(2\omega t - \varphi) \tag{6.120}$$

6.3.3 Lorentz-Kraft in Festkörpern

Die Bestimmung der Lorentz-Kräfte in Festkörpern erfolgt über die Berechnung der Wirbelströme, deren Ergebnisse in Form der Stromdichte $\vec{J}(\vec{r})$ und der magnetischen Flussdichte $\vec{B}(\vec{r})$ vorliegen. Im ersten Teil des Buches wurde im Kapitel „Induktionserwärmung" die analytische und numerische Berechnung derartiger Felder ausführlich erläutert. Es ist folglich bei Vorliegen der Ergebnisse möglich, die Lorentz-Kräfte nach (6.113) zu bestimmen. Beispielsweise ergibt sich damit nach Integration die resultierende Lorentz-Kraft $\vec{F}_L$ auf den Tiegel nach **Bild 6.27**. Neben dieser wirkt auch die Gradientenkraft nach (6.77), die, je nachdem ob das Material dia- oder paramagnetisch ist, anziehend oder abstoßend als $\pm\vec{F}_g$ wirkt. Diese wird praktischerweise als Oberflächenintegral mit (6.86) bestimmt. Bei ferromagnetischem Tiegelmaterial ist die anziehende Gradientenkraft größer als die Lorentz-Kraft, weshalb der Tiegel auf der Keramikplatte verbleibt. Mittels einer geeigneten Konstruktion von Induktor und Tiegel kann bei austenitischem Tiegelmaterial ein stabiler Schwebezustand des Tiegels erreicht werden. Dieser Schwebezustand ist zwar spektakulär, aber ohne jeglichen technologischen Nutzen, zumal der Wirkungsgrad wegen des vergrößerten Koppelspaltes und des notwendigen Verzichts auf ferromagnetisches Material relativ ungünstig wird. Die abstoßende Wirkung kann bei der induktiven Erwärmung insofern Probleme bereiten, als Werkstücke aus dem Induktor geschleudert werden. Das passiert insbesondere dann, wenn durch instationäre Schaltvorgänge kurzzeitig hohe Induktorströme auftreten.

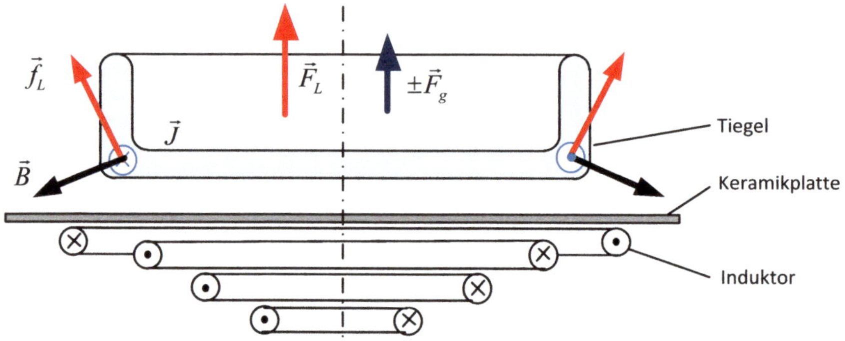

Bild 6.27: Kraftwirkung des magnetischen Feldes auf diamagnetische Materialien (hier Tiegel aus austenitischem Stahl) in Richtung geringerer Felddichte

Die technologischen Anwendungen von Lorentz-Kräften in Festkörpern sind relativ wenig verbreitet. Eine mögliche Anwendung ist das Sortieren von Teilchen danach, ob sich in diesen Teilchen Wirbelströme ausbilden oder nicht. Letzteres hängt nicht nur von der elektrischen Leitfähigkeit, sondern auch von der äquivalenten Eindringtiefe bzw. Frequenz und der Größe D der Teilchen ab.

Sobald sich Wirbelströme ausbilden, werden die Teilchen aus dem elektromagnetischen Feld gestoßen (s. **Bild 6.28**). Mit variablen Frequenzen kann eine Sortierung in relativ feinen Stufen erfolgen.

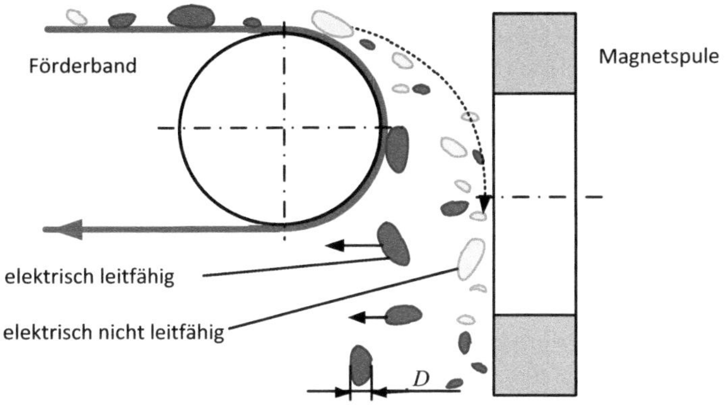

Bild 6.28: Sortierung von geschreddertem Material nach Leitfähigkeit und Größe $D > \delta$

6.3.4 Lorentz-Kraft in Fluiden

Es werden hier elektrisch leitfähige Flüssigkeiten wie Quecksilber, Galinstan (ein bei Raumtemperatur flüssiges Eutektikum aus Gallium, Indium und Zinn) sowie Metall-, Glas- und Salzschmelzen betrachtet.

Erweitertes Ohm'sches Gesetz

Durch die Wechselwirkung von bewegten Ladungen mit dem magnetischen Feld können zusätzliche Ströme entstehen, die mit dem gewöhnlichen Ohm'schen Gesetz $\vec{J} = \kappa\vec{E}$ nicht erfasst werden. In einem mit der Geschwindigkeit $\vec{v}$ bewegten elektrisch leitfähigen Fluid fließt ein Strom, wenn bewegliche Ladungsträger eine andere Geschwindigkeit als $\vec{v}$ aufweisen. Ladungsträger können Elektronen und Ionen sein. Mit der Elementarladung e und der Dichte der Ladungsträger n kann die Stromdichte in einem Fluid mit der Geschwindigkeit $\vec{v}$ notiert werden.

$$\vec{J} = \vec{J}_p + \vec{J}_n = en[(\vec{v}_p - \vec{v}) - (\vec{v}_n - \vec{v})] \tag{6.121}$$

$$= en[\vec{v}_p - \vec{v}_n] \tag{6.122}$$

Darin sind $\vec{v}_p$ und $\vec{v}_n$ die Geschwindigkeiten der positiven und negativen Ladungsträger, wobei angenommen wird, dass im räumlichen Mittel Neutralität herrscht und $n_p = n_n = n$ gilt. Um den Schreibaufwand gering zu halten, wird hier angenommen, dass es jeweils nur eine Sorte an positiv bzw. negativ geladenen Teilchen gibt. Mehrfache Ladungen eines ionischen Ladungsträgers (z. B. Ca^{2+}) werden mehrfach in die Ladungsträgerdichte n_p bzw. n_n einbezogen.

Auf diese positiv oder negativ geladenen Ladungsträger wirken pro Volumeneinheit die Lorentz-Kräfte:

$$\vec{f}_{Lp} = en\vec{v}_p \times \vec{B} \tag{6.123}$$

$$\vec{f}_{Ln} = -en\vec{v}_n \times \vec{B}. \tag{6.124}$$

Weiterhin wirken bei einer eingeprägten oder induzierten elektrischen Feldstärke folgende Coulomb-Kräfte auf diese Teilchen:

$$\vec{f}_{Cp} = en\vec{E} \tag{6.125}$$

$$\vec{f}_{Cn} = -en\vec{E}. \tag{6.126}$$

Im stationären Zustand, der nur hier betrachtet werden soll, stellt sich zu jeder Teilchensorte eine konstante mittlere Geschwindigkeit ein. Dafür sorgt die Reibungskraft, die hier als Impulsverlust pro Zeiteinheit mit der Stoßfrequenz ν notiert wird. Die Reibungskraft wirkt wie Gegenwind und ist deshalb stets entgegen der Geschwindigkeit gerichtet.

$$\vec{f}_{fp} = -\nu_p n m_p(\vec{v}_p - \vec{v}) \tag{6.127}$$

$$\vec{f}_{fn} = -\nu_n n m_n(\vec{v}_n - \vec{v}) \tag{6.128}$$

Im stationären Zustand herrscht ein Gleichgewicht der Kräfte.

$$en\vec{v}_p \times \vec{B} + en\vec{E} - \nu_p n m_p(\vec{v}_p - \vec{v}) = 0 \tag{6.129}$$

$$-en\vec{v}_n \times \vec{B} - en\vec{E} - \nu_n n m_n(\vec{v}_n - \vec{v}) = 0 \tag{6.130}$$

Die Reibungskräfte können mit den entsprechenden elektrischen Leitfähigkeiten ausgedrückt werden.

$$\kappa_p = \frac{e^2 n}{\nu_p m_p} \tag{6.131}$$

$$\kappa_n = \frac{e^2 n}{\nu_n m_n} \tag{6.132}$$

Wenn man (6.129) mit $e/(\nu_p m_p)$ und (6.130) mit $e/(\nu_n m_n)$ multipliziert, so werden mit (6.131) und (6.132) die Gleichgewichte der Kräfte als Gleichgewichte der Ströme erhalten.

$$\kappa_p \vec{v}_p \times \vec{B} + \kappa_p \vec{E} - ne(\vec{v}_p - \vec{v}) = 0 \tag{6.133}$$

$$-\kappa_n \vec{v}_n \times \vec{B} - \kappa_n \vec{E} - ne(\vec{v}_n - \vec{v}) = 0 \tag{6.134}$$

Die Subtraktion der beiden letzten Gleichungen ergibt eine Bilanz, welche die Stromdichte $\vec{J}$ nach (6.121) enthält.

$$\vec{J} = \kappa_p \vec{v}_p \times \vec{B} + \kappa_n \vec{v}_n \times \vec{B} + (\kappa_p + \kappa_n)\vec{E} \tag{6.135}$$

Schließlich erfolgt noch eine Umformung in der Art, dass die Ausdrücke $\kappa_p \vec{v} \times \vec{B}$ und $\kappa_n \vec{v} \times \vec{B}$ an geeigneter Stelle subtrahiert und an anderer Stelle addiert werden.

$$\vec{J} = \kappa_p(\vec{v}_p - \vec{v}) \times \vec{B} + \kappa_n(\vec{v}_n - \vec{v}) \times \vec{B} + (\kappa_p + \kappa_n)(\vec{E} + \vec{v} \times \vec{B}) \tag{6.136}$$

Mit der Zusammenfassung der Leitfähigkeiten zu $\kappa = \kappa_p + \kappa_n$ ergibt sich schließlich das erweiterte Ohm'sche Gesetz:

$$\vec{J} = [\kappa_p(\vec{v}_p - \vec{v}) + \kappa_n(\vec{v}_n - \vec{v})] \times \vec{B} + \kappa(\vec{E} + \vec{v} \times \vec{B})\,. \tag{6.137}$$

Darin ist mit dem ersten Summanden in eckigen Klammern die Hall-Spannung enthalten, die insbesondere in der Halbleiterelektronik von Bedeutung ist.

Bei Metallen, aber auch bei Elektrolyten ist die Beweglichkeit einer Sorte von Ladungsträgern wesentlich größer als die der anderen. Für Metalle mit $\vec{v}_p = 0$ und $\kappa_n = \kappa$ soll für $\vec{E} = 0$ (kein eingeprägtes elektrisches Feld) die Größenordnung der beiden Stromdichten $\vec{J}_H$ (mit Bezug zur Hall-Spannung) und $\vec{J}_L$ (mit Bezug zur Lorentz-Kraft) abgeschätzt werden.

$$\vec{J} = \vec{J}_H + \vec{J}_L = \kappa(\vec{v}_n - \vec{v}) \times \vec{B} + \kappa \vec{v} \times \vec{B} \tag{6.138}$$

Mit Blick auf (6.121) ist zu erkennen, dass im Term zu $\vec{J}_H$ die negative Stromdichte enthalten ist.

$$\vec{J}_H = \kappa(\vec{v}_n - \vec{v}) \times \vec{B} \tag{6.139}$$

$$= -\frac{\kappa}{en}\vec{J} \times \vec{B} \tag{6.140}$$

Diese Stromdichte ist gemäß des Durchflutungs-Gesetzes mit einem magnetischen Feld verknüpft, das wegen der angenommenen Linearität der Permeabilität wie folgt notiert werden kann:

$$\vec{J}_H = -\frac{\kappa}{\mu_0\, en} \operatorname{rot} \vec{B} \times \vec{B}. \tag{6.141}$$

Der Betrag von $\vec{J}_H$ kann mit $B_0/L \propto |\operatorname{rot} \vec{B}|$ abgeschätzt werden, wo L eine charakteristische Länge darstellt, die etwa dem Durchmesser der vom Strom durchsetzten Fläche entspricht. B_0 ist ebenfalls eine charakteristische Größe, die beispielsweise dem maximalen Wert der erregenden Flussdichte entsprechen kann.

$$|\vec{J}_H| = \frac{\kappa B_0^2}{L\mu_0\, en} \tag{6.142}$$

Ebenso wird der Betrag von

$$\vec{J}_L = \kappa \vec{v} \times \vec{B} \tag{6.143}$$

abgeschätzt. Dazu wird die charakteristische Geschwindigkeit v_0 benutzt, die beispielsweise der mittleren Geschwindigkeit des Fluids vor und nach dem magnetischen System entsprechen kann.

$$|\vec{J}_L| = \kappa v_0 B_0 \tag{6.144}$$

Der dimensionslose Quotient Q_j aus beiden Stromdichten bewertet die Bedeutung der Hall-Spannung im untersuchten Fall.

$$Q_j = \frac{|\vec{J}_H|}{|\vec{J}_L|} = \frac{1}{\mu_0\, en} \frac{B_0}{L v_0} \tag{6.145}$$

Beispiel Metalle: Für Metalle mit einer Ladungsträgerdichte (Elektronen im Leitungsband) von $n = 10^{28}\,1/\mathrm{m}^3$ ergibt sich mit $v_0 = 0{,}1\,\mathrm{m/s}$, $B_0 = 0{,}1\,\mathrm{T}$, $\mu_0 = 12{,}56 \cdot 10^{-7}\,\mathrm{Vs/Am}$, $e = 1{,}6 \cdot 10^{-19}\,\mathrm{A\,s}$ und $L = 0{,}1\,\mathrm{m}$ ein Stromdichteverhältnis von $Q_j \approx 5 \cdot 10^{-3}$.

Beispiel Elektrolyte: Bei verdünnten Elektrolyten ist die Ladungsträgerdichte wesentlich geringer. Beispielsweise ist bei in Wasser gelöstem Lithiumchlorid ($LiCl$) das leichte Li-Ion (Atomgewicht 7) wesentlich beweglicher als das Cl-Ion (Atomgewicht 35), weshalb J_H nach (6.137) mit dem positiven Kation zu bilden ist. Bei einer Konzentration $c = 0{,}1\,\mathrm{kmol/m}^3$ ergibt sich mit der Faraday-Konstanten ($F = 96{,}485 \cdot 10^6\,\mathrm{As/kmol}$) die spezifische Ladung $ne = cF =$

$96{,}485 \cdot 10^5\,\text{As/m}^3$. Das ergibt bei einer Flussdichte im Hochfeldmagnet von $B_0 = 1\,\text{T}$ und den Werten von $v_0 = 0{,}1\,\text{m/s}$ und $L = 1\,\text{m}$ des obigen Beispiels einen Quotienten von $Q_j \approx 0{,}8$. Dieses Beispiel zeigt, dass der Hall-Effekt in speziellen Fällen nicht zu vernachlässigen ist.

Weiterhin wird der Hall-Effekt nicht mehr beachtet und das erweiterte Ohm'sche Gesetz nach (6.137) mit $Q_j = 0$ verwendet.

$$\vec{J} = \kappa(\vec{E} + \vec{v} \times \vec{B}) \tag{6.146}$$

Magnetisches Gleichfeld

Die Strömung des Fluids ist zunächst durch eine Druckdifferenz Δp gegeben. Ein magnetisches Gleichfeld wirkt bremsend auf das elektrisch leitende Fluid, weil die Lorentz-Kraft auf die Ladungsträger bremsend einwirkt. Dies zeigt sich in einer Ablenkung der Strömung und einem elektrischen Strom, der seinerseits wieder mit dem magnetischen Feld verkoppelt ist. Beides, Verlängerung der Strömungslinien durch Ablenkung und elektrischer Strom, führen zu Reibungsverlusten, die der kinetischen Energie der Fluidströmung entzogen werden. Wie bereits oben erwähnt, leistet das Magnetfeld keinen Beitrag zur Energiewandlung. Bei starken Strömungen in starken magnetischen Feldern kann sich sogar die freie Oberfläche des Fluids verändern, was hier nicht weiter berücksichtigt wird.
Um Lorentz-Kräfte zu erzeugen, genügt ein magnetisches Gleichfeld $\vec{B}$ und ein strömendes elektrisch leitfähiges Fluid mit der Geschwindigkeit $\vec{v}$.

$$\vec{J} = \kappa\,\vec{v} \times \vec{B} \tag{6.147}$$

Dieser Strom erzeugt ein sekundäres Magnetfeld $\vec{B}_v$. Das resultierende Feld besteht folglich aus dem ungestörten Gleichfeld $\vec{B}_0$ und dem durch die Strömung hervorgerufenen sekundären magnetischen Wirbelfeld $\vec{B}_v$.

$$\vec{B} = \vec{B}_0 + \vec{B}_v \tag{6.148}$$

Um abschätzen zu können, wie stark der Einfluss des sekundären Magnetfeldes ist, wird mit Hilfe von (6.147) der Betrag der Stromdichte aus den charakteristischen Größen v_0 und B_0 zu

$$J_0 \approx \kappa v_0 B_0 \tag{6.149}$$

geschätzt. Diese Stromdichte ist außerdem mit den Wirbeln des magnetischen Feldes $\vec{B}_v$ verknüpft.

$$\vec{J}_v = \frac{1}{\mu_0} \operatorname{rot} \vec{B}_v \tag{6.150}$$

Der Betrag dieser Stromdichte kann mit der charakteristischen Länge L, die dem Durchmesser der sich ausbildenden magnetischen Wirbel entsprechen sollte, als

$$J_v \approx \frac{B_v}{\mu_0 L} \tag{6.151}$$

notiert werden. Aus der Forderung, dass die beiden Stromdichten J_0 und J_v gleich groß sein sollen, kann B_v geschätzt bzw. der Quotient mit den Flussdichten, der auch als magnetische Reynolds-Zahl bezeichnet wird, bestimmt werden.

$$\mathrm{Re}_m = \frac{B_v}{B_0} = v_0 L \kappa \mu_0 = v_0 L / \lambda_m \tag{6.152}$$

Darin bezeichnet

$$\lambda_m = 1/(\kappa \mu_0) \tag{6.153}$$

den magnetischen Diffusionskoeffizienten (engl. *magnetic diffusivity*).

Die charakteristischen Größen B_0, v_0 und L sind beispielgebend in **Bild 6.29** dargestellt. An dieser einfachen Anordnung ist außerdem zu erkennen, dass das magnetische Feld in Fließrichtung x durch Überlagerung verschoben wird. Quecksilber hat mit $\kappa = 1{,}04 \cdot 10^6$ A/Vm eine magnetische Durchlässigkeit von $\lambda_m = 0{,}765$. Mit $v_0 = 0{,}1$ m/s sowie $L = 1$ m ergibt sich beispielsweise eine magnetische Reynols-Zahl von 0,1307, was bedeutet, dass das durch die Strömung induzierte magnetische Feld $\vec{B}_v$ viel kleiner als das des erregenden Feldes $\vec{B}_0$ ist.

Beispiel Strömungsberuhigung: Die technologische Anwendung besteht häufig in der Abbremsung (Beruhigung) von unerwünschten Strömungen, wie z. B. beim Stranggießen nach **Bild 6.30**.

Eingeprägtes elektrisches Feld

Die elektrische Feldstärke kann durch Elektroden, die beispielsweise in eine Glasschmelze oder einen Elektrolyt eintauchen, eingeprägt werden.

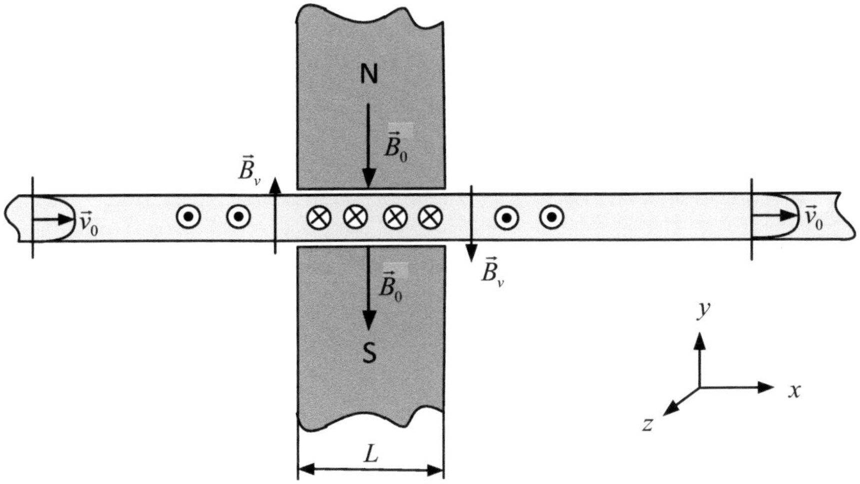

Bild 6.29: Metallstrom als dünnes Band im magnetischen Gleichfeld mit der Konstellation: Band viel breiter in z- als dick in y-Richtung

Das elektrische Feld kann aus dem elektrischen Potenzial $\varphi(\vec{r})$ mittels folgender Differentialgleichung ermittelt werden.

$$\operatorname{div} \kappa \operatorname{grad} \varphi = 0 \tag{6.154}$$

Mit $\vec{E}_g = -\operatorname{grad} \varphi$ ergibt sich aus (6.146):

$$\vec{J} = \kappa(-\operatorname{grad} \varphi + \vec{v} \times \vec{B}). \tag{6.155}$$

In dieser Gleichung fehlen noch das Geschwindigkeitsfeld $\vec{v}(\vec{r})$ und das magnetische Feld $\vec{B}(\vec{r})$, um die resultierende Stromdichte bestimmen zu können. Das magnetische Feld kann beispielsweise durch einen Permanentmagneten initiiert werden. Es ist aber erst mit dem von den elektrischen Strömen hervorgerufenen Feld komplett. Deshalb wird die Stromdichte durch das Durchflutungsgesetz ersetzt. Mit (6.153) folgt deshalb aus (6.155):

$$\vec{v} \times \vec{B} - \lambda_m \operatorname{rot} \vec{B} = \operatorname{grad} \varphi. \tag{6.156}$$

Diese Vektorgleichung ist zusammen mit der Navier-Stokes'schen-Gleichung zu lösen, um die beiden oben genannten Felder bestimmen zu können. Die Kopplung beider Gleichungen erfolgt durch die Lorentz-Kraftdichte.

$$\vec{f}_L = \vec{J} \times \vec{B} = \frac{1}{\mu_0} \operatorname{rot} \vec{B} \times \vec{B} \tag{6.157}$$

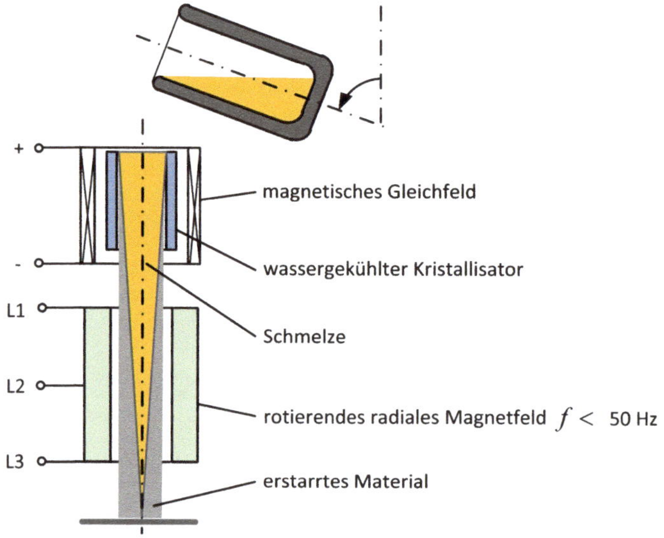

Bild 6.30: Vielfältige Anwendung elektromagnetischer Kräfte beim Stranggießen; hier Beruhigen und Rühren

In die Navier-Stokes'sche-Gleichung geht die Viskosität ein, die insbesondere bei stark viskosen Fluiden eine hohe Temperaturabhängigkeit aufweist. Deshalb muss eventuell zusätzlich die Berechnung des Temperaturfeldes erfolgen (s. Abschnitt 6.3.5).

Beispiel eingetauchte Elektrode: Anhand der Anordnung nach **Bild 6.31** soll gezeigt werden, wie komplex die oben skizzierte Problematik einerseits ist und wie sie dennoch andererseits stark vereinfacht werden kann. Die im Bild gezeigte Elektrode taucht in eine elektrisch leitende Glasschmelze ($\vartheta >$1300 °C) ein. Durch diese fließt mittels einer eingeprägten Spannung der Strom I. Die Ströme in der Elektrode und im Glas erzeugen ein azimutales Magnetfeld. Das führt zu Lorentz-Kräften, die in z-Richtung wirken und zu einer i. d. R. unerwünschten Strömung führen. Bei Umpolung der Spannung wechseln die Lorentz-Kräfte ihre Richtung nicht. Eine Wechselspannung kann folglich diese Strömung nicht unterbinden. Dagegen ist es ein Unterschied, ob die Stromzuführung von oben nach Bild 6.31 a oder von unten nach Bild 6.31 b erfolgt.

Die recht aufwendig erscheinende Berechnung stellt sich dagegen relativ einfach dar, wenn man sich die Größenordnung der Terme in (6.146) verdeutlicht. Bei Glasschmelzen ist wegen der relativ hohen Viskosität die Strömungsgeschwindigkeit relativ gering, weshalb $|\vec{v} \times \vec{B}| << |\operatorname{grad} \varphi|$ gilt. Nach (6.146) bedeutet dies, dass die Stromdichte maßgeblich vom elektrischen Potenzialfeld bestimmt wird. Außerdem wird die magnetische Flussdichte in der Glasschmelze hauptsächlich vom Strom $I(z)$ in der Elektrode bestimmt. Es gilt:

$$B_\varphi(r, z) \approx \mu_0 \frac{I(z)}{2\pi r} \,. \tag{6.158}$$

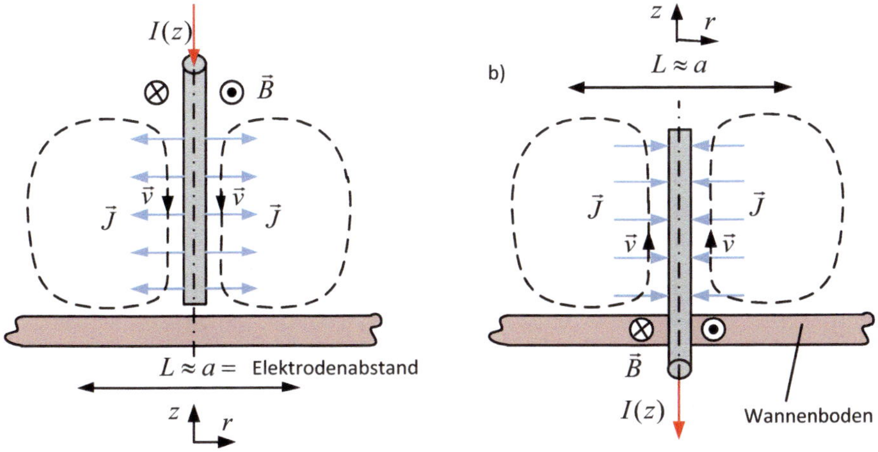

Bild 6.31: Wirkung von Lorentz-Kräften in unmittelbarer Umgebung von Elektroden: a) hängende Elektrode, b) durch den Boden geführte Bodenelektrode

Damit können die Lorentz-Kräfte in guter Näherung unabhängig von der sich einstellenden Strömung bestimmt werden. Das Strömungsproblem entspricht der analytisch gelösten Auftriebsströmung an einem senkrechten Zylinder bzw. einer senkrechten Wand, deren Lösungen mit Hilfe von Ähnlichkeitskennzahlen in der Fachliteratur zur Thermodynamik dargestellt sind.
Da eine Elektrolyse der Glasschmelze vermieden werden soll, wird i. d. R. Wechselspannung mit Netz-, aber auch Mittelfrequenz (bei wertvollem Glas) verwendet. Dadurch kann es auch zusätzlich zu einer induzierten Feldstärke kommen. Eine Abschätzung muss hierzu Klarheit schaffen.
Die bei der Frequenz $\omega = 2\pi f$ induzierte Feldstärke wird mithilfe des Induktionsgesetzes zu

$$E_i/L \approx \omega\mu_0 H_0 \approx \omega\mu_0 I/L \tag{6.159}$$

abgeschätzt. Die Größenordnung der elektrischen Feldstärke E_g ergibt sich aus der Spannung U und dem Elektrodenabstand, der gleich der charakteristischen Länge $a = L$ gesetzt wird.

$$E_g \approx U/L \tag{6.160}$$

Wenn folglich

$$Q = E_i/E_g = \omega\mu_0 \frac{LI}{U} << 1 \tag{6.161}$$

gilt, kann die induzierte Feldstärke vernachlässigt werden.
Anwendung Glasschmelze: Die Qualität des in elektrisch beheizten Glasschmelzen gewonnenen Glases hängt entscheidend davon ab, wie homogen das Gemenge erschmolzen wird. Idealerweise sollte jedes Gemenge-Partikel von der Aufgabe bis zum Abfluss aus der Glaswanne eine identische Temperatur-Zeit-Kurve durchlaufen. Dies ist praktisch nicht gegeben. Beispielsweise ist die Temperatur am Boden und in der Nähe der Oberfläche geringer als auf halber Füllstandshöhe einer Glaswanne. Und die oben skizzierte Strömung in der Nähe der Elektroden führt ebenfalls dazu, dass ein Teil der Gemenge-Partikel eine stark abweichende Temperatur-Zeit-Kurve durchlaufen.

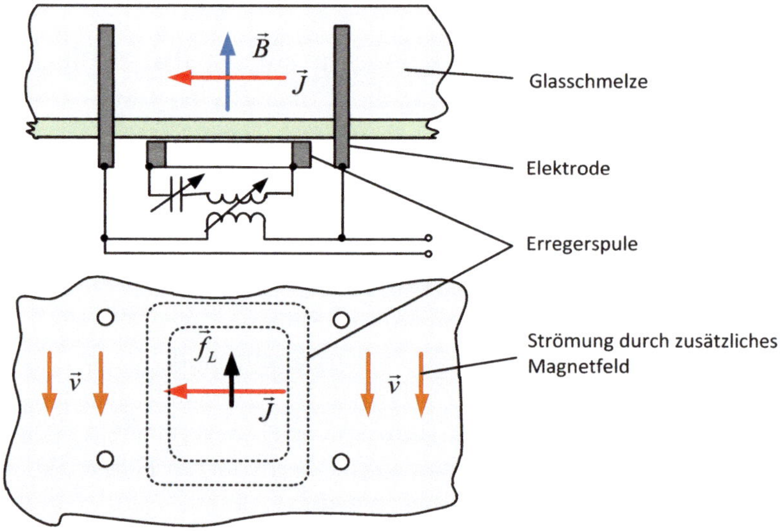

Bild 6.32: Homogenisierung einer Glasschmelze durch magnetische Barrieren

Durch eine magnetische Barriere kann das Strömungsfeld beeinflusst werden. **Bild 6.32** zeigt eine Anordnung, bei der dem Glasfluss bei Durchgang durch zwei Elektrodenpaare Lorentz-Kräfte entgegenwirken. Dabei sollten Stromdichte und Flussdichte möglichst eine gleiche Phase haben, um wirksame mittlere Lorentz-Kräfte zu erzeugen. Dieses kann beispielsweise mit der Kompensationskapazität in Reihe zur Erregerspule erreicht werden. Form und Anordnung der Erregerspule sowie deren Stromstärke müssen so gewählt werden, dass das oben genannte Ziel weitestgehend erreicht wird. Ein effektives Werkzeug ist hierbei die numerische Simulation, um optimale konstruktive und steuerungstechnische Parameter (z. B. Abmessungen der Erregerspule und magnetische Flussdichte) zu finden. Indem eine Vielzahl von Trajektorien der Gemenge-Partikel von der Aufgabe bis zum Auslauf berechnet werden, kann die Qualität einer Auslegung beurteilt und schließlich eine optimale Auslegung erreicht werden.

Induziertes elektrisches Wechselfeld

Bei der induktiven Erwärmung von elektrisch leitfähigen Fluiden werden Wirbelströme induziert, die mit dem magnetischen Feld wechselwirken und Lorentz-Kräfte hervorbringen. Dadurch kann es zu einer Strömung des Fluids kommen, wodurch wiederum sekundäre elektrische Ströme entstehen können. Von (6.146) wird die Rotation gebildet und die Stromdichte mit dem Durchflutungsgesetz ersetzt, womit sich (6.162) ergibt. In diese Gleichung wird dann das Induktionsgesetz eingebaut.

$$\operatorname{rot}\operatorname{rot}\vec{H} = \kappa[\operatorname{rot}\vec{E} + \operatorname{rot}(\vec{v}\times\vec{B})] \tag{6.162}$$

$$= \kappa[-\frac{\partial\vec{B}}{\partial t} + \operatorname{rot}(\vec{v}\times\vec{B})] \tag{6.163}$$

Mit dem Diffusionskoeffizienten nach (6.153) ergibt sich eine Beziehung zwischen magnetischer Flussdichte und Geschwindigkeit.

$$\lambda_m \operatorname{rot}\operatorname{rot}\vec{B} + \frac{\partial\vec{B}}{\partial t} = \operatorname{rot}(\vec{v}\times\vec{B}) \tag{6.164}$$

Falls die Wirbeldichte von $\vec{v}\times\vec{B}$ nicht vernachlässigbar ist, muss noch eine zweite Differentialgleichung (Navier-Stokes-Gleichung) gelöst werden.
Bei einer verschwindenden Strömung $\vec{v} = 0$ entspricht Gleichung (6.164) der Diffusionsgleichung, wie sie zur Berechnung von Wirbelstromfeldern in Festkörpern benutzt wird, denn im Komplexen entspricht $2\lambda_m/\omega$ dem Quadrat der

äquivalenten Eindringtiefe der Stromdichte.

$$\sqrt{\frac{2\lambda_m}{\omega}} = \sqrt{\frac{2}{\omega\mu_0\kappa}} = \delta \tag{6.165}$$

Im Term auf der rechten Seite von (6.164) wird der Einfluss der Strömung auf das elektromagnetische Feld ausgedrückt. Mit der Annahme einer nicht kompressiblen Flüssigkeit $\operatorname{div}\vec{v} = 0$ sowie $\operatorname{div}\vec{B} = 0$ kann mit der allgemeinen Formel $\operatorname{rot}(\vec{u} \times \vec{w}) = (\vec{w}\,\operatorname{grad})\vec{u} - (\vec{u}\,\operatorname{grad})\vec{w}$ die rechte Seite von (6.165) umgeformt werden.

$$\lambda_m \operatorname{rot}\operatorname{rot}\vec{B} + \frac{\partial\vec{B}}{\partial t} = (\vec{B}\,\operatorname{grad})\vec{v} - (\vec{v}\,\operatorname{grad})\vec{B} \tag{6.166}$$

Mit dem Vektorgradienten $\operatorname{grad}\vec{u}$ sind auch folgende in der einschlägigen Fachliteratur zu findende Schreibweisen möglich [1]:

$$\lambda_m \operatorname{rot}\operatorname{rot}\vec{B} + \frac{\partial\vec{B}}{\partial t} = (\vec{B}\,\operatorname{grad})\vec{v} - (\vec{v}\,\operatorname{grad})\vec{B} \tag{6.167}$$

$$= \vec{B}\,\operatorname{grad}\vec{v} - \vec{v}\,\operatorname{grad}\vec{B} \tag{6.168}$$

Wie bereits mit der Anordnung nach Bild 6.29 gezeigt wurde, kann mit etwas Übung aus $\vec{B}\,\operatorname{grad}\vec{v}$ eine Deformation des magnetischen Feldes durch die Strömung ausgelesen werden. Der zweite Term $\vec{v}\,\operatorname{grad}\vec{B}$ entspricht einer Verformung des Strömungsfeldes durch das magnetische Feld.

Die Lorentz-Kräfte erzeugen im Fluid einen zusätzlichen Druck, der durch Integration bestimmt werden kann. Um dies deutlich zu machen, wird **Bild 6.33** betrachtet und zunächst eine mögliche Strömung vernachlässigt (Annahme eines sehr zähflüssigen Fluids).

$$\Delta p = \int_{r_0}^{0} \vec{f}_L \,\mathrm{d}\vec{r} = \int_{r_0}^{0} \vec{J} \times \vec{B} \,\mathrm{d}\vec{r} \tag{6.169}$$

$$= \int_{r_0}^{0} J_\varphi B_z \,\vec{e}_r \,\mathrm{d}\vec{r} = -\int_{0}^{r_0} J_\varphi B_z \,\mathrm{d}r \tag{6.170}$$

Für diese Druckdifferenz wird der wirksame zeitliche Mittelwert aus den sinusförmigen Größen genau so berechnet wie die elektrische Leistung aus Spannung und Strom. Es ergibt sich folglich ein Mittelwert (entspricht der Wirkleistung) und ein mit doppelter Frequenz oszillierender Anteil (entspricht der Blindleistung). Für den zeitlichen Mittelwert der Druckdifferenz $\Delta\bar{p}$ folgt daher:

$$\Delta\bar{p} = -\int_{0}^{r_0} \mathsf{Re}\{\underline{J}_\varphi\,\underline{B}_z^*\} \,\mathrm{d}r\,. \tag{6.171}$$

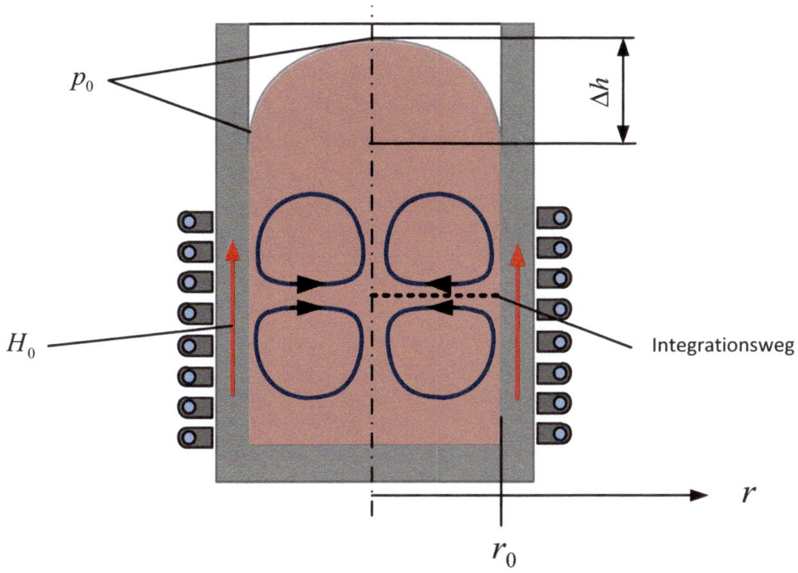

Bild 6.33: Druckverhältnisse und mögliche Strömung im Induktions-Tiegelofen

In Bild 6.33 stellt sich diese Druckdifferenz als Badkuppe mit der hydrostatischen Druckdifferenz $\Delta\bar{p} = \rho g \Delta h$ dar. Die eingetragene Strömung (bei der Bestimmung der Druckdifferenz vernachlässigt) ist wegen der besseren Durchmischung der Schmelze erwünscht. Sie trägt allerdings dazu bei, dass die Badkuppe durch die kinetische Energie der aufsteigenden Strömung zusätzlich erhöht wird. Die Badkuppe ihrerseits ist unerwünscht, weil sie die freie Oberfläche vergrößert und so zu zusätzlichen Wärmeverlusten und chemischen Reaktionen mit dem Sauerstoff der Luft führt. Sie begrenzt außerdem maßgeblich die spezifische Leistung (in kW/t angegeben) des Induktions-Tiegelofens.
Es stellt sich auch hier die Frage, welchen Einfluss die Schmelzenströmung in Form des Terms $\vec{v} \times \vec{B}$ in den Gleichungen (6.162) bis (6.164) auf die induzierten Ströme hat. Für konkrete Anordnungen kann dazu eine Abschätzung vorgenommen werden. Dazu wird der Quotient der Stromdichten J_v und J_i aus Strömung (Index v) und Induktion (Index i) bestimmt.

$$Q_j = \frac{J_v}{J_i} = \frac{E_v}{E_i} \tag{6.172}$$

Mit den charakteristischen Größen zur Geschwindigkeit v_0 und Flussdichte B_0 erhält man $E_v \approx v_0 B_0$. Aus dem Induktionsgesetz ergibt sich mit der charakteristischen Länge L die Proportionalität $E_i \approx \omega B_0 L$. Damit ergibt sich:

$$Q_j \approx \frac{v_0}{\omega L}. \tag{6.173}$$

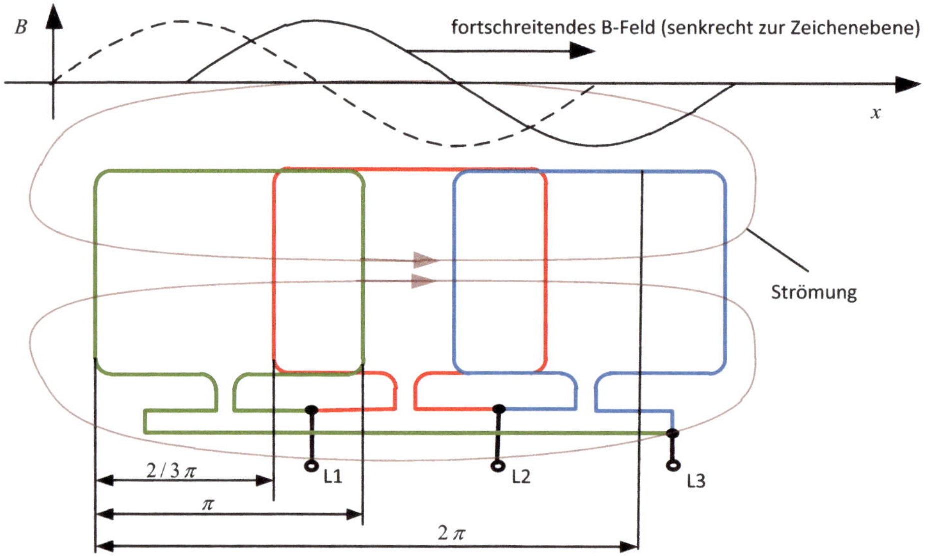

Bild 6.34: Rühren einer metallischen Schmelze mit fortschreitendem magnetischem Feld (B-Vektor senkrecht zur Schmelzenoberfläche)

Beispiel Induktions-Tiegelofen: Für eine Strömung mit der charakteristischen Geschwindigkeit von $v_0 = 0{,}1\,\mathrm{m/s}$ und dem Tiegeldurchmesser gleich der charakteristischen Länge von $D = L = 1\,\mathrm{m}$ ergibt sich bei einer Frequenz von 50 Hz ein vernachlässigbarer Strömungsanteil mit $Q_j = 0{,}318 \cdot 10^{-3}$.
Beispiel induktives Rühren beim Lichtbogenofen: Mit **Bild 6.34** ist gezeigt, wie mit einem magnetischen Wanderfeld eine Geschwindigkeit zwischen Magnetfeld und Schmelze, ähnlich wie bei einer Asynchronmaschine, erzeugt wird. Bei ruhender Schmelze (Schlupf = 1) ergibt sich die Geschwindigkeit aus der charakteristischen Länge gleich dem Ofendurchmesser $D = L = 10\,\mathrm{m}$ und der Frequenz an der Rührspule zu $v_0 = fL$. Nach (6.173) kürzen sich die Länge L und die Frequenz f heraus und es verbleibt der Quotient $Q_j = 1/(2\pi)$, dessen Größe im Rahmen der Ungenauigkeit der Abschätzung liegt. Die durch

die Relativbewegung hervorgebrachten Ströme liegen folglich in der gleichen Größenordnung wie die durch die zeitliche Änderung des magnetischen Wechselfeldes hervorgebrachten.

6.3.5 Strömung und Temperatur

Das von den Lorentz-Kräften angetriebene Strömungsfeld $\vec{v}(\vec{r},t)$ hängt von einer Reihe weiterer physikalischer Größen ab. Dies sind beispielsweise Reibungskräfte, die ihrerseits wieder von der Viskosität des Fluids bestimmt werden. Da die Viskosität stark von der Temperatur abhängt, ergibt sich mit der Temperatur eine weitere Feldgröße. Das Temperaturfeld $\vartheta(\vec{r},t)$ wird von der Strömung mit der Geschwindigkeit $\vec{v}$ (hervorgerufen durch thermische Konvektion), der Wärmeleitung und den Wärmequellen in Form Joule'scher Wärme J^2/κ bestimmt. Die Wärmequellen hängen wegen ihrer Verknüpfung mit der elektrischen Leitfähigkeit wiederum vom Temperaturfeld ab. Beispielsweise ändert sich die elektrische Leitfähigkeit von Glas im Temperaturbereich von 20 bis 1500 °C um fast zehn Zehnerpotenzen von 10^{-8} bis 10^{2} S/m.

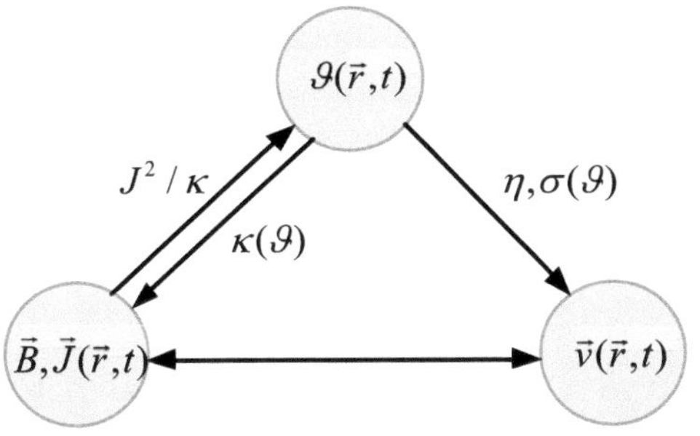

Bild 6.35: Verknüpfung von Strömungsgeschwindigkeit, Strom- und magnetischer Flussdichte sowie Temperatur

Das **Bild 6.35** zeigt die Verknüpfung der drei Felder.
Die für die vorliegende Problematik angepassten Erhaltungsgleichungen beschreiben das Strömungs- und das Temperaturfeld. Eine Besonderheit ist hierbei, dass sich an den sogenannten freien Grenzflächen (Übergang Fluid zu Gas bzw. Luft) die Stoffwerte sprunghaft ändern und sich die Randbedingungen für das Strömungsfeld räumlich stark verschieben können (s. **Bild 6.36**).

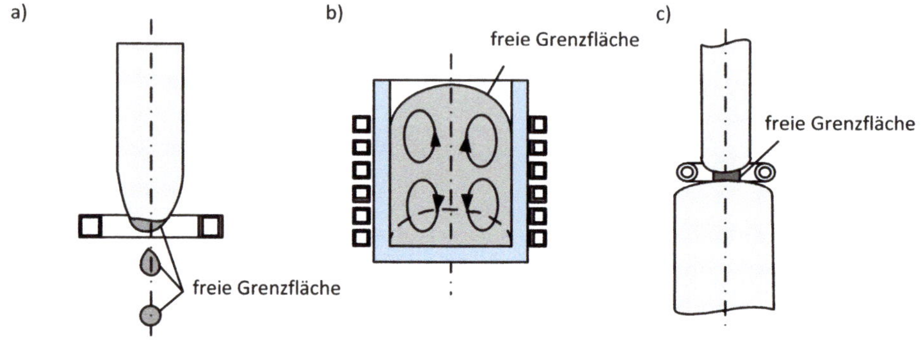

Bild 6.36: Freie Grenzflächen unter dem Einfluss mehrerer Feldgrößen: a) Abschmelzen, b) Schmelzen im Tiegel, c) Zonenschmelzen

Freie Grenzflächen

Beim induktiven Abschmelzen eines Stabes nach Bild 6.36 a bildet sich zunächst eine dünne flüssige Phase, die ab einer bestimmten Größe abtropft. Das ist der Fall, sobald die Druckdifferenz zwischen flüssig (Druck p_f) und gasförmig (Druck p_g) von der Oberflächenspannung nicht mehr kompensiert werden kann (Stützwirkung der Lorentzkraft vernachlässigt). Mit der Young-Laplace-Gleichung wird der Zusammenhang von Oberflächenspannung und Krümmungsradien beschrieben.

$$\Delta p = p_f - p_g = \sigma(\frac{1}{r_1} + \frac{1}{r_2}) \qquad (6.174)$$

Darin sind im Falle einer Rotationssymmetrie die beiden orthogonalen Krümmungsradien r_1 und r_2 gleich. Mithilfe der Stoffwerte in **Tabelle 6.2** kann eine Abschätzung des erreichbaren Drucksprunges erfolgen. Beispielsweise ergibt sich für flüssiges Eisen mit $\sigma = 1{,}8\,\mathrm{N/m}$ eine Druckdifferenz, die etwa 1 mm hydrostatischer Höhendifferenz des Eisens entspricht. Beim induktiven Schmelzen im Tiegel nach Bild 6.36 b bildet sich eine Badkuppe aus, die durch die kinetische Energie der aufwärts strömenden Schmelze gebildet wird. Die Oberflächenspannung ist hier, wie gezeigt, vernachlässigbar. Beim Zonenschmelzen nach Bild 6.36 c dominieren die Lorentz-Kräfte und die Adhäsion zwischen fester und flüssiger Phase.

Bei allen skizzierten Erscheinungen werden Form und Größe der sich ausbildenden freien Grenzflächenform mehr oder weniger von der Intensität des elektro-

Tabelle 6.2: Richtwerte zur dynamischen Viskosität und Oberflächenspannung (* Temperatur bezieht sich nur auf σ, ** Honig zum Vergleich)

Fluid	ϑ* °C	η Ns/m^2	σ N/m
Quecksilber	20	0,0015	0,485
Wasser	20	0,001	0,073
Wasser	100	0,001	0,058
Galinstan			0,718
Aluminium	670		0,860
Eisen	1545		1,8
Zink	450		0,755
Zinn	280		0,54
Kupfer	1150		1,11
Honig** flüssig	20	1,5	

magnetischen Feldes bestimmt. In Verbindung mit freien Grenzflächen treten unter bestimmten Bedingungen Instabilitäten auf, die sogar bei einer numerischen Simulation übersehen werden können. Am Beispiel eines Tropfens aus Galinstan in **Bild 6.37** soll dies erläutert werden. Bei angenommener Rotationssymmetrie kann in der numerischen Simulation der Tropfen sehr weit zusammengepresst und in die Höhe gedrückt werden. Das Experiment zeigt dagegen, dass dies nicht funktioniert. Das System ist instabil, weshalb eine kleine Störung genügt, damit der Tropfen die stabile Form eines gleichseitigen Dreiecks (oder auch Fünfecks) mit viel geringerer Höhe annimmt (s. Bild 6.37). Eine dreidimensionale Simulation unter Einbezug der Oberflächenspannung wird folglich erforderlich. Diese Form von Instabilitäten findet man sogar in der Zoologie. Beispielsweise baut die Honigbiene den Anfang ihrer Zellen zunächst rund, also in der instabilen Form eines kurzen Hohlzylinders. Durch die Stockwärme erweicht das Wachs und der anfängliche Rundbau nimmt die bekannte stabile Form eines Sechsecks an.

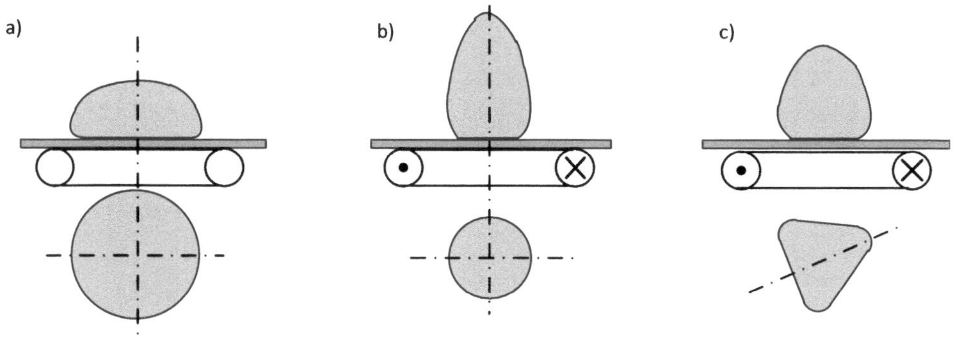

Bild 6.37: Instabilitäten bei freier Oberfläche: a) ohne elektromagnetisches Feld, b) numerische Simulation bei angenommener Rotationssymmetrie, c) Experiment (Dreieck auch Fünfeck)

Massenerhaltung

Die betrachteten Fluide (Schmelzen, Elektrolyte) seien inkompressibel, weshalb die Massenerhaltung mit einem quellenfreien Geschwindigkeitsfeld beschrieben werden kann.

$$\operatorname{div} \vec{v} = 0 \tag{6.175}$$

Impulserhaltung

Für inkompressible Fluide kann folgende Form der Navier-Stokes'schen Gleichung verwendet werden:

$$\rho(\Phi)\left(\frac{\partial \vec{v}}{\partial t} + \vec{v} \operatorname{grad} \vec{v}\right) = -\operatorname{grad} p + \vec{f}_f + \eta(\Phi)\Delta\vec{v} - \delta(\Phi)\sigma K \vec{n}\,. \tag{6.176}$$

Mit dem Skalar p und dem Vektor $\vec{v}$ sind vier Feldkomponenten gesucht. Die Lorentz-Kraftdichte wird als gegeben angenommen (iterative Berechnungen). Für die vier unbekannten Feldgrößen stehen vier Komponenten-Gleichungen mit (6.175) und (6.176) zur Verfügung. Weiterhin ist die sogenannte Phasen-Verteilfunktion zu bestimmen, falls sich die freien Grenzflächen verändern. Die Phasen-Verteilfunktion $\Phi(\vec{r}, t)$ beschreibt den örtlichen Verlauf der freien Grenzfläche und hat folgende Eigenschaft:

$$\Phi(\vec{r}, t) = \begin{cases} 1 & \text{im Fluid} \\ 0 < \Phi < 1 & \text{auf Phasengrenze} \\ 0 & \text{im Gas/Luft}\,. \end{cases} \tag{6.177}$$

Mit der Dirac-Deltafunktion $\delta(\Phi)$, die auf der Phasengrenze den Wert $\delta = 1$ und ansonsten $\delta = 0$ annimmt, wird die Grenzflächenspannung σ in die Differentialgleichung einbezogen. Sie geht als eine auf das Volumen bezogene Kraft zusammen mit der Gauß'schen Krümmung der freien Grenzfläche K

$$\vec{f_\sigma} = -\sigma K \vec{n} \tag{6.178}$$

in (6.176) ein, wobei der Normalenvektor vom Fluid in das Gas zeigt. Die Krümmung ist mit den beiden orthogonalen Krümmungsradien r_1 und r_2 definiert als:

$$K = \frac{1}{r_1} \frac{1}{r_2}. \tag{6.179}$$

Die Phasen-Verteilfunktion nach (6.177) bewirkt außerdem, dass sowohl die Dichte ρ als auch die Viskosität σ stetig an der freien Grenzfläche übergehen.

Die linke Seite von (6.176) beschreibt Aufbau und Transport des Impulses $\rho\vec{v}$ in einer Strömung. Die rechte Seite enthält die Ursachen für Entstehung und Verlust einer Strömung. Der Druckgradient entsteht nicht nur durch die Feldkräfte, sondern kann auch von außen, beispielsweise durch eine Pumpe oder eine hydrostatische Druckdifferenz, aufgeprägt werden. Als Feldkräfte werden hier lediglich die Lorentzkraft nach (6.113) und die mit der Dichtschwankungen behafteten Schwerkraft $\vec{f_g}$ betrachtet.

$$\vec{f_f} = \vec{f_L} + \vec{f_g} = \vec{J} \times \vec{B} + \rho\vec{g} \tag{6.180}$$

In bestimmten Fällen kann der Dichteunterschied durch unterschiedliche Temperaturen zu einer signifikantem Auftriebsströmung führen. Im einfachsten Fall kann mit dem mittleren kubischen Ausdehnungskoeffizienten α die Dichte an die lokale Temperatur angepasst werden.

$$\rho(\vec{r}) = \rho_0[1 - \alpha(\vartheta(\vec{r}) - \vartheta_0)]. \tag{6.181}$$

Da dies nur um einen eingeschränkten Temperaturbereich um ϑ_0 korrekt ist, muss gegebenenfalls die lineare Abhängigkeit durch eine nichtlineare ersetzt werden.

Randbedingungen: Das Strömungsfeld kann für die hier betrachteten freien Grenzflächen als geschlossen behandelt werden. Gegebenenfalls sind es meh-rere geschlossenen Lösungsgebiete (s. Abtropfproblem nach Bild 6.36 a). Dies bedeutet, dass jedes Lösungsgebiet eine geschlossene Randfläche hat und nicht im Unendlichen endet. Für den gesamten Rand müssen zur Eindeutigkeit der Lösung Randbedingungen ausgewiesen werden. Dabei ist die an Wänden auftretende Schubspannung oder Scherspannung τ wesentlich. Bei der tangentialen Verschiebung von zwei planparallelen Wänden mit der Relativgeschwindigkeit v_t kann eine Widerstandskraft pro Wandfläche A gemessen werden, die proportional zur Geschwindigkeit bezogen auf den Abstand der beiden Wände ist (s. **Bild 6.38**). Der Proportionalitätsfaktor ist die dynamische Viskosität η (s. Tabelle 6.2).

$$\tau = F_t/A = \eta \lim_{\Delta a \to 0} \frac{\Delta v_t}{\Delta a} = \eta \frac{\partial v_t}{\partial n} \tag{6.182}$$

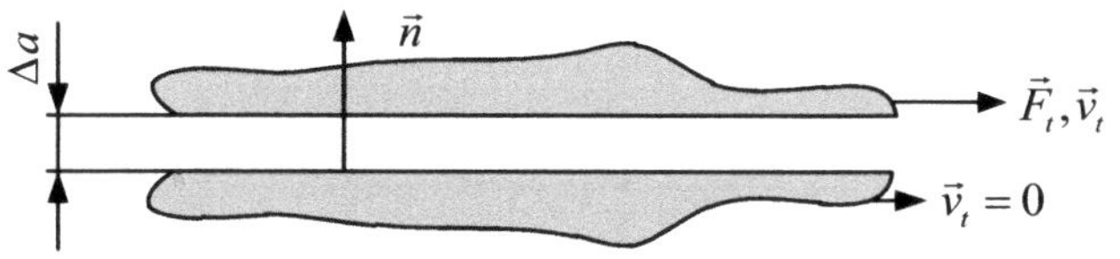

Bild 6.38: Zur Berechnung von Scherspannungen an Gefäßwänden nach (6.182)

Die dynamische Viskosität des Fluids beeinflusst die Art der nachfolgend aufgeführten Randbedingungen.

- Haftung des Fluids und völlige Dichtheit der Wand (Normalfall bei technischen Wänden): $\vec{v} = v_n \vec{n} + v_t \vec{\tau} = 0$
- Vorgabe der Ein- und Ausströmung an fiktiven Grenzflächen in der Form, wie z. B. in Bild 6.29: $\vec{v}\vec{n} = v_n = v_0$ und $\vec{v}\vec{\tau} = v_t = 0$
- Ungehinderte Strömung an einer freien Grenzfläche (z. B. am Übergang von Schmelze zur Luft); Da die Viskosität der gasförmigen Phase (Luft) vernachlässigbar ist, gilt an einer ruhenden Grenzfläche (stationäre Strömung): $v_n = 0$ und $\partial v_t/\partial n = 0$ bzw. $\tau = 0$. Dagegen muss bei einer

bewegter Grenzfläche (z. B. ansteigende Badkuppe bei Leistungszuwachs des Tiegelofens) die Randbedingungen mit der lokalen Geschwindigkeit der Grenzfläche mitgeführt bzw. ihr überlagert werden.

Diese Auflistung der Randbedingungen ist nicht vollständig. Beispielsweise kann durch vom Ort abhängige Oberflächenspannungen σ eine thermokapillare Konvektions-Strömung (Marangoni-Konvektion) auftreten, die über Schubspannungen auf das Fluid einwirkt. Dieser Effekt tritt insbesondere bei starken Temperaturunterschieden (z. B. intensiv gekühlte Metallschmelze) auf und darf nicht vernachlässigt werden.

Numerische Lösung: Die numerische Lösung von (6.176) nebst der beschriebenen Randbedingungen kann beispielsweise sehr effizient mit der Methode der Finiten Volumen erfolgen, weil hierbei die Rechenoperationen sehr gut auf viele Rechenkerne im Parallelrechner verteilt werden können. Dabei sind zwei wesentliche Problemstellungen zu meistern: Das erste Problem ist mit den relativ großen dreidimensionalen Lösungsgebieten (z. B. induktives Rührern beim Lichtbogenofen) verbunden, weil im Verhältnis zur charakteristischen Abmessung (z. B. Gefäßdurchmesser ca. 10 m) sehr kleine Wirbel mit noch kleineren Gitterelementen aufgelöst werden müssen. Das zweite Problem ist die bereits erwähnte Bestimmung bzw. Verfolgung der Phasen-Verteilfunktion an freien Grenzflächen. Um die Phasen-Verteilfunktion numerisch bestimmen zu können, wurden verschiedene Methoden entwickelt. Ihre jeweilige Anwendung wird im wesentlichen davon bestimmt, ob die Verformung der freien Grenzfläche nur gering ist oder es möglicherweise sogar zu einem Zerfall oder Zusammenschluss von Phasengrenzen kommt. Die Badkuppe in Bild 6.36 b gehört eher in die Kategorie der geringen Verformung, insbesondere weil sie mit der Schmelzleistung allmählich gesteigert werden kann. Das Aufschmelzen eines Festkörpers nach Bild 6.36 a, bei dem der Abtropfvorgang berechnet werden soll, ist dagegen dem Zerfall von Phasengrenzen zuzuschreiben.

Wärmetransport

Die dritte Erhaltungsgleichung ist die der Energieerhaltung oder des Wärmetransports. Für relativ geringe Druckdifferenzen mit der spezifischen Wärme $c = c_p = c_v$ und Vernachlässigung einer Kompression gilt folgende Wärmetransportgleichung:

$$\rho c(\frac{\partial \vartheta}{\partial t} + \vec{v} \operatorname{grad} \vartheta) = \lambda \operatorname{div} \operatorname{grad} \vartheta + p_v \,. \tag{6.183}$$

Die auf das Volumen bezogenen Wärmequellen können aus der Joule'schen Wärme und bei Elektrolyten aus endothermen oder exothermen chemischen Reaktionen bestehen.

$$p_v = J^2/\kappa + p_{ch} \tag{6.184}$$

Das Lösungsgebiet der Wärmetransportgleichung geht i. d. R. über das Strömungsgebiet hinaus. Auch die erwähnten freien Grenzflächen können mit einer isolierenden Schicht überzogen sein (z. B. Schaumschicht aus Schlacke beim Lichtbogenofen). Das Lösungsgebiet wird mit folgenden Randbedingungen abgeschlossen:

- Vorgabe einer bekannten Temperatur: $\vartheta = \vartheta_0(\vec{r}, t)$. Das können z. B. Außenwände von Schmelzwannen sein, die mit einer Temperaturmessung ausgestattet sind.
- Vorgabe der Wärmestromdichte durch den Rand: $\vec{p}_a \vec{n} = -\lambda \partial\vartheta/\partial n$. Sehr oft kann eine ideal isolierende Wand oder eine Symmetriefläche bezüglich der Temperatur angenommen werden. Es gilt dann: $\partial\vartheta/\partial n = 0$.
- Vorgabe des Wärmeübergangs auf ein angrenzendes Medium (z. B. Kühlwasser) oder allgemein in die Umgebung (z. B. Abstrahlung) mit der Bedingung: $-\lambda \partial\vartheta/\partial n = \alpha(\vartheta - \vartheta_\infty)$.

Der oben angeführte Wärmeübergangskoeffizient α ist in der Regel kein einfach zu übernehmender Tabellenwert und nur bei grober Näherung konstant. Er hängt von der lokalen Temperatur $\alpha(\vartheta(\vec{r}))$ und bei transienten Prozessen zusätzlich von der Zeit $\alpha(\vartheta(\vec{r}, t))$ ab. Wenn die Temperatur selbst noch eine zu berechnende Feldgröße ist, dann muss der Wärmeübergangskoeffizient iterativ angepasst werden. In der Regel ist nur eine Form des Wärmeübergangs, also durch Konvektion oder Strahlung, dominant, wobei sich ϑ_∞ bei der Konvektion auf ein Fluid und bei der Strahlung auf Flächen von Festkörpern bezieht. Beim Wärmeübergang durch Strahlung ist die Abhängigkeit von der Temperatur stark nichtlinear. Aus dieser Beschreibung wird deutlich, dass zur korrekten Bestimmung der skizzierten Wärmeübergangsbedingungen die einschlägige Fachliteratur herangezogen werden muss [18].

6.3.6 Anwendungen

Nachfolgend werden einige der nutzbaren Wirkungen von Lorentz-Kräften in elektrisch leitfähigen Fluiden skizziert, ohne die tatsächliche Vielfalt vollständig zu erfassen.

Pumpen

Das berührungslose Pumpen ist vor allem dann vorteilhaft, wenn chemische Reaktionen zwischen dem zu fördernden Flüssigmetall und den Bauteilen einer klassischen Pumpe mit der Folge von Verunreinigungen und Verschleiß vermieden werden sollen. Es genügt einen Permanentmagneten außerhalb des Flüssigmetalls rotieren zu lassen (s. **Bild 6.39**). Der Zusammenhang von Förderleistung, magnetischem Fluss und Drehzahl ist ähnlich dem eines Asynchronmotors.

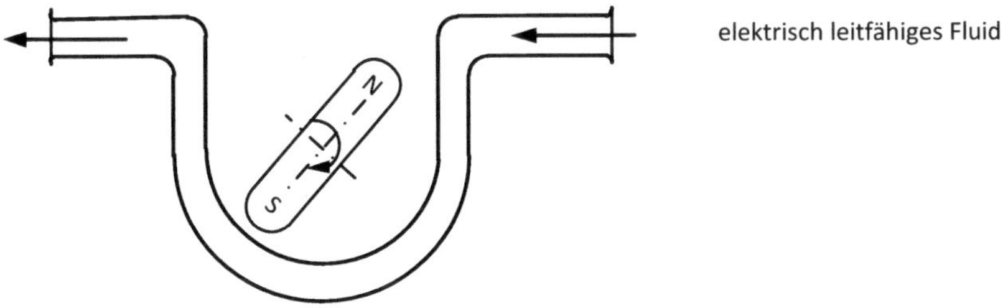

Bild 6.39: Pumpen von Flüssigmetall mit einem rotierenden Permanentmagneten

Rühren

Metallische Schmelzen werden gerührt, um ein feinkörniges und homogenes Gefüge nach dem Erstarren der Schmelze zu erhalten. Außerdem werden durch das Rühren Gas- und Schlacken-Einschlüsse an die Oberfläche befördert. Berührungsloses Rühren ist vorteilhaft, wenn eine Verunreinigung der Schmelze sowie ein rascher Verschleiß des Rührers vermieden werden müssen. Flüssiges Aluminium ist beispielsweise chemisch sehr aggressiv und würde einen Rührer aus Edelstahl in kurzer Zeit auflösen. In Folge ginge nicht nur der Rührer verloren, sondern auch die Schmelze wäre verdorben.

Beim Induktions-Tiegelofen (s. Bild 6.33) ist das elektromagnetische Rühren ein erwünschter Nebeneffekt des induktiven Schmelzens. Die Schmelze im

Lichtbogenofen (s. Bild 6.34) wird mit einem sogenannten linearen Rührer berührungslos in eine Richtung bewegt und kehrt außerhalb des magnetischen Feldes der Rührspule zurück. Einen Rotationsrührer erhält man, wenn beispielsweise um einen zylindrischen Tiegel Spulen angeordnet werden, die ähnlich wie bei der Asynchronmaschine ein rotierendes Drehfeld erzeugen (s. **Bild 6.40**).

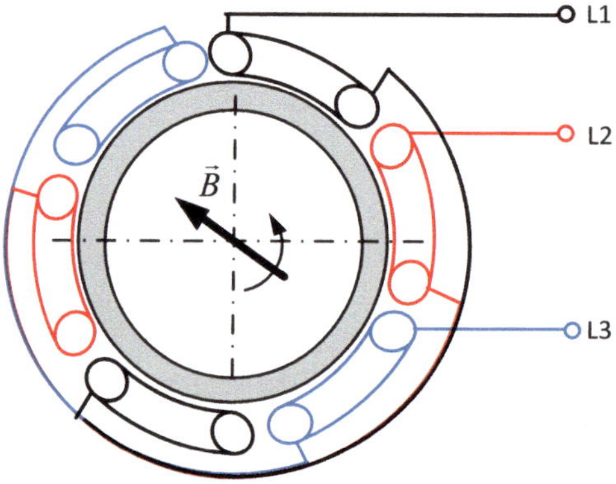

Bild 6.40: Elektromagnetischer Rotationsrührer nach dem Wirkprinzip einer Asynchronmaschine

Bremsen

Beim Gießen kann ein zu starker Gießstrahl nachteilig sein, weil mit der starken Strömung die auf der Oberfläche schwimmenden nichtmetallischen Bestandteile, wie z. B. Schlacke oder Gießpulver, eingeschleppt werden können. Beim Stranggießen nach Bild 6.30 wird deshalb oft eine Gießstrahl-Bremse (engl. *jet brake*) in Form eines magnetischen Gleichfeldes angeordnet.

Umlenken

In Abschnitt 6.3.4 wurde bereits dargestellt, weshalb es mit dem Ziel einer besseren Glasqualität günstig sein kann, die Strömung in einer elektrisch beheizten Glaswanne durch ein zusätzliches magnetisches Feld zu beeinflussen (s. Bild 6.32).

Abdichten

Bei Verzinken von Stahlbändern wird i. d. R. das Band über eine im Zinkbad befindliche Rolle geführt. Dabei können die erheblichen Reibungskräfte zu Abrieb und Verunreinigung des Zinkbades führen. Das wird vermieden, wenn, wie in **Bild 6.41** dargestellt, das Band von unten durch das Zinkbad geführt wird. Ein Auslaufen der Schmelze wird hier mit Hilfe eines Drehfeldes vermieden. Die vom Drehfeld erzeugte und im Mittel konstante Lorentz-Kraft zeigt von unten nach oben und kann die Schwerkraft teilweise kompensieren.

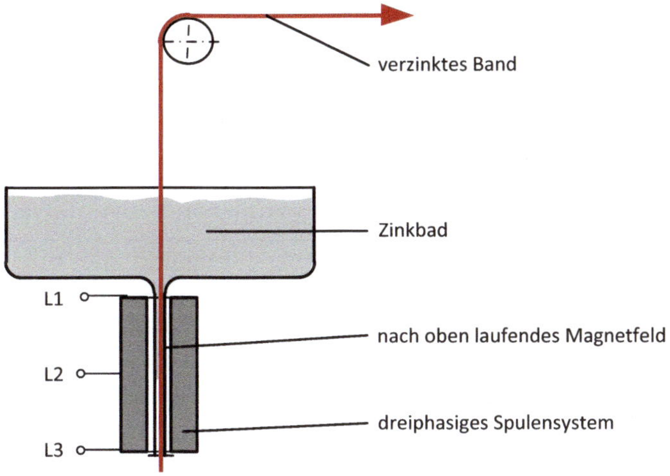

Bild 6.41: Abdichten eines Zinkbades durch Kompensation der Schwerkraft mit Lorentz-Kräften

Stützen

Das tiegelfreie Schmelzen wird insbesondere in der Halbleitertechnologie angestrebt, weil hier bereits sehr kleine Anteile von Fremdatomen die angestrebten Eigenschaften des Materials stören. Beim Zonenschmelzen nach **Bild 6.42** wird mittels der Lorentzkräfte die Schmelze zwischen Rohmaterial (Polystab) und Einkristall gehalten. Dabei wirken die Adhäsions-Kräfte (zwischen fest und flüssig) und die Kohäsion-Kräfte (Oberflächenspannung) unterstützend.

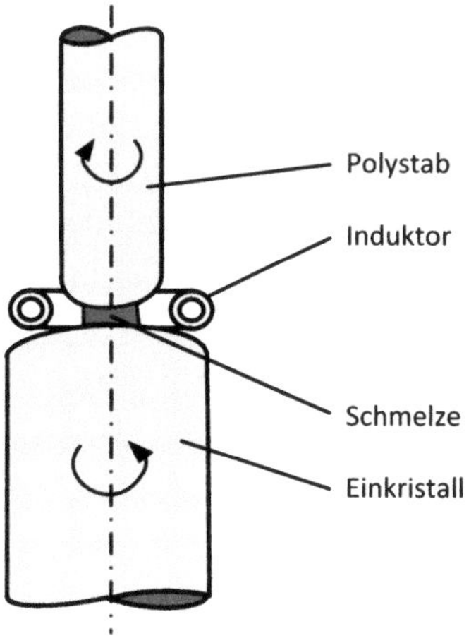

Bild 6.42: Induktives Zonenschmelzen mit gleichzeitigem Abstützen der Schmelze

Das Schwall-Löten nach **Bild 6.43** ist eine etablierte Technik, die zum Auflöten von Bauelementen auf eine Platine eingesetzt wird.
Mit einer stark ausgeprägten Badkuppe und intensiver Kühlung des Bodens nach **Bild 6.44** können kleinere Mengen kontaktarm geschmolzen werden. Idealerweise hat die Schmelze nur Kontakt zum Ausgangsmaterial (Skull) und keinen Kontakt zur Tiegelwand. Wie in Abschnitt 6.3.5 bereits gezeigt wurde, ist die Höhe der Badkuppe aufgrund von Instabilitäten, die im Zusammenhang mit der Oberflächenspannung stehen, begrenzt (s. Bild 6.37).

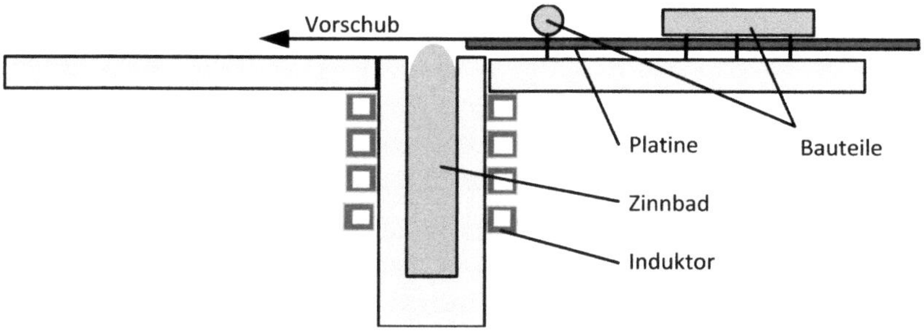

Bild 6.43: Badkuppe des induktiven Schmelzens als nützlicher Effekt beim Schwall-Löten

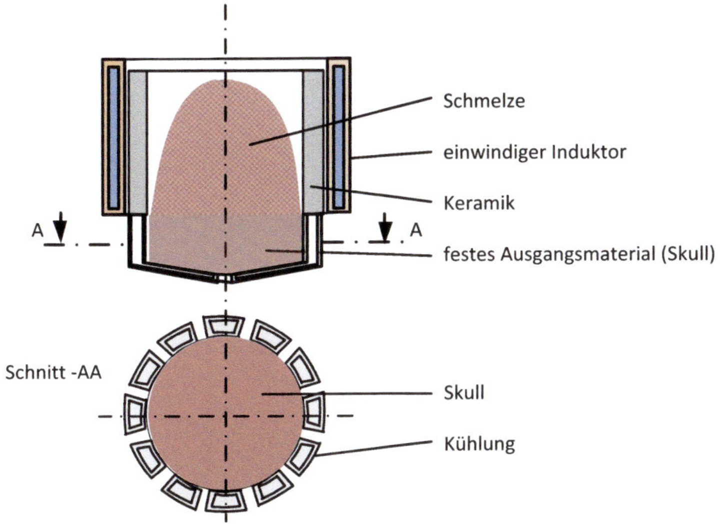

Bild 6.44: Induktives Schmelzen mit stark ausgeprägter Badkuppe und minimalem Kontakt der Schmelze mit der Gefäßwand

Levitieren

Die frei schwebende Schmelze nach **Bild 6.45** wäre der ideale Zustand, um eine Kontamination der Schmelze mit dem Tiegelmaterial zu vermeiden. Leider verhält es sich hier so, als ob man eine dünne Suppe mit einer Gabel essen wollte. Die Lorentz-Kräfte sind zwar in Summe groß genug, um eine Schmelze im kg-Bereich zu halten, aber nicht so verteilbar, dass sie auf der gesamten Oberfläche den hydrostatischen Drucksprung kompensieren. Für einen kugelförmigen Tropfen kann man mithilfe von (6.174) die Mindestmasse bzw. den dazugehörigen Durchmesser $d = 2r_1 = 2r_2$ abschätzen, die sich aufgrund der Oberflächenspannung in der Schwebe halten lässt.

$$\Delta p = \rho g d = 4\frac{\sigma}{d} \tag{6.185}$$

Beispiel Eisen: Für flüssiges Eisen mit $\rho = 7{,}86 \cdot 10^3\,\mathrm{kg/m^3}$ und $\sigma = 1{,}8\,\mathrm{N/m}$ ergibt sich ein Kugeldurchmesser von ca. 9,7 mm. Tatsächlich kann die dazugehörige Masse noch etwas größer sein, weil sich der Tropfen zu einer umgedrehten Birne verformt und im Bereich des größten hydrostatischen Drucks einen kleineren Krümmungsradius aufweist (s. Bild 6.45) und die Lorentz-Kräfte zumindest teilweise die Schwerkraft kompensieren. Auch durch eine Rotation des Tropfens (z. B. durch ein rotierendes Magnetfeld) kann die schwebende Masse erhöht werden.

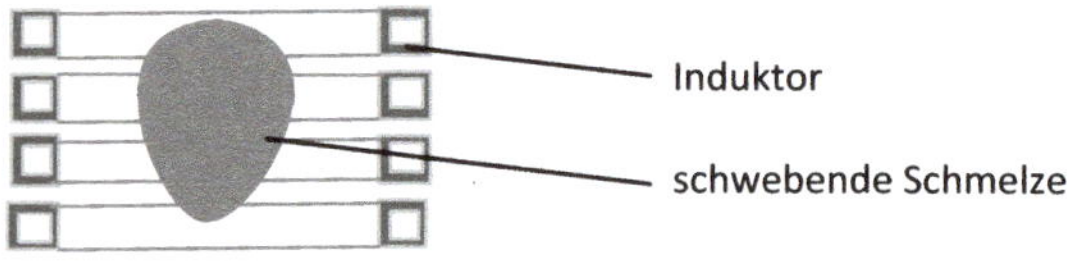

Bild 6.45: Zur Begrenzung der Masse einer Schmelze bei Levitation (Schwebeschmelzen)

Separieren

In elektrisch nichtleitenden Gebieten wirkt keine Lorentzkraft. Das gilt auch für so kleine Gebiete, die im Submillimeterbereich liegen. Mit einer Anordnung, wie sie in **Bild 6.46** dargestellt ist, hat dies zur Folge, dass nichtleitende Partikel auf eine Seite gedrängt und separiert werden können.

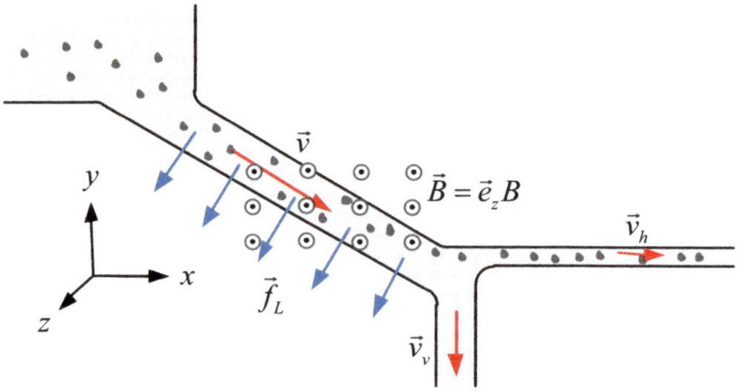

Bild 6.46: Absondern von nichtleitenden Partikeln aus einer elektrisch leitenden Schmelze

Zerstäuben

In einem Metalltropfen mit dem Durchmesser d wird unter der Bedingung $\delta < d/2$ ein Strom induziert. Falls die Intensität des magnetischen Feldes groß genug ist, wird der Tropfen durch die Lorentz-Kraft eingeschnürt und schließlich geteilt (s. **Bild 6.47**). Da hierfür eine relativ geringe Energie, aber eine hohe Leistung notwendig ist, genügt eine mit dem Tropfen-Durchlauf synchronisierte Impulsentladung. Die Frequenz kann in weiten Grenzen durch die Induktivität und Kapazität des Schwingkreises an die Tropfengröße angepasst werden.

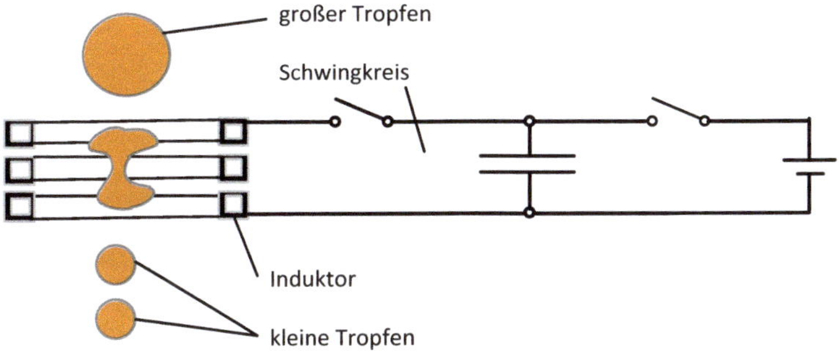

Bild 6.47: Hohe Schwingkreisströme einer Impulsentladung führen zur Einschnürung und Zerteilung der Tropfen.

Durchflussmessung

Die berührungslose Messung des Durchflusses von chemisch aggressiven Schmelzen, wie z. B. von Aluminium- und Stahl, ist eines der ungelösten Probleme der Metallurgie.

Weil sich die Lorentz-Kraft als Bremskraft (Aktion) am Magnetsystem abstützt (Reaktion), kann diese Reaktionskraft zur Bestimmung der Durchflussgeschwindigkeit bzw. des Durchsatzes von elektrisch leitenden Fluiden herangezogen werden (s. **Bild 6.48**). Das ist insbesondere dann von Interesse, wenn das Fluid chemisch aggressiv ist und mechanische Bauteile zur Strömungsmessung (z. B. ein Flügelrad) in kurzer Zeit zersetzt. Problematisch an dieser Messtechnik ist, dass relativ kleine Kräfte die große Masse der Permanentmagnete bewegen und gegen die Federkraft auslenken müssen. Außerdem muss die ganze Mechanik in einer rauen Umgebung, wie z. B. einer Gießerei, dauerhaft funktionieren.

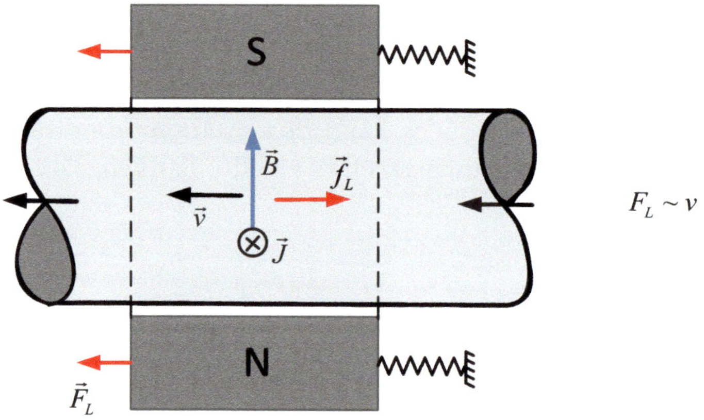

Bild 6.48: Berührungslose Durchflussmengen-Messung von elektrisch leitfähigen Flüssigkeiten

7 Indirekte Techniken

Hier werden Techniken behandelt, bei denen das Gut (Werkstoff, Werkstück, Lebensmittel usw.) nicht unmittelbar durch das elektrische, magnetische oder elektromagnetische Feld beeinflusst (hauptsächlich erwärmt) wird.

7.1 Indirekte Widerstandserwärmung

Die am häufigsten eingesetzte indirekte Technik ist die indirekte oder die mittelbare Widerstandserwärmung. Hierbei wird die Joule'sche Wärme, die mittels eines Heizleiters erzeugt wird, über die Mechanismen der Wärmeübertragung, wie Wärmeleitung, Temperaturstrahlung und/oder Konvektion, an das zu erwärmende Gut abgegeben. Die Anwendungsbreite erstreckt sich vom Heizkissen mit ca. 100 W bis zu einem Industrieofen mit mehreren 100 kW Anschlussleistung und über einen Arbeitstemperaturbereich von bis 2000 °C. Die auf den ersten Blick scheinbar einfache Technik wird zur anspruchsvollen Auslegungsaufgabe, sobald eine optimale Lösung von Materialaufwand (Kosten) und Lebensdauer der Heizelemente einerseits sowie Erzielung einer vorgegebenen Temperaturverteilung im Gut bei vertretbaren Energiekosten und Zeitaufwendungen andererseits gefunden werden soll.

7.1.1 Heizleitermaterialien

Im Heizleiter wird die Joule´sche Wärme generiert. Die verfügbaren Materialien lassen sich in folgenden Gruppen gliedern:

- Metallische Materialien, wie z. B. Legierungen aus $NiCr$, $FeCrAl$, Pt, W und Mo
- Kohle und Grafit
- Keramische Materialien, wie z. B. $MoSi_2$, ZrO_2 und speziell PTC-Keramik (engl. *Positve Temperature Coefficient*) wie Bariumtitanatoxid $BaTiO_3$,

und Mischkeramiken, auch CMC-Keramiken (engl. *Ceramic Matrix Composite*) genannt, wie z. B. Al_2O_3/TiN, $Al_2O_3/MoSi_2$ oder $Si_3N_4/MoSi_2$

- Kunststoffe aus der Gruppe der Polyolefine oder mit Rußpartikeln angereicherte Polymere.

Die genannten Materialien werden unter Beachtung folgender Eigenschaften ausgewählt:

- Beständig bei der vorgesehenen Gebrauchstemperatur
- Beständig bei häufigem Temperaturwechsel
- Hoher spezifischer Widerstand mit zweckentsprechender Temperaturabhängigkeit
- Von der Temperatur unabhängiger Widerstand bzw. vorgegebene Temperaturabhängigkeit des spezifischen elektrischen Widerstandes z. B. für Leistungsbegrenzung
- Geringe Dichte
- Chemisch beständig bei Gebrauchstemperatur zur umgebenden Atmosphäre und/oder den Träger- oder Einbettmaterialien
- Geringe Verdampfungsverluste im Vakuum
- Mechanische Festigkeit bei Gebrauchstemperatur, Raumtemperatur und Temperaturwechsel
- Gut mechanisch verformbar und gegebenenfalls schweißbar bei Raumtemperatur
- Geringe Alterung
- Niedrige spezifische Kosten pro kg Heizleitermaterial.

Die Bedeutung der einzelnen Eigenschaften hängt vom konkreten Einsatzfall ab. Die spezifischen Kosten müssen immer in Verbindung mit der Dichte und dem spezifischen elektrischen Widerstand betrachtet werden.
Der Temperaturkoeffizient des spezifischen Widerstandes muss nicht unbedingt sehr klein sein. Er kann bei guter reproduzierbarer Abhängigkeit von der Temperatur zur Messung und sogar zur Regelung der Arbeitstemperatur herangezogen werden. Z. B. kann bei einem Nickel-Heizleiter der relativ hohe Anstieg des Widerstandes mit der Temperatur zur Temperaturbegrenzung (z. B. Trockengehschutz bei Wassererwärmung) eingesetzt werden. Ein wichtiges Kriterium ist die Verträglichkeit mit der umgebenden Atmosphäre und/oder den Träger-

und Einbettmaterialien. Z. B. müssen die Metalle Wolfram, Tantal und Platin vor Sauerstoff geschützt werden. Dies gelingt beispielsweise mit einer reduzierenden Atmosphäre, z. B. H_2, oder einem Schutzgas, z. B. Ar, oder einem Vakuum oder einer dichten Schutzschicht. Dagegen benötigt Molybdändisilizid $MoSi_2$ eine oxidierende Atmosphäre, weil es eine Schutzschicht aus SiO_2 ausbildet.
Bei nickelhaltigen Heizleitern können bereits Spuren von Schwefel in der Atmosphäre zu deren rascher Zerstörung führen. Schwefel kann aus der Keramik von Träger- oder Einbettmaterialien austreten, in geringen Mengen im Schutzgas enthalten sein oder vom zu behandelnden Gut (anhaftende Öle, Fette, Farben usw.) ausgehen. Eine detaillierte Zusammenstellung zu den Einsatzgebieten der verschiedenen Heizleitermaterialien ist beispielsweise in [16, S. 436 bis 437] zu finden.
In **Tabelle 7.1** sind einige physikalische Eigenschaften ausgewählter Heizleitermaterialien aufgeführt. Der spezifische elektrische Widerstand ϱ_0 und der Temperaturkoeffizient des spezifischen Widerstandes α_0 gelten für die Temperatur ϑ_0. Die Temperatur ϑ_{max} ist die maximale Gebrauchstemperatur unter günstigsten Bedingungen für den jeweiligen Werkstoff, z. B. ein Schutzgas, bei der eine technisch übliche Lebensdauer erreicht wird. Nickel unterliegt bei der Curie-Temperatur von etwa 350 °C einer Gefügeumwandlung, weshalb sich oberhalb dieser Temperatur ein wesentlich geringerer spezifischer Widerstand einstellt. Diese Temperatur darf bei der oben erwähnten Temperaturbegrenzung niemals erreicht werden, weil in diesem Falle die Heizleistung sprunghaft ansteigen würde. Einige Materialien, wie z. B. Molybdändisilizid $MoSi_2$, Wolfram W und Tantal Ta, haben bei Raumtemperatur einen wesentlich geringeren Widerstand als bei Gebrauchstemperatur. Deshalb sind geeignete Stellglieder, wie ein Transformator oder leistungselektronische Elemente, vorzusehen. Heizelemente aus diesen Materialien müssen beginnend mit kleinen Spannungen bis zur Betriebstemperatur und Nennleistung hochgefahren werden. Heizleiter aus Siliziumcarbid SiC unterliegen einer relativ starken Alterung, die sich in einer Erhöhung des Widerstandes (nach einer Betriebsdauer von 2000 h um den Faktor 1,6) äußert. Hier muss mit einer Spannungsreserve bzw. einem geeigneten Stellglied dafür gesorgt werden, dass mit zunehmender Betriebsdauer immer noch die Nennleistung erreicht werden kann.
Eine wesentlich detailliertere und erweiterte Zusammenstellung zu den Kennwerten metallischer und nichtmetallischer Heizleitermaterialien ist beispielsweise in [16, S. 438 bis 440] zu finden.

Tabelle 7.1: Eigenschaften einiger Heizleitermaterialien; weitere Angaben in [16, S. 238 bis 239].

Werkstoffe	ρ_0 $\Omega mm^2/m$	α_0 $10^{-3}K$	ϑ_0 °C	ϑ_{max} °C
metallische				
eisenfrei z.B. $NiCr$ 80 20	1,09	0,14	20	1150
eisenarm z.B. $NiCr$ 60 15	1,11	0,15	20	1075
eisenreich z.B. $NiCr$ 30 20	1,05	0,35	20	1100
eisenreich z.B. $CrAl$ 30 05	1,45	0,6	20	1250
Nickel Ni	0,69	>6	20	400
	>2,3		400	
Eisen Fe (Si-haltig)	0,35	1,5	20	< 1200
Molybdän Mo	0,054	4,57	20	1910
Molybdändisilizid $MoSi_2$	0,03	4,8	20	1700
	4,0		1700	
Wolfram W	0,055	4,8	20	2560
	0,81		2400	
Tantal Ta	0,15		20	2400
	1,45		2100	
Platin Pt	0,105	3,9	20	1600
	0,435		1000	
Kupfer Cu (zum Vergleich)	0,0167			
nichtmetallische				
Siliziumkarbid SiC	1200		1400	1500
Elektrokohle	40...70	-0,3	<500	2000
Elektrografit	7...21	-1,3	<500	2500
	7...21	> 0	>500	
PTC- Keramik	> 1000			< 500
CMC- Keramik	> 1000			< 1300
Kunststoffe mit Rußzusatz	$< 10^{10}$			ca. 100

Heizleitermaterialien aus PTC- oder CMC-Keramik haben einen relativ hohen spezifischen Widerstand von $\varrho > 1000\,\Omega\mathrm{mm}^2/\mathrm{m}$, weshalb diese Heizleiter im Vergleich zu ihren Querabmessungen sehr kurz sind. Mit der PTC-Keramik wird ein extremer nichtlinearer Anstieg des Widerstandes in Abhängigkeit von der Temperatur erreicht. Der progressive Anstieg des Widerstandes beginnt bei der Curie-Temperatur, die wiederum von der Zusammensetzung der Keramik abhängt. Bei Bariumtitanatoxid-Keramik $BaTiO_3$ werden durch Zusätze von Bleititanat oder Strontiumtitanat, die unterschiedlichen Curie-Temperaturen eingestellt (s. **Bild 7.1**).
Kunststoffe, wie Polyethylen und Polypropylen, erhalten mit Zusatz von Leitfähigkeitsrußen einen deutlich geringeren spezifischen elektrischen Widerstand von $\rho < 10^{10}\,\Omega\mathrm{mm}^2/\mathrm{m}$. Sie sind nur für niedrige Temperaturen (< 100 °C) einsetzbar. Wegen ihres positiven Temperaturkoeffizienten des elektrischen Widerstandes sind sie selbst regelnd.

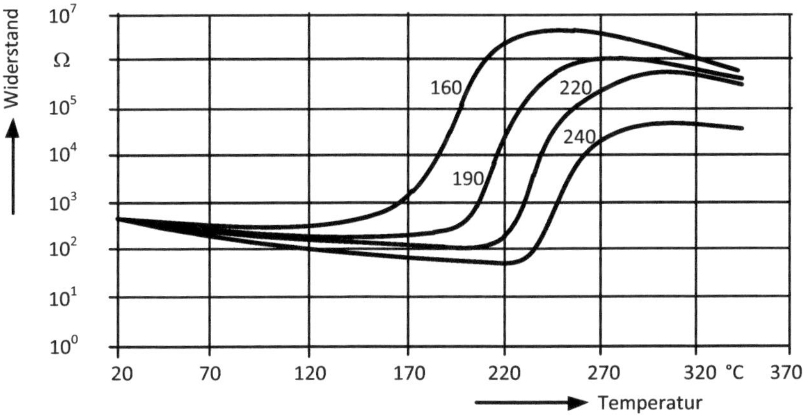

Bild 7.1: Beispiel für die Temperaturabhängigkeit des elektrischen Widerstandes einiger PTC-Materialien (Zahlen an den Kurven entsprechen Curie-Temperatur in °C)

7.1.2 Heizelemente

Ein Heizelement ist ein zu Draht, Band, Spirale oder Mäander ausgeformter Heizleiter, der mit Anschlussleitungen (im Querschnitt vergrößertes und/oder besser leitendes Material) versehen ist. Heizelemente sind meist für einen bestimmten Spannungsbereich ausgelegt. Das **Bild 7.2** zeigt zwei typische Heizelemente aus metallischen Heizleitermaterialien. Heizelemente aus PTC- oder CMC-Keramik werden kompakt geformt, z. B. als rechteckige oder kreisförmige Scheiben (s. weiter unten). Kunststoffe werden als Bänder in Heizkabeln verbaut. Hier ist wegen der Stromleitung quer zum Band und der o. g. Eigenschaft des spezifischen Widerstandes eine lokale Temperaturbegrenzung, z. B. bei lokal verminderter Wärmabfuhr, möglich (s. auch weiter unten).

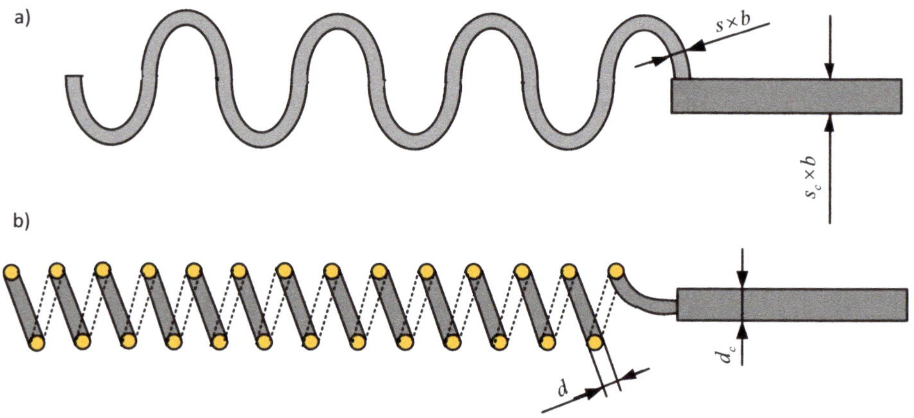

Bild 7.2: Heizelemente: a) Mäander aus Bandmaterial, b) Heizspirale aus Runddraht

Dimensionierung des Heizleiters

Die Dimensionierung von Heizleitern soll hier auf die Länge l und die Querschnittsabmessungen d oder $s \times b$ von draht- und bandförmigen Heizleitern bei vorgegebener Anschlussspannung U und geforderter Heizleistung P beschränkt werden.
Die Heizleistung bestimmt sich beim instationären Aufheizvorgang aus der Wärmekapazität der zu erwärmenden Massen m_i verschiedenster Materialien

$$C = \Sigma_i\, c_i \cdot m_i \tag{7.1}$$

und dem geforderten Temperaturanstieg sowie der Wärmeverluste $P_l(\vartheta)$ in Abhängigkeit der Temperatur.

$$P = C \,\mathrm{d}\,\vartheta / \,\mathrm{d}\,t + P_l(\vartheta) \tag{7.2}$$

Hier sind bei den Teilmassen m_i auch die Massen der Heizelemente und teilweise die der thermischen Isolation zu berücksichtigen. Im stationären Zustand mit $\mathrm{d}\vartheta/\,\mathrm{d}t = 0$ sind lediglich die thermischen Verluste durch die Heizleistung zu decken.

$$P = P_l \tag{7.3}$$

Nachfolgend wird davon ausgegangen, dass der induktive Widerstand des Heizelements im Vergleich zum ohmschen Widerstand mit $X << R$ vernachlässigbar ist. Damit ergibt sich ein einfacher Zusammenhang von Heizleistung und Anschlussspannung.

$$P = U^2/R \tag{7.4}$$

Wegen

$$R = \frac{l\varrho}{A_c} \tag{7.5}$$

mit

$$A_c = \frac{d^2\pi}{4} \quad \text{für Kreisquerschnitt} \tag{7.6}$$

$$= b \cdot s \quad \text{für rechteckigen Bandquerschnitt} \tag{7.7}$$

kann der ohmsche Widerstand aus beliebig vielen Kombinationen von Zähler und Nenner in l/A_c gebildet werden. Ein größerer Querschnitt A_c hat stets eine größere Länge l und damit einen größeren Materialeinsatz zu Folge. Der Heizleiter kann die in ihm erzeugte Joule´sche Wärme hauptsächlich nur über seine Oberfläche A_s an die Umgebung abgeben.

$$A_s = l \cdot d \cdot \pi \quad \text{für Kreisquerschnitt} \tag{7.8}$$

$$= l \cdot 2 \cdot (b + s) \quad \text{für rechteckigen Bandquerschnitt} \tag{7.9}$$

Nach den Gesetzen der Wärmeübertragung ist bei gleicher Heizleistung eine größere Oberfläche A_s stets mit einer geringeren Übertemperatur des Heizleiters zu seiner Umgebung verbunden. Weil die Intensität chemischer Reaktionen und/oder der Verdampfung mit der Temperatur an der Heizleiteroberfläche zunimmt, nimmt die Lebensdauer des Heizleiters entsprechend ab. Auch die mechanische Festigkeit nimmt mit zunehmender Temperatur ab, wobei hier zu beachten ist, dass der Heizleiter im Inneren eine höhere Temperatur als auf seiner Oberfläche hat.

Eine wichtige Kenngröße für die Beanspruchung eines Heizleiters ist dessen spezifische Oberflächenbelastung p_0. Diese Kenngröße gibt an, welche Leistung pro Einheit der Oberfläche A_s des Heizleiters bei technisch sinnvoller Lebensdauer abgegeben werden kann.

$$p_0 = \frac{P}{A_s} \tag{7.10}$$

Ihr Wert liegt im Bereich von $p_0 = 1 \dots 30\,\mathrm{W/cm^2}$. Wegen der inneren Übertemperatur nimmt die zulässige Oberflächenbelastung mit dem Querschnitt des Heizleiters ab. Die Hersteller von Heizleitern geben die spezifische Oberflächenbelastung zu ihren Produkten oftmals an, wobei hierbei wesentliche und nicht sofort quantifizierbare Bedingungen zu beachten sind:

- Heizleitertemperatur
- Temperatur der den Heizleiter umgebenden Atmosphäre
- Temperatur des Gutes (bei vorwiegend Wärmeaustausch durch Strahlung)
- Gegenseitige Bestrahlung der Heizleiter z. B. bei einer unbedeckten Spirale
- Art der Ofenatmosphäre
- Einbett- bzw. Auflagematerialien.

Eine Mindestlebensdauer wird von den Herstellern in der Regel nicht angegeben. Angaben zur spezifischen Oberflächenbelastung ausgewählter Heizleitermaterialien sind beispielsweise in [16, S. 446 bis 450] zu finden. Der Konstrukteur muss bei der Bestimmung der Oberflächenbelastung sehr sorgfältig vorgehen. Manchmal ist deshalb die Berechnung des gesamten Temperaturfeldes (Einsatzgut, Ofenwände, Heizleiter, Atmosphäre usw.) erforderlich. Gut dokumentierte Erfahrungen zu bereits erprobten Einrichtungen sind hier sehr wertvoll. Bei sicherheitsrelevanten Heizungen (z. B. zur Eisfreihaltung von Außensonden an Flugzeugen, zur Beheizung von Schienen und Weichen usw.) werden wesentlich geringere spezifische Oberflächenbelastungen gewählt als bei Haushaltsgeräten.
Mit der Wahl von p_0 sind die geometrischen Daten des Heizleiters bestimmt. Für den Heizleiter mit Kreisquerschnitt ergibt sich aus (7.4) bis (7.6):

$$P = \frac{U^2 d^2 \pi}{4 l \varrho}\,. \tag{7.11}$$

Aus (7.8) und (7.10) folgt weiterhin:

$$l = \frac{P}{p_0 d\pi}. \tag{7.12}$$

Indem man die Heizleiterlänge l in (7.11) durch (7.12) ersetzt, ergibt sich:

$$d = \sqrt[3]{\frac{P^2 4\varrho}{U^2\pi^2 p_0}}. \tag{7.13}$$

Bei den bandförmigen Heizleitern muss zunächst das Kantenverhältnis des verfügbaren Heizleitermaterials

$$\gamma = \frac{b}{s} > 1 \tag{7.14}$$

festgelegt werden. Damit ergibt sich aus (7.4), (7.5) und (7.7):

$$P = \frac{U^2\gamma s^2}{l\varrho}. \tag{7.15}$$

Aus (7.9), (7.10) und (7.14) folgt weiterhin:

$$l = \frac{P}{p_0 2s(1+\gamma)}. \tag{7.16}$$

Indem man die Heizleiterlänge l in (7.15) mit (7.16) ersetzt, ergibt sich:

$$s = \sqrt[3]{\frac{P^2\varrho}{U^2 2p_0\gamma(1+\gamma)}}. \tag{7.17}$$

Heizleiter mit freier Oberfläche

Heizleiter mit freier Oberfläche haben mit der sie umgebenden Atmosphäre (Luft, Schutzgas oder Vakuum) und eventuell an den Auflagestellen partiellen Kontakt mit einem Trägermaterial (s. **Bild 7.3**). Dem Berührungsschutz ist wegen der frei zugänglichen Heizleiter besondere Beachtung zu schenken.
Heizelemente mit geformten Heizleitern: Metallische Heizleiter aus Draht- oder Bandmaterial werden zu wendelförmigen oder mäanderförmigen Heizelementen verarbeitet (s. Bild 7.2). Die Verlegung dieser Heizelemente erfolgt in keramischen Tragkörpern, wie Wand-, Decken- und Bodenplatten (s. Bild 7.3).

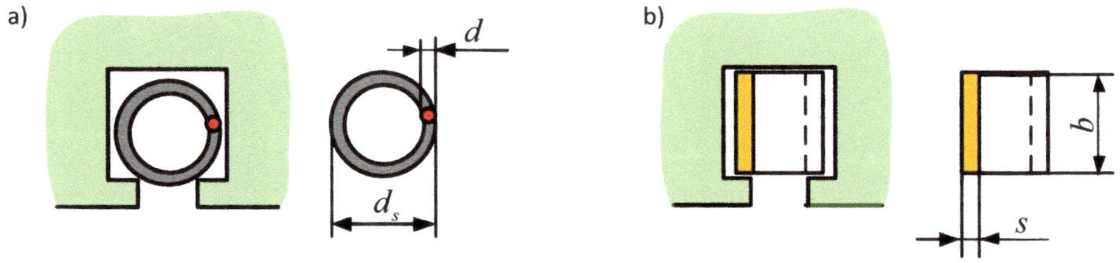

Bild 7.3: Heizelemente-Träger aus Keramik für: a) Drahtspirale, b) Band in Mäanderform

Im höheren Temperaturbereich (> 1000 °C) kommen auch frei tragende nichtmetallische Heizelemente mit verdickten und/oder metallisierten Enden zum Einsatz. Z. B. werden haarnadelförmige Heizelemente aus Molybdändisilizid oder stabförmige Heizelemente aus Siliziumcarbid meist vertikal hängend angeordnet.

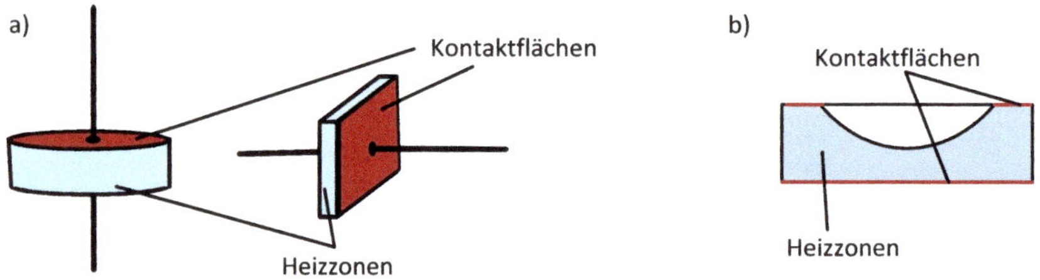

Bild 7.4: Keramische Heizelemente: a) PTC-Pellets, b) CMC-Minischmelztiegel

Die o. g. Heizelemente werden vor allem in Mitteltemperaturöfen für Arbeitstemperaturen von 400 bis 1300 °C und in Hochtemperaturöfen mit Arbeitstemperaturen > 1300 °C eingesetzt. Diese Öfen unterscheidet man nach der Bauform in Standöfen (Kammer-, Hauben- und Muffelöfen) sowie Durchlauföfen. Außerdem gibt es noch Geräte, z. B. Lufterhitzer, die zur Erzielung einer guten Heizdynamik mit Heizleitern mit freier Oberfläche ausgestattet sind. Bei den Standöfen verbleibt das Einsatzgut während der Aufheiz-, Fortheizzeit und eventuell auch des Abkühlprozesses an der gleichen Stelle des Ofens. Bei den Durchlauföfen wird das Gut durch den Ofen geführt, wobei es Heiz- und Kühlzonen durchlaufen kann.

Die o. g. Heizelemente finden in den genannten Einrichtungen beispielsweise in folgenden Technologien Anwendung:

- Härten, Hartlöten, Gasaufkohlen in kontrollierter Atmosphäre
- Spannungsfreiglühen, Rekristallisation, Normalisieren auch unter Schutzgas oder im Vakuum
- Schmelzen von Metallen
- Emallieren
- Brennen von Porzellan, Steingut und Keramik
- Wärmebehandlung von Glas
- Beheizung von Salzbädern.

Heizelemente mit PTC-Heizleitern: PTC-Heizelemente (engl. *Positve Temperature Coefficient*) sind als Pellets (Platten, Tabletten, Ringe und ähnliches) nach **Bild 7.4** verfügbar. Es gibt jedoch auch Register mit vielen PTC-Heizelementen, wie dies beispielsweise in **Bild 7.5** gezeigt wird.

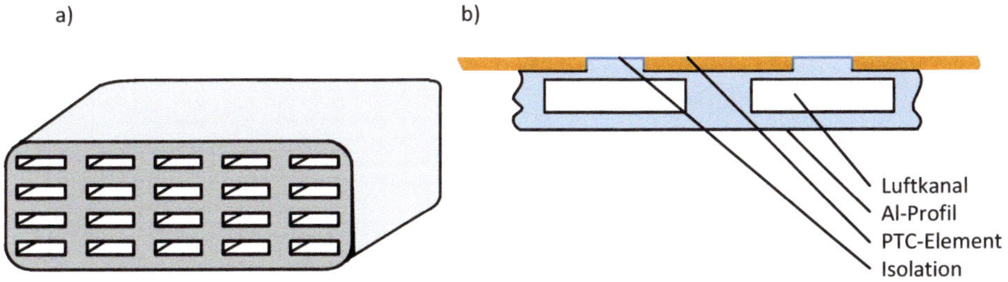

Bild 7.5: Raumluftheizung mit PTC-Heizelementen: a) Heizregister, b) Profil mit PTC-Elementen

Mit Heizelementen aus diesen Materialien ist es praktisch möglich, eine sehr einfache Temperaturregelung aufzubauen. Das Heizelement verkörpert faktisch alle Glieder eines klassischen Regelkreises (Mess-, Vergleichs- und Stellglied). Wie bei dem klassischen Regelkreis funktioniert das nur, wenn die Heizleistung ausreicht, um unter den gegebenen Bedingungen die stationäre Solltemperatur in der geforderten Aufheizzeit zu erreichen. Da die Messtemperatur gleich der Temperatur des Heizelementes ist, sollte sich der Ort für den Sollwert in einem guten thermischer Kontakt zum Heizelement befinden. Wegen des stark positi-

ven Temperaturkoeffizienten ist Vorsicht geboten, wenn PTC-Heizelemente in Reihe geschaltet werden.
Beispielgebende Anwendungen mit integrierter Temperaturregelung sind:

- Temperieren von empfindlichen Mechanismen (in Schaltschränken und Automaten) bei niedrigen Umgebungstemperaturen und zum Frostschutz
- Beheizung von Fahrzeugteilen zum Schutz gegen Einfrieren, wie z. B. die Waschwasserdüsen
- Beheizung von Fahrzeugteilen zur optimalen Funktion (Kühlwasserthermostat, Kurbelgehäuse-Entlüftung, Kraftstoffpumpen, Vorwärmung von Dieselkraftstoff)
- Fahrzeug-Lenkrad- und Sitz-Heizung
- Erwärmen der Raumluft von Fahrzeugen mit Elektroantrieb.

Heizelemente mit CMC-Heizleitern: Bei den CMC (engl. *ceramic matrix composite*)-Heizelementen wird die Materialzusammensetzung (siehe oben) abhängig von der Einsatztemperatur und der Atmosphäre gewählt. Das Heizelement kann so geformt werden, dass die Wärme unmittelbar am Prozessort entwickelt wird. Es werden Gebrauchstemperaturen über 1300 °C auch bei Kontakt mit aggressiven Medien (Gase, Schmelzen) erreicht.

Beispielgebende Anwendungen bei unmittelbarem Kontakt des Heizelements mit aggressiven Medien sind:

- Minischmelztiegel (Bild 7.4 b)
- Minireaktoren
- Glühzünder.

Bedeckte Heizleiter

Der Heizleiter wird zum Schutz vor Berührung und/oder zum Schutz vor schädlichen äußeren Einflüssen (Luftsauerstoff) vollständig abgedeckt. Eine Abdeckung des Heizleiters mit Perlen oder Formstücken aus Steatit, das Einlegen in einen keramischen Formkörper, die Einbettung in Glimmer oder Glimmer-Produkte haben den Nachteil, dass der Heizleiter noch von der umgebenden Luft bzw. Luftfeuchtigkeit erreicht wird. Deshalb wird heute eine wesentlich dichtere Einbettung in einem geeigneten Isolierstoff bevorzugt. Dieser Isolierstoff soll bei Gebrauchstemperatur elektrisch ausreichend isolieren und andererseits eine gute Wärmeabfuhr (Wärmeleitung) ermöglichen.

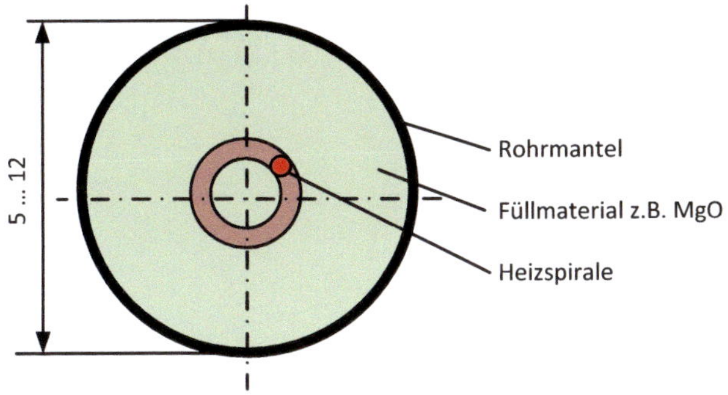

Bild 7.6: Rohrheizelement in der klassischen Form mit vielfältigen Anwendungen

Rohrheizelemente: In **Bild 7.6** ist das Schnittbild eines Rohrheizelements dargestellt. In einem Metallrohr, das aus Aluminium, Kupfer oder Edelstahl bestehen kann, befindet sich der Heizleiter in Form einer Heizwendel oder eines geraden Heizdrahtes (Mantel- oder Mikroheizleiter). Der Heizleiter ist im hoch verdichteten Magnesiumoxid eingebettet. Die Verdichtung wird durch nachträgliches Auswalzen oder Ausziehen der Rohre (geringerer Durchmesser) oder durch Umwandlung von zunächst pulverförmigem Magnesium in Magnesiumoxid MgO (Volumenzuwachs) erreicht. Mit dem hoch verdichteten Magnesiumoxid werden eine gute Wärmeleitfähigkeit und eine hohe elektrische Festigkeit erzielt. Da jedoch die verdichtete MgO-Isolation noch gering kapillarporös ist, muss eine separate Abdichtung zum Schutz gegen Feuchtigkeit und Luftsauerstoff im Bereich der Anschlüsse und der unbeheizten Zonen erfolgen. Rohrheizelemente mit Rohren aus NiCr-Stahl können Arbeitstemperaturen bis 850 °C erreichen. Ihre spezifische Oberflächenbelastung (bezogen auf den Rohrmantel) beträgt 0,5 bis 11 W/cm^2. Rohrheizelemente werden hauptsächlich im Niedertemperaturbereich (< 400 °C) eingesetzt. Beispielgebende Anwendungen sind:

- Erwärmung von Gasen
- Strahlungsheizkörper z. B. für Infraroterwärmungs-Anlagen

- Erwärmung von Wasser (z. B. in Waschmaschinen), von Ölen (z. B. in Friteusen), von Säuren und Laugen (Galvanik)
- Beheizung fester Körper z. B. für Weichenheizungen sowie Walzen- oder Rezipienten-Heizungen
- Eingegossen in Leichtmetall, z. B. in Aluminium für Bügeleisen oder in Spritzdüsen.

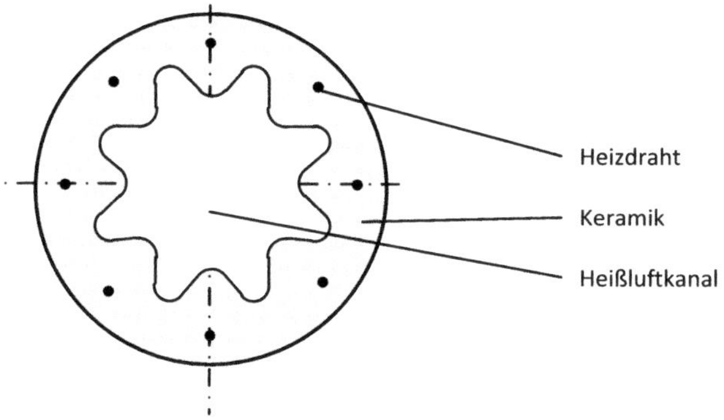

Bild 7.7: Schnittbild eines Keramikrohres mit eingebettetem Heizdraht

Hybride-Heizelemente: Bei den Hybrid- bzw. Dickschicht-Heizelementen werden Heizdrähte z. B. aus Platin, Wolfram oder Molybdän direkt in keramisches Isoliermaterial, wie z. B. Aluminiumoxid Al_2O_3 oder Siliziumnitrid Si_3N_4, eingesintert. Auf diese Weise können Stab-, Lamellen- und Rohr-Heizer oder Heizplatten ausgebildet werden (s. **Bild 7.7**). Es werden Gebrauchstemperaturen bis zu 1300 °C erreicht. Der Widerstand der Heizdrähte kann zur Temperaturkontrolle benutzt werden. Bei geringem Wärmeübergang zur Umgebung (z. B. beim Lufterhitzer) nimmt die Keramik nahezu die Temperatur der Heizdrähte an.
Die beispielgebenden Anwendungen insbesondere mit integrierter Prozesstemperatur sind:

- Geräte- und Werkzeugbeheizung
- Beheizung von Sonden (z. B. λ-Sonden)
- Löten
- Beschichten
- Verdampfen.

Heizkabel, Heizbänder: Für Heizkabel oder Heizbänder gibt es zwei konstruktiv unterschiedliche Varianten. Einmal werden metallische Heizleiter (z. B. $NiCr$) in eine mehrschichtige flexible Isolation eingebracht. Zum anderen wird zwischen zwei Versorgungsleitungen aus Kupferlitze ein leitfähiges Material (Kunststoff, Kohlefaserverbund) eingebracht.

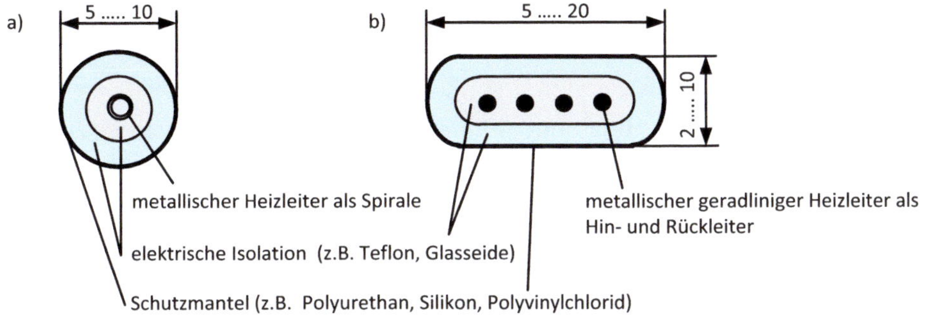

Bild 7.8: Heizkabel und Heizband (Abmessungen der Isolationsschichten und Heizleiter nicht maßstabsgerecht)

Der metallische Heizleiter kann nach **Bild 7.8** in unterschiedlicher Form als Spirale oder als geradliniger mehrfacher Hin- und Rückleiter in den elektrischen Isolierstoff eingelegt werden. Es werden spezifische Leistungen von bis zu 200 W/m bei Gebrauchstemperaturen von bis zu 400 °C erreicht. Bei der zweiten Variante in Form von Heizbändern mit leitfähigem Kunststoff nach **Bild 7.9** werden lediglich Leistungen von 10 bis 40 W/m erzielt. Auch sind die Gebrauchstemperaturen geringer (< 60 °C). Ihr Vorteil liegt in der Selbstbegrenzung der Heizleistung an Stellen, wo wegen einer hohen Umgebungstemperatur oder ungünstiger Wärmeabfuhr (z. B. trockener Abschnitt einer Dachrinne) nur eine geringe oder keine Heizleistung benötigt wird. Heizkabel und Heizbänder werden im Niedertemperaturbereich vielfältig angewendet:

- Fußbodenheizung
- Vermeidung von Glatteisbildung auf Straßen, Gehwegen und Brücken
- Frühbeet-Beheizung
- Aufrechterhaltung der Fließfähigkeit unterschiedlicher Fluide, wie z. B. Öl, in Leitungen mittels Rohrbegleitheizung
- Frostschutz von Dachrinnen, Wasserleitungen, Teichen, Straßen, Wegen usw.

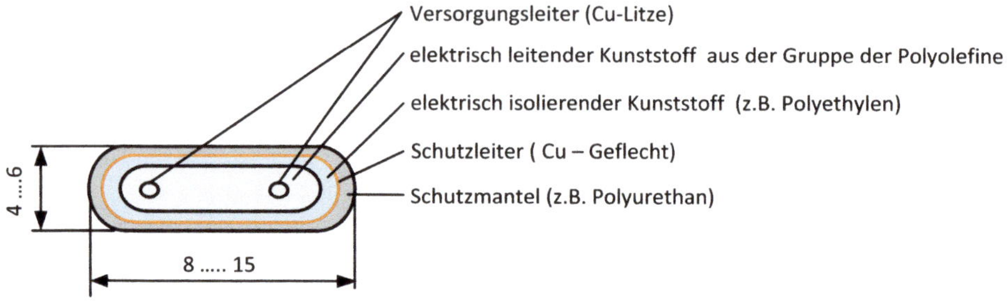

Bild 7.9: Selbstregelndes Heizband mit einem leitenden Kunststoff (Abmessungen von Schichten und Versorgungsleitern nicht maßstabsgerecht)

Integrierte Heizleiter: Die Heizleiter können in oder auf isolierende Materialien, wie Glas oder Keramik, ein- oder aufgebracht, z. B. eingegossen, eingelegt oder aufgedampft, werden. Dies findet beispielsweise für beheizte Autoscheiben, Autospiegel usw. seine Anwendung.
Elektrisch leitende Kohlenstofffasern mit $\varrho \approx 30\,\Omega\text{mm}^2/\text{m}$ oder andere leitfähige Fasern werden zu Schnüren, Bändern oder Matten verarbeitet und in Silikongummifolien, Glasfasermatten oder Kunststofffolien eingebettet. Mit diesen schmiegsamen Heizelementen werden spezifische Oberflächenleistungen von $1...2\,\text{W/cm}^2$ erreicht. Anwendungen hierfür sind beispielsweise gegeben in Heizdecken, beheizter Kleidung sowie in Heizmatten für Kessel- und Fußbodenheizungen.
Aufgespritzte Heizelemente: Auf kompliziert geformten Flächen unterschiedlichster Materialien können im Wechsel isolierende und leitfähige Schichten aufgespritzten werden, deren gesamte Schichtdicke kleiner als 2 mm ist. Wenn der Heizleiter einen großen positiven Temperaturkoeffizient des spezifischen Widerstandes hat, gleichen sich die Ströme bei unterschiedlichen Strombahnlängen selbständig aus (s. **Bild 7.10**). Mit derartigen Heizelementen können bei Betriebsspannungen von bis zu 400 V Temperaturen von bis zu 100 °C erreicht werden. Diese Bauart wird beispielsweise zur Verhinderung einer Vereisung an Flugzeugen, Fahrzeugen und Schiffen angewendet.

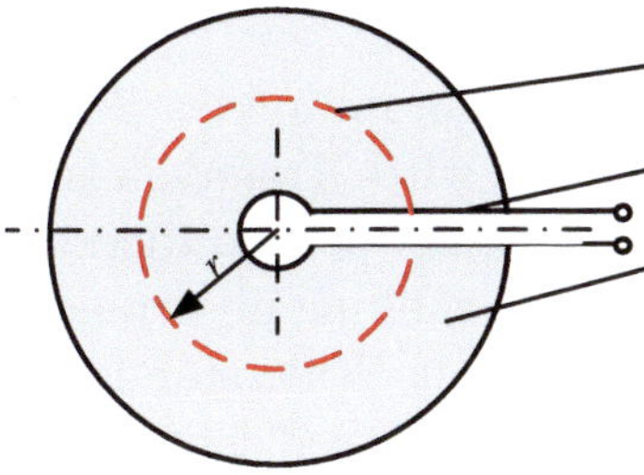

Bild 7.10: Aufgespritztes Heizelement; bei hohen positiven Temperaturkoeffizienten des spezifischen Widerstandes Ausgleich der Stromdichte trotz unterschiedlicher Strombahnlängen $2\pi r$

7.2 Indirekte Induktionserwärmung

Die Einrichtungen zur indirekten Induktionserwärmung entsprechen den Prinzipien, die im Teil 1 des Buches unter dem Kapitel „Induktionserwärmung" dargelegt sind. Der Unterschied besteht darin, dass das zu erwärmende Gut elektrisch nicht leitend ist und folglich nicht von Wirbelströmen durchsetzt wird. Hier wird deshalb als Einsatz ein elektrisch leitfähiges Gebiet, wie eine Kesselwand, ein Topfboden usw., bezeichnet, das mittels Wärmeleitung Energie an das Gut überträgt.
Gefäßerwärmung: Große Behälter oder Rohrleitungen in der Grundstoffindustrie müssen auch bei extrem wechselnden Außentemperaturen in einem vorgegebenen Temperaturbereich gehalten werden, damit die darin enthaltenen Fluide fließfähig bleiben. Metallische Gefäße mit Durchmessern bis in den Meter-Bereich können induktiv mit einer günstigeren Dynamik als durch eine indirekte Widerstandsheizung temperiert werden. Besonders vorteilhaft ist die induktive Erwärmung, wenn es auf eine präzise Temperaturregelung bei starker Dynamik (Beginn exothermer Prozesse, Fluidzufuhr mit starken Temperaturschwankungen) ankommt.
Extruderbeheizung: Die Extruderdüsen zum Strangpressen von thermoplastischen Kunststoffprofilen werden üblicherweise mit Heizpatronen und somit einer indirekten elektrischen Widerstandsheizung erwärmt. Steuerungstechnisch ist eine induktive Erwärmung der metallischen Extruderdüse jedoch günstiger,

weil Verzögerungszeiten der Regelstrecke durch kürzere Wärmeleitungslängen und weniger Wärmeübergänge (z. B. von der Heizpatrone auf das Metall des Extruders) vermindert werden.

Induktives Kochen: Das induktive Kochen ist ein indirektes Verfahren, weil das Kochgut nicht von Wirbelströmen durchsetzt wird. Trotzdem ist dieses Kochen zeitsparender als jenes mit einer Heizplatte, bei der die thermische Energie mittels Wärmeleitung und/oder Temperaturstrahlung übertragen wird. Die thermische Trägheit einer massiven Heizplatte mit Widerstandsheizung entfällt. Gegenüber dem Halogenstrahler kann die Leitungsdichte deutlich gesteigert werden. Die Energieeinsparung wird im Vergleich zum konventionellen Kochen wegen der „kalten“ Kochplatte und den kürzeren Zeiten meist überschätzt. Beim Kochen von Wasser können zwar bis zu 25 % Energie gespart werden. Wenn jedoch ein Temperatur-Halten (z. B. Köcheln) erforderlich ist, kann der Energiegewinn rasch aufgezehrt werden. Neben der Zeitersparnis sind es eher Faktoren, wie Sauberkeit (kein Anbrennen auf der Heizplatte), Sicherheit (Abschaltung bei Abwesenheit des Topfes) und bessere Arbeitsbedingungen (keine Wärmeabstrahlung der Heizplatte nach Abnahme des Topfes), die für induktives Kochen sprechen. Deshalb waren zuerst Großküchen Nutzer dieser Technik.

Der prinzipielle Aufbau des luftgekühlten Scheiben-Induktors aus Kupferlitze mit ferritischen Rückschlüssen entspricht **Bild 7.11**.

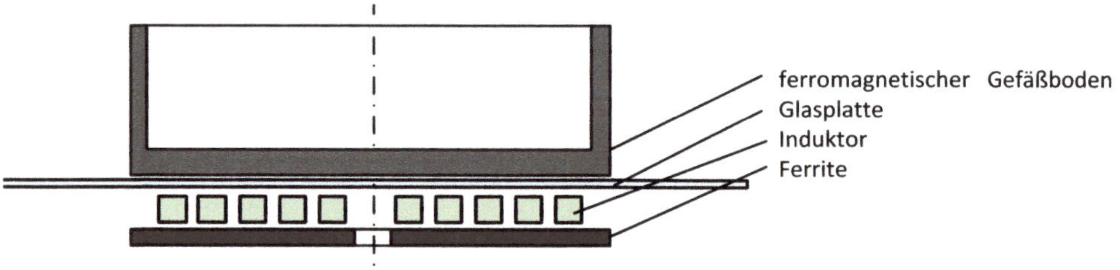

Bild 7.11: Induktive Kocheinrichtung; Minderung des Streufeldes durch Ferrite, $2f >$ Hörbereich des Menschen

Aushärten von Klebern: Vor allem im Fahrzeugbau werden oftmals metallische Bauteile verklebt, weil so der Korrosionsschutz (Zink) nicht lokal zerstört wird. Um die relativ langen Aushärtezeiten des Klebers (im Vergleich zum Fertigungstakt des Bandes) zu verkürzen, werden die Metallteile an den Verbindungsstellen induktiv erwärmt (s. **Bild 7.12**).

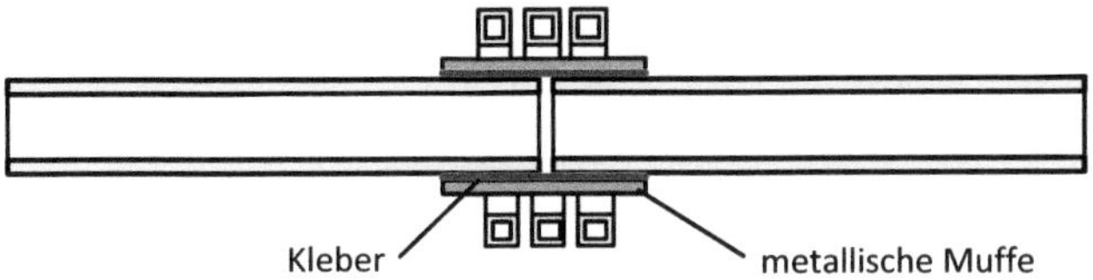

Bild 7.12: Induktiv unterstütztes Aushärten von Klebern zur Verbindung von Metallteilen

Induktives Beschichten: Der zu beschichtende metallische Grundwerkstoff wird induktiv erwärmt. Das zur Beschichtung vorgesehene pulverförmige Material wird dabei aufgeschmolzen und verbindet sich mit dem Grundwerkstoff zu einer Schicht mit verbesserten Eigenschaften, wie geringerer Verschleiß oder geringere Korrosion. Der Vorteil des induktiven Verfahrens ist hierbei, dass höher schmelzende ($> 1000\,°C$) eisenhaltige Schutzschichten (z. B. Fe-Cr-C-B-Schichten) erzeugt werden können.

7.3 Indirekte Lichtbogenerwärmung

Bei der Substitution fossiler Energieträger, wie Erdgas und Kohle, kommt der indirekten Lichtbogenerwärmung eine zunehmende Bedeutung zu. Das Plasmatron mit nicht übertragenen Lichtbogen nach **Bild 7.13** ist mit einer Düse eines Gasbrenners vergleichbar. Wie beim Brenner können auch hier mehrere Plasmatrone parallel arbeiten. Neben dem Arbeitsgas, wie z. B. Argon, kann ein Reduktionsmittel, wie z. B. Wasserstoff, zugemischt werden. Außerdem können dem Gasstrom pulverförmige bzw. körnige Feststoffe, wie z. B. gemahlener Branntkalk, beigefügt werden. Damit sind auch Reduktionsprozesses möglich, die bisher in der Grundstoffindustrie mittels Kohle als Reduktionsmittel (s. Teil 1 des Buches, Abschnitt "Reduktionsöfen") durchgeführt werden. Die Gewinnung von Ferrolegierungen, wie z. B. Ferromangan, aber auch von Calciumcarbid und verschiedenen Metallen ist ohne fossile Brenn- und Reduktionsmittel denkbar.
Mit Hohlelektroden nach **Bild 7.14** kann die Leistung pro Einheit in den MW-Bereich gesteigert werden. Die Bogenansätze werden durch magnetische Felder und/oder eine radiale Einspritzung der Gase und pulverförmigen Feststoffe über den inneren Durchmesser zeitlich verteilt. Durch intensive Kühlung der Hohlelektroden (nicht dargestellt) kann zusätzlich eine Wanderung der

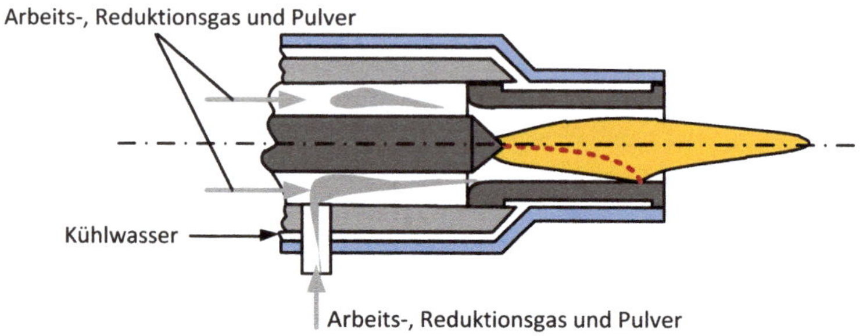

Bild 7.13: Plasmatron mit nicht übertragenem Bogen; radiale Einleitung des Pulvers verlängert seine Aufenthaltsdauer

Bogenansätze in axialer Richtung erreicht werden, weil der erodierte Bereich intensiver gekühlt wird. Um größere Reaktionszeiten zu erreichen, können mehrere Plasmatrone mit Hohlelektroden in Reihe angeordnet werden. Derartige Einrichtungen zeichnen sich durch eine hohe Leistungsdichte bei relativ geringer Wärmekapazität aus. Sie sind daher auch für einen dynamischen Betrieb geeignet, mit dem auf einen zeitabhängigen Energietarif (abhängig von Bereitstellung und Verbrauch) reagiert werden kann.

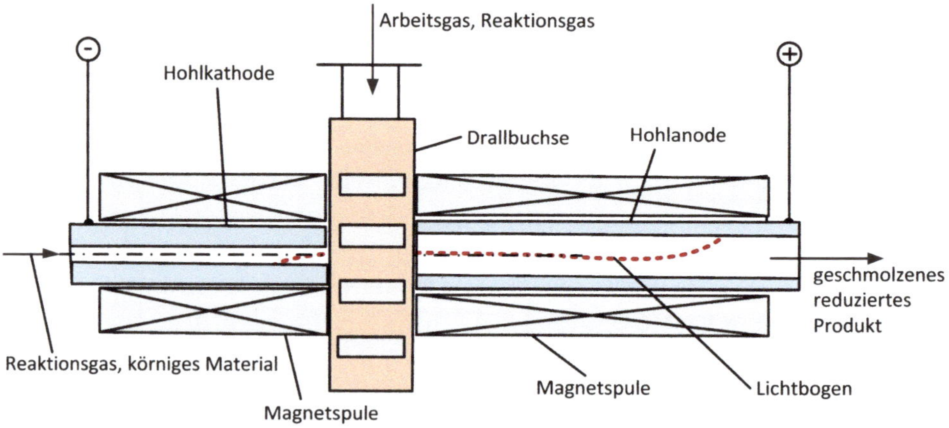

Bild 7.14: Plasmatron mit Hohlelektroden; Variation der Ansatzpunkte des Lichtbogens durch Geschwindigkeit der Gasströmung, Bogenspannung und Magnetfeldstärke

Das bereits in der Glasindustrie etablierte Verfahren zur Herstellung von Rohlingen für Quarzglasrohre nach **Bild 7.15** kann auch in modifizierter Form für andere, auch zu reduzierende, Materialien angewandt werden.

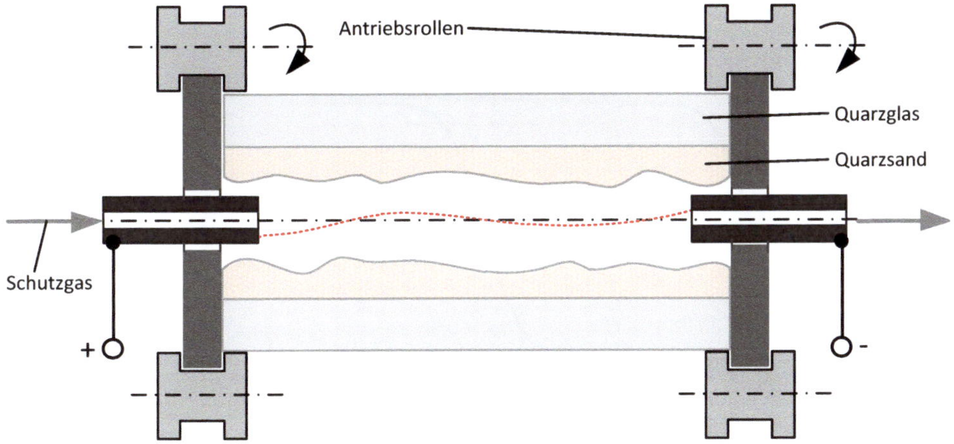

Bild 7.15: Schmelzen von Quarzsand zu Quarzglas in einem rotierenden Quarzrohr von innen nach außen

7.4 Magnetische Polarisationswechsel

Beim Durchlauf einer Hysteresekurve (s. **Bild 7.16**) wird magnetische Energie in Wärme umgewandelt, weil sich beim Polarisationswechsel magnetische Dipole drehen und dabei einen mechanischen Widerstand überwinden müssen. Die umgesetzte Leistung pro Volumeneinheit entspricht der von der Hysteresekurve eingeschlossenen Fläche geteilt durch die Periodendauer T.

$$p_v = \frac{1}{T} \oint H(t)\,\mathrm{d}\,B(t) \tag{7.18}$$

Von den elektrischen Maschinen und Transformatoren sind diese unerwünschten Ummagnetisierungsverluste, die von den Wirbelstromverlusten zu unterscheiden sind, bekannt. Da die meisten ferromagnetischen Materialien eine elektrische Leitfähigkeit aufweisen, tritt diese Erscheinung oft zusammen mit den Wirbelstromverlusten auf. Welche Verlustart überwiegt, hängt neben den Materialeigenschaften von den Abmessungen und der Frequenz bzw. der äquivalenten Eindringtiefe ab. Im Hochfrequenzbereich mit $f > 10\,\mathrm{kHz}$ werden daher Ferrite als Kernmaterial für Spulen und Induktoren verwendet. Ferrite haben eine sehr geringe elektrische Leitfähigkeit bei relativ hoher magnetischer Permeabilität. Es werden weichmagnetische und hartmagnetische Ferrite unterschieden. Letztere haben besonders hohe Ummagnetisierungsverluste.

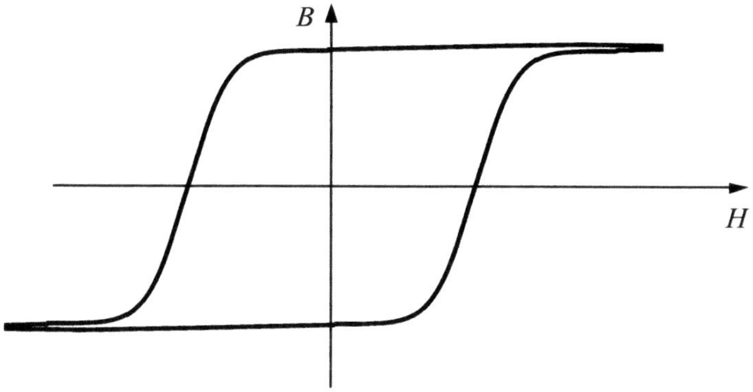

Bild 7.16: BH-Kennlinie eines hartmagnetischen Werkstoffes mit hoher Koerzitivfeldstärke

Hartmagnetische Ferrite mit vernachlässigbarer elektrischer Leitfähigkeit werden zur indirekten Erwärmung eingesetzt. Mit Hilfe eines Erregersystems (Spule) werden dazu magnetische Flussdichten erzeugt, die an die Sättigungsgrenze des Ferrits reichen. Nach (7.18) nimmt die umgesetzte Leistung mit der Frequenz zu. Allerdings sollte sich dabei kein elektromagnetisches Wechselfeld ausbilden, weil sich dann die Erwärmung möglicherweise nicht nur auf das ferritische Material beschränkt (dielektrische Erwärmung). Die Größenordnung der Frequenz, bei der sich noch kein Wellenfeld ausbildet, kann mittels der Freiraumwellenlänge λ_0 bzw. der Lichtgeschwindigkeit c abgeschätzt werden.

$$\lambda_0 = \frac{c}{f} = cT >> L \qquad (7.19)$$

Hierin bedeutet L die charakteristische Länge des Magnetfeldes. Das kann z. B. der Durchmesser der Erregerspule ($d = L$) sein.

Bei vorhandener elektrischer Leitfähigkeit können sich Wirbelströme ausbilden. Diese werden relevant, falls

$$\delta = \sqrt{\frac{2}{\omega\mu\kappa}} \leq \text{Ferritabmessung} \qquad (7.20)$$

gilt. Mit hartmagnetischen Ferriten, wie Magnetit, Bariumhexaferrit, Strontiumferrit oder Cobaltferrit, ist es daher möglich, nur in diesem Material und nicht in seiner Umgebung Wärme zu generieren. Der Ferrimagnetismus ist wie der Ferromagnetismus auf eine parallele Ausrichtung der magnetischen Momente benachbarter Atome zurückzuführen. Diese Gebiete gleicher Ausrichtung nennt man Weiss-Bezirke (weisssche Bezirke), die Ausdehnungen von 0,01 bis 1 mm annehmen können. Da der Ferrimagnetismus ebenfalls auf das magnetische Moment eines einzelnen Atoms zurückgeht (Elektronenspin), zeigt er sich auch bei Teilchen, die kleiner als die genannten kleinsten Weiss-Bezirke von 0,01 mm sind. Deshalb können Suspensionen mit kleinsten ferrimagnetischen Teilchen hergestellt werden, die dann ferrimagnetische Eigenschaften aufweisen. Wegen der geringeren Konzentration ist dies allerdings nur in stark abgeschwächter Form möglich.
Aus der Medizin ist bekannt, dass zur Krebsbehandlung ferrimagnetische Flüssigkeiten verwendet werden. Diese sind so zusammengesetzt, dass sie bevorzugt von Tumorzellen aufgenommen werden. Werden dann diese mit Magnetit angereicherten Tumorzellen einem starken magnetischen Wechselfeld ausgesetzt, so erwärmen sich diese stärker als das umgebende gesunde Gewebe (Hyperthermie). Weitere Behandlungen sind dann möglicherweise erfolgreicher.

7.5 Indirekte Kraftwirkungen

Mit einem magnetischen Wechselfeld kann ein ferromagnetischer Stab im magnetischen Feld einer Erregerspule in Schwingungen versetzt werden. Wird dieser Stab in eine Flüssigkeit getaucht (Tauchschwinger), so überträgt er seine Schwingungen in Form von Schallwellen (Longitudinalwellen) auf die Flüssigkeit (s. **Bild 7.17**). Bevorzugt wird eine Frequenz im Bereich des Ultraschalls von 25 bis 40 kHz. Wenn diese Schwingungen auf einen Festkörper (Werkstück) treffen, kommt es zum Effekt einer sogenannten Kavitation. Bei der Zugphase einer Schwingung reißt die Flüssigkeit auf. Dadurch bilden sich mikroskopisch kleine Bläschen, die sogenannten Kavitationsblasen. In der anschließenden Druckphase werden diese Kavitationsblasen instabil und fallen in sich zusammen. Dadurch entstehen erheblich Energiedichten, die sich als hydraulische Stöße und Mikroströmungen zeigen. Wenn diese Stöße auf Festkörper treffen, können sie anhaftende Verunreinigungen absprengen. Die Größe der Kavitationsblasen hängt von der Frequenz ab. Niedrige Frequenzen im Bereich von 20 kHz erzeugen große und hohe Frequenzen im Bereich von 40 kHz kleinere Kavitationsblasen. Die notwendige Ultraschallleistung für eine effektive Reinigung hängt vom Flüssigkeitsvolumen ab, in dem sich die zu reinigenden Werkstücke befinden. Sie wird mit 8 bis 10 W/L für den Bereich von 1 bis 100 L angegeben.

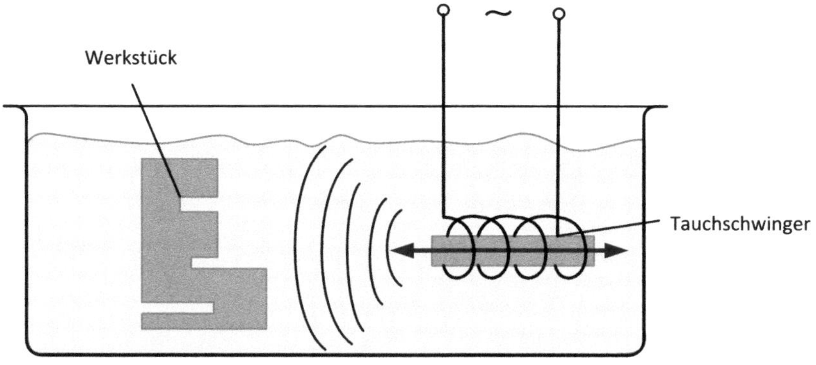

Bild 7.17: Reinigung von Werkstücken mit filigraner Oberfläche im Ultraschallbad

8 Rationeller Energieeinsatz

Als der Band 1 dieses Buches [23] im Handel erschien, wurde in Deutschland etwa die Hälfte der jährlichen Elektroenergie aus erneuerbaren Quellen (hauptsächlich aus Wind, Wasser und Sonne) gewonnen. Die bis dahin gültige Formel, wonach für 1 kW h Elektroenergie bei einem angenommenen Kraftwerkswirkungsgrad von 0,4 ca. 2,5 kW h Primärenergie (hauptsächlich Kohle, Erdgas) aufzuwenden sind, war zu diesem Zeitpunkt bereits nicht mehr gültig. Technologien, die bisher unstrittig auf fossilen Energieträgern beruhten, z. B. Brennen von Keramik, Schmelzen von Gebrauchsglas, Reduktion von Erzen usw., werden/wurden wegen der damit verbundenen CO_2-Emission auf weitestgehend klimaneutrale Technologien mit Strom und Wasserstoff umgestellt. Bei der Wahl von Energieträgern ist somit elektrische Energie nahezu konkurrenzlos. Sie hat jedoch weiterhin ihren Preis, weil die zu ihrer Bereitstellung notwendigen Einrichtungen und Anlagen teuer sind und eine begrenzte Lebenserwartung haben. Außerdem wird es bis zur Verfügbarkeit genügender Speicherkapazität zeitabhängige Preisaufschläge zumindest für Industriestrom geben, um die Balance von Erzeugung und Abnahme der Elektroenergie zu gewährleisten. Auch wenn davon ausgegangen werden kann, dass ein Netzausfall relativ unwahrscheinlich ist, wird es Zustände geben, bei denen zum Erhalt der Netzstabilität bestimmte energieintensive Anlagen abgeschaltet werden müssen. Für die Elektroprozesstechnik ergeben sich daher bezüglich des Bezuges von Elektroenergie neue Bedingungen, die bei Entwurf und Betrieb einer Anlage zu beachten sind.

Mit einem rationellen Energieeinsatz sollen hauptsächlich die Energiekosten minimiert werden. Das kann allerdings nicht bedingungslos und unabhängig von weiteren betriebswirtschaftlichen Belangen erfolgen:

- Hohe Zuverlässigkeit der geforderten Produktqualität
- Hoher Automatisierungsgrad bzw. minimale Personalkosten
- Minimale Wartungskosten bei nominaler Lebensdauer der Anlage

- Gewährleistung von Umweltschutz sowie der Betriebs- und Arbeitssicherheit.

Das bedeutet z. B., dass minimierte Energiekosten nicht die Produktqualität absenken, die Umwelt unnötig belasten oder die Zuverlässigkeit der Anlage mindern dürfen.
Der notwendige Elektroenergieeinsatz kann jedoch wesentlich von vorgelagerten Prozessstufen abhängen. Beispielsweise hat die Schrottzusammensetzung beim Schmelzen im Lichtbogenofen wesentlichen Einfluss auf die Schmelzpausen und damit die Energieverluste. Der den Chargierkorb füllende Mitarbeiter bestimmt folglich den Stromverbrauch pro Tonne Stahl mit.
Die Energiekosten setzen sich aus dem Arbeitspreis für Strom und Gas (z. B. Wasserstoff) und zusätzlichen Kosten, wie Grundpreis, Steuern, Abschreibungen usw., zusammen. Nachfolgend wird vorrangig nur der vom Stromzähler registrierte Verbrauch in Verbindung mit dem Arbeitspreis betrachtet.

8.1 Verfahrenswahl

Allgemein bestimmt die geforderte Produktqualität die Wahl des elektrotechnologischen Verfahrens. Beispielsweise hängt die Qualität einer Schweißnaht davon ab, ob mit einem Lichtbogen oder dem Elektronenstrahl geschweißt wurde. Der optische Eindruck einer Lackschicht kann entscheidend dadurch beeinflusst werden, ob mit Umluft, Infrarotstrahlung oder in Kombination getrocknet wurde. Andererseits kann Stahl gleicher Qualität im Lichtbogen oder induktiv geschmolzen werden, wobei hier der Verbrauch von teuren Legierungselementen den Unterschied ausmacht.
Manchmal können auch Kombinationen, wie das Durchwärmen mittels induktivem Aufheizen und nachfolgendem Temperaturausgleich durch indirekte Widerstandserwärmung, sinnvoll sein. Auch Kombinationen mit anderen Energieträgern, wie die Glasschmelze mit Erdgas- und Elektroheizung, können zielführend sein.
Schließlich können in einem Produktionsprozess bereits etablierte Verfahren den Ausschlag dafür geben, ein möglicherweise energetisch effektiveres Verfahren nicht einzusetzen, weil es unter den gegebenen Bedingungen (Instandhaltung, Platzbedarf usw.) des Betriebes nachteilig ist.
Diese hier skizzierten Fragestellungen zeigen, dass nur unter Beachtung der konkreten Bedingungen das hoffentlich richtige Verfahren ausgewählt werden kann.

8.2 Wirkungsgrad

Die konstruktive Auslegung einer elektrotechnologischen Einrichtung bestimmt den elektrischen Wirkungsgrad

$$\eta_{el} = \frac{P_{el} - P_{le}}{P_{el}} = \frac{P_{th}}{P_{el}}. \tag{8.1}$$

Dieser besagt, dass die elektrische Leistung P_{el} nur zum Teil als thermische Leistung P_{th} verfügbar ist (Index: le = loss electric). Mit der Auslegung von Leitungen, Induktoren, Elektroden, Kontakten, Wandler (Trafo, Wechsel- und Gleichrichter) usw. kann der elektrische Wirkungsgrad beeinflusst werden. Wie beim Lichtbogenofen gezeigt wurde, darf die Erhöhung des Wirkungsgrades jedoch nicht zu Lasten der Leistung gehen. In den einzelnen Kapiteln des Buches wurden die diesbezüglichen Einflussgrößen eingehend behandelt. Solange keine supraleitenden Materialien für Raumtemperatur und den in der Elektroprozesstechnik üblichen magnetischen Feldstärken und Frequenzen verfügbar sind, lassen sich die elektrischen Verluste nicht vermeiden. Vorerst ist die Anwendung von Supraleitern wegen der hohen energetischen Aufwendungen für die Kühlung nur speziellen Anwendungen, wie z. B. Hochfeldmagneten, vorbehalten.
Der thermische Wirkungsgrad

$$\eta_{th} = \frac{P_{th} - P_{lt}}{P_{th}} = \frac{P_{us}}{P_{th}} \tag{8.2}$$

bestimmt den Teil der thermischen Leistung, welcher im Gut als P_{us} nutzbar ist (Indizes: lt = loss thermal, us = useful). Auch hier gibt es noch keine Materialien, die bei den in der Elektroprozesstechnik üblichen hohen Temperaturen ideal isolieren bzw. eine Wärmeleitfähigkeit mit $\lambda \to 0$ haben. Allgemein steigt der thermische Wirkungsgrad mit der Größe L (charakteristische Länge). Dazu stellt man sich die äußere Form einer Einrichtung als Kugel vor, deren Leistung mit dem Volumen $\sim L^3$ und deren Wärmeverluste mit der Oberfläche $\sim L^2$ verknüpft ist. Es wird folglich dort, wo es möglich ist, anstelle von mehreren kleinen Einrichtungen eine leistungsstarke große Einrichtung betrieben. Deshalb sind beispielsweise Lichtbogenöfen mit Einsatzmassen von bis zu 200 t bei Anschlussleistungen von 250 MV A energetisch günstiger als mehrere kleine mit in der Summe gleicher Leistung. Das kreisförmige Ofengefäß des Lichtbogenofens kommt der Kugelform nahe und entspricht der kleinstmöglichen Oberfläche.

Der Gesamtwirkungsgrad

$$\eta = \eta_{el}\eta_{th}, \tag{8.3}$$

sollte bei einer guten konstruktiven Auslegung unter den jeweils gegebenen Bedingungen ein Maximum erreichen. Zu den genannten Bedingungen gehören der notwendige Leistungsumsatz (Produktivität) und natürlich auch die spezifischen Kosten. Ein supraleitender Induktor für einen Induktions-Tiegelofen lohnt sich gegenwärtig wegen der für die Tiefkühlung erforderlichen Elektroenergie nicht.
Die beiden Wirkungsgrade η_{el} und η_{th} beeinflussen sich bei der Variation von Konstruktionsgrößen oftmals gegenseitig. Wenn man einen der beiden Wirkungsgrade auf Kosten des anderen verbessern möchte, dann muss der Gesamtwirkungsgrad η sehr genau berechnet werden, um den positiven Effekt nachzuweisen. Z. B. könnte man den Koppelspalt zwischen Induktor und Einsatz vergrößern, um durch eine Verstärkung der thermischen Isolation den thermischen Wirkungsgrad zu verbessern. Die Rechnung zeigt, dass dies nur dann sinnvoll ist, wenn beide Wirkungsgrade etwa gleich groß sind. Der Induktions-Tiegelofen ist mit $\eta_{th} >> \eta_{el}$ ausgelegt, weshalb eine Verminderung von η_{el} bei Erhöhung von η_{th} nicht zielführend ist.

8.3 Energieeinsatz

Der Wirkungsgrad gibt die energetischen Verhältnisse nur für einen stationären Prozess oder für einen bestimmten Zeitpunkt eines instationären Prozesses vollständig an. Deshalb muss bei einem zeitabhängigen Prozessverlauf einer Einrichtung eine weitere Bewertungsgröße eingeführt werden. Hier soll der spezifische Energieeinsatz w betrachtet werden.

$$w = \frac{\int P_{el}\,\mathrm{d}\,t}{m} = \frac{W_{el}}{m} \tag{8.4}$$

Das ist die am Energiezähler gemessene elektrische Energie W_{el} (ugs. Stromverbrauch), die auf eine vergleichbare Masse des hergestellten Produktes bezogen wird. Andere Energiearten, wie eine zusätzliche Gasheizung, werden hier nicht betrachtet, müssen aber bei energetischen Vergleichen berücksichtigt werden. Manchmal sind andere Bezugsgrößen als die vergleichbare Masse zweckmäßig, wie z. B. die Länge einer Schweißnaht, die dann aber genau spezifiziert werden müssen (Material, Schweißnahttiefe usw.). Sehr wichtig bei einem Vergleich mit dem spezifischen Energieeinsatz ist die genaue Spezifikation des Prozesses. So ist beispielsweise bei der Stahlerzeugung aus Schrott anzugeben, mit welcher Schrottzusammensetzung welche Stahlsorte erzeugt wurde und ob eventuell andere Energieträger (z. B. Wasserstoff) zusätzlich eingesetzt wurden. Aufwendig wird die Definition der vergleichbaren Masse beispielsweise beim Schweißen oder Härten, weil hier Material, Qualität, Tiefe usw. übereinstimmen müssen.

Zur nachfolgenden Diskussion verschiedener Prozessabläufe wird die thermische Ersatzschaltung in Form eines thermischen RC-Modells nach **Bild 8.1** betrachtet. In dieser Ersatzschaltung treibt eine fiktive Temperaturdifferenz $\Delta\vartheta$ eine Leistung bzw. einen Wärmestrom an. Damit es bei einer einzigen Ersatzschaltung bleiben kann, werden bei den jeweiligen zugrunde gelegten Prozessen die Elemente R und C stark variiert bzw. gedanklich abgeschaltet.

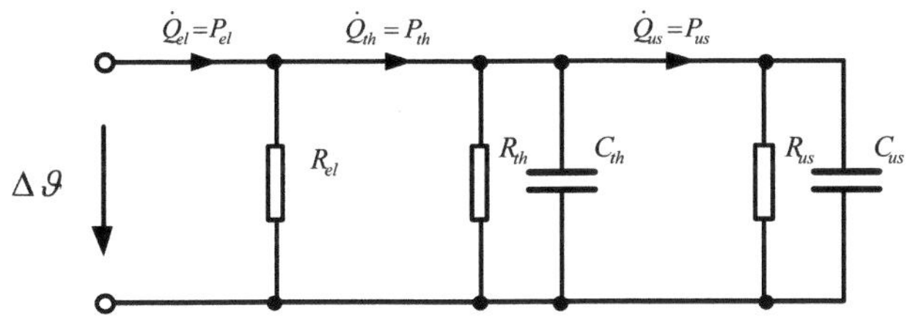

Bild 8.1: Thermische Ersatzschaltung; Potenzialdifferenzen entsprechen Temperaturdifferenzen und Ströme entsprechen Leistungen

Es werden drei Gruppen von Einrichtungen bzw. Prozessen unterschieden, die sich hauptsächlich durch die Wirkung innerer Wärmespeicher unterscheiden.

8.3.1 Kontinuierliche Prozesse

Bei einem kontinuierlichen Prozess ändern sich von außen betrachtet die Temperaturen der Einrichtung und des Gutes nicht. Die beiden Wärmespeicher C_{th} und C_{us} in Bild 8.1 werden einmalig aufgeladen und spielen für den spezifischen Energieeinsatz keine Rolle. Typische Prozesse sind die Drahterwärmung über Rollenkontakte, die induktive Blockerwärmung, die Schmelzflusselektrolyse sowie das elektrische Glasschmelzen und Prozesse mit verdeckten Lichtbögen in Reduktionsöfen.

Der spezifische Energieeinsatz wird hier mit der Masse m ausgedrückt, die im Zeitabschnitt Δt die Einrichtung durchlaufen hat.

$$w = \frac{P_{el}\Delta t}{m} = \frac{W_{el}}{m} \tag{8.5}$$

Mit den in Bild 8.1 eingetragenen Leistungen ergibt sich

$$w = [(P_{el} - P_{th}) + (P_{th} - P_{us}) + P_{us}]\frac{\Delta t}{m}, \tag{8.6}$$

woraus man nach Einsetzen von (8.1) und (8.2) erhält:

$$w = [P_{el}(1 - \eta_{el}\eta_{th}) + P_{us}]\frac{\Delta t}{m}. \tag{8.7}$$

Mit der Definition zum spezifischen Energieeinsatz nach (8.5) und

$$w_{us} = \frac{P_{us}\Delta t}{m} \tag{8.8}$$

folgt

$$w = w(1 - \eta_{el}\eta_{th}) + w_{us} \tag{8.9}$$

bzw. mit (8.3)

$$w = \frac{w_{us}}{\eta}. \tag{8.10}$$

Es ist folglich zweckmäßig, einen maximalen Wirkungsgrad für die gesamte Einrichtung anzustreben, um die Energiekosten zu minimieren.
Ein kontinuierlicher Betrieb hat jedoch Nachteile bezüglich schwankender Strompreise und des erforderlichen Schichtbetriebes. Bei häufigen Unterbrechungen (Einschichtbetrieb, Störungen in der technologischen Linie) muss auch die Wärmekapazität der Einrichtung C_{th} beachtet werden, weshalb man es dann mit einem andersartigen Prozess zu tun hat (s. Abschn. 8.3.2).
Beispiel induktive Blockerwärmung: Die induktive Blockerwärmung ist ein kontinuierlicher oder bei getaktetem Vorschub ein quasi-kontinuierlicher Prozess (s. **Bild 8.2**). Hier wird davon ausgegangen, dass die einzelnen Induktoren sich konstruktiv unterscheiden und mit unterschiedlicher Leistung betrieben werden können. In der Praxis muss man sich wegen der notwendigen Lagerhaltung von Ersatzinduktoren auf wenige Typen beschränken.

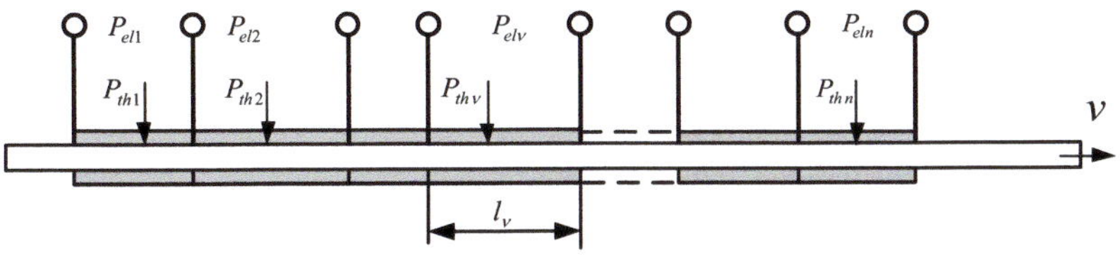

Bild 8.2: Induktive Blockerwärmung mit separater Ansteuerung der einzelnen Abschnitte

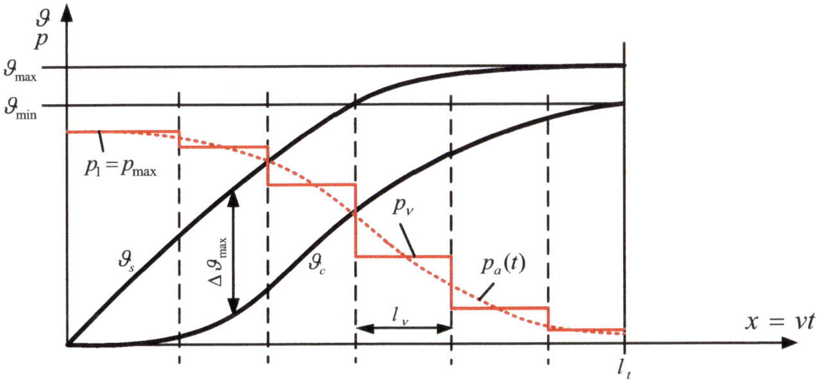

Bild 8.3: Bedingungen zu den zulässigen Temperaturen während und den geforderten Temperaturen am Ende des Prozesses

Das wesentliche Einsparpotenzial besteht bei der induktiven Blockerwärmung darin, eine minimale Durchlaufzeit t_t bzw. Gesamtlänge $l_t = \Sigma l_\nu = vt_t$ zu erzielen, wobei die Restriktionen, wie maximal zulässige Oberflächentemperatur ϑ_s und maximal zulässige Temperaturdifferenz zwischen Oberfläche und Kern ($\Delta\vartheta_{max}$) sowie die Endtemperaturen innerhalb des Toleranzbandes von ϑ_{min} bis ϑ_{max}, zu beachten sind.
Um den Leistungseintrag für diese Zielstellung zu bestimmen, gibt es verschiedene Wege. Einer besteht darin, mit einer eindimensionalen numerischen Simulation das Temperaturfeld $\vartheta(r, t)$ zu bestimmen. Dabei wird mit der maximal möglichen Flächenleistungsdichte (auf der Einsatzoberfläche) $p_a = p_{max}$ begonnen, die bei Erreichen einer der genannten Bedingungen reduziert werden muss (zeitlich iterative Rechnung). Man erhält so die ideale Leistungsdichte $p_a(t)$, die bei Vernachlässigung der axialen Wärmeleitung einer Verteilung $p_a(x = vt)$ entspricht (s. **Bild 8.3**). Die Kurve $p_a(x)$ kann nun durch stückweise konstante

Leistungen p_ν ersetzt werden. Je feiner, desto genauer, aber auch unpraktischer ist diese Approximation, weshalb mit Blick auf die Praxis eher der groben Variante der Vorzug gegeben wird. Schließlich kann eine nochmalige Rechnung oder sogar Optimierung mit dem Ziel $l_t \rightarrow min$ mit den Variablen l_ν und p_ν den Nachweis erbringen, ob die o. g. Bedingungen eingehalten und ein globales Optimierungsziel erreicht wurde.
Eine weitere Verbesserung des spezifischen Energieeinsatzes kann sich dadurch ergeben, dass die einzelnen Induktoren zu den Abschnitten l_ν energetisch optimal ausgelegt werden. Bei diesem Lehrbeispiel geht es darum, den Gesamtwirkungsgrad nach (8.3) jedes einzelnen Induktors mit der Länge l_ν zu maximieren.

$$\eta_\nu = (\eta_{el}\eta_{th})_\nu \rightarrow \max \qquad \text{mit} \quad \nu = 1...n \tag{8.11}$$

Nachfolgend wird zur besseren Übersicht der Index zum Längenabschnitt l_ν weggelassen und vereinbart, dass alle Aussagen nur für den jeweiligen Abschnitt $l = l_\nu$ mit $p = p_\nu$ gelten.
Der elektrische Wirkungsgrad kann nach [23, S. 69] als

$$\eta_{el} = \frac{p_{th}}{p_{el}} = \frac{1}{1 + R_1/cR_2} \tag{8.12}$$

berechnet werden, worin R_1 und R_2 die ohmschen Widerstände von Induktor (Index 1) und Einsatz (Index 2) bedeuten. Der Kopplungsfaktor c soll möglichst groß (nahe 1) sein, was nur bedingt durch einen möglichst langen Abschnitt l_ν und einen magnetischen Rückschluss realisierbar ist.

$$R_1 = N^2 \frac{2\pi r_1}{\kappa_1 k_1 \delta_1 l} \varphi_{pl1}(s/\delta_1) \tag{8.13}$$

Nach [23, S. 41] wird die Stromverdrängung für R_1 mit der Anordnung als einseitig erregte Platte berechnet. Hier wird angenommen, dass die Stärke des Induktorprofils s ideal gewählt werden kann, weshalb $\varphi_{pl1} \approx 0,9$ ist. Für den Kupferfüllfaktor wird ebenfalls $k_1 = k_{Cu} \approx 0,9$ angenommen.

$$R_1 = N^2 \frac{2\pi r_1}{\kappa_1 \delta_1 l} \tag{8.14}$$

Der Widerstand des Einsatzes wird für einen Vollzylinder nach [23, S. 50] bestimmt.

$$cR_2 = cN^2 \frac{2\pi r_2}{\kappa_2 \delta_2 l} \varphi_{cyl}(r_2/\delta_2) \tag{8.15}$$

Als Richtwert für das induktive Durchwärmen wird allgemein ein Verhältnis von $r_2/\delta_2 \approx 1,8$ angegeben, woraus sich für $\varphi_{cyl}(1,8) \approx 0,7$ ergibt. In den ersten Abschnitten der Blockerwärmung ist gegebenenfalls ein ferromagnetischer Zustand mit

$$\delta_2 = \sqrt{\frac{2}{\omega\mu_0\mu_r\kappa_2}} \tag{8.16}$$

zu beachten.
Der Quotient R_1/cR_2 soll für einen guten elektrischen Wirkungsgrad minimal sein. Aus (8.14), (8.15) und (8.16) ergibt sich:

$$R_1/cR_2 = \frac{1}{0,7c} \quad \frac{r_1}{r_2}\sqrt{\frac{\kappa_2}{\mu_r\kappa_1}}. \tag{8.17}$$

Man erkennt, dass nur mit r_1 sowie bedingt mit c und κ_1 eine Verringerung des Widerstandsquotienten nach 8.17 möglich ist.
Der thermische Wirkungsgrad

$$\eta_{th} = \frac{P_{th} - P_{lt}}{P_{th}} = 1 - \frac{P_{lt}}{P_{th}} \tag{8.18}$$

ist durch die Wärmeverluste P_{lt} bestimmt, die durch Konvektion und Strahlung sowie Wärmeleitung vom Einsatz auf den Induktor übergehen. Hier bedeuten wieder P_{th} und P_{lt} die Leistungen für einen beliebigen Abschnitt $l = l_\nu$. Weil ab etwa 100 °C die Wärmeübertragung durch Strahlung die durch Konvektion übersteigt, wird hier letztere vernachlässigt. Auch die Wärmeleitung, die durch den Kontakt des Einsatzes mit den Gleitschienen für die Blöcke erfolgt, wird vernachlässigt. Es verbleibt eine Wärmeübertragung vom Einsatz zum wassergekühlten Induktor in Form einer Reihenschaltung von einem nichtlinearen Strahlungswiderstand und einem gegebenenfalls mehrschichtigen Wärmeleitwiderstand (s. **Bild 8.4**).

$$P_{lt} = \frac{\vartheta_2 - \vartheta_1}{R_\lambda + R_\sigma} \tag{8.19}$$

Darin sind R_λ und R_σ zwei auf die Einsatzoberfläche $2\pi r_2 l$ bezogene Widerstände zur Wärmeleitung und Temperaturstrahlung. Für eine mehrschichtig zylindrische Isolation mit den Schichtstärken s_μ ergibt sich näherungsweise:

$$R_\lambda = \frac{1}{2\pi l}\Sigma_{\mu=1}^{n}(\frac{s}{\lambda r})_\mu. \tag{8.20}$$

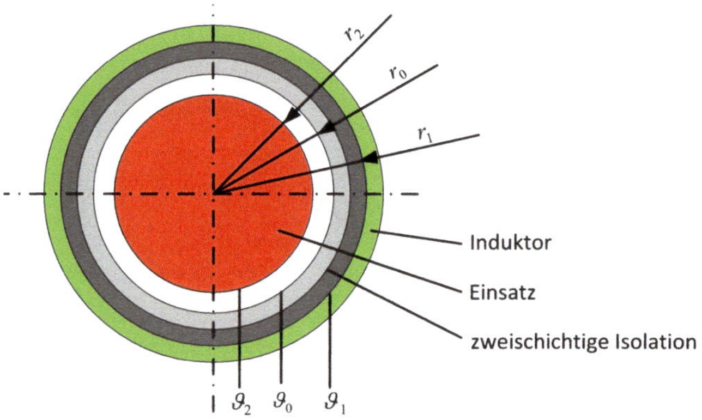

Bild 8.4: Querschnitt einer Induktor-Einsatz-Anordnung zur induktiven Blockerwärmung

Der nichtlineare Strahlungswiderstand kann mit den Emissionsgraden für den Einsatz ε_2 und die innere Wandung der Isolation ε_0 in guter Näherung als

$$R_\sigma = \frac{1/\varepsilon_0 + 1/\varepsilon_2 - 1}{\sigma 2\pi r_2 l} \quad \frac{\vartheta_2 - \vartheta_0}{T_2^4 - T_0^4} \tag{8.21}$$

notiert werden. Er entspricht einer Anordnung von zwei gleich großen parallelen Flächen, wobei T_0 bzw. ϑ_0 iterativ zu bestimmen ist. Die induzierte Leistung P_{th} ist durch die eingangs bestimmte Leistungsdichte $p = p_\nu$ für die optimalen Induktorlängen bereits ermittelt worden.

$$P_{th} = p 2\pi r_2 l \tag{8.22}$$

Der den thermischen Wirkungsgrad bestimmende Quotient P_{lt}/P_{th} lautet mit (8.19) und (8.22):

$$P_{lt}/P_{th} = \frac{\vartheta_2 - \vartheta_1}{p_{th}[r_2 \Sigma_{\mu=1}^{n}(\frac{s}{\lambda r})_\mu + \frac{1/\varepsilon_0 + 1/\varepsilon_2 - 1}{\sigma} \quad \frac{\vartheta_2 - \vartheta_0}{T_2^4 - T_0^4}]}. \tag{8.23}$$

Konstruktiven Einfluss auf diesen Quotienten kann man mit den Größen $(s/\lambda r)_\mu$ und dem Emissionsgrad der thermischen Isolation ε_0 nehmen. Da mit $\nu = 1..n$ ϑ_2 zu- und $p = p_\nu$ abnimmt, wäre theoretisch eine konstruktive Anpassung für jeden einzelnen Abschnitt ν möglich, um die Zielstellung nach (8.11) zu erreichen.

8.3.2 Diskontinuierliche Prozesse

Speicherarme Prozesse

Typische speicherarme diskontinuierliche Prozess sind beispielsweise die Stangenerwärmung über Kontakte, das Punktschweißen (Lichtbogen, Plasma, Laser), die Kondensatorfeld- und Mikrowellenerwärmung und das induktive Härten. Die Speicherwärme dieser Einrichtungen ist nicht zuletzt durch die notwendige Wasserkühlung sehr gering, weshalb die Kapazität C_{th} in Bild 8.1 bezüglich des rationellen Energieeinsatzes vernachlässigt werden kann. Wenn man für die Leistungen die Mittelwerte für eine Periode einsetzt, dann gilt hier ebenso (8.10).
Beispiel Stangenerwärmung: Die Stangenerwärmung mittels direkter Widerstandserwärmung nach **Bild 8.5** ist ein diskontinuierlicher Prozess, der als speicherarm angenommen werden kann, weil die stark belasteten Anlagenteile (Kontakte, Hochstromleitung) wassergekühlt sind und ihre Temperaturen nahezu der Umgebung entsprechen. Der spezifische Energieeinsatz w setzt sich aus der spezifischen Nutzenergie w_{us} und den auf die Masse m bezogenen elektrischen und thermischen Verlusten zusammen:

$$w = w_{us} + \frac{1}{m} \int_0^{t_{on}} [I^2 \Sigma_\nu R_\nu + \frac{\vartheta_s - \vartheta_0}{R_\sigma}] \, \mathrm{d}\, t \,. \tag{8.24}$$

Darin entspricht m der Masse einer Stange. Die Pausenzeit zum Stangenwechsel hat folglich keinen Einfluss auf w. Der Zuwachs an innerer Energie w_{us}

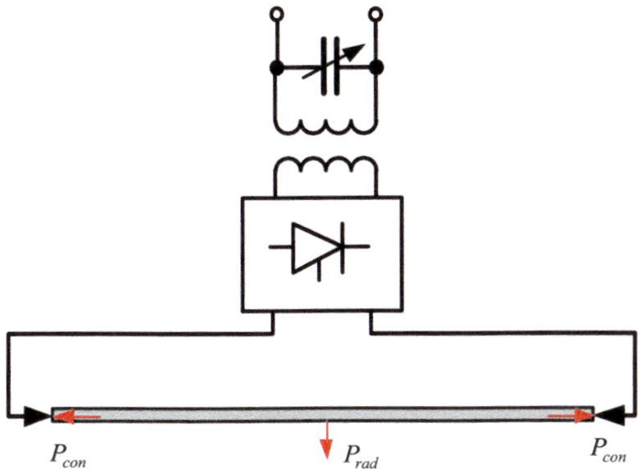

Bild 8.5: Stangenerwärmung als ein typischer speicherarmer und diskontinuierlicher Erwärmungsprozess

könnte durch Vorwärmen der Stangen, z. B. mittels Nutzung von Abwärme (s. dazu weiter unten) reduziert werden.
Der erste Summand unter dem Zeitintegral von (8.24) bestimmt die Verluste in der Stromzuführung, wobei die Verlustwiderstände R_ν auf den Sekundärstrom bezogen sind. Neben den Kontakten und der Hochstromleitung betrifft dies die Stelleinrichtung und Kompensation. Um eine kurze Einschaltzeit t_{on} zu erreichen, sollte der Strom I maximal sein. Denn w kann vor allem durch eine kurze Heizdauer t_{on} bei entsprechend hoher Leistungsdichte minimiert werden. Falls keine Ausgleichsvorgänge wie bei der oben angeführten Blockerwärmung begrenzend wirken, also beispielsweise die Stromverdrängung mittels Gleichstrom ausgeschlossen wird, liegt die Begrenzung hier eher bei der Stromtragfähigkeit der Kontakte.
Die Wärmeverluste hängen von der Oberflächentemperatur $\vartheta_s(t)$ und einem zusammengefassten nichtlinearen Wärmewiderstand $R_\sigma(\vartheta_s)$ ab, in den Strahlung, Konvektion und Leitung an den Kontakten eingehen. Der genannte Wärmewiderstand R_σ könnte durch Abschirmung der Stangen erhöht werden, was jedoch einen erhebliche konstruktiven Aufwand bedeuten würde.

Speicherstarke Prozesse

Energieintensive diskontinuierliche Prozesse mit bedeutender Speicherwärme sind beispielsweise das Schmelzen im Lichtbogen- und Induktionsofen.
Allgemein kann der Betrieb einer Einrichtung mit ihr anhaftender Speicherwärme zeitlich in den aktiven Zustand mit der Heizdauer t_{on} und in den passiven Betriebszustand mit der Auszeit t_{of} unterteilt werden.

$$t_{cy} = t_{on} + t_{of} \tag{8.25}$$

Den typischen zeitlichen Temperaturverlauf für einen Referenzpunkt (z. B. Innenwand des Tiegels) zeigt **Bild 8.6**. Dabei wird vereinfachend davon ausgegangen, dass die genannten Zeiten konstant sind und sich also periodisch wiederholen. In der Pausenzeit t_{of} wird keine Energie zugeführt. Dies bedeutet, dass sich die Speicher, bestehend aus C_{th} und C_{us} nach Bild 8.1, teilweise oder ganz entladen.
Es sind deshalb zwei Fälle zu unterscheiden: Im **Fall 1** wird in der Pause die Charge vollkommen entnommen (z. B. Schmelze abgegossen), dabei kühlen Teile der Einrichtung (z. B. Ofengefäß) mit ab, was sich als Verlust bzw. Abnahme von W_{th} darstellt. Bei Pausenzeiten nach dem **Fall 2** kühlen Charge

oder ein Teil davon ($\alpha < 1$) und Einrichtung gleichzeitig ab, weshalb die Verluste auf Kosten von W_{th} und W_{us} gehen. Diese Pausen können planmäßig sein, um Schmelzproben zu entnehmen oder die Zusammensetzung der Schmelze zu korrigieren (Nachchargieren). In beiden Fällen gilt, dass t_{of} so kurz wie möglich gehalten werden muss, weil die mit t_{of} anwachsende Differenz $(\vartheta_{on} - \vartheta_{of})$ proportional zu den Wärmeverlusten ist.

$$W_{lo} = ((mc)_{th} + (mc)_{us})(\vartheta_{on} - \vartheta_{of}) \tag{8.26}$$

Es sei an dieser Stelle vermerkt, dass man bei einer realen Einrichtung nicht mit einem Referenzpunkt für die Temperatur auskommt, sondern mehrere benötigt, um W_{lo} einigermaßen genau bestimmen zu können. Auf der rechten Seite von (8.26) steht dann eine Summe.

Im oben genannten Beispiel des Schmelzens im Induktions- oder Lichtbogenofen sind eine automatisierte Probenentnahme oder die zielgenaue Zusammensetzung des Schmelzmaterials zur Verkürzung der Zeit für Nachchargierungen, aber auch eine hohe Zuverlässigkeit der gesamten technologischen Kette (keine außerplanmäßige t_{of}-Zeiten) sehr wichtige Maßnahmen zur Senkung des spezifischen Energieeinsatzes.

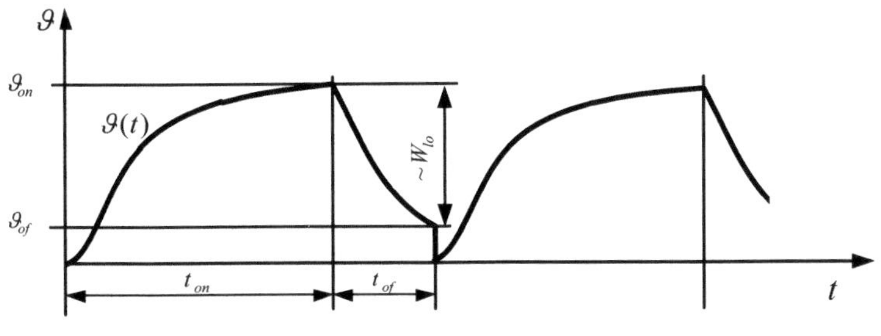

Bild 8.6: Zeitlicher Verlauf der Referenztemperatur eines zyklischen Erwärmungsprozesses

Beispiel Banderwärmung im Haubenofen: Um aufgewickeltes Blech zu glühen, kann eine elektrisch beheizte Haube auf den Bandwickel gestülpt werden (s. **Bild 8.7**). Dieser Erwärmungsprozess ist zeitlich gesehen ein instationärer, periodischer oder quasistationärer Prozess mit vollständiger Entladung (o. g. Fall 1). Die Speicherwärme der Haube (Gehäuse, Isolation, Heizelemente) ist dabei in der Wärmekapazität C_{th} enthalten. Für die aktive Zeit t_{on} ist eine Mindestdauer notwendig, weil der Temperaturausgleich durch die relativ schwache Wärmeleitung in radialer Richtung viel Zeit erfordert, bis für die Kerntemperatur $\vartheta_c \geq \vartheta_{min}$ erreicht ist (s. **Bild 8.8**).

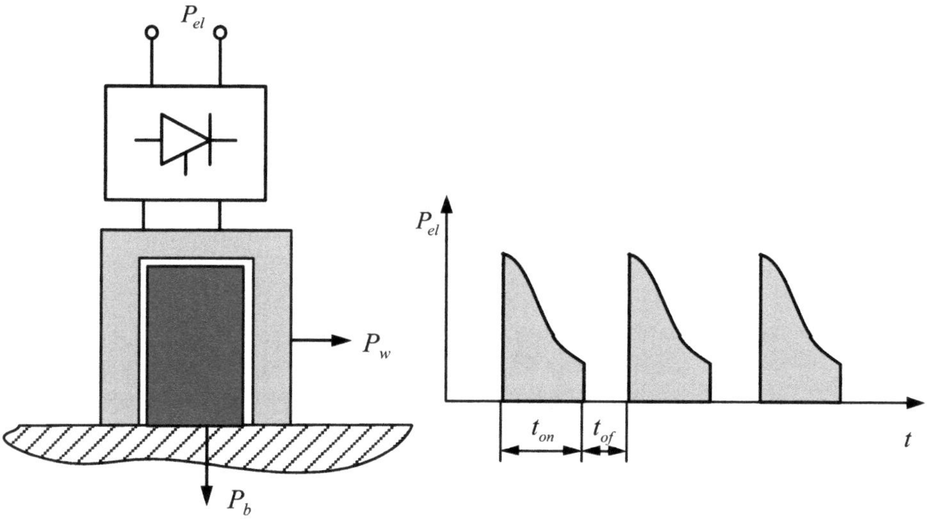

Bild 8.7: Zyklischer Verlauf bei der Erwärmung von Blechwickel mit einem Haubenofen

Der spezifische Energieeinsatz w setzt sich hierbei näherungsweise wie folgt zusammen:

$$w = w_{us} + \frac{1}{m}(1 - \eta_{el})W_{el} + \frac{1}{m}\int_0^{t_{of}} \frac{\vartheta(t) - \vartheta_0}{R_{th}}\,\mathrm{d}t + \frac{1}{m}\int_0^{t_{on}} \frac{\vartheta(t) - \vartheta_0}{R_{th}}\,\mathrm{d}t\,. \quad (8.27)$$

Der elektrische Wirkungsgrad im zweiten Summand ist im konkreten Fall unbedeutend, weil er im Beispiel nahezu eins ist. Er wird trotzdem aufgeführt, weil dieses Beispiel auch für andere Prozesse mit einem deutlich geringeren elektrischen Wirkungsgrad gelten soll. Der dritte Summand beschreibt die Abkühlung der Haube während der Auszeit, bei der die Referenztemperatur mit $\vartheta(t) < \vartheta_{on}$ stetig abnimmt. Dies kann ebenso mit der Speicherkapazität der Haube ausgedrückt werden.

$$w = w_{us} + \frac{1}{m}(1 - \eta_{el})W_{el} + \frac{1}{m}C_{th}(\vartheta_{on} - \vartheta_{of}) + \frac{1}{m}\int_0^{t_{on}} \frac{\vartheta(t) - \vartheta_0}{R_{th}}\,\mathrm{d}t\,. \quad (8.28)$$

Man erkennt, dass die hauptsächlichen Verluste bzw. das Einsparpotenzial in der Auszeit t_{of} bzw. in der Wärmekapazität C_{th} stecken. Eine Vergrößerung von R_{th} ist nur sinnvoll, wenn dadurch nicht C_{th} vergrößert wird. Dieses Beispiel zeigt außerdem, dass die Einsatzmasse m maximal sein sollte. Es ist folglich energetisch ungünstig, kleinere Bandwickel zu behandeln, die nicht der Nenngröße entsprechen.

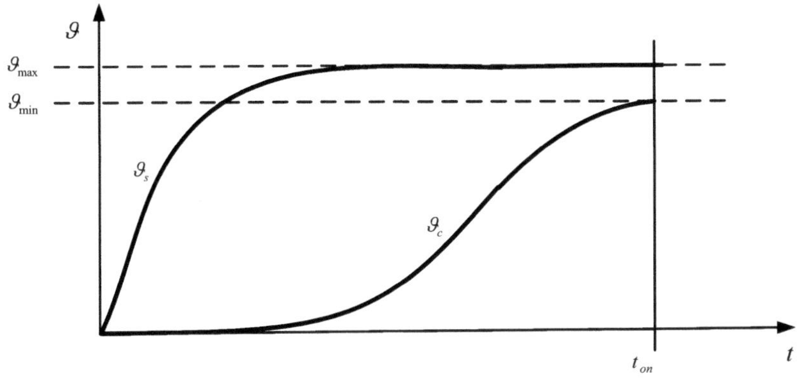

Bild 8.8: Zur geringen Beeinflussbarkeit der Dauer des Temperaturausgleichs in einem thermisch dicken Körper durch die Oberflächentemperatur

Dieses Beispiel eines instationären Prozesses mit einer relevanten Wärmekapazität der Einrichtung und einer Auszeit t_{of} ist typisch für viele andere Prozesse. Das Schmelzen im Lichtbogenofen und Induktionsofen, aber auch die Wärmebehandlung in stationären Kammeröfen gehören hierzu.

Beispiel Blockerwärmung mit unkontrollierter Auszeit: Bei der oben genannten Blockerwärmung kann es bei einer Störung in der nachfolgenden Presse (Schmiede) zu erheblichen Verlusten kommen. Die gängige Praxis bei Unterbrechungen ist, alle teilweise und gänzlich erwärmten Blöcke zu verschrotten (wegen Zunder nicht nochmals verwendbar). Dies ist ein erheblicher Energie- und Materialverlust. Mit geeigneten Prozesssimultionen können instationäre Abläufe so über die Spannungen der einzelnen Induktoren $U_1(t), U_2(t), ...U_n(t)$ angesteuert werden, damit der spezifische Energieeinsatz erheblich gesenkt werden kann.

Falls die Dauer der Unterbrechung absehbar ist, kann in den Warmhaltemodus (kein Vorschub) übergegangen werden. Dazu muss allerdings über den Blöcken eine Schutzgasatmosphäre liegen, um übermäßige Zunderbildung zu vermeiden. Die Leistungsverteilung $P_1, P_2, ...P_n$ ist so einzustellen, damit die innere Energie der Blöcke $W_1, W_2, ...W_n$ jeweils der des Normalbetriebes entspricht. Hier ist zu beachten, dass die genannten Leistungen nicht proportional zu den Ober-

flächentemperaturen $\vartheta_{s1}, \vartheta_{s2}, ...\vartheta_{sn}$ des Normalbetriebes sind, weil die innere Temperaturverteilung im Haltebetrieb viel gleichmäßiger ist. Zur Betriebssicherheit sind beim Wiederanfahren Messungen der Oberflächentemperatur ϑ_s am Ausgang erforderlich. Denn es ist unbedingt zu vermeiden, dass einzelne Blöcke durch Aufschmelzung unbrauchbar werden und schlimmstenfalls die Einrichtung zerstören. Andererseits kann ein zu kalter Block Schäden an der nachfolgenden Presse (Schmiede) verursachen.
Das Wiederanfahren ist aus dem o. g. Haltezustand möglich. Es kann aber auch so gestaltet werden, dass sich die einzelnen Induktoren in Vorschubrichtung erst nacheinander füllen. Dann sind wieder die einzelnen Induktoren mit einer zeitabhängigen Spannung anzusteuern, weil es beim Anfahren mit den Nennspannungen des stationären Betriebes zu einer Überhitzung der ersten Blöcke kommen kann (Induktoren nur teilweise mit Einsatz belastet). Auch hier kann mittels Simulation und Steuerung erreicht werden, dass bereits der erste oder mindestens der zweite Block eine Temperaturverteilung aufweist, die dem Sollzustand entspricht.

8.4 Prinzipien

Die bisher gewonnenen Erkenntnisse zur Minimierung des spezifischen Energieeinsatzes sollen nachfolgend in Form von grundlegenden Prinzipien zusammengefasst und ergänzt werden.

8.4.1 Kompaktheit

Je kompakter eine Einrichtung konzipiert wird, desto geringer sind die relativen Wärmeverluste über deren Oberfläche. Idealerweise sollte die äußere Form der Einrichtung sich einer Kugel mit der charakteristischen Länge L nähern. Deren Volumen wäre dann proportional zu L^3, während die Wärme abgebende Oberfläche nur proportional zu L^2 ist. Schmelzöfen, wie Induktions-Tiegelofen und Lichtbogenofen, kommen mit ihrer Zylinderform diesem Ziel nahe.

8.4.2 Hochleistung

Der in **Bild 8.9** dargestellte Vergleich zeigt, dass eine hohe Leistung P_{el} weniger thermische Verlustwärme W_{th} verursacht. Das ist der Grund, weshalb

im Haushalt das Wasser mit der maximal verfügbaren Leistung zum Kochen gebracht wird.
Wie bereits an einigen Beispielen gezeigt, lässt sich auch dieses Prinzip nicht immer uneingeschränkt umsetzen. Wenn beispielsweise Zeit für die Diffusion (Wärmeleitung, Feuchtigkeitstransport usw.) notwendig wird, muss die Leistung begrenzt werden, um Schäden am Werkstück zu vermeiden (s. Bild 8.3). Auch bei der Trocknung von keramischen Massen im Kondensator- oder Mikrowellenfeld oder bei der Lacktrocknung mittels Infrarotstrahlung wirken Diffusionsvorgänge begrenzend. Auch andere technisch physikalische Gründe können eine Leistungsbegrenzung erfordern. So beeinflusst beispielsweise beim induktiven Schmelzen die Badkuppe die Leistungsgrenze. Immerhin werden hier Leistungsdichten von 1 MW/t realisiert. Falls jedoch die vorgelagerte Stromquelle (Netz, Schaltanlage, Wechselrichter usw.) die alleinige Ursache für die Leistungsbegrenzung ist, dann sollte im Sinne eines niedrigeren spezifischen Energieeinsatzes eine Erhöhung der Leistung angestrebt werden.

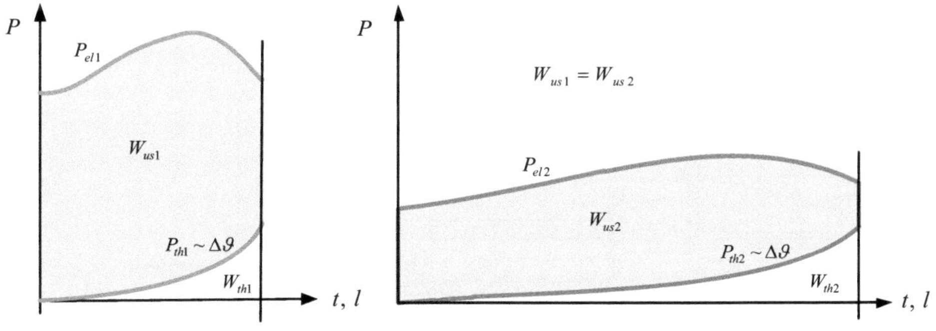

Bild 8.9: Zum Zusammenhang von elektrischer Leistung und thermischer Verlustenergie

8.4.3 Speicherarmut

Falls ein kontinuierlicher Betrieb nicht möglich oder wegen hoher Stromtarife zu Hochlastzeiten nicht wirtschaftlich ist, sind speicherarme Einrichtungen mit kleinem C_{th} vorteilhaft. Der Einsatz von thermischen Isolationen mit geringer

Speicherwärme (Leichtbaustoffe, Vakuum) oder eine völlig andere Technik sind dann mögliche Alternativen.
Als ein Beispiel seien Einrichtungen genannt, bei denen der Lichtbogen zwischen gekühlten Hohlelektroden brennt (s. **Bild 8.10**). Diese Einrichtungen können mit Spannungen bis 20 kV im MW-Bereich betrieben (s. Band 1, Kapitel "Lichtbogenerwärmung") und z. B. für die Reduktion (Arbeitsgas enthält H_2) von Oxiden verwendet werden. Wegen der geringen Wärmekapazität ist energetisch auch ein diskontinuierlicher Betrieb (z. B. nur Betrieb in Schwachlastzeiten) möglich.
Bei der Schmelzflusselektrolyse von Aluminium (s. Abschn. 2.2.1) fällt mit der Schlacke ein beachtlicher Anteil (bis zu 50 %) Eisenoxyd an. Diese abgekühlte Schlacke könnte gemahlen und zusammen mit H_2 durch die o. g. Hohlelektroden geleitet und dabei das Eisenoxyd reduziert werden. Noch wird die Schlacke mit Wasser versetzt und als stark ätzender und schwermetallhaltiger Rotschlamm in großen Rückhaltebecken gelagert, was eine erhebliche Belastung der Umwelt darstellt. Weltweit fallen jährlich bis zu $180 \cdot 10^6$ t Rotschlamm an.

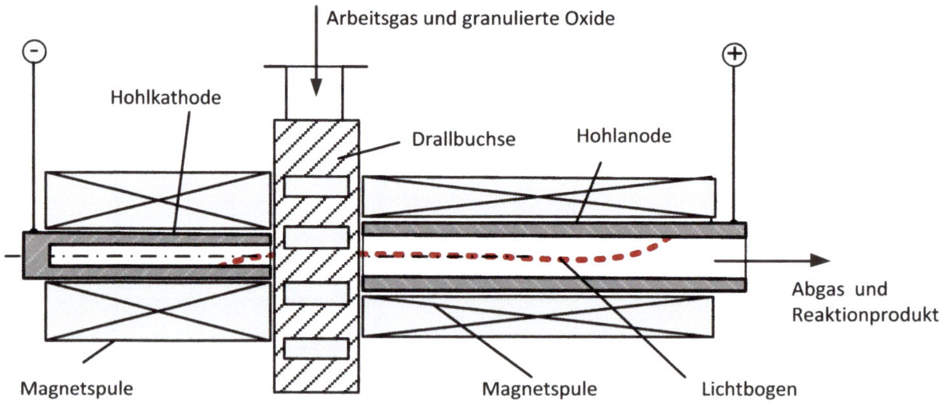

Bild 8.10: Beispiel zu einer speicherarmen Einrichtung für die Reduktion von Metallen

8.4.4 Maximale Beladung

Bei den oben angeführten Beispielen zur Berechnung des spezifischen Energieeinsatzes w steht die Einsatzmasse generell im Nenner. Es ist folglich stets energetisch falsch, die Einrichtung nicht mit der Nennmasse auszulasten. Die Speicherkapazität C_{th} ist für eine geringere Masse m zu groß und der Wärmewiderstand R_{th} zu klein.

8.4.5 Automatisierung

Ein hoher Automatisierungsgrad erleichtert wegen weniger Bedienpersonal einen durchgängigen Betrieb (Dreischichtbetrieb) aus sozialer Sicht und sichert die Einhaltung wichtiger Parameter zur Einhaltung eines rationellen Energieeinsatzes. Notwendige Aus-Zeiten t_{of}, wie die zur Entnahme von Schmelzproben, zur Temperaturmessung der Schmelzen, zum Nachchargieren usw., können verkürzt werden oder entfallen gänzlich. Instationäre Vorgänge, wie das Anfahren oder Herunterfahren einer Anlage, aber auch Störungen in vor- und nachgelagerten Prozessstufen lassen sich mittels integrierter Prozesssimulation in Echtzeit energiesparender organisieren. Je leistungsstärker eine Einrichtung ist, desto wirtschaftlicher ist die Automatisierung.

8.4.6 Flexibilität

Bei zeitabhängigen Tarifen für Elektroenergie kann ein flexibler Betrieb wirtschaftlich sein, indem auf Vorrat produziert wird und längere Auszeiten in Kauf genommen werden können. Dafür eignen sich insbesondere speicherarme Einrichtungen, wie die zur Erwärmung über Kontakte oder fast alle Schweißanlagen. Gängige Praxis ist die Vorratshaltung von Schmelzen in sehr gut isolierten Warmhalteöfen.

8.5 Abwärmenutzung

Abgesehen von chemischer Energie, die beispielsweise bei der Schmelzflusselektrolyse im gewonnenen Aluminium steckt, wird die gesamte dem jeweiligen Elektroprozess zugeführte elektrische Energie letztlich in Wärme umgewandelt. Diese Abwärme findet sich in der Kühlluft, dem Kühlwasser, im heißen Abgas (Lichtbogenofen) oder in noch warmen Bauteilen (z. B. Schmiedestücke) wieder. Eine weitere Nutzung der Abwärme kann wirtschaftlich sein. Dies hängt von den Stromkosten, der Wertigkeit der Abwärme und der zeitlichen Überde-

ckung von Anfall und Bedarf ab.
Je höher die Temperatur, desto wertvoller ist die Abwärme. Deshalb sollten Abwärmeströme unterschiedlicher Temperatur nicht vermischt werden. Beispielsweise sollten die einzelnen Kühlstränge so ausgeregelt werden, dass das Kühlwasser die Einrichtung mit einer konstant hohen Temperatur, z. B. 60 °C, verlässt.

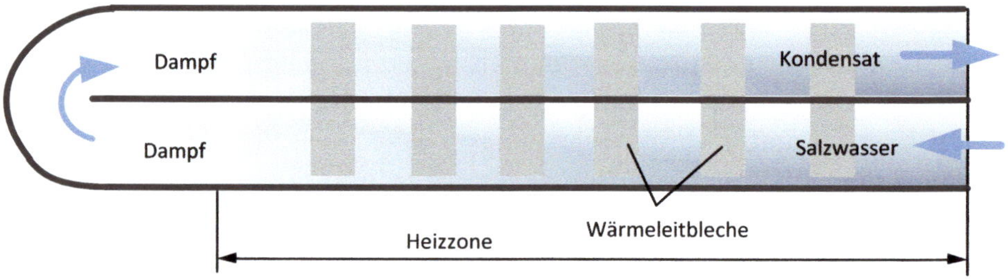

Bild 8.11: Wasserentsalzung mit Gegenstrom-Wärmetauscher zur Wärmerückgewinnung

8.5.1 Nachnutzung

Originärer Prozess

Falls Abwärme im eigenen Prozess wieder eingebunden werden kann, dann ist die Gleichzeitigkeit von Anfall und Bedarf zwangsläufig gesichert und es handelt sich dann strenggenommen nicht mehr um Abwärme. Als Beispiel sei das Gegenstromprinzip bei der Wasserentsalzung nach **Bild 8.11** genannt. Hier wird das kalte Salzwasser mit Abwärme des Wasserdampfes, der zu Süßwasser kondensiert, geheizt. Die elektrische Heizung wird im stationären Betrieb nahezu nur zu Deckung der Wärmeverluste benötigt.

Auch die Kühlluft von Hochleistungs-Infrarotstrahlern kann nach **Bild 8.12** als konvektiver Anteil z. B. bei der Lacktrocknung verwendet werden.

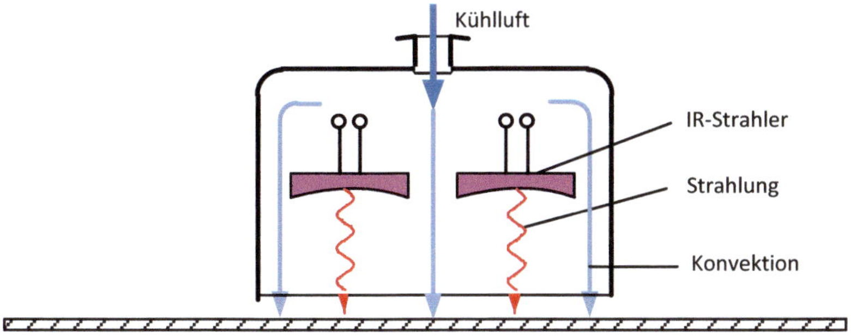

Bild 8.12: Wärmerückgewinnung durch Einbindung von Kühlluft in einen Trocknungsprozess; gute Abstimmung erforderlich – eventuell direkte Ableitung eines Kühlluftanteils

Vorgelagerter Prozess

Auch bei der Nutzung von Abwärme in vorgelagerten Produktionsstufen ist die Gleichzeitigkeit von Anfall und Bedarf zumindest im stationären Betrieb gegeben.
Beispielsweise kann aus den heißen Abgasen des Lichtbogenofens über Wärmetauscher Heißluft zum Vorwärmen des Schrottes gewonnen werden. Wenn es gelingt, damit den Schrott auf 160 °C vorzuwärmen, dann hat man damit nicht nur das anhaftende Wasser (Explosionsgefahr in Verbindung mit der heißen Schmelze) beseitigt, sondern bereits etwa 10 % von w_{us} gespart.
Die bisherigen Beispiele zur Nutzung von Abwärme bezogen sich auf Fluide (Wasser, Gase), deren innere Energie relativ leicht mittels Wärmetauscher ausgenutzt werden kann. In Festkörpern, wie z. B. heißen Schmiede- oder Gussteilen, steckt meist viel mehr innere Energie als in den oben genannten Fluiden (höhere Temperatur und spezifische Wärme), aber hier ist die Nachnutzung ungleich schwieriger. Die nachfolgende Abschätzung soll dies illustrieren.
Beispiel induktive Schmiedeblockerwärmung: Es wird angenommen, dass die Schmiedeteile die Presse mit einer Temperatur von ca. 1000 °C verlassen und in einer isolierten Box abgelegt werden. Die diesen Teilen anhaftende Wärmeenergie soll mit Hilfe eines inerten Gasstromes, z. B. N_2, abgeführt und zum Vorwärmen der Schmiederohlinge (zylindrische Blöcke), die sich ebenfalls in einer isolierten Box befinden, verwendet werden. Die mögliche Wärmestromdichte beim Abkühlen der Schmiedeteile und Aufheizen der Blöcke kann mit dem Wärmeübergangskoeffizienten $\alpha_{con} = 50\,\mathrm{W/(m^2K)}$ (erzwungene Konvek-

tion mit ca. 10 m/s) und einer mittleren Temperaturdifferenz von 500 K zu $\dot{q} = 2{,}5\,\mathrm{W/cm^2}$ abgeschätzt werden. Bei der induktiven Blockerwärmung werden dagegen Leistungsdichten im Bereich von $p = \dot{q} = 250\,\mathrm{W/cm^2}$ erzielt. D. h., die beiden Boxen zum Abkühlen der Schmiedeteile und zum Aufheizen der Schmiedeblöcke müssten etwa das 100-fache an Teilen aufnehmen als sich zur gleichen Zeit in der Einrichtung zur induktiven Blockerwärmung befinden.

8.5.2 Aufwertung

Originärer Prozess

Die Wertigkeit der Abwärme hängt von ihrer Temperatur ab. Bei Kühlwasser sind dies ca. 60 °C, weil Blasensieden an hochbelasteten Bauelementen (Induktoren, Transistoren, Elektroden) unbedingt vermieden werden muss.
Eine andere Möglichkeit besteht darin, Flüssigkeiten mit einem höheren Siedepunkt zu verwenden. Spezielle Kühlmittel, wie z. B. ionische Fluide (engl. *ionic liquids*), erlauben Temperaturen von bis zu 300 °C. Die Beeinträchtigung des elektrischen Wirkungsgrades (geringere elektrische Leitfähigkeit des Kupfers z. B. bei Induktoren) ist dabei unbedingt zu beachten (Vergleichs-Rechnung notwendig).
Eine Hochtemperatur-Wärmepumpe (Kältemittel bis 300 °C verfügbar) erfordert erhebliche Investitionen und benötigt zusätzlich elektrische Energie, weshalb die Gleichzeitigkeit von Abwärme und Bedarf unbedingt sichergestellt werden muss. Eine Wärmepumpe arbeitet nach dem sogenannten Linksprozess der Kraft-Wärme-Kopplung. Das **Bild 8.13** zeigt das Prinzip und die Größen, die zur Bestimmung der Leistungszahl ε maßgebend sind.

$$\epsilon = \frac{Q_{hi}}{W_{me}} = \frac{1}{1 - \frac{T_{lo}}{T_{hi}}} \tag{8.29}$$

Darin bezeichnen T_{lo} und T_{hi} die mittleren Temperaturen des Arbeitsfluids (Kältemittel) im unteren und oberen Wärmetauscher. Die Temperatur der Abwärme muss folglich höher als T_{lo} sein und die der aufgewerteten Wärme ist niedriger als T_{hi}. Bei einer idealen Leistungszahl von $\varepsilon = 3$ kommen 2/3 der Wärmeenergie mit höherem Temperaturniveau Q_{hi} von der Abwärme Q_{lo}. Das ist in etwa der Grenzwert für den wirtschaftlichen Betrieb, weil die reale Leistungszahl deutlich kleiner ist.

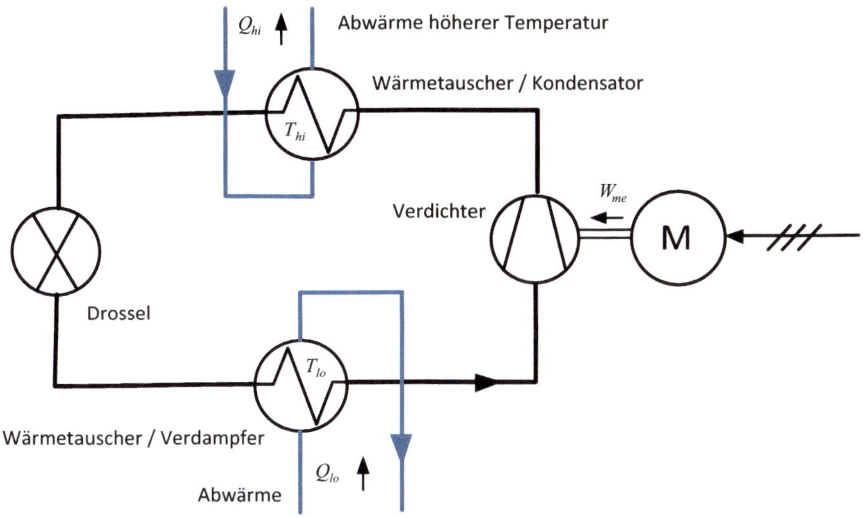

Bild 8.13: Aufwertung von Abwärme mit einer Wärmepumpe; setzt Gleichzeitigkeit von Anfall und Bedarf voraus

Ein Beispiel für einen effektiven Einsatz der Wärmepumpe ist die Kondensations-Trocknung nach **Bild 8.14**, weil hier gleichzeitig die Trocknung der Abluft im Kondensator erfolgt. Die feuchte Luft nach dem Trocknungsprozess dient als Wärmequelle für die Wärmepumpe. Durch Kompression wird die Temperatur der trockenen Luft wieder erhöht, weshalb mit der Nachheizung nur noch die Verluste auszugleichen sind.

Abgabe an Wärmenetze

Die im Kühlwasser enthaltene Abwärme kann beispielsweise in lokale Wärmenetze abgegeben werden. Der Energieeintrag in ein Wärmenetz ist i. d. R. wegen der unterschiedlichen Druckverhältnisse und der speziellen Aufbereitung nur über einen Wärmeübertrager (Wärmetauscher) möglich. An diesem gibt es je nach Auslegung stets einen Temperaturabstieg (irreversibler Prozess). Die Gleichzeitigkeit von Angebot und Bedarf ist hier nicht gesichert. Beispielsweise hängt es von der Jahreszeit ab, ob die angebotene Abwärme benötigt wird. Hier sollte allerdings beachtet werden, dass aus Wärmeenergie auch Kälte zur Klimatisierung mittels einer Adsorptionswärmepumpe gewonnen werden kann.

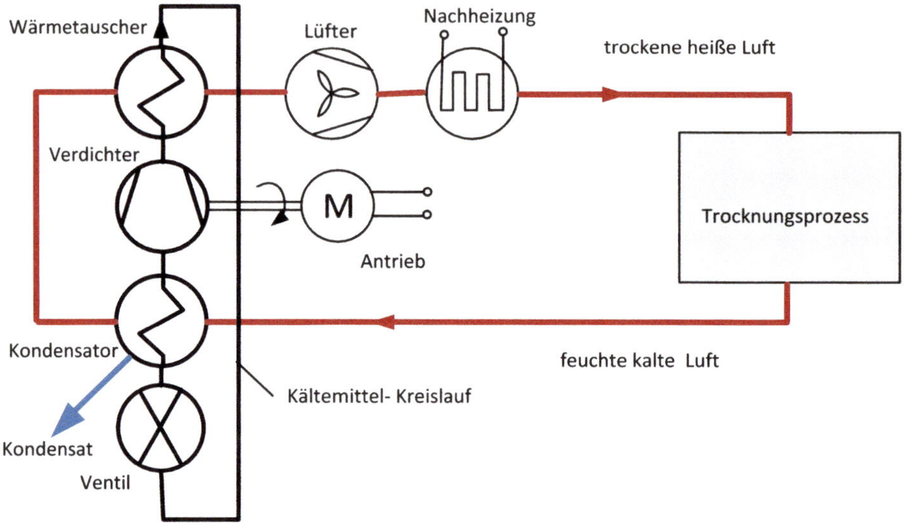

Bild 8.14: Gute Voraussetzungen für die Aufwertung und Nutzung von Abwärme bei Trocknungsprozessen

8.5.3 Rückwandlung

Abwärme, die nicht sinnvoll genutzt werden kann, lässt sich, wenn auch mit einem geringen Wirkungsgrad, in elektrische Energie umwandeln. Das Problem der Gleichzeitigkeit von Anfall und Bedarf erübrigt sich damit. Neben der Wärme-Kraft-Kopplung ist auch die direkte thermoelektrische Wandlung möglich.

Carnot Prozess

In **Bild 8.15** ist beispielsweise der sogenannte Joule-Prozess nach [7] gezeigt, der sich durch einen geschlossenen Kreislauf für das Arbeitsfluid auszeichnet. Für letzteres wird beispielsweise He, H_2 oder Luft verwendet. Da die Gasturbine sehr präzis ausgelegt werden muss (extrem kleiner Abstand zwischen rotierenden Schaufeln und Wand des Stators), ist ein sehr sauberes Arbeitsfluid ohne Fremdpartikel erforderlich. Dies erfordert den geschlossenen Kreislauf, der allerdings einen Verlust an Wirkungsgrad gegenüber einem offenen System (z. B. Dampfprozess) bedingt. Mit den Bezeichnungen nach Bild 8.15 kann der ideale Wirkungsgrad wie folgt bestimmt werden.

$$\eta = \frac{W_{tu}}{Q_{lo}} = 1 - \frac{T_{ra}}{T_{lo}} \tag{8.30}$$

$$W_{ge} = W_{tu} - W_{co} \quad \text{mit} \quad W_{co} << W_{tu} \tag{8.31}$$

Darin sind T_{lo} und T_{ra} die mittleren Temperaturen des Arbeitsfluids im oberen und unteren Wärmetauscher. Die Temperatur der Abwärme muss folglich über T_{lo} und die des Kühlmittels unter T_{ra} liegen. Die erreichbaren Wirkungsgrade sind deutlich kleiner als 50 %. Letztlich entscheiden die längerfristigen Strompreise darüber, ob diese Art einer eigenen zusätzlichen Stromgewinnung wirtschaftlich ist.

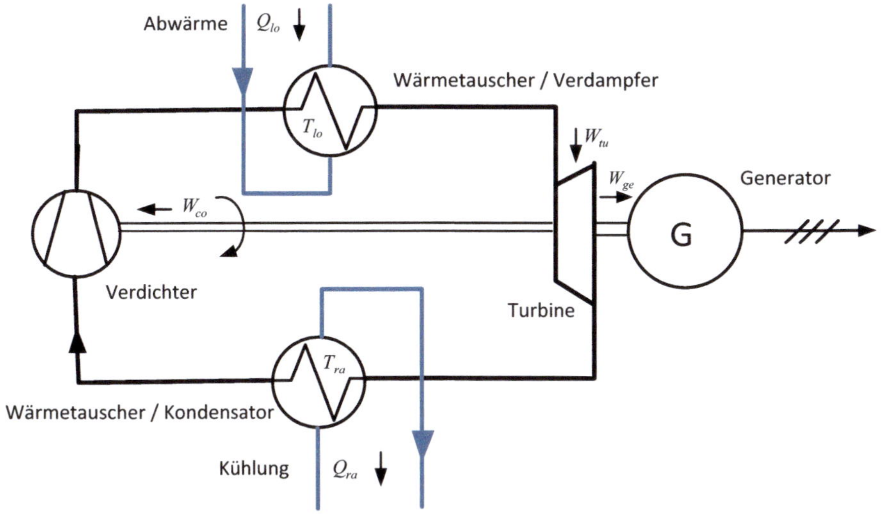

Bild 8.15: Rückgewinnung von Elektroenergie aus der Abwärme anderer Prozesse

Thermoelektrische Wandlung

Falls technologisch Wärme abgeführt werden muss, wie z. B. die Kokillenkühlung beim Stranggießen, dann kann diese Abwärme Q_h zumindest teilweise gewandelt werden. Der thermoelektrische Effekt nach Seebeck ermöglicht einen

Gleichstrom zu generieren. Dabei werden mehrere Thermoelemente in Reihe geschaltet (s. **Bild 8.16**). Außerdem können mehrere Wandler in Richtung des Wärmestromes hintereinander angeordnet werden, um die thermoelektrischen Materialien besser an die jeweilige Temperatur anpassen zu können. Derartige Wandler zeichnen sich durch einen einfachen Aufbau, hohe Zuverlässigkeit und große Lebensdauer aus. Sie werden beispielsweise in Raumsonden eingesetzt, bei denen wegen zu großer Entfernung von der Sonne die photovoltaische Stromerzeugung nicht möglich ist. Als Wärmequelle dient dann der radioaktive Zerfall von Nukliden. Der Wirkungsgrad dieser Wandler ist allerdings relativ gering und beträgt etwa 1/10 des Carnot'schen Wirkungsgrades.

$$\eta_c = 1 - \frac{T_c}{T_h} \tag{8.32}$$

Die Ursache für den geringen Wirkungsgrad ist darin begründet, dass neben den Joule'schen Verlusten aufgrund des inneren Ohm'schen Widerstandes noch eine Wärmeableitung durch die beiden Schenkel des Thermoelements erfolgt. Diese beiden Größen stehen in gegenseitiger Konkurrenz. D. h., ein kleiner elektrischer Widerstand mit großen Querschnitten A_1 und A_2 bedeutet eine hohe Wärmeableitung und umgekehrt. Daher ist die materialabhängige Gütezahl

$$ZT = \frac{\alpha^2 T}{\lambda\rho} \tag{8.33}$$

entscheidend für den Wirkungsgrad. Sie wird mit dem Seebeck-Koeffizienten

$$U_{th} = \alpha(T_h - T_c) = \alpha\Delta T \tag{8.34}$$

und dem Produkt $\lambda\,\rho$ aus Wärmeleitfähigkeit und spezifischen elektrischem Widerstand bei der Temperatur T bestimmt. Vom Wiedemann-Franz'schen Gesetz ist bekannt, dass der Quotient $\lambda\rho/T$ für Metalle weitestgehend konstant ist, weshalb nur mit Halbleitern eine signifikante Verbesserung des Wirkungsgrades möglich ist. In [8] wird eine einfache Formel zu Abschätzung des Wirkungsgrades angegeben.

$$\eta = \frac{\sqrt{1+ZT}-1}{\sqrt{1+ZT}+T_c/T_h}\eta_c \tag{8.35}$$

Sie geht von Mittelwerten für die Gütezahl der Materialien und Abmessungen A_1 und A_2 aus. Für Metalle gilt $ZT < 0,4$ und für hochdotierte Halbleiter werden Werte von $ZT > 1$ erreicht. Beispielsweise wird für $T_h = 500\,\mathrm{K}$ (227 °C)

und $T_c = 300\,\mathrm{K}$ ($27\,°\mathrm{C}$) mit $ZT < 0,4$ ein Wirkungsgrad von $\eta = 0,04$ und für $ZT < 1$ von $\eta = 0,08$ erreicht.
Da es bei der Ausbeutung von Abwärme nicht auf einen maximalen Wirkungsgrad, sondern auf den maximalen Energiegewinn W ankommt, wird der Lastwiderstand R_l gleich dem inneren Widerstand der Thermoelementkette R_i gewählt, was mit $R_i = R_l$ einer Leistungsanpassung entspricht. Diese Leistungsanpassung mindert den Wirkungsgrad noch weiter, was allerdings bei massenhafter und i. d. R. kostenloser Abwärme in Kauf genommen wird.

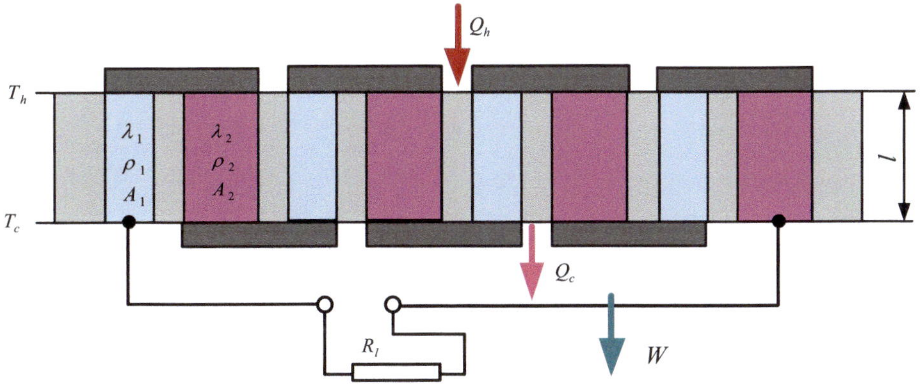

Bild 8.16: Gewinnung von Elektroenergie mit Thermoelementen (Peltierelementen)

Letztlich entscheiden das Volumen an Abwärme und die gegebenen Strompreise darüber, ob eine thermoelektrische Rückwandlung der Abwärme wirtschaftlich ist.

Literaturverzeichnis

[1] Bronstein, I. N., K. A. Semendjajew, G. Musiol und H. Mühlig: *Taschenbuch der Mathematik.* Verlag Europa-Lehrmittel Nourney, Vollmer GmbHCo.KG, Haan-Gruiten, 11. aktualisierte Aufl., 2020.

[2] Dahl, P.: *Introduction to electron and ion optics.* Academic Press New York and London 1973, 1973.

[3] Franz, G.: *Oberflächentechnologie mit Niederdruckplasmen.* Springer-Verlag Berlin Heidelberg, zweite, völlig neubearbeitete Aufl., 1990.

[4] Ginsburg, A. S.: *Infrarottechnik und Lebensmittelprodukttion.* VEB Fachbuchverlag Leipzig, 1973.

[5] Günter, S.: *Einführung in die Plasmaphysik 1.* Vorlesungsskript, Max-Planck Institut für Plasmaphysik, Garching, Technische Universität München, 2013/2014.

[6] Hamann, C. H. und W. Vielstich: *Elektrochemie.* WILEY-VCH Verlag GmbH co. KGaA, 4. vollständig überarbeitete und aktualisierte auflage Aufl., 2001.

[7] Herwig, H. und C. H. Kautz: *Technische Thermodynamik.* Pearson Studium, ISBN 978-3-8273-7234-5.

[8] https://de.wikipedia.org: *Thermoelektrischer Generator.*

[9] Janzen, G.: *Plasmatechnik.* Hüthig Buch Verlag GmbH Heidelberg, 1992.

[10] Kegel, K.: *Elektrowärme Aufgaben aus der Praxis.* Vereinigte Elektrizitätswerke Westfalen AG, 1983.

[11] Killes, P.: *Neuartige Verfahren zur Berechnung rotationssymmetrischer Elektronenstrahlerzeugungssysteme unter Berücksichtigung der Raumladung.* Diplomarbeit, Eberhard-Karls-Universität zu Tübingen, 1988.

[12] Klinger, H. H.: *Einführung in die Mikrowellen und ihre wissenschaftlichen Anwendungen.* S. Hirzel Verlag Stuttgart, 1954.

[13] Metaxas, A.: *Foundations of Electroheat: A unified approach.* John Wiley & Sons Ltd, Baffin Lane, Chister, 1996.

[14] Orear, J.: *Grundlagen der modernen Physik.* Hansa, München, 1991.

[15] Philippow, E. (Hrsg.): *Taschenbuch Elektrotechnik, Band 1, Allgemeine Grundlagen.* VEB Verlag Technik Berlin, 1976.

[16] Philippow, E. (Hrsg.): *Taschenbuch Elektrotechnik, Band 6, Systeme der Energietechnik.* VEB Verlag Technik Berlin, 1982.

[17] Philippow, E.: *Grundlagen der Elektrotechnik.* VEB Verlag Technik, Berlin, 8. bearbeitete Aufl., 1988.

[18] Polifke, W. und J. Kopitz: *Wärmeübertragung.* Pearson Studium, 2005.

[19] Rudolph, M. und H. Schaefer: *Elektrothermische Verfahren: Grundlagen, Technologien, Anwendungen.* Springer-Verlag Berlin Heidelberg, 1989.

[20] Sala, A.: *Tables of radiative properties of materials.* ZESZYTY NAUKOWE Mechanika Nr 4, 1981.

[21] Schiller, S., U. Heisig und S. Panzer: *Elektronenstrahltechnologie.* VEB Verlag Technik, 1. Aufl., 1976.

[22] Schultz, H.: *Elektronenstrahlschweißen.* DVS-Verlag Düsseldorf, 1989.

[23] Schulze, D. und U. Lüdtke: *Theoretische Grundlagen der Elektroprozesstechnik Teil 1.* Vulkan-Verlag GmbH, ISBN 978-3-8027-3139-6.

[24] Union Internationale d' Elektrothermie (Hrsg.): *Elektrowärme Theorie und Praxis.* Verlag W. Girardet Essen, 1974.

[25] Wunsch, G. und H. G. Schulz: *Elektromagnetische Felder.* VEB Verlag Technik Berlin, 1. Aufl., 1989.